崔丽鸿　姜广峰　编

《线性代数》
导学备考

一书通

化学工业出版社

·北京·

"线性代数"是大学数学教育的重要基础课,也是大多数专业研究生入学考试的必考科目。

本书分为三大部分:基础篇、提高篇和应试篇。基础篇包括:复习引导、基本概念、基本题型;提高篇包括:考点归纳、考点解读、命题趋势、难点剖析、点击考点+方法归纳;应试篇包括:线性代数复习点睛、2011年研究生入学考试真题及答案、三套模拟考试题及部分答案。

本书的特色是新颖、全面、精准、实用、高效,可作为各类大中专在校学生的参考书,考研学子的备考复习书,高校教师的习题课参考书,考研辅导人员的考案参考书。

图书在版编目(CIP)数据

《线性代数》导学备考一书通/崔丽鸿,姜广峰编.
—北京:化学工业出版社,2011.2(2019.11重印)
ISBN 978-7-122-10359-8

Ⅰ.线… Ⅱ.①崔…②姜… Ⅲ.线性代数-高等学校-教学参考资料 Ⅳ.O151.2

中国版本图书馆 CIP 数据核字(2011)第 001850 号

责任编辑:满悦芝 郭乃铎　　文字编辑:韩亚南
责任校对:宋　夏　　　　　　装帧设计:尹琳琳

出版发行:化学工业出版社(北京市东城区青年湖南街13号　邮政编码100011)
印　　刷:三河市航远印刷有限公司
装　　订:三河市宇新装订厂
787mm×1092mm　1/16　印张 18½　字数 453 千字　2019 年 11 月北京第 1 版第 9 次印刷

购书咨询:010-64518888　　　　售后服务:010-64518899
网　　址:http://www.cip.com.cn
凡购买本书,如有缺损质量问题,本社销售中心负责调换。

定　价:36.00 元　　　　　　　　　　　　　　　　　版权所有　违者必究

前言

本书编写目的

"线性代数"是大中专院校理工、农、林、医及经济、管理类等专业的重要基础课，也是大多数专业研究生入学考试的必考科目。为使广大莘莘学子高效学习、顺利应试，基于本课程特点和考试要求、硕士研究生入学考试的要求以及对后继课程的要求，结合我们多年来的教学经验以及对命题方向的了然于胸，精心编写了本书，力求做到，学子学习"线代"，只需一书在手，疑云全消，轻松闯关，考试全通。

本书编写脉络

总体上，本书编排分为三大部分：基础篇、提高篇和应试篇。

（一）基础篇　与一般的线性代数教材顺序一致，分为6章，每章循序渐进，重视基础，按章节归纳，主要划分为：①复习引导；②基本概念；③基本题型。基础篇适合"初级学习"阶段，"初级学习"阶段往往将整体知识分割成了部分，所掌握的知识是零碎的、分散的，但又比教材概括、精炼，此部分所设计的题型相对基本和分类明晰，按部就班和稳扎稳打，总结出65个基本题型。

（二）提高篇　按照各类考试要求划分为7章，每章内容有：①考点归纳、考点解读、命题趋势、难点剖析；②点击考点＋方法归纳。提高篇适合于"高级学习"阶段，"高级学习"阶段往往将"分散的、纵横交织"的各知识点整合为系统知识，充分挖掘各个知识点之间的内在联系，把握各种概念、定理的本质特征，此部分所设计的题型更为综合和灵活丰富，前后贯穿和直击考点，总结出69个考点。

（三）应试篇　为了便于读者进一步复习巩固，编者潜心编排了①线性代数复习点睛；②2011年研究生入学考试真题及答案；③三套模拟考试题及答案。

本书鲜明特色

本书编写力求突出以下特色。

（一）新颖　本书编排尤其注重阶梯化训练，符合认知规律。以真题为线索，精心设计层次试题，涵盖20年所有考研真题，力求最大限度地对线性代数题型进行科学、等值训练。

（二）全面　基本点、重点、难点、考点、疑点等点点到位，考点解读、题型归类、命题趋势等全面梳理，做到没有漏洞。

（三）精准　以考研大纲为依据，以历年真题为依托，透视命题规律，阐释复习和考研要点。力求准确阐释每一个考点，使考生明确考研总体方向。考点精准，解析详细透彻，方法归纳详尽准确，突出重点，减少复习的盲目性。

（四）实用　对考研的重点、难点知识及方法进行系统归纳提炼，尽可能使每道题有分析、解答过程和温馨提示。通过对典型试题的解析，弄清每道小题的解题思路，从而找到答题的关键点，体现"宝典"精神。

（五）高效　使读者在短期内掌握各种解题方法和技巧，做到知识的融会贯通和触类旁通，以考研"标准答案"为准，解题科学、规范，帮读者养成规范答题的良好习惯，使读者在考场答题中万无一失！

（六）**落实** 编制质优的模拟试题和答案，给出 2011 年研究生入学考试真题及答案，点睛线性代数学习中的精华，作为读者自我检验的落实，以便查漏补缺。

本书适用范围

本书可作为各类大中专在校学生的参考书，考研学子的备考复习书，高校教师的习题课参考书，考研辅导人员的考案参考书。本书是学习线性代数的同步指导书，也是备考硕士研究生的辅导书。

涂建华副教授为本书提出了宝贵的修改意见，在此表示诚挚的谢意。

我们相信，莘莘学子一定会从书中获得事半功倍的效益！

崔丽鸿　姜广峰
2011 年 1 月

目录

基础篇

第一章 行列式 ……………………… 1
 复习导学 ……………………… 1
 1. 行列式的概念 ……………… 1
  【基本题型1】 按定义计算行列式 … 2
  【基本题型2】 按对角线法则计算二、三阶行列式 … 2
 2. 行列式的性质 ……………… 2
  【基本题型3】 按行列式的性质计算行列式 ……………… 2
 3. 行列式按行（或列）展开定理 … 4
  【基本题型4】 有关余子式、代数余子式及其重要结论的题目 ……………… 4
  【基本题型5】 按照性质和按行展开定理计算较低阶的行列式 ……………… 6
  【基本题型6】 有关用行列式表示的多项式 $f(x)$ 性质的题目 ……………… 7
 4. 常用的特殊行列式 ………… 8
  【基本题型7】 一般的 n 阶行列式的计算 ……………… 9

第二章 矩阵 ……………………… 17
 复习导学 ……………………… 17
 1. 矩阵的概念 ………………… 17
 2. 矩阵相等 …………………… 17
 3. 矩阵运算 …………………… 17
 4. 矩阵运算的性质 …………… 18
 5. 转置矩阵 …………………… 18
  【基本题型1】 矩阵的基本运算 …… 18
 6. 特殊矩阵及其性质 ………… 19
  【基本题型2】 有关特殊矩阵的运算 ……………… 20
 7. 方阵 ………………………… 20
  【基本题型3】 有关方阵的性质 …… 20
  【基本题型4】 矩阵运算规律与数运算规律的区别 ……… 20
 8. 伴随矩阵 …………………… 21
 9. 逆矩阵 ……………………… 21
  【基本题型5】 利用伴随矩阵法求较低阶矩阵的逆 ……… 21
  【基本题型6】 判定或证明抽象矩阵可逆并求逆 ………… 22
  【基本题型7】 求抽象矩阵的逆 …… 23
  【基本题型8】 有关伴随矩阵的命题 ……………… 23
 10. 分块矩阵 ………………… 25
  【基本题型9】 分块矩阵的计算 …… 25
  【基本题型10】 分块矩阵的运用 …… 27
 11. 初等变换 ………………… 28
 12. 初等矩阵 ………………… 29
 13. 初等矩阵的应用 ………… 30
  【基本题型11】 将矩阵写成初等矩阵乘积形式 ………… 30
  【基本题型12】 利用初等变换法求矩阵的逆 ………… 31
 14. 矩阵的秩 ………………… 32
  【基本题型13】 按定义求矩阵的秩 ……………… 32
 15. 矩阵秩的基本结论 ……… 32
  【基本题型14】 利用秩的基本结论解题 ……………… 32

16. 用初等变化法求矩阵 A 的秩 …… 33
【基本题型 15】 用初等变换法求矩阵的秩 …… 33

第三章 向量 …… 36
复习导学 …… 36
1. n 维向量的概念 …… 36
2. n 维向量的线性运算 …… 36
3. 向量、向量组与矩阵 …… 36
【基本题型 1】 向量的线性运算 …… 37
4. 一个向量与一个向量组之间的线性表示 …… 37
【基本题型 2】 利用构成矩阵的秩来判定一个向量能否由另一向量组线性表示 …… 38
5. 向量组的线性相关与线性无关 …… 39
【基本题型 3】 有关抽象向量组的线性相关性的证明 …… 39
【基本题型 4】 有关分量具体的向量组的线性相关性的判定 …… 39
6. 线性相关性的重要性质及定理 …… 40
【基本题型 5】 有关线性相关性的概念和重要定理的题目 …… 40
7. 两个向量组的线性表示及其等价 …… 43
8. 两个向量组线性相关性的性质定理 …… 43
【基本题型 6】 有关两个向量组之间的线性表示及其相关性的判定 …… 43
9. 向量组的极大无关组 …… 44
10. 向量组的秩 …… 45
11. 两个向量组秩之间的关系 …… 45
12. 向量组的秩和矩阵的秩的关系 …… 45
13. 用初等变换法求向量组的秩和极大无关组 …… 45
【基本题型 7】 求一个向量组的极大无关组并表示其余向量 …… 45

【基本题型 8】 有关等价的向量组的证明 …… 46
【基本题型 9】 求向量组的秩 …… 47
【基本题型 10】 有关抽象向量组或矩阵秩的不等式的证明 …… 47
【基本题型 11】 关于抽象向量组和矩阵秩的等式的证明 …… 48
14. 向量的内积、长度、夹角 …… 51
15. Schmidt 正交化、单位化 …… 51
16. 正交矩阵 …… 52
17. 向量空间的定义、基与维数 …… 52
【基本题型 12】 求解空间的一组标准正交基 …… 52
【基本题型 13】 有关向量空间的维数 …… 53
18. 向量在基下的坐标 …… 53
【基本题型 14】 求向量在基下的坐标 …… 53
19. 两个向量组之间的过渡矩阵 …… 54
【基本题型 15】 求两组基之间的过渡矩阵 …… 54

第四章 线性方程组 …… 56
复习导学 …… 56
1. m 个方程 n 个未知量的线性方程组的一般形式 …… 56
2. 齐次线性方程组的基础解系 …… 56
【基本题型 1】 有关基础解系的概念 …… 56
3. 线性方程组解的性质和结构 …… 57
【基本题型 2】 有关方程组解的性质和结构 …… 57
4. 线性方程组解的判定 …… 60
【基本题型 3】 有关解的判定定理 …… 60
5. 线性方程组求解的初等变换法 …… 62
【基本题型 4】 求（非）齐次方程组的基础解系和通解

  62
 6. 线性方程组求解的克莱姆法则 63
  【基本题型 5】 按照克莱姆法则求方程组的解 64
 7. 线性方程组的求解和讨论 66
  【基本题型 6】 含参数方程组解的讨论 66
  【基本题型 7】 求齐次线性方程组的基础解系、通解 68
  【基本题型 8】 求非齐次方程组的通解 69
  【基本题型 9】 已知齐次方程组的解，反求系数矩阵 70

第五章 特征值与相似对角化 72
 复习导学 72
 1. 特征值和特征向量的定义 72
  【基本题型 1】 有关特征值和特征向量定义的题目 72
 2. 特征值和特征向量的计算步骤 72
  【基本题型 2】 求具体矩阵的特征值和特征向量 73
 3. 特征值和特征向量的性质 73
  【基本题型 3】 有关特征值和特征向量性质的题目 74
  【基本题型 4】 求抽象矩阵的特征值和特征向量 75
 4. 相似矩阵的概念 77
 5. 相似矩阵的性质 77
  【基本题型 5】 有关相似矩阵性质的题目 77
 6. 矩阵可以对角化的条件 78
  【基本题型 6】 有关两方阵相似的判定 79
 7. 矩阵对角化的方法 79
  【基本题型 7】 有关矩阵可对角化的判定 80
  【基本题型 8】 已知矩阵的特征值和特征向量，反求矩阵 82
 8. n 阶实对称矩阵 A 的主要结论 83

  【基本题型 9】 有关实对称矩阵的性质 83
 9. 用正交相似变换化实对称矩阵 A 为对角矩阵的方法步骤 85
  【基本题型 10】 求正交矩阵 Q，将实对称矩阵化为对角阵 85
  【基本题型 11】 有关特征值、特征向量的性质及其应用 87

第六章 二次型 90
 复习导学 90
 1. 二次型的概念 90
  【基本题型 1】 写出二次型的矩阵 90
  【基本题型 2】 已知二次型的秩，反求其参数 91
 2. 线性变换 92
 3. 矩阵的合同 92
  【基本题型 3】 判断两个矩阵是否合同 92
 4. 二次型的标准形 93
  【基本题型 4】 二次型的最大值问题 93
 5. 进一步的结论 94
  【基本题型 5】 已知二次型线性变换前后的形式，反求其中的参数 94
 6. 化二次型为标准形的配方法 94
  【基本题型 6】 用配方法化二次型化为标准形或规范形 95
 7. 化二次型为标准形的正交变换法 96
  【基本题型 7】 求正交变换，将二次型化为标准形或规范形 96
 8. 正定二次型和正定矩阵 99
  【基本题型 8】 判定二次型或矩阵的正定性 99

提高篇

第七章 行列式 ········· 103
  考点归纳 ············ 103
  考点解读 ············ 103
    ★ 命题趋势 ········· 103
    ★ 难点剖析 ········· 103
    1. n 阶行列式的计算 ········ 103
    2. 抽象型行列式的计算 ······ 105
    3. 证明行列式 $|A|=0$ 的方法 ···· 105
    4. 分块矩阵的行列式 ········ 105
  点击考点＋方法归纳 ········ 105
  有关行列式计算的题目 ········ 105
    【考点 1】 元素具体的含文字的低阶
                行列式的计算 ·········· 105
    【考点 2】 含在矩阵方程中的方阵的
                行列式的计算 ·········· 107
    【考点 3】 抽象矩阵的行列式求值
                ······················ 108
    【考点 4】 高阶行列式的计算 ···· 112
  有关行列式的证明题 ··········· 114
    【考点 5】 抽象行列式等于零或不等
                于零的判定或证明 ····· 114
    【考点 6】 分块矩阵的行列式 ···· 116

第八章 矩 阵 ············ 117
  考点归纳 ············ 117
  考点解读 ············ 117
    ★ 命题趋势 ········· 117
    ★ 难点剖析 ········· 117
    1. 两个矩阵可乘的条件 ······ 117
    2. 矩阵乘法不满足交换律和消去律
      ·················· 117
    3. 解矩阵方程 ············ 117
    4. 与初等变换有关的命题 ····· 118
    5. 与伴随矩阵有关的命题 ····· 118
    6. 矩阵秩的计算与证明 ······ 118
    7. 分块矩阵的运算 ·········· 119
  点击考点＋方法归纳 ········ 120
  有关逆矩阵的题目 ·········· 120
    【考点 1】 隐含矩阵可逆，求逆矩阵
                ······················ 120
    【考点 2】 判定或证明矩阵可逆 ··· 121
  有关矩阵的乘法运算 ········· 123
    【考点 3】 可交换矩阵的运算 ···· 123
    【考点 4】 求方阵的幂 A^n ····· 124
    【考点 5】 解矩阵方程 ········ 126
  有关矩阵的初等变换和初等矩阵的命题
    ······················ 131
    【考点 6】 求初等变换中的变换矩阵
                ······················ 131
    【考点 7】 求由初等变换得到的矩阵
                的有关性质 ··········· 131
  与伴随矩阵、转置矩阵等有关的命题
    ······················ 133
    【考点 8】 利用伴随矩阵万能公式求
                其逆、行列式等 ······· 133
  有关矩阵的秩 ············ 136
    【考点 9】 求元素具体但含参数的矩
                阵的秩或其反问题 ····· 136
    【考点 10】 求抽象矩阵的秩 ···· 138
    【考点 11】 矩阵秩的证明 ····· 140
    【考点 12】 有关秩为 1 的矩阵 ··· 142

第九章 向 量 ············ 144
  考点归纳 ············ 144
  考点解读 ············ 144
    ★命题趋势 ········· 144
    ★难点剖析 ········· 144
    1. 关于向量组的线性相关有如下等价
       命题 ················· 144
    2. 关于向量组的线性无关有如下等价
       命题 ················· 144
    3. 与向量组个数和维数有关的线性相
       关性结论 ············· 145
    4. 关于线性表示的有关结论 ···· 145

5. 关于向量组的秩的有关结论 …… 145
6. 关于向量组的基或其他 ………… 145
点击考点＋方法归纳………………… 146
有关向量组的计算题型……………… 146

【考点1】 已知向量组间的线性表示
关系，确定其中的参数
…………………………… 146

【考点2】 已知向量组的线性相关性，
确定其中的参数，并求一
个极大无关组 ………… 151

【考点3】 求向量在基下的坐标 … 153

【考点4】 求两组基之间的过渡矩阵
…………………………… 154

【考点5】 求解空间的一组标准正交基
…………………………… 155

有关向量组的证明题型……………… 155

【考点6】 判定或证明抽象向量组的
线性表示 ……………… 155

【考点7】 抽象向量组的线性相关性
的证明 ………………… 157

【考点8】 抽象的向量组的秩的证明
…………………………… 158

有关向量的客观题型………………… 159

【考点9】 有关向量组的线性相关性
的判定 ………………… 159

【考点10】 与矩阵有关的向量组的相
关性的判定 …………… 162

【考点11】 与线性表示有关的线性相
关性的判定 …………… 164

【考点12】 已知数字向量组线性相关，
确定其中的参数 ……… 166

第十章 线性方程组……………… 167
考点归纳……………………………… 167
考点解读……………………………… 167
★命题趋势………………………… 167
★难点剖析………………………… 167
1. n 元线性方程组的三种等价的表达
形式 …………………………… 167
2. 线性方程组解的性质 ………… 168
3. m 个方程 n 个未知量的齐线性方程

组解的判定 …………………… 168
4. m 个方程 n 个未知量的非齐线性方
程组解的判定 ………………… 168
5. 对含参数的线性方程组，一般有以
下两种题型 …………………… 168
6. 对抽象方程组的求解 ………… 168
7. 寻找或证明向量组是某方程组的基
础解系的3个关键点 ………… 169
8. 两个线性方程组解（都是齐次方程
组或都是非齐次方程组）之间的关系
…………………………………… 169
9. 求方程组（Ⅰ）$A_{m\times n}X=\alpha$ 和方程
组（Ⅱ）$B_{t\times n}X=\beta$ 的公共解的一般
方法 …………………………… 169
点击考点＋方法归纳………………… 169
有关抽象方程组的求解……………… 169

【考点1】 抽象方程组的求解 …… 169
有关含参数的方程组的讨论或求解
………………………………………… 174

【考点2】 讨论齐次方程组中的参数，
使得方程组只有零解或有
非零解，并在有非零解时，
求其通解 ……………… 174

【考点3】 讨论非齐次方程组中的参
数，使得方程组无解或有
解，并在有解时求其通解
…………………………… 182

【考点4】 已知方程组的解的情况，
反求其中的参数并求解
…………………………… 185

有关两个方程组解之间的关系……… 187

【考点5】 有关两方程组（Ⅰ）$A_{m\times n}X=$
α 和（Ⅱ）$B_{t\times n}X=\beta$ 的公
共解问题 ……………… 187

【考点6】 已知两方程组同解，反求
其中的参数 …………… 190

【考点7】 判断两个抽象的矩阵方程
解之间的关系 ………… 193

有关基础解系的命题………………… 194

【考点8】 已知一组向量已是基础解系，

　　　　　 证明或判断其线性组合构
　　　　　 成的另一组向量也是基础
　　　　　 解系 ············· 194
【考点 9】 已知非齐次方程组解的情
　　　　　 况，寻求对应齐次方程组
　　　　　 的基础解系 ········ 195
有关 AB＝0 的命题 ··········· 196
【考点 10】 已知 AB＝0，确定 A 或 B
　　　　　 中的参数 ········· 196
【考点 11】 已知 AB＝0，确定矩阵 A
　　　　　 或 B 的秩 ········· 198
【考点 12】 已知 AB＝0，确定 A 或 B
　　　　　 的行列式值是否为零
　　　　　 ·················· 199
【考点 13】 已知 AB＝0，确定 A 或 B
　　　　　 的行向量组或列向量组的
　　　　　 相关性 ············ 200

第十一章　特征值与矩阵的相似对角化

··································· 202
考点归纳 ····················· 202
考点解读 ····················· 202
★命题趋势 ··················· 202
★难点剖析 ··················· 202
1. 求矩阵 A 的特征值和特征向量的一
般方法 ····················· 202
2. 有关的重要结论 ············· 202
3. 求与 A 相关矩阵的特征值和特征向
量 ························· 203
4. 两矩阵相似的必要条件 ······· 203
5. 证明或判断矩阵相似及其逆问题
··································· 203
6. 可对角化的判定及其逆问题 ··· 203
7. 实对称矩阵的主要性质 ······· 204
点击考点＋方法归纳 ··········· 204
有关特征值和特征向量的计算 ··· 204
【考点 1】 求具体矩阵的特征值和特
　　　　　 征向量 ············ 204
【考点 2】 求抽象矩阵的特征值 ··· 208
【考点 3】 求抽象矩阵的特征向量
　　　　　 ·················· 209
与特征值、特征向量有关的逆的问题

································· 210
【考点 4】 已知矩阵的特征值、特征
　　　　　 向量，反求其中的参数
　　　　　 ·················· 210
【考点 5】 已知矩阵的特征值、特征
　　　　　 向量，反求矩阵 ···· 211
有关两矩阵的相似问题 ········· 212
【考点 6】 两具体的矩阵相似，确定
　　　　　 其中的参数 ········ 212
【考点 7】 已知抽象矩阵和一个向量
　　　　　 组之间的关系，求其相似
　　　　　 对角矩阵等 ········ 213
有关矩阵的对角化的题目 ······· 216
【考点 8】 确定参数的值，使得有关矩
　　　　　 阵可对角化，并求相应的
　　　　　 可逆矩阵和对角矩阵 ··· 216
【考点 9】 确定参数的值后，讨论矩
　　　　　 阵是否可对角化 ···· 219
有关实对称矩阵的题目 ········· 220
【考点 10】 已知实对称矩阵的全部特
　　　　　 征值和部分特征向量，反
　　　　　 求矩阵 A ·········· 220
【考点 11】 求正交矩阵，化实对称矩
　　　　　 阵 A 为对角矩阵 ····· 223
【考点 12】 特征值、特征向量的性质
　　　　　 及其应用 ·········· 229
【考点 13】 有关两矩阵相似的必要条
　　　　　 件 ················ 231
有关特征值、特征向量和相似矩阵的证明
··································· 232
【考点 14】 两相关矩阵的特征值与特
　　　　　 征向量间的关系 ···· 232
【考点 15】 矩阵相似性的证明 ····· 232

第十二章　二次型 ············· 234

考点归纳 ····················· 234
考点解读 ····················· 234
★命题趋势 ··················· 234
★难点剖析 ··················· 234
1. 化二次型为标准形的定理 ····· 234
2. 求二次型的标准形的方法 ····· 234
3. 关于二次型的唯一性 ········· 234

4. 关于二次型的惯性指数和秩 …… 235
5. 二次型的规范形 …………… 235
6. 合同变换与合同矩阵 ……… 235
7. 合同矩阵与相似矩阵 ……… 235
8. 正定二次型及其对应矩阵的正定性 ………………………… 235

点击考点＋方法归纳………… 236
有关二次型的标准化问题……… 236
【考点1】 先确定二次型中的参数，再求正交变换或正交变换矩阵，最后将含参数的二次型化为标准形 ……………… 236
【考点2】 求正交变换矩阵 …… 239
有关二次型对应矩阵的命题……… 244
【考点3】 求含参数的二次型所对应矩阵的特征值 ………… 244
【考点4】 求抽象的二次型所对应的矩阵 ……………… 245
有关二次型或矩阵的正定………… 247
【考点5】 判别或证明二次型的正定 …………………………… 247
【考点6】 证明矩阵的正定 ……… 248

【考点7】 有关正定的综合题 …… 251
合同变换与合同矩阵……………… 252
【考点8】 合同变换与合同矩阵 … 252

第十三章 线性代数与几何的关系…… 254
考点归纳…………………………… 254
考点解读…………………………… 254
★命题趋势………………………… 254
★难点剖析………………………… 254
1. 线、面间的位置关系和方程组的转化 ………………………………… 254
2. 常见的二次曲面的标准方程及其图形 ………………………………… 255
3. 常见的二次曲面的秩 ………… 255

点击考点＋方法归纳……………… 255
【考点1】 直线或平面间的位置关系与向量组的相关性或矩阵的秩的相互转化 ……… 255
【考点2】 二次型的标准形表示何种曲面 ……………… 260
【考点3】 利用二次曲面的图形确定二次型的秩、正负特征值个数或正负惯性指数 … 262

应试篇

线性代数复习点睛……………… 264
1. 符号多，下标多 ……………… 264
2. 概念之多，联系之紧密，关系之隐蔽，非线性代数莫属 ………… 264
3. 计算简单，但计算量大，且运算法则与数的常规运算有不一样的地方，因而容易出错 ……………… 264
4. 具有较强的数学特征，即对于抽象性和逻辑性要求较高 ………… 265
2011年研究生入学考试真题及答案 … 265
1. 研究生入学线性代数考生对象 … 265
2. 研究生入学线性代数考题类型 … 265
3. 2011年研究生入学线性代数试题及部分答案 ……………… 265

2011年全国硕士研究生入学统一考试数学一试题及部分答案……… 265
2011年全国硕士研究生入学统一考试数学二试题及部分答案……… 268
2011年全国硕士研究生入学统一考试数学三试题及部分答案……… 271
三套自我检查题及答案…………… 275
自我检查试题一…………………… 275
自我检查试题二…………………… 277
自我检查试题三…………………… 278
自我检查试题一部分答案………… 280
自我检查试题二部分答案………… 280
自我检查试题三部分答案………… 281

参考文献…………………………… 283

第一章 行 列 式

📖 复习导学

1. 行列式的概念

关于行列式的定义,有两种引出方法:先引入排列、逆序等概念之后,给出行列式的定义;不需引入排列、逆序等概念,而是利用递归法,即用 $n-1$ 阶行列式定义 n 阶行列式.考研大纲中对这部分的叙述是:了解行列式的概念.从大纲的要求,可得出结论:不必在行列式的定义方面过多纠缠.因此,有关行列式的定义,仅复习如下.

n 阶行列式

$$D_n = \begin{vmatrix} a_{11} & a_{12} & \cdots & a_{1n} \\ a_{21} & a_{22} & \cdots & a_{2n} \\ \vdots & \vdots & \cdots & \vdots \\ a_{n1} & a_{n2} & \cdots & a_{nn} \end{vmatrix} = \sum_{j_1,j_2,\cdots,j_n} (-1)^{\tau(j_1 j_2 \cdots j_n)} a_{1j_1} a_{2j_2} \cdots a_{nj_n}$$

是由 n^2 个元素 $a_{ij}(i,j=1,2,\cdots,n)$(数、字母)排列成一个 n 行 n 列,两边界加竖线就成为 n 阶行列式的记号.它表示按一定法则进行计算的一个计算公式,得到的结果称为行列式的值.这个结果是一个由 $n!$ 项组成的代数和,其中每一项都是取自不同行、不同列的 n 个元素的乘积,而这一项前面的符号取决于排列 $j_1,j_2,\cdots,j_n$ 的逆序数 $\tau(j_1,j_2,\cdots,j_n)$.

当 $n=1$ 时,$D_1 = |a_{11}| = a_{11}$.

当 $n=2$ 时,$D_2 = \begin{vmatrix} a_{11} & a_{12} \\ a_{21} & a_{22} \end{vmatrix} = a_{11}a_{22} - a_{12}a_{21}$.

当 $n=3$ 时,$D_3 = \begin{vmatrix} a_{11} & a_{12} & a_{13} \\ a_{21} & a_{22} & a_{23} \\ a_{31} & a_{32} & a_{33} \end{vmatrix}$

$= a_{11}a_{22}a_{33} + a_{12}a_{23}a_{31} + a_{13}a_{21}a_{32} - a_{13}a_{22}a_{31} - a_{11}a_{23}a_{32} - a_{12}a_{21}a_{33}.$

【基本题型 1】按定义计算行列式

【例 1-1】 计算反对角行列式 $\begin{vmatrix} 0 & 0 & 0 & 1 \\ 0 & 0 & 2 & 0 \\ 0 & 3 & 0 & 0 \\ 4 & 0 & 0 & 0 \end{vmatrix}$.

【解】 展开式中的一般项是 $(-1)^{\tau(j_1 j_2 j_3 j_4)} a_{1j_1} a_{2j_2} a_{3j_3} a_{4j_4}$.

若 $j_1 \neq 4$,则 $a_{1j_1} = 0$. 所以 j_1 只能等于 4. 同理,$j_2 = 3, j_3 = 2, j_4 = 1$. 即行列式中不为零的项为 $a_{14} a_{23} a_{32} a_{41}$. 又因为 $\tau(4321) = 0 + 1 + 2 + 3 = 6$,所以

$$\begin{vmatrix} 0 & 0 & 0 & 1 \\ 0 & 0 & 2 & 0 \\ 0 & 3 & 0 & 0 \\ 4 & 0 & 0 & 0 \end{vmatrix} = (-1)^{\tau(4321)} 1 \cdot 2 \cdot 3 \cdot 4 = 24.$$

【温馨提示】 按照本题的方可以得到更一般的结论,详见本节后面的特殊类的行列式(1)~(3).

【基本题型 2】按对角线法则计算二、三阶行列式

【例 1-2】 计算行列式 $\begin{vmatrix} a & b & c \\ b & c & a \\ c & a & b \end{vmatrix}$.

【解】 $\begin{vmatrix} a & b & c \\ b & c & a \\ c & a & b \end{vmatrix} = acb + bac + cba - bbb - aaa - ccc = 3abc - a^3 - b^3 - c^3.$

2. 行列式的性质

关于行列式的性质,大纲要求的是掌握,因此可得出结论:熟练掌握行列式的性质并能灵活运用.这些性质简述如下.

(1) 转置不变(所以下面的各条性质对列也成立).

(2) 换行反号(即交换某两行,则行列式值反号).

(3) 同行得零[即某两行相同的行列式值为零,此为(2)之推论].

(4) 倍提性质(即某一行所有元素都乘以同一数 k,等于用 k 乘此行列式).

(5) 零行得零(即有一行元素全为零的行列式值为零).

(6) 行成比例值为零[即某两行对应元素成比例的行列式值为零,由(3)、(4)即知].

(7) 拆分性质(即某一行元素均是两数之和,则可拆分为两个行列式之和).

(8) 倍加不变(即将某行的倍数加到另一行,行列式值不变).

约定如下记号:$r_i + kr_j$ 表示第 j 行的 k 倍加到第 i 行;$c_i + kc_j$ 表示第 j 列的 k 倍加到第 i 列.

【基本题型 3】按行列式的性质计算行列式

【例 1-3】 计算行列式 $\begin{vmatrix} ax+by & ay+bz & az+bx \\ ay+bz & az+bx & ax+by \\ az+bx & ax+by & ay+bz \end{vmatrix}$.

【解法1】 原式 $\xrightarrow[\text{拆分}]{\text{分别按第1列}} a\begin{vmatrix} x & ay+bz & az+bx \\ y & az+bx & ax+by \\ z & ax+by & ay+bz \end{vmatrix} + b\begin{vmatrix} y & ay+bz & az+bx \\ z & az+bx & ax+by \\ x & ax+by & ay+bz \end{vmatrix}$

$\xrightarrow[\text{拆分}]{\text{分别按第3,2列}} a^2\begin{vmatrix} x & ay+bz & z \\ y & az+bx & x \\ z & ax+by & y \end{vmatrix} + 0 + 0 + b^2\begin{vmatrix} y & z & az+bx \\ z & x & ax+by \\ x & y & ay+bz \end{vmatrix}$

$\xrightarrow[\text{拆分}]{\text{分别按第2,3列}} a^3\begin{vmatrix} x & y & z \\ y & z & x \\ z & x & y \end{vmatrix} + b^3\begin{vmatrix} y & z & x \\ z & x & y \\ x & y & z \end{vmatrix}$

$= a^3\begin{vmatrix} x & y & z \\ y & z & x \\ z & x & y \end{vmatrix} + b^3 \cdot (-1)^2\begin{vmatrix} x & y & z \\ y & z & x \\ z & x & y \end{vmatrix} = (a^3+b^3)\begin{vmatrix} x & y & z \\ y & z & x \\ z & x & y \end{vmatrix}.$

【解法2】 原式 $\xrightarrow[\text{拆分}]{\text{分别按第1列}} a\begin{vmatrix} x & ay+bz & az+bx \\ y & az+bx & ax+by \\ z & ax+by & ay+bz \end{vmatrix} + b\begin{vmatrix} y & ay+bz & az+bx \\ z & az+bx & ax+by \\ x & ax+by & ay+bz \end{vmatrix}$

$\xrightarrow[\substack{\text{对后一行列式} \\ c_2+(-a)\cdot c_1}]{\substack{\text{对前一行列式} \\ c_3+(-b)\cdot c_1}} a\begin{vmatrix} x & ay+bz & az \\ y & az+bx & ax \\ z & ax+by & ay \end{vmatrix} + b\begin{vmatrix} y & bz & az+bx \\ z & bx & ax+by \\ x & by & ay+bz \end{vmatrix}$

$= a^2\begin{vmatrix} x & ay+bz & z \\ y & az+bx & x \\ z & ax+by & y \end{vmatrix} + b^2\begin{vmatrix} y & z & az+bx \\ z & x & ax+by \\ x & y & ay+bz \end{vmatrix}$

$\xrightarrow[\substack{\text{对后一行列式} \\ c_3+(-a)\cdot c_2}]{\substack{\text{对前一行列式} \\ c_2+(-b)\cdot c_3}} a^2\begin{vmatrix} x & ay & z \\ y & az & x \\ z & ax & y \end{vmatrix} + b^2\begin{vmatrix} y & z & bx \\ z & x & by \\ x & y & bz \end{vmatrix}$

$= a^3\begin{vmatrix} x & y & z \\ y & z & x \\ z & x & y \end{vmatrix} + b^3 \cdot (-1)^2\begin{vmatrix} x & y & z \\ y & z & x \\ z & x & y \end{vmatrix}$

$= (a^3+b^3)\begin{vmatrix} x & y & z \\ y & z & x \\ z & x & y \end{vmatrix}.$

【例 1-4】 设 x_1, x_2, x_3 是方程 $x^3 + px + q = 0$ 的三个根，则行列式

$\begin{vmatrix} x_1 & x_2 & x_3 \\ x_3 & x_1 & x_2 \\ x_2 & x_3 & x_1 \end{vmatrix} = \underline{\qquad}.$

【解】 由题意和根与系数的关系知，$x_1 + x_2 + x_3 = 0$. 于是

$\begin{vmatrix} x_1 & x_2 & x_3 \\ x_3 & x_1 & x_2 \\ x_2 & x_3 & x_1 \end{vmatrix} \xrightarrow{r_1+1\cdot r_2+1\cdot r_3} \begin{vmatrix} x_1+x_3+x_2 & x_2+x_1+x_3 & x_3+x_2+x_1 \\ x_3 & x_1 & x_2 \\ x_2 & x_3 & x_1 \end{vmatrix} = \begin{vmatrix} 0 & 0 & 0 \\ x_3 & x_1 & x_2 \\ x_2 & x_3 & x_1 \end{vmatrix} = 0.$

3. 行列式按行(或列)展开定理

关于这部分内容,考试大纲中的原句是这样叙述的:会用行列式的性质和行列式按行(列)展开定理计算行列式.因此可得出结论:行列式性质和展开定理的巧妙结合,是计算行列式的重要法宝.以下是相关的概念和定理.

(1) 余子式、代数余子式:在 n 阶行列式 D 中,划去第 i 行第 j 列的元素 a_{ij} 后,余下的 $n-1$ 阶行列式 M_{ij} 称为 D 中元素 a_{ij} 的余子式,称 $A_{ij}=(-1)^{i+j}M_{ij}$ 为 a_{ij} 的代数余子式.

例如,在 $D=\begin{vmatrix} a_{11} & a_{12} & a_{13} & a_{14} \\ a_{21} & a_{22} & a_{23} & a_{24} \\ a_{31} & a_{32} & a_{33} & a_{34} \\ a_{41} & a_{42} & a_{43} & a_{44} \end{vmatrix}$ 中,$M_{22}=\begin{vmatrix} a_{11} & a_{13} & a_{14} \\ a_{31} & a_{33} & a_{34} \\ a_{41} & a_{43} & a_{44} \end{vmatrix}$,$A_{22}=(-1)^{2+2}M_{22}=M_{22}$.

$M_{12}=\begin{vmatrix} a_{21} & a_{23} & a_{24} \\ a_{31} & a_{33} & a_{34} \\ a_{41} & a_{43} & a_{44} \end{vmatrix}$,$A_{12}=(-1)^{1+2}M_{12}=-M_{12}$.

> 【温馨提示】行列式的每个元素 a_{ij} 分别对应着一个余子式 M_{ij} 和代数余子式 A_{ij}. $A_{ij}=(-1)^{i+j}M_{ij}$ 的值与元素 a_{ij} 的取值无关,仅与 a_{ij} 的位置有关.

(2) 行列式按行(或列)展开定理:n 阶行列式 D_n 按第 i 行展开为

$$D=a_{i1}A_{i1}+a_{i2}A_{i2}+\cdots+a_{in}A_{in} \quad (i=1,2,\cdots,n),$$

或按第 j 列展开为

$$D=a_{1j}A_{1j}+a_{2j}A_{2j}+\cdots+a_{nj}A_{nj} \quad (j=1,2,\cdots,n).$$

> 【温馨提示】此定理表明:n 阶行列式的计算可以转化为 n 个 $n-1$ 阶行列式的计算.因此该定理也称为降阶定理.特别地,当第 i 行(或列)只有一个非零元时,n 阶行列式就转化为一个 $n-1$ 阶行列式的计算,因此在计算行列式时,常常先利用性质(8)将所给行列式的某行(列)化成只含有一个非零元素,然后按此行(列)展开,每展开一次,行列式的阶数可降低1阶,如此继续进行,直到行列式能直接计算出来为止(一般展开成二阶行列式).这种方法对阶数不高的数字行列式比较适用.

(3) 行列式某一行(列)的元素与另一行(列)对应元素的代数余子式的乘积的和等于零.即

$$a_{i1}A_{j1}+a_{i2}A_{j2}+\cdots+a_{in}A_{jn}=0 \quad (i\neq j),$$

$$a_{1i}A_{1j}+a_{2i}A_{2j}+\cdots+a_{ni}A_{nj}=0 \quad (i\neq j).$$

【基本题型4】 有关余子式、代数余子式及其重要结论的题目

【例1-5】已知行列式 $\begin{vmatrix} 2 & 1 & -5 & 1 \\ 1 & -3 & 0 & -6 \\ 0 & 2 & -1 & 2 \\ 1 & 4 & -7 & 6 \end{vmatrix}$,求(1) $A_{41}+4A_{42}-7A_{43}+6A_{44}$;(2) $A_{11}-$

$3A_{12}-6A_{14}$；(3) $A_{41}+A_{42}+A_{43}+A_{44}$. 其中 A_{ij} 是 a_{ij} 的代数余子式.

【分析】对(1)中的 A_{ij}，注意到其是第4行的各元素对应的代数余子式，而每一项前面的因子也恰好是第4行的各元素，因而(1)实际上是求原行列式的值. 对(2)中的 A_{ij}，注意到其是第1行的各元素对应的代数余子式，而每一项前面的因子是第2行的各元素，根据代数余子式的性质立即可得其结果是零. (3)所求的为行列式的第4行的各元素对应的代数余子式的和，若分别计算 $A_{41},A_{42},A_{43},A_{44}$ 然后再相加，显然较为麻烦. 因此要另辟路径，很自然应该想到代数余子式的概念和性质. 根据代数余子式的定义可知，在行列式中，一个元素 a_{ij} 的代数余子式 A_{ij} 与该元素的值无关，与该元素的位置有关，因此可考虑构造一个新的行列式，使得 b_{ij} 的代数余子式为 A_{ij}. 因为本题所求的为第4行各元素的代数余子式，因而，所构造的新行列式首先应满足：除了第4行外，其余位置上的元素应为原行列式对应的部分. 又注意到 $A_{41}+A_{42}+A_{43}+A_{44}=1\cdot A_{41}+1\cdot A_{42}+1\cdot A_{43}+1\cdot A_{44}$，根据行列式的按行展开定理可知，构造的行列式的第4行元素应为 $1,1,\cdots,1$.

【解】(1) 根据代数余子式的性质，有

$$A_{41}+4A_{42}-7A_{43}+6A_{44}=\begin{vmatrix} 2 & 1 & -5 & 1 \\ 1 & -3 & 0 & -6 \\ 0 & 2 & -1 & 2 \\ 1 & 4 & -7 & 6 \end{vmatrix} \xrightarrow{\substack{(-2)r_2+r_1 \\ (-1)r_2+r_4}} \begin{vmatrix} 0 & 7 & -5 & 13 \\ 1 & -3 & 0 & -6 \\ 0 & 2 & -1 & 2 \\ 0 & 7 & -7 & 12 \end{vmatrix}$$

$$=-\begin{vmatrix} 7 & -5 & 13 \\ 2 & -1 & 2 \\ 7 & -7 & 12 \end{vmatrix} \xrightarrow{\substack{2c_2+c_1 \\ 2c_2+c_3}} \begin{vmatrix} -3 & -5 & 3 \\ 0 & -1 & 0 \\ -7 & -7 & -2 \end{vmatrix} = \begin{vmatrix} -3 & 3 \\ -7 & -2 \end{vmatrix} = 27.$$

(2) $A_{11}-3A_{12}-6A_{14}=0.$

(3) 根据题意，构造行列式 $\begin{vmatrix} 2 & 1 & -5 & 1 \\ 1 & -3 & 0 & -6 \\ 0 & 2 & -1 & 2 \\ 1 & 1 & 1 & 1 \end{vmatrix}$，则这个行列式与原行列式的第4行的各

元素对应的代数余子式相同. 并且有

$$A_{41}+A_{42}+A_{43}+A_{44}=1\cdot A_{41}+1\cdot A_{42}+1\cdot A_{43}+1\cdot A_{44}=\begin{vmatrix} 2 & 1 & -5 & 1 \\ 1 & -3 & 0 & -6 \\ 0 & 2 & -1 & 2 \\ 1 & 1 & 1 & 1 \end{vmatrix}$$

$$\xrightarrow{\substack{r_1+(-2)r_4 \\ r_2+(-1)r_4}} \begin{vmatrix} 0 & -1 & -7 & -1 \\ 0 & -4 & -1 & -7 \\ 0 & 2 & -1 & 2 \\ 1 & 1 & 1 & 1 \end{vmatrix} \xrightarrow{\text{按第1列展开}} (-1)^{1+4} \begin{vmatrix} -1 & -7 & -1 \\ -4 & -1 & -7 \\ 2 & -1 & 2 \end{vmatrix}$$

$$\xrightarrow{c_1+(-1)c_3} (-1) \begin{vmatrix} 0 & -7 & -1 \\ 3 & -1 & -7 \\ 0 & -1 & 2 \end{vmatrix} \xrightarrow{\text{按第1列展开}} (-1)\cdot(-1)^{2+1}\cdot 3 \begin{vmatrix} -7 & -1 \\ -1 & 2 \end{vmatrix}$$

$$=3\cdot(-14-1)=-45.$$

【例 1-6】已知 5 阶行列式 $D=\begin{vmatrix} 1 & 2 & 3 & 4 & 5 \\ 2 & 2 & 2 & 1 & 1 \\ 3 & 1 & 2 & 4 & 5 \\ 1 & 1 & 1 & 2 & 2 \\ 4 & 3 & 1 & 5 & 0 \end{vmatrix}=27$,求(1) $A_{41}+A_{42}+A_{43}$;(2) $A_{44}+A_{45}$.其中 A_{4j} 是 a_{4j} 的代数余子式,$j=1,2,3,4$.

【分析】要求 $A_{41}+A_{42}+A_{43}$ 和 $A_{44}+A_{45}$ 的值,由行列式 D 的特点,可以发现 D 的第 2 行与第 4 行具有前三个元素相同、后两个元素也相同的特征,利用这个特征及

$$\sum_{k=1}^{n}a_{ik}A_{jk}=\begin{cases}D_n & (i=j)\\ 0 & (i\neq j)\end{cases}$$

列出以 $A_{41}+A_{42}+A_{43}$ 和 $A_{44}+A_{45}$ 为变量的方程组,进而求解方程组即得所求值.

【解】由已知条件得

$$\begin{cases}A_{41}+A_{42}+A_{43}+2A_{44}+2A_{45}=27,\\ 2(A_{41}+A_{42}+A_{43})+A_{44}+A_{45}=0.\end{cases}$$

解方程得

$$A_{41}+A_{42}+A_{43}=-9, A_{44}+A_{45}=18.$$

【基本题型 5】按照性质和按行展开定理计算较低阶的行列式

【例 1-7】计算行列式 $\begin{vmatrix} a & 1 & 0 & 0 \\ -1 & b & 1 & 0 \\ 0 & -1 & c & 1 \\ 0 & 0 & -1 & d \end{vmatrix}$.

【解】原式 $\xrightarrow{r_1+ar_2}\begin{vmatrix} 0 & 1+ab & a & 0 \\ -1 & b & 1 & 0 \\ 0 & -1 & c & 1 \\ 0 & 0 & -1 & d \end{vmatrix}$

$=(-1)(-1)^{2+1}\begin{vmatrix} 1+ab & a & 0 \\ -1 & c & 1 \\ 0 & -1 & d \end{vmatrix}\xrightarrow{c_3+dc_2}\begin{vmatrix} 1+ab & a & ad \\ -1 & c & 1+cd \\ 0 & -1 & 0 \end{vmatrix}$

$=(-1)(-1)^{3+2}\begin{vmatrix} 1+ab & ad \\ -1 & 1+cd \end{vmatrix}=abcd+ab+cd+ad+1.$

【例 1-8】计算行列式 $D=\begin{vmatrix} 1 & 1 & 2 & 3 \\ 1 & 2-x^2 & 2 & 3 \\ 2 & 3 & 1 & 5 \\ 2 & 3 & 1 & 9-x^2 \end{vmatrix}$.

【解】从行列式的形式上可以看出,当 $2-x^2=1$,即 $x=\pm 1$ 时,行列式 D 中的第 1、2 行对应元素相等,此时行列式 $D=0$,所以行列式 D 有因子 $(x-1)(x+1)$.

同理有,当 $9-x^2=5$,即 $x=\pm 2$ 时,行列式中的第 3、4 行对应的元素相等,此时 $D=0$,所以行列式 D 有因子 $(x-2)(x+2)$.根据行列式的定义知,D 为 x 的四次多项式,所以可设 $D=a(x-1)(x+1)(x-2)(x+2)$,现在只要求出 x^4 的系数即可.为此令 $x=0$,可以算出

$D=-12$,于是 $a=-3$,故
$$D=-3(x-1)(x+1)(x-2)(x+2).$$

【温馨提示】本题的方法称为分析因子法,若行列式的元素含有变量 x,可将行列式设为一个多项式 $f(x)$,而后根据行列式的特点、性质,求出多项式及其系数,它是计算含文字的低阶行列式的方法之一.

【基本题型6】有关用行列式表示的多项式 $f(x)$ 性质的题目

【例1-9】行列式 $D_4 = \begin{vmatrix} 1 & -x & 3x & 4x \\ 5 & 0 & x & 0 \\ x & 2x & 0 & 6 \\ -x & 0 & -1 & x \end{vmatrix}$ 中 x^4 的系数是_____.

【解法1】本题只求 D_4 展开式中 x^4 的系数,因此不必把 D_4 全部算出,只要把 D_4 中含 x^4 的项找出即可.显然可把 D_4 按第2行展开成两部分:
$$D_4 = 5A_{21} + xA_{23}.$$

易见 $5A_{21}$ 不可能含 x^4 的项,只有 xA_{23} 这一部分含有 x^4 的项.因为

$$xA_{23} = -x \begin{vmatrix} 1 & -x & 4x \\ x & 2x & 6 \\ -x & 0 & x \end{vmatrix} = -x \begin{vmatrix} 1+4x & -x & 4x \\ x+6 & 2x & 6 \\ 0 & 0 & x \end{vmatrix}$$
$$= -x^2 \begin{vmatrix} 1+4x & -x \\ x+6 & 2x \end{vmatrix} = -x^2(2x+8x^2+x^2+6x),$$

故应填 -9.

【解法2】直接根据行列式的定义解题. D_4 中含 x 为因子的元素有
$$a_{12}=-x, a_{13}=3x, a_{14}=4x, a_{23}=x,$$
$$a_{31}=x, a_{32}=2x, a_{41}=-x, a_{44}=x,$$

因而,含有 x 为因子的元素 a_{ij_k} 的列下标只能取 $j_1=2,3,4; j_2=3; j_3=1,2; j_4=4,1$.于是,含 x^4 的项的列下标只能取 $j_1=2, j_2=3, j_3=1, j_4=4$ 或 $j_1=4, j_2=3, j_3=2, j_4=1$.

相应的项为
$$(-1)^{\tau(2314)} a_{12}a_{23}a_{31}a_{44} = -x \cdot x \cdot x \cdot x = -x^4,$$
$$(-1)^{\tau(4321)} a_{14}a_{23}a_{32}a_{41} = 4x \cdot x \cdot 2x \cdot (-x) = -8x^4.$$

故 D_4 中 x^4 的系数为 $(-1)+(-8)=-9$.

利用本章的知识,可以证明如下结论,在一般行列式的计算中,可以作为公式直接运用.

【例1-10】行列式 $\begin{vmatrix} x & 1 & 0 & 1 \\ 0 & 1 & x & 1 \\ 1 & x & 1 & 0 \\ 1 & 0 & 1 & x \end{vmatrix}$ 展开式中的常数式为【   】.

(A) 4.　　　(B) 2.　　　(C) 1.　　　(D) 0.

【解】设

$$f(x) = \begin{vmatrix} x & 1 & 0 & 1 \\ 0 & 1 & x & 1 \\ 1 & x & 1 & 0 \\ 1 & 0 & 1 & x \end{vmatrix},$$

则行列式展开式中的常数项为 $f(0)$. 因为

$$f(0) = \begin{vmatrix} 0 & 1 & 0 & 1 \\ 0 & 1 & 0 & 1 \\ 1 & 0 & 1 & 0 \\ 1 & 0 & 1 & 0 \end{vmatrix} = 0,$$ 所以本题应选(D).

【例 1-11】设不恒为零的函数 $f(x) = \begin{vmatrix} a_1+x & b_1+x & c_1+x \\ a_2+x & b_2+x & c_2+x \\ a_3+x & b_3+x & c_3+x \end{vmatrix}$,则 $f(x)$【　】.

(A) 没有零点．　　(B) 至多有 1 个零点．　　(C) 恰好有 2 个零点．　　(D) 恰好有 3 个零点．

【解】根据行列式的"倍加不变"性质,可得

$$f(x) \xrightarrow[r_3+(-1)r_1]{r_2+(-1)r_1} \begin{vmatrix} a_1+x & b_1+x & c_1+x \\ a_2-a_1 & b_2-b_1 & c_2-c_1 \\ a_3-a_1 & b_3-b_1 & c_3-c_1 \end{vmatrix},$$

于是由行列式的定义可知,$f(x)$ 至多是关于 x 的一次多项式,故本题应选(B).

4. 常用的特殊行列式

利用行列式的定义和性质可以得到如下特殊的行列式,建议读者熟记并灵活运用.

(1) 上(下)三角行列式:

$$D_n = \begin{vmatrix} a_{11} & & & * \\ & a_{22} & & \\ & & \ddots & \\ 0 & & & a_{nn} \end{vmatrix} = a_{11}a_{22}\cdots a_{nn}, \quad D_n = \begin{vmatrix} a_{11} & & & 0 \\ & a_{22} & & \\ & & \ddots & \\ * & & & a_{nn} \end{vmatrix} = a_{11}a_{22}\cdots a_{nn}.$$

(2) 反上(下)三角行列式:

$$D_n = \begin{vmatrix} * & & & a_{1n} \\ & & a_{2n-1} & \\ & \ddots & & \\ a_{n1} & & & 0 \end{vmatrix} = (-1)^{\frac{(n-1)n}{2}} a_{1n} a_{2n-1} a_{3n-2} \cdots a_{n1},$$

$$D_n = \begin{vmatrix} 0 & & & a_{1n} \\ & & a_{2n-1} & \\ & \ddots & & \\ a_{n1} & & & * \end{vmatrix} = (-1)^{\frac{(n-1)n}{2}} a_{1n} a_{2n-1} a_{3n-2} \cdots a_{n1}.$$

(3) 范德蒙行列式 $D_n = \begin{vmatrix} 1 & 1 & \cdots & 1 \\ x_1 & x_2 & \cdots & x_n \\ x_1^2 & x_2^2 & \cdots & x_n^2 \\ \vdots & \vdots & & \vdots \\ x_1^{n-1} & x_2^{n-1} & \cdots & x_n^{n-1} \end{vmatrix} = \prod_{n \geqslant i > j \geqslant 1}(x_i - x_j).$

(4) 按主对角线分块的上(下)三角行列式：

$$D = \begin{vmatrix} a_{11} & \cdots & a_{1k} & & & \\ \vdots & & \vdots & & 0 & \\ a_{k1} & \cdots & a_{kk} & & & \\ c_{11} & \cdots & c_{1k} & b_{11} & \cdots & b_{1n} \\ \vdots & & \vdots & \vdots & & \vdots \\ c_{n1} & \cdots & c_{nk} & b_{n1} & \cdots & b_{nn} \end{vmatrix} = \begin{vmatrix} a_{11} & \cdots & a_{1k} & c_{11} & \cdots & c_{1n} \\ \vdots & & \vdots & \vdots & & \vdots \\ a_{k1} & \cdots & a_{kk} & c_{k1} & \cdots & c_{kn} \\ & & & b_{11} & \cdots & b_{1n} \\ & 0 & & \vdots & & \vdots \\ & & & b_{n1} & \cdots & b_{nn} \end{vmatrix}$$

$$= \begin{vmatrix} a_{11} & \cdots & a_{1k} & & & \\ \vdots & & \vdots & & 0 & \\ a_{k1} & \cdots & a_{kk} & & & \\ & & & b_{11} & \cdots & b_{1n} \\ & 0 & & \vdots & & \vdots \\ & & & b_{n1} & \cdots & b_{nn} \end{vmatrix} = \begin{vmatrix} a_{11} & \cdots & a_{1k} \\ \vdots & & \vdots \\ a_{k1} & \cdots & a_{kk} \end{vmatrix} \cdot \begin{vmatrix} b_{11} & \cdots & b_{1n} \\ \vdots & & \vdots \\ b_{n1} & \cdots & b_{nn} \end{vmatrix}.$$

(5) 按反对角线分块的上(下)三角行列式：

$$D = \begin{vmatrix} & & & a_{11} & \cdots & a_{1k} \\ & 0 & & \vdots & & \vdots \\ & & & a_{k1} & \cdots & a_{kk} \\ b_{11} & \cdots & b_{1n} & c_{11} & \cdots & c_{1k} \\ \vdots & & \vdots & \vdots & & \vdots \\ b_{n1} & \cdots & b_{nn} & c_{n1} & \cdots & c_{nk} \end{vmatrix} = \begin{vmatrix} c_{11} & \cdots & c_{1n} & a_{11} & \cdots & a_{1k} \\ \vdots & & \vdots & \vdots & & \vdots \\ c_{k1} & \cdots & c_{kn} & a_{k1} & \cdots & a_{kk} \\ b_{11} & \cdots & b_{1n} & & & \\ \vdots & & \vdots & & 0 & \\ b_{n1} & \cdots & b_{nn} & & & \end{vmatrix}$$

$$= \begin{vmatrix} & & & a_{11} & \cdots & a_{1k} \\ & 0 & & \vdots & & \vdots \\ & & & a_{k1} & \cdots & a_{kk} \\ b_{11} & \cdots & b_{1n} & & & \\ \vdots & & \vdots & & 0 & \\ b_{n1} & \cdots & b_{nn} & & & \end{vmatrix} = (-1)^{kn} \begin{vmatrix} a_{11} & \cdots & a_{1k} \\ \vdots & & \vdots \\ a_{k1} & \cdots & a_{kk} \end{vmatrix} \cdot \begin{vmatrix} b_{11} & \cdots & b_{1n} \\ \vdots & & \vdots \\ b_{n1} & \cdots & b_{nn} \end{vmatrix}.$$

【基本题型 7】一般的 n 阶行列式的计算

一般的 n 阶行列式的计算，可以说是本章的难点部分．为了便于读者"有效"地掌握，给出如下"对号入座"的讲解方法．

(1) 利用范德蒙行列式进行计算．这类行列式具有明显的"范德蒙特征"，其特点是：各行或各列的元素都以次幂形式出现，且按行或列依次严格递增．此时应根据范德蒙行列式的特点，将所给行列式化为范德蒙行列式，然后根据范德蒙行列式计算出结果．

【例 1-12】计算

$$D_n = \begin{vmatrix} 1 & 1 & \cdots & 1 \\ 2 & 2^2 & \cdots & 2^n \\ 3 & 3^2 & \cdots & 3^n \\ \vdots & \vdots & \cdots & \vdots \\ n & n^2 & \cdots & n^n \end{vmatrix}.$$

【分析】D_n 中各行元素分别是一个数的不同方幂,方幂次数自左至右按递升次序排列,但不是从 0 变到 $n-1$,而是由 1 递升至 n. 若提取各行的公因子,则方阵次幂便从 0 增至 $n-1$,于是化为范德蒙行列式.

【解】$D_n = n! \begin{vmatrix} 1 & 1 & 1 & \cdots & 1 \\ 1 & 2 & 2^2 & \cdots & 2^{n-1} \\ 1 & 3 & 3^2 & \cdots & 3^{n-1} \\ \vdots & \vdots & \vdots & & \vdots \\ 1 & n & n^2 & \cdots & n^{n-1} \end{vmatrix}$.

上面等式右端行列式为 n 阶范德蒙行列式,由范德蒙行列式知

$D_n = n!(2-1) \cdot (3-1)(3-2) \cdot (4-1)(4-2)(4-3) \cdots \cdot (n-1)(n-2) \cdots [n-(n-1)]$
$= n!(n-1)!(n-2)! \cdots 2!1!$.

(2) 直接利用降阶定理计算. 这类行列式的特点是:某一行或列只有两个非零元素,且这些非零元素的代数余子式很容易求出.

【例 1-13】计算 $D_n = \begin{vmatrix} a_1 & b_1 & 0 & \cdots & 0 & 0 \\ 0 & a_2 & b_2 & \cdots & 0 & 0 \\ 0 & 0 & a_3 & \cdots & 0 & 0 \\ \vdots & \vdots & \vdots & & \vdots & \vdots \\ 0 & 0 & 0 & \cdots & a_{n-1} & b_{n-1} \\ b_n & 0 & 0 & \cdots & 0 & a_n \end{vmatrix}$.

【解】将行列式按照第 1 列展开,可得

$$D_n = a_1 \cdot (-1)^{1+1} \begin{vmatrix} a_2 & b_2 & 0 & \cdots & 0 & 0 \\ 0 & a_3 & b_3 & \cdots & 0 & 0 \\ 0 & 0 & a_4 & \cdots & 0 & 0 \\ \vdots & \vdots & \vdots & & \vdots & \vdots \\ 0 & 0 & 0 & \cdots & a_{n-1} & b_{n-1} \\ 0 & 0 & 0 & \cdots & 0 & a_n \end{vmatrix}_{n-1}$$

$$+ b_n \cdot (-1)^{n+1} \begin{vmatrix} b_1 & 0 & 0 & \cdots & 0 & 0 \\ a_2 & b_2 & 0 & \cdots & 0 & 0 \\ 0 & a_3 & b_3 & \cdots & 0 & 0 \\ \vdots & \vdots & \vdots & & \vdots & \vdots \\ 0 & 0 & 0 & \cdots & b_{n-2} & 0 \\ 0 & 0 & 0 & \cdots & a_{n-1} & b_{n-1} \end{vmatrix}_{n-1}$$

$= a_1 a_2 \cdots a_n + (-1)^{n+1} b_1 b_2 \cdots b_n$.

(3) 具有基本行的行列式的计算. 这类行列式的特点是:某行元素全部相同,称为基本行,其余各行与之比较,只有一个主对角位置上的元素不同,其余元素全部相同. 方法是基本行乘以 -1 加到其余各行,再依次按照某行展开,可以化为上三角行列式.

第一章 行列式

【例 1-14】 计算 $D_n = \begin{vmatrix} 1 & 3 & 3 & \cdots & 3 & 3 \\ 3 & 2 & 3 & \cdots & 3 & 3 \\ 3 & 3 & 3 & \cdots & 3 & 3 \\ \vdots & \vdots & \vdots & \cdots & \vdots & \vdots \\ 3 & 3 & 3 & \cdots & n-1 & 3 \\ 3 & 3 & 3 & \cdots & 3 & n \end{vmatrix}$.

【解】 第 3 行乘以 -1 加到其他各行,然后先按第 1 行展开,再按第 2 行展开,可得

$$D_n = \begin{vmatrix} -2 & 0 & 0 & \cdots & 0 & 0 \\ 0 & -1 & 0 & \cdots & 0 & 0 \\ 3 & 3 & 3 & \cdots & 3 & 3 \\ \vdots & \vdots & \vdots & \cdots & \vdots & \vdots \\ 0 & 0 & 0 & \cdots & n-4 & 0 \\ 0 & 0 & 0 & \cdots & 0 & n-3 \end{vmatrix}_n = -2 \begin{vmatrix} -1 & 0 & 0 & \cdots & 0 & 0 \\ 3 & 3 & 3 & \cdots & 3 & 3 \\ 0 & 0 & 1 & \cdots & 0 & 0 \\ \vdots & \vdots & \vdots & \cdots & \vdots & \vdots \\ 0 & 0 & 0 & \cdots & n-4 & 0 \\ 0 & 0 & 0 & \cdots & 0 & n-3 \end{vmatrix}_{n-1}$$

$$= (-2) \cdot (-1) \begin{vmatrix} 3 & 3 & 3 & \cdots & 3 & 3 \\ 0 & 1 & 0 & \cdots & 0 & 0 \\ 0 & 0 & 2 & \cdots & 0 & 0 \\ \vdots & \vdots & \vdots & \cdots & \vdots & \vdots \\ 0 & 0 & 0 & \cdots & n-4 & 0 \\ 0 & 0 & 0 & \cdots & 0 & n-3 \end{vmatrix}_{n-2}$$

$$= (-2) \cdot (-1) \cdot 3 \cdot 1 \cdot 2 \cdots (n-4)(n-3)$$
$$= 6(n-3)!$$

【温馨提示 1】 由此例可以看出,如果基本行属第 k 行,则将第 k 行的 -1 倍加到其余各行,再依次按照第 $1,2,\cdots,k-1$ 行展开(或按第 $n,n-1,\cdots,n-k+1$ 行展开),即可将原行列式化为上三角行列式.

【温馨提示 2】 本题的第二步也可用这样的方法:①定义法立即得到.②用第 3 列的 -1 倍加到其余各列,即得到一个对角行列式.

【温馨提示 3】 如果基本行元素不相同,但其余行分别与之比较,除了主对角位置上的元素外,其余元素成比例,也有同样的方法.

(4) 行和值相等的行列式的计算.这类行列式的特点是:每一行各元素的和相等,称为行和值相等的行列式.方法是将所有的列都加到第 1 列,再提出第 1 列的公因子,最后再分别用第 1 列的某倍加到其余各列,可化为对角行列式.

【例 1-15】 计算 $D_{n+1} = \begin{vmatrix} x & a_1 & a_2 & a_3 & \cdots & a_n \\ a_1 & x & a_2 & a_3 & \cdots & a_n \\ a_1 & a_2 & x & a_3 & \cdots & a_n \\ \vdots & \vdots & \vdots & \vdots & \cdots & \vdots \\ a_1 & a_2 & a_3 & a_4 & \cdots & x \end{vmatrix}$.

【解】 将第 $2,3,4,\cdots,n+1$ 列都加到第 1 列,得

$$D_{n+1} = \begin{vmatrix} x+\sum_{i=1}^{n}a_i & a_1 & a_2 & \cdots & a_n \\ x+\sum_{i=1}^{n}a_i & x & a_2 & \cdots & a_n \\ x+\sum_{i=1}^{n}a_i & a_2 & x & \cdots & a_n \\ \vdots & \vdots & \vdots & & \vdots \\ x+\sum_{i=1}^{n}a_i & a_2 & a_3 & \cdots & x \end{vmatrix}.$$

提取第 1 列的公因子,得

$$D_{n+1} = \left(x+\sum_{i=1}^{n}a_i\right) \begin{vmatrix} 1 & a_1 & a_2 & \cdots & a_n \\ 1 & x & a_2 & \cdots & a_n \\ 1 & a_2 & x & \cdots & a_n \\ \vdots & \vdots & \vdots & & \vdots \\ 1 & a_2 & a_3 & \cdots & x \end{vmatrix}.$$

将第 1 列的 $-a_1$ 倍加到第 2 列,将第 1 列的 $-a_2$ 倍加到第 3 列,依次类推,将第 1 列的 $-a_n$ 倍加到最后 1 列,得

$$D_{n+1} = \left(x+\sum_{i=1}^{n}a_i\right) \begin{vmatrix} 1 & 0 & 0 & \cdots & 0 \\ 1 & x-a_1 & 0 & \cdots & 0 \\ 1 & a_2-a_1 & x-a_2 & \cdots & 0 \\ \vdots & \vdots & \vdots & & \vdots \\ 1 & a_2-a_1 & a_3-a_2 & \cdots & x-a_n \end{vmatrix} = \left(x+\sum_{i=1}^{n}a_i\right)\prod_{i=1}^{n}(x-a_i).$$

> 【温馨提示 1】如果行列式的特点是每列各元素的和相等,称为列和相等的行列式. 方法是先将各行都加到第 1 行.
>
> 【温馨提示 2】行和(或列和)相等的行列式,它必有行和值(或列和值)作为它的一个因式,其余因式视具体题目而定.
>
> 【温馨提示 3】对于特殊的行和(或列和)相等的行列式,其特殊性在于主对角元素都相同,非对角元素都相同,计算结果为行和值×(主−非)$^{n-1}$. 例如
>
> $$D_n = \begin{vmatrix} a & b & \cdots & b \\ b & a & \cdots & b \\ \vdots & \vdots & \cdots & \vdots \\ b & b & b & a \end{vmatrix} = [a+(n-1)b](a-b)^{n-1}.$$
>
> 【温馨提示 4】熟练掌握本题的结论是非常有益的,在考研真题中,已经屡次出现过. 例如在含参数的方程组的求解判定中、在方阵的特征值的计算中,常需要计算此类行列式.

(5) 箭形行列式的计算. 这类行列式的特点是:除了第 1 行、第 1 列以及主对角线元素外,

其余元素全为零.因为它的形状像一个箭头,称为箭形行列式.也因为它的形状像一个老虎的爪子,也称为爪形行列式.计算这类行列式的方法是利用行列式的性质将其化为三角形行列式.

【例 1-16】计算 $D_{n+1} = \begin{vmatrix} a_0 & b_1 & b_2 & \cdots & b_n \\ c_1 & a_1 & 0 & \cdots & 0 \\ c_2 & 0 & a_2 & \cdots & 0 \\ \vdots & \vdots & \vdots & & \vdots \\ c_n & 0 & 0 & \cdots & a_n \end{vmatrix}$, $a_i \neq 0, (i=1,2,\cdots,n)$.

【解】将第 $2,3,\cdots,n$ 列分别乘以 $-\dfrac{c_i}{a_i}$ 加到第 1 列,得

$$D_{n+1} = \begin{vmatrix} a_0 - \sum_{i=1}^{n} \dfrac{b_i c_i}{a_i} & b_1 & b_2 & \cdots & b_n \\ 0 & a_1 & 0 & \cdots & 0 \\ 0 & 0 & a_2 & \cdots & 0 \\ \vdots & \vdots & \vdots & & \vdots \\ 0 & 0 & 0 & \cdots & a_n \end{vmatrix} = a_1 a_2 \cdots a_n \left(a_0 - \sum_{i=1}^{n} \dfrac{b_i c_i}{a_i} \right).$$

【温馨提示】其他类型的箭形的行列式也可用类似的方法化为某种三角形行列式.

(6) 利用加边法计算行列式.这类行列式的特点是:除了主对角元素以外,各行对应的元素分别相同或成比例.通常按照加边法来计算,且化简后常变为箭形行列式.也可直接化为箭形计算.

【例 1-17】计算 $D_n = \begin{vmatrix} x_1 + a_1^2 & a_1 a_2 & \cdots & a_1 a_n \\ a_2 a_1 & x_2 + a_2^2 & \cdots & a_2 a_n \\ \vdots & \vdots & & \vdots \\ a_n a_1 & a_n a_2 & \cdots & x_n + a_n^2 \end{vmatrix}$, $x_i \neq 0, i=1,2,\cdots,n$.

【解】$D_n = \begin{vmatrix} 1 & a_1 & a_2 & \cdots & a_n \\ 0 & x_1 + a_1^2 & a_1 a_2 & \cdots & a_1 a_n \\ 0 & a_2 a_1 & x_2 + a_2^2 & \cdots & a_2 a_n \\ \vdots & \vdots & \vdots & & \vdots \\ 0 & a_n a_1 & a_n a_2 & \cdots & x_n + a_n^2 \end{vmatrix}_{n+1} = \begin{vmatrix} 1 & a_1 & a_2 & \cdots & a_n \\ -a_1 & x_1 & 0 & \cdots & 0 \\ -a_2 & 0 & x_2 & \cdots & 0 \\ \vdots & \vdots & \vdots & & \vdots \\ -a_n & 0 & 0 & \cdots & x_n \end{vmatrix}_{n+1}$

$= \begin{vmatrix} 1 + \sum_{i=1}^{n} \dfrac{a_i^2}{x_i} & a_1 & a_2 & \cdots & a_n \\ 0 & x_1 & 0 & \cdots & 0 \\ 0 & 0 & x_2 & \cdots & 0 \\ \vdots & \vdots & \vdots & & \vdots \\ 0 & 0 & 0 & \cdots & x_n \end{vmatrix}_{n+1} = \left(1 + \sum_{i=1}^{n} \dfrac{a_i^2}{x_i} \right) x_1 x_2 \cdots x_n.$

(7) 可用逐行(或逐列)相减方法化简行列式.这类行列式的特点是:每相邻两行之间有一

部分相同的元素(或成比例),这些相同的(或成比例)元素都集中在某个"角上".

【例1-18】计算 $D_n=\begin{vmatrix} 1 & 2 & 3 & \cdots & n-1 & n \\ 2 & 2 & 3 & \cdots & n-1 & n \\ 3 & 3 & 3 & \cdots & n-1 & n \\ \vdots & \vdots & \vdots & & \vdots & \vdots \\ n-1 & n-1 & n-1 & \cdots & n-1 & n \\ n & n & n & \cdots & n & n \end{vmatrix}$.

【解】将第2行的 -1 倍加到第1行,第3行的 -1 倍加到第2行,由此类推,第 n 行的 -1 倍加到第 $n-1$ 行,可化为下三角行列式:

$$D_n=\begin{vmatrix} -1 & 0 & 0 & \cdots & 0 & 0 \\ -1 & -1 & 0 & \cdots & 0 & 0 \\ -1 & -1 & -1 & \cdots & 0 & 0 \\ \vdots & \vdots & \vdots & & \vdots & \vdots \\ -1 & -1 & -1 & \cdots & -1 & 0 \\ n & n & n & \cdots & n & n \end{vmatrix}=(-1)^{n-1}n.$$

(8) 利用递推法计算行列式. 这类行列式的特点是:利用展开定理,可以找到 D_n 与 D_{n-1} 之间的关系.

【例1-19】计算 $D_n=\begin{vmatrix} a+x_1 & a & \cdots & a \\ a & a+x_2 & \cdots & a \\ \vdots & \vdots & \cdots & \vdots \\ a & a & \cdots & a+x_n \end{vmatrix}$.

【分析】本题中,除了主对角元素以外,各行对应的元素都相同,可以直接化为箭形行列式,或加边后化为箭形行列式进行计算;也可以先按第 n 列将 D_n 拆成两个行列式之和,从而找到递推关系. 下面采用递推法.

【解】$D_n=\begin{vmatrix} a+x_1 & a & \cdots & a & a \\ a & a+x_2 & \cdots & a & a \\ \vdots & \vdots & \cdots & \vdots & \vdots \\ a & a & \cdots & a+x_{n-1} & a \\ a & a & \cdots & a & a \end{vmatrix}+\begin{vmatrix} a+x_1 & a & \cdots & a & 0 \\ a & a+x_2 & \cdots & a & 0 \\ \vdots & \vdots & \cdots & \vdots & \vdots \\ a & a & \cdots & a+x_{n-1} & 0 \\ a & a & \cdots & a & x_n \end{vmatrix}.$

右端的第一个行列式,将第 n 列的 -1 倍分别加到第 $1,2,\cdots,n-1$ 列,右端的第二个行列式按第 n 列展开,得

$D_n=\begin{vmatrix} x_1 & 0 & \cdots & 0 & a \\ 0 & x_2 & \cdots & 0 & a \\ \vdots & \vdots & \cdots & \vdots & \vdots \\ 0 & 0 & \cdots & x_{n-1} & a \\ 0 & 0 & \cdots & 0 & a \end{vmatrix}+x_nD_{n-1}$,从而得 $D_n=x_1x_2\cdots x_{n-1}a+x_nD_{n-1}.$

由此递推,得
$$D_{n-1}=x_1x_2\cdots x_{n-2}a+x_{n-1}D_{n-2}.$$
于是
$$D_n=x_1x_2\cdots x_{n-1}a+x_1x_2\cdots x_{n-2}ax_n+x_nx_{n-1}D_{n-2}.$$

如此继续下去,可得

$$D_n = x_1x_2\cdots x_{n-1}a + x_1x_2\cdots x_{n-2}ax_n + x_1x_2ax_4\cdots x_n + x_nx_{n-1}\cdots x_3 D_{n-2}$$
$$= x_1x_2\cdots x_{n-1}a + x_1x_2\cdots x_{n-2}ax_n + \cdots + x_1x_2ax_4\cdots x_n + x_nx_{n-1}\cdots x_3(ax_1+ax_2+x_1x_2)$$
$$= x_1x_2\cdots x_{n-1} + a(x_1x_2\cdots x_n + \cdots + x_1x_3\cdots x_n + x_2x_3\cdots x_n).$$

当 $x_1x_2\cdots x_n \neq 0$ 时,还可以改写成

$$D_n = x_1x_2\cdots x_n\left[1+a\left(\frac{1}{x_1}+\frac{1}{x_2}+\cdots+\frac{1}{x_n}\right)\right].$$

> 【温馨提示】本题是利用行列式的性质把所给的 n 阶行列式 D_n 用同样形式的 $n-1$ 阶行列式表示出来,建立了 D_n 与 $n-1$ 阶行列式 D_{n-1} 之间的递推关系. 有时,还可以把给定的 n 阶行列式 D_n 用同样形式的比 $n-1$ 阶更低阶的行列式表示,建立比 $n-1$ 阶行列式更低阶行列式之间的递推关系.

【自测】用数学归纳法. 证明

$$D_n = \begin{vmatrix} \cos\alpha & 1 & 0 & \cdots & 0 & 0 \\ 1 & 2\cos\alpha & 1 & \cdots & 0 & 0 \\ 0 & 1 & 2\cos\alpha & \cdots & 0 & 0 \\ \vdots & \vdots & \vdots & \vdots & \vdots & \vdots \\ 0 & 0 & 0 & \cdots & 2\cos\alpha & 1 \\ 0 & 0 & 0 & \cdots & 1 & 2\cos\alpha \end{vmatrix} = \cos n\alpha.$$

> 【温馨提示】为了将 D_n 展开成能用其同型的 D_{n-1} 和 D_{n-2} 表示,本例必须按第 n 行(或第 n 列)展开,不能按第 1 行(或第 1 列)展开,否则所得的低阶行列式不是与 D_n 同型的行列式. 一般来讲,当已知行列式的结果,而要求证明与自然数有关的结论时,可考虑用数学归纳法来证明. 如果未知结果,也可先猜想结果,然后用数学归纳法证明猜想的结果成立.

> 【温馨小结】有关高阶行列式的计算:先要仔细考察行列式在构造上的特点,利用行列式的性质对其进行变换后,再考察其是否能用常用的几种方法. 一般方法比较灵活,同一行列式可以有多种计算方法,有的行列式计算需要几种方法综合应用. 但从总体思路上来讲,主要有两条途径:①化为已知结果的特殊行列式类型,如对角形、上(下)三角形、范德蒙行列式等. ②利用行列式的倍加不变性质和按行(列)展开定理逐步降阶或化为已知结果的行列式.

> 【温馨建议】根据编者多年来对考研命题的研究,以上提供的行列式的难度和计算技巧,对于考研足已够用!因此建议读者无须追求难度过高的行列式的计算.

【问题1】你能列举出几个特殊的行列式?

【答】

【问题2】计算行列式的基本原则是什么?

【答】

【问题3】计算行列式常采用的方法是什么?

【答】

【问题4】线性代数中与行列式有关的重要结论有哪些?

【答】

在学习本章的过程中,你有哪些体会和建议,请发送到 Email:mathcui@163.com.

第二章 矩阵

复习导学

矩阵这一章所涉及的相关名词、性质较多,首先看看考研大纲是怎么要求的.大纲中的第1条叙述是:理解矩阵的概念,了解单位矩阵、数量矩阵、对角矩阵、三角矩阵、对称矩阵和反对称矩阵,以及它们的性质.因此对于这部分内容仅作如下简单复习.

1. 矩阵的概念

$m \times n$ 个元素 $a_{ij}(i=1,2,\cdots,m;j=1,2,\cdots,n)$ 排成的 m 行 n 列的数表,称为 $m \times n$ 矩阵,记作

$$A = \begin{pmatrix} a_{11} & a_{12} & \cdots & a_{1n} \\ a_{21} & a_{22} & \cdots & a_{2n} \\ \vdots & \vdots & \cdots & \vdots \\ a_{m1} & a_{m2} & \cdots & a_{mn} \end{pmatrix},$$

也简记为 $A=(a_{ij})_{m \times n}$.

(1) 当 $m=n$ 时,称矩阵 A 为 n 阶方阵.

(2) 当 $m=1$ 时,称矩阵 A 为行矩阵.

(3) 当 $n=1$ 时,称矩阵 A 为列矩阵.

(4) 当 $a_{ij}=0(i=1,2,\cdots,m;j=1,2,\cdots,n)$ 时,称矩阵 A 为零矩阵.记作 $0_{m \times n}$.

【温馨提示】矩阵与行列式是两个不同的概念:矩阵是数表,行数和列数可以不同;而行列式是数值,行数和列数必须相同.

2. 矩阵相等

设 $A=(a_{ij})_{m \times n}$,$B=(b_{ij})_{m \times n}$,则称 $A_{m \times n}$ 与 $B_{m \times n}$ 为同型矩阵.如果 $a_{ij}=b_{ij}(i=1,2,\cdots,m;j=1,2,\cdots,n)$,则称 A 与 B 相等,记作 $A=B$.

考研大纲中的有关矩阵的第2条叙述为:掌握矩阵的线性运算、乘法、转置以及它们的运算规律,了解方阵的幂与方阵乘积的行列式的性质.因此建议读者熟悉并灵活运用相关的知识.

3. 矩阵运算

(1) 矩阵的和与差:设 $A=(a_{ij})_{m \times n}$,$B=(b_{ij})_{m \times n}$,则 $A \pm B=(a_{ij} \pm b_{ij})_{m \times n}$.

(2) 数与矩阵的积:设 k 为任意实数,$A=(a_{ij})_{m \times n}$,则 $kA=(ka_{ij})_{m \times n}$.

一般来说,矩阵相加与数乘矩阵合起来,统称为矩阵的线性运算.

(3) 矩阵与矩阵的积:设 $A=(a_{ij})_{m \times s}$,$B=(b_{ij})_{s \times n}$,则 $AB=C=(c_{ij})_{m \times n}$,其中 $c_{ij}=a_{i1}b_{1j}+a_{i2}b_{2j}+\cdots+a_{is}b_{sj}=\sum\limits_{k=1}^{s}a_{ik}b_{kj}(i=1,2,\cdots,m;j=1,2,\cdots,n)$.

> 【温馨提示1】只有当两个矩阵是同型矩阵时,才能进行加法运算.
>
> 【温馨提示2】只有当第一个矩阵的列数等于第二个矩阵的行数时,两个矩阵才能相乘.
>
> 【温馨提示3】矩阵的数乘运算与行列式的数乘运算不同.

4. 矩阵运算的性质

(1) 矩阵加法的性质.

① $A+B=B+A$.

② $(A+B)+C=A+(B+C)$.

③ $A+(-A)=0, A-B=A+(-B)$,其中 $-A=\begin{pmatrix} -a_{11} & -a_{12} & \cdots & -a_{1n} \\ -a_{21} & -a_{22} & \cdots & -a_{2n} \\ \vdots & \vdots & \cdots & \vdots \\ -a_{m1} & -a_{m1} & \cdots & -a_{mn} \end{pmatrix}$ 称为矩阵 A 的负矩阵.

(2) 矩阵数乘的性质.

① $(\lambda\mu)A=\lambda(\mu A)$.

② $(\lambda+\mu)A=\lambda A+\mu A$.

③ $\lambda(A+B)=\lambda A+\lambda B$.

④ $1A=A$.

(3) 矩阵乘法的性质.

① $(AB)C=A(BC)$.

② $A(B+C)=AB+AC, (B+C)A=BA+CA$.

③ $\lambda(AB)=(\lambda A)B=A(\lambda B)$.

④ $AE=EA=A$.

5. 转置矩阵

(1) 定义:将 $m\times n$ 矩阵 $A=(a_{ij})_{m\times n}$ 的行与列互换,而得到的 $m\times n$ 矩阵为 A 的转置矩阵,记作 A^T.

(2) 运算规律如下.

① $(A^T)^T=A$.

② $(kA)^T=kA^T$.

③ $(A+B)^T=A^T+B^T$.

④ $(AB)^T=B^TA^T$.

【基本题型1】矩阵的基本运算

【例2-1】设 $A=\begin{pmatrix} 2 & 1 \\ -4 & -2 \end{pmatrix}, B=\begin{pmatrix} 3 & -1 \\ -6 & 2 \end{pmatrix}$,求 $2A-B, AB, BA, A^2$.

【解】根据矩阵的线性运算,有

$$2A-B=2\begin{pmatrix} 2 & 1 \\ -4 & -2 \end{pmatrix}-\begin{pmatrix} 3 & -1 \\ -6 & 2 \end{pmatrix}=\begin{pmatrix} 4 & 2 \\ -8 & -4 \end{pmatrix}-\begin{pmatrix} 3 & -1 \\ -6 & 2 \end{pmatrix}=\begin{pmatrix} 1 & 3 \\ -2 & -6 \end{pmatrix}.$$

根据矩阵的乘法,有

$$AB = \begin{pmatrix} 2 & 1 \\ -4 & -2 \end{pmatrix} \begin{pmatrix} 3 & -1 \\ -6 & 2 \end{pmatrix} = \begin{pmatrix} 0 & 0 \\ 0 & 0 \end{pmatrix},$$

$$BA = \begin{pmatrix} 3 & -1 \\ -6 & 2 \end{pmatrix} \begin{pmatrix} 2 & 1 \\ -4 & -2 \end{pmatrix} = \begin{pmatrix} 10 & 5 \\ -20 & -10 \end{pmatrix} = 5A,$$

$$A^2 = A \cdot A = \begin{pmatrix} 2 & 1 \\ -4 & -2 \end{pmatrix} \begin{pmatrix} 2 & 1 \\ -4 & -2 \end{pmatrix} = \begin{pmatrix} 0 & 0 \\ 0 & 0 \end{pmatrix}.$$

【温馨提示】本例说明:①矩阵的乘法不满足乘法交换律,即 $AB \neq BA$. ②两个非零矩阵的乘积可能是零矩阵. ③一个非零矩阵的平方可能是零矩阵. ④矩阵乘法不满足消去律(如本例中 $AB = A^2$,但 $A \neq B$;$BA = 5A$,但 $B \neq 5E$).

【例 2-2】设 $A = \left(\dfrac{1}{2}, 0, \cdots, 0, \dfrac{1}{2}\right)$,$E$ 为 n 阶单位矩阵,矩阵 $B = E - A^\mathrm{T}A$,$C = E + 2A^\mathrm{T}A$,求 BC.

【解】由题设,有

$$\begin{aligned} BC &= (E - A^\mathrm{T}A)(E + 2A^\mathrm{T}A) \\ &= E + 2A^\mathrm{T}A - A^\mathrm{T}A - 2(A^\mathrm{T}A) \cdot (A^\mathrm{T}A) \\ &= E + A^\mathrm{T}A - 2A^\mathrm{T}(AA^\mathrm{T})A \\ &= E + A^\mathrm{T}A - 2A^\mathrm{T} \cdot \dfrac{1}{2} \cdot A = E. \end{aligned}$$

【温馨提示】由本例可知,适时运用矩阵乘法的结合律可以使矩阵的运算简化.

【例 2-3】设 A 是实数域上 $m \times n$ 矩阵,X 是 $n \times 1$ 矩阵,证明 $A^\mathrm{T}AX = 0$ 的充要条件是 $AX = 0$.

【证明】证明必要性. 若 $A^\mathrm{T}AX = 0$,则必有 $X^\mathrm{T}A^\mathrm{T}AX = 0$,即

$$(AX)^\mathrm{T}(AX) = 0.$$

由于 AX 是 $m \times 1$ 矩阵,不妨令 $AX = (a_1, a_2, \cdots, a_n)^\mathrm{T}$. 代入上式得

$$\sum_{i=1}^{n} a_i^2 = 0.$$

故

$$a_i = 0 \quad (i = 1, 2, \cdots, n).$$

$$AX = 0.$$

证明充分性. 若 $AX = 0$,两边左乘 A^T,则 $A^\mathrm{T}AX = 0$.

6. 特殊矩阵及其性质

(1) 单位矩阵:即主对角线上的元素全为 1,其余元素全为 0 的方阵. 常记为 E 或 I. 其功能相当于数中的 1. 例如 $AE = EA = E$.

(2) 对角矩阵:即主对角线外的元素全为 0 的方阵. 常表示为 D 或者 $\mathrm{diag}(d_1, d_2, \cdots, d_n)$,其中 $d_1, d_2, \cdots, d_n$ 是主对角线上的元素. 其性质有:两个同阶对角矩阵的和、差、积仍为对角矩

阵;任一个矩阵 A 左乘一个对角阵 $\mathrm{diag}(d_1,d_2,\cdots,d_n)$,相当于 A 的各行分别乘以数 d_1, $d_2,\cdots,d_n$,任一个矩阵 A 右乘一个对角阵 $\mathrm{diag}(d_1,d_2,\cdots,d_n)$,相当于 A 的各列分别乘以数 $d_1,d_2,\cdots,d_n$.

(3) 数量矩阵:对角矩阵的主对角线上的元素都相等的矩阵. 显然,$\mathrm{diag}(d_1,d_2,\cdots,d_n)=dE$.

(4) 三角矩阵:即主对角线下(或上)方元素全为 0 的方阵.

(5) 对称矩阵:即矩阵元素满足 $a_{ij}=a_{ji}(i,j=1,2,\cdots,n)$ 的方阵. 因此 $A=A^{\mathrm{T}}$. 其性质有:两个同阶对称矩阵的和、差仍为对称矩阵;数与对称矩阵 A 相乘仍为对称矩阵.

(6) 反对称矩阵:即矩阵元素满足 $a_{ij}=-a_{ji}(i,j=1,2,\cdots,n)$ 的方阵. 因此 $A=-A^{\mathrm{T}}$.

【基本题型 2】有关特殊矩阵的运算

【例 2-4】设 A 是实对称矩阵,且 $A^2=0$,证明 $A=0$.

【证明】设 $A=(a_{ij})_{n\times n}$,$a_{ij}=a_{ji}$,则由矩阵的乘法,得
$$A^2=\left(\sum_{k=1}^{n}a_{ik}a_{jk}\right)_{n\times n}=0.$$

再根据矩阵的相等,有
$$\sum_{k=1}^{n}a_{ik}a_{jk}=0 \quad (i,j=1,2,\cdots,n).$$

特别地,$\sum_{k=1}^{n}a_{ik}^2=0 \ (i=1,2,\cdots,n)$. 由于 a_{ik} 都是实数,所以 $a_{ik}=0(i,k=1,2,\cdots,n)$,即 $A=0$.

7. 方阵

(1) 方阵的行列式:由 n 阶方阵 A 的元素构成的行列式称为方阵 A 的行列式. 记为 $|A|$.

(2) 方阵行列式的性质:$|A^{\mathrm{T}}|=|A|$;$|kA|=k^n|A|$,k 为任一实数;$|AB|=|A||B|=|B||A|=|BA|$,其中 A,B 为同阶的方阵.

(3) 方阵的幂:若 A 是 n 阶矩阵(即方阵),则 A^k 为 A 的 k 次幂,即 $A^k=\underbrace{AA\cdots A}_{k}$,并且 $A^m A^k=A^{m+k}$,$(A^m)^k=A^{mk}$.

【基本题型 3】有关方阵的性质

【例 2-5】设 A,B 均为 3 阶矩阵,且 $|A|=-2$,$|B|=3$,求 $|-A^{\mathrm{T}}B|$.

【解】$|-A^{\mathrm{T}}B|=(-1)^3|A^{\mathrm{T}}B|=(-1)^3|A^{\mathrm{T}}||B|=(-1)^3|A||B|=(-1)^3(-2)\cdot 3=6$.

【基本题型 4】矩阵运算规律与数运算规律的区别

【例 2-6】A,B 均为 n 阶矩阵,下列命题中正确的是【   】.

(A) $(A+B)^2=A^2+2AB+B^2$.   (B) $A^2-E=(A+E)(A-E)$.
(C) $|A+B|=|A|+|B|$.   (D) $(AB)^3=A^3B^3$. (E) $AB=0\Rightarrow A=0$ 或 $B=0$.
(F) $AB=0\Rightarrow BA=0$.   (G) $AB=0\Rightarrow |A|=0$ 或 $|B|=0$.
(H) $AB=0\Rightarrow (A-B)^2=A^2+B^2$. (I) $AB=AC\Rightarrow B=C$.

【解】由矩阵乘法不满足交换律,可知(A)(D)(F)(H)不正确. 但若其中一个矩阵是单位矩阵时,则满足交换律,即

20

$$(A+E)(A-E) = A^2 - AE + EA - E^2 = A^2 - A + A - E^2 = A^2 - E.$$

故选项(B)正确. 又由矩阵乘法不满足消去律,可知(E)(I)不正确.

(C)中的 $|A+B| = |A| + |B|$,不正确. 例如取 $A = \begin{pmatrix} 1 & 0 \\ 0 & 1 \end{pmatrix}$, $|A| = 1$, $B = \begin{pmatrix} -1 & 0 \\ 0 & -1 \end{pmatrix}$, $|B| = 1$,而 $A+B = \begin{pmatrix} 0 & 0 \\ 0 & 0 \end{pmatrix}$, $|A+B| = 0$, $|A| + |B| = 2$.

对于(G),因为 $AB = 0$,两边取行列式仍相等,即 $|AB| = |A||B| = |0| = 0$,于是可得 $|A| = 0$ 或 $|B| = 0$.

> 【温馨提示】从本例可知,矩阵的运算规律与数的运算规律的本质区别主要是由于矩阵乘法不满足交换律和消去律的问题。应特别注意下列情况是成立的.
> ① $(E+A)^m = E + C_m^1 A + \cdots + C_m^k A^k + \cdots + A^m$.
> ② 若 A 可逆,则 $AB = 0 \Rightarrow B = 0$.
> ③ 若 A 可逆,则 $AB = AC \Rightarrow B = C$.

8. 伴随矩阵

(1) 定义:将行列式 $|A|$ 的 n^2 个代数余子式排成下列 n 阶矩阵,并记为 A^*,即

$$A^* = \begin{pmatrix} A_{11} & A_{21} & \cdots & A_{n1} \\ A_{12} & A_{22} & \cdots & A_{n2} \\ \vdots & \vdots & \cdots & \vdots \\ A_{1n} & A_{2n} & \cdots & A_{nn} \end{pmatrix},$$

则 A^* 称为矩阵 A 的伴随矩阵,其中 A_{ij} 是 $|A|$ 中元素 a_{ij} 的代数余子式.

(2) 伴随矩阵的万能公式: $AA^* = A^*A = |A|E$.

9. 逆矩阵

(1) 定义:设 A, B 是 n 阶方阵, E 为 n 阶单位矩阵,如果 $AB = BA = E$,则称 A 是可逆矩阵,并称 B 是 A 的逆矩阵. 记作 $A^{-1} = B$.

(2) 求逆矩阵的公式:设 A 为 n 阶方阵, A^* 为 A 的伴随矩阵,则当 $|A| \neq 0$ 时有, $A^{-1} = \dfrac{A^*}{|A|}$.

【基本题型 5】利用伴随矩阵法求较低阶矩阵的逆

【例 2-7】求 $A = \begin{pmatrix} a & b \\ c & d \end{pmatrix}$ $(ad - bc \neq 0)$ 的逆矩阵.

【解】因为 $\begin{vmatrix} a & b \\ c & d \end{vmatrix} = ab - bc \neq 0$,所以 A 可逆. 而 $A_{11} = d, A_{12} = -c, A_{21} = -b, A_{22} = a$. 所以有

$$A^* = \begin{pmatrix} A_{11} & A_{21} \\ A_{12} & A_{22} \end{pmatrix} = \begin{pmatrix} d & -b \\ -c & a \end{pmatrix}.$$

故
$$A^{-1} = \frac{A^*}{|A|} = \frac{1}{ad-bc}\begin{pmatrix} d & -b \\ -c & a \end{pmatrix}.$$

> 【温馨提示】2阶矩阵A的逆矩阵符合"两调一除"规律. 即先将矩阵A的主对角元素调换位置,再将次对角元素调换符号,最后用$|A|$去除A的每一个元素,即可得A的逆矩阵.

(3) 逆矩阵的性质如下.

① 若矩阵A可逆,则其逆矩阵A^{-1}是唯一的.

② 若A可逆,则A^{-1}也可逆,且$(A^{-1})^{-1}=A$.

③ 若A可逆,则A^T可逆,且$(A^T)^{-1}=(A^{-1})^T$.

④ 若A可逆,常数$k\neq 0$,则kA也可逆,且$(kA)^{-1}=\frac{1}{k}A^{-1}$.

⑤ 若A,B为同阶可逆矩阵,则AB也可逆,且$(AB)^{-1}=B^{-1}A^{-1}$.

⑥ 若A可逆,则$|A^{-1}|=|A|^{-1}$.

⑦ 若A可逆,且$AX=B,YA=C$,则有$X=A^{-1}B,Y=CA^{-1}$.

(4) 逆矩阵存在的判定.

① 矩阵A可逆$\Leftrightarrow |A|\neq 0$.

② 若A,B为同阶方阵,满足$AB=E$,则A与B均可逆,且$A^{-1}=B,B^{-1}=A$.

考研大纲中的有关矩阵的第3条叙述为:理解逆矩阵的概念,掌握逆矩阵的性质,以及矩阵可逆的充要条件,理解伴随矩阵的概念,会用伴随矩阵求逆矩阵.因此建议读者熟悉并灵活运用相关的知识.

【基本题型6】 判定或证明抽象矩阵可逆并求逆

【例2-8】 设A是n阶实方阵,$A\neq 0$,且$A^T=A^*$,证明矩阵A可逆.

【分析】 题设条件与A^*有关,想到用代数余子式及公式$AA^*=A^*A=|A|E$,本题即可用行列式按行(列)展开定理证明,也可用矩阵的运算性质进行推导.

【证明】 由$A^*=A^T$知,$a_{ij}=A_{ij}(i,j=1,2,\cdots,n)$,其中$A_{ij}$是$a_{ij}$的代数余子式. 又因$A\neq 0$,不妨设$a_{ij}\neq 0$,故根据行列式按行展开定理,有

$$|A|=a_{i1}A_{i1}+a_{i2}A_{i2}+\cdots+a_{in}A_{in}=a_{i1}^2+a_{i2}^2+\cdots+a_{in}^2\neq 0.$$

故矩阵A可逆.

【例2-9】 设A为n阶非零矩阵,E为n阶单位矩阵. 若$A^3=0$,则( ).

(A) $E-A$不可逆,$E+A$不可逆.   (B) $E-A$不可逆,$E+A$可逆.

(C) $E-A$可逆,$E+A$可逆.   (D) $E-A$可逆,$E+A$不可逆.

【解】 由$A^3=0$得

$$E^3\pm A^3=E^3=E.$$

注意到E与A可交换,有

$$E^3\pm A^3=(E\pm A)(E^2\mp A+A^2)=E,$$

故$E-A$与$E+A$均可逆.

> 【温馨提示】证明某矩阵可逆,通常可以用以下方法:① $|A|\neq 0$. ② 求B,使得$AB=E$或$BA=E$.

【基本题型7】求抽象矩阵的逆

【例2-10】(2001年真题)设矩阵 A 满足 $A^2+A-4E=0$,其中 E 为单位矩阵,则 $(A-E)^{-1}=$ _____.

【答案】$\frac{1}{2}(A+2E)$.

【解】由题设 $A^2+A-4E=0$ 有
$$A^2+A-2E=2E,$$
$$(A-E)(A+2E)=2E,$$
$$(A-E)\cdot\frac{1}{2}(A+2E)=E,$$

故
$$(A-E)^{-1}=\frac{1}{2}(A+2E).$$

【温馨提示】已知矩阵关系式求抽象矩阵的逆有相对固定的方法,其基本思路是设法从 $A^2+A-4E=0$ 中分离出因子 $A-E$ 来,将其改写为 $(A-E)\cdot B=E$ 的形式即可. 本题也可用待定系数法进行分解:设 $(A-E)(A+aE)=bE$,再将其与原方程进行对照,即可确定参数 a,b.

【例2-11】设 $A,B,A+B$ 都是可逆矩阵,证明 $A^{-1}+B^{-1}$ 亦可逆,并求 $(A^{-1}+B^{-1})^{-1}$.

【证明】因为 $A^{-1}+B^{-1}=A^{-1}(E+AB^{-1})=A^{-1}(B+A)B^{-1}=A^{-1}(A+B)B^{-1}$,而 A^{-1}, B^{-1}, $A+B$ 均可逆,故 $A^{-1}+B^{-1}$ 也可逆,且 $(A^{-1}+B^{-1})^{-1}=B(A+B)^{-1}A$.

【温馨提示】一般地,$(A+B)^{-1}\neq A^{-1}+B^{-1}$,但 $(AB)^{-1}=B^{-1}A^{-1}$. 因此,欲求两个矩阵和的逆,一般方法是外提出一项,转化为矩阵积和含有单位矩阵 E 的项,再将 E 作为中间项加以转换. 请读者仔细揣摩体会解题的每一个步骤的想法.

【基本题型8】有关伴随矩阵的命题

【例2-12】设 A 为 3 阶矩阵,且 $|A|=6$,则 $\left|\left(\frac{1}{3}A\right)^{-1}-\frac{1}{6}A^*\right|=$ _____.

【解】由 $|A|=6\neq 0$ 可知,A 可逆,因而 $A^*=|A|A^{-1}=6A^{-1}$. 故
$$\left|\left(\frac{1}{3}A\right)^{-1}-\frac{1}{6}A^*\right|=|3A^{-1}-A^{-1}|=|2A^{-1}|=2^3|A^{-1}|=8\cdot\frac{1}{|A|}=8\cdot\frac{1}{6}=\frac{4}{3}.$$

【温馨提示】一般地,对于两个同阶的矩阵,$|A+B|\neq|A|+|B|$,但 $|AB|=|A|\cdot|B|$,$|kA|=k^n|A|$. 本题是两个矩阵差的行列式,但这两个矩阵有个共同的链接点 A,因此找到它们的关联可将矩阵的和或差转化为积或数乘进行运算.

【例2-13】证明下列命题:
(1) 若 A,B 为同阶可逆矩阵,则 $(AB)^*=B^*A^*$;

(2) 若 A 可逆，则 A^* 可逆，且 $(A^*)^{-1} = (A^{-1})^* = \frac{1}{|A|}A$；

(3) 若 $AA^T = E$，则 $(A^*)^T = (A^*)^{-1}$.

【证明】(1) 因为 A, B 为同阶可逆矩阵，所以 $|AB| = |A||B| \neq 0$，即 AB 可逆，且

$$(AB)^{-1} = \frac{1}{|AB|}(AB)^*.$$

故

$$(AB)^* = |AB|(AB)^{-1} = |A||B|(B^{-1}A^{-1})$$
$$= (|B|B^{-1})(|A|A^{-1}) = B^*A^*.$$

(2) 因为 A 可逆，所以 $A^* = |A|A^{-1}$，故

$$(A^*)^{-1} = (|A|A^{-1})^{-1} = |A|^{-1}(A^{-1})^{-1} = |A|^{-1}A.$$

又

$$(A^{-1})^* = |A^{-1}|(A^{-1})^{-1} = |A|^{-1}(A^{-1})^{-1} = |A|^{-1}A,$$

故

$$(A^*)^{-1} = (A^{-1})^* = \frac{1}{|A|}A.$$

由(1)的结论，亦可有 $(A^*)(A^{-1})^* = (A^{-1}A)^* = E^* = E$，即

$$(A^*)^{-1} = (A^{-1})^*.$$

(3) 由 $AA^T = E$，知 A 可逆，且 $A^{-1} = A^T$. 所以由(2)可得

$$(A^*)^{-1} = (A^{-1})^* = (A^T)^* = |A^T|(A^T)^{-1} = |A|(A^{-1})^T$$
$$= |A|\left(\frac{1}{|A|}A^*\right)^T = (A^*)^T.$$

【例 2-14】设 n 阶矩阵 A 的伴随矩阵为 A^*，证明：$|A^*| = |A|^{n-1}$.

【证明】需考虑如下两种情形.

(1) 当 $|A| = 0$ 时，必有 $|A^*| = 0$. 否则，假设 $|A^*| \neq 0$，则有 $A^*(A^*)^{-1} = E$. 故 $A = AA^*(A^*)^{-1} = |A|E(A^*)^{-1} = 0$，从而 $A^* = 0$，$|A^*| = 0$，这与 $|A^*| \neq 0$ 矛盾，故当 $|A| = 0$ 时，必有 $|A^*| = 0$.

(2) 当 $|A| \neq 0$ 时. 由于 $A^{-1} = \frac{1}{|A|}A^*$，则 $AA^* = |A|E$. 取行列式得 $|A||A^*| = |A|^n$. 若 $|A| \neq 0$，则 $|A^*| = |A|^{n-1}$.

综合(1)和(2)，有 $|A^*| = |A|^{n-1}$.

【例 2-15】(1998 年真题)设 A 是任一 n 阶方阵，A^* 是 A 的伴随矩阵，又 $k \neq 0, \pm 1$ 为常数，则必有 $(kA)^* = $【　　】.

(A) kA^*. 　　(B) $k^{n-1}A^*$. 　　(C) k^nA^*. 　　(D) $k^{-1}A^*$.

【分析】题设条件和选项都出现了伴随矩阵，很自然想到关于伴随矩阵的重要公式 $A^* = |A|A^{-1}$. 但题设条件未提供矩阵 A 可逆的信息，由于是选择题，其结论应对 A 可逆时也成立，所以可以强加条件，假设 A 可逆. 另外，也可直接用伴随矩阵的定义来求.

【解法1】取特殊值法. 假设 A 可逆，则由公式 $A^* = |A|A^{-1}$，可得

$$(kA)^* = |kA|(kA)^{-1} = k^n|A|\left(\frac{1}{k}A^{-1}\right) = k^{n-1}|A|A^{-1} = k^{n-1}A^*.$$

因此在 $k \neq 0, \pm 1$ 时，只有(B)是正确的选项.

【解法2】直接法. 设 $A = (a_{ij})_n$，a_{ij} 的代数余子式为 A_{ij}，则根据伴随矩阵的定义，可知

$$A^* = (A_{ij})^T.$$

又因 $kA = (ka_{ij})_n$，若设 ka_{ij} 的代数余子式为 B_{ij}，则

$$B_{ij} = k^{n-1}A_{ij}.$$

故 $(kA)^* = (B_{ij})^{\mathrm{T}} = (k^{n-1}A_{ij})^{\mathrm{T}} = k^{n-1}(A_{ij})^{\mathrm{T}} = k^{n-1}A^*.$

> 【温馨提示1】对于任一 $n \geqslant 2$ 阶矩阵 A,总有伴随矩阵 A^*,它并不依赖于 A 的可逆性.
>
> 【温馨提示2】在求解与 A^* 有关的问题时,常要考虑如下面各等式:①$AA^* = A^*A = |A|E$;②$(A^*)^{\mathrm{T}} = (A^{\mathrm{T}})^*$;③$|A^*| = |A|^{n-1}$;④若 A 可逆,$A^* = |A|A^{-1}$ 且 $(A^*)^{-1} = \dfrac{1}{|A|}A$;⑤$(AB)^* = B^*A^*$;⑥$(A^*)^{-1} = (A^{-1})^*$;⑦$(kA)^* = k^{n-1}A^*$;⑧若 A 可逆,则 $(A^*)^* = (|A^*|(A^*)^{-1}) = |A|^{n-1}(A^{-1})^* = |A|^{n-1}|A|^{-1}(A^{-1})^{-1} = |A|^{n-2}A.$

10. 分块矩阵

(1) 分块矩阵及其运算:对于行数和列数较高的矩阵 A,为了简化运算,经常采用分块法,使大矩阵的运算化成小矩阵的运算.具体做法是:将矩阵 A 用若干条纵线和横线分成许多小矩阵,每个小矩阵称为 A 的子块,以子块为元素的矩阵称为分块矩阵.这部分,大纲中的叙述是:了解分块矩阵及其运算.因此,只要对常见结构的矩阵会分块并运用相关结论即可.

① 加法:设 A,B 都是 $m \times n$ 矩阵,将它们分块为 $A = (A_{kl})_{s \times t}, B = (B_{kl})_{s \times t}$,且它们的行列分法一致,则 $A \pm B = (A_{kl} \pm B_{kl})_{s \times t}$,即 A 与 B 的代数和等于两矩阵对应子块的代数和.

② 数乘:设 $A = (A_{kl})_{s \times t}, C$ 为常数,$CA = (CA_{kl})_{s \times t}$,即用常数 C 乘矩阵 A 的每一小块矩阵.

③ 乘法:设 $A = (a_{iq})_{m \times n}, B = (b_{qj})_{n \times m}$,将 A, B 分块为 $A = (A_{kp})_{s \times r}, B = (B_{pl})_{r \times t}$,且矩阵 A 的行分法与矩阵 B 的列分法一致,则 $AB = (C_{kl})_{s \times t}$,其中 $C_{kl} = A_{k1}B_{1l} + A_{k2}B_{2l} + \cdots + A_{kr}B_{rl}.$

【基本题型9】分块矩阵的计算

【例2-16】设 A 为 n 阶非奇异矩阵,α 为 n 维列向量,b 为常数.分块矩阵 $P = \begin{pmatrix} E & 0 \\ -\alpha^{\mathrm{T}}A^* & |A| \end{pmatrix}, Q = \begin{pmatrix} A & \alpha \\ \alpha^{\mathrm{T}} & b \end{pmatrix}$,其中 A^* 为 A 的伴随矩阵,E 为 n 阶单位矩阵.计算并化简 PQ.

【解】根据分块矩阵的乘法,可得

$$PQ = \begin{pmatrix} E & 0 \\ -\alpha^{\mathrm{T}}A^* & |A| \end{pmatrix}\begin{pmatrix} A & \alpha \\ \alpha^{\mathrm{T}} & b \end{pmatrix} = \begin{pmatrix} EA & E\alpha \\ -\alpha^{\mathrm{T}}A^*A + |A|\alpha^{\mathrm{T}} & -\alpha^{\mathrm{T}}A^*\alpha + |A|b \end{pmatrix}.$$

由万能公式 $AA^* = A^*A = |A|E$,可得

$$-\alpha^{\mathrm{T}}A^*A + |A|\alpha^{\mathrm{T}} = -\alpha^{\mathrm{T}}|A|E + |A|\alpha^{\mathrm{T}} = 0,$$

由 $A^* = |A|A^{-1}$,可得

$$-\alpha^{\mathrm{T}}A^*\alpha + |A|b = -\alpha^{\mathrm{T}}|A|A^{-1}\alpha + |A|b = |A|(b - \alpha^{\mathrm{T}}A^{-1}\alpha),$$

故

$$PQ = \begin{pmatrix} A & \alpha \\ 0 & |A|(b - \alpha^{\mathrm{T}}A^{-1}\alpha) \end{pmatrix}.$$

【例2-17】设 n 阶矩阵 A 及 s 阶矩阵 B 都可逆,求 $\begin{pmatrix} 0 & A \\ B & 0 \end{pmatrix}^{-1}$.

【解】将 $\begin{pmatrix} 0 & A \\ B & 0 \end{pmatrix}^{-1}$ 分块为 $\begin{pmatrix} C_1 & C_2 \\ C_3 & C_4 \end{pmatrix}$. 其中 C_1 为 $s\times n$ 矩阵,C_2 为 $s\times s$ 矩阵,C_3 为 $n\times n$ 矩阵,C_4 为 $n\times s$ 矩阵. 则

$$\begin{pmatrix} 0 & A_{n\times n} \\ B_{s\times s} & 0 \end{pmatrix}\begin{pmatrix} C_1 & C_2 \\ C_3 & C_4 \end{pmatrix}=E=\begin{pmatrix} E_n & 0 \\ 0 & E_s \end{pmatrix}.$$

由此得到

$$\begin{cases} AC_3 = E_n \Rightarrow C_3 = A^{-1}, \\ AC_4 = 0 \Rightarrow C_4 = 0 \quad (A^{-1}\text{ 存在}), \\ BC_1 = 0 \Rightarrow C_1 = 0 \quad (B^{-1}\text{ 存在}), \\ BC_2 = E_s \Rightarrow C_2 = B^{-1}. \end{cases}$$

故 $\begin{pmatrix} 0 & A \\ B & 0 \end{pmatrix}^{-1} = \begin{pmatrix} 0 & B^{-1} \\ A^{-1} & 0 \end{pmatrix}.$

【温馨提示】用与本题同样的方法可得 $\begin{pmatrix} A & 0 \\ 0 & B \end{pmatrix}^{-1} = \begin{pmatrix} A^{-1} & 0 \\ 0 & B^{-1} \end{pmatrix}^{-1}.$

(2) 常用的分块矩阵的相关结论.

① $A_{m\times s}B_{s\times n} = A(\beta_1,\beta_2,\cdots,\beta_n) = (A\beta_1, A\beta_2, \cdots, A\beta_n)$,$A_{m\times s}B_{s\times n} = \begin{pmatrix} \alpha_1^T \\ \alpha_2^T \\ \vdots \\ \alpha_m^T \end{pmatrix} B = \begin{pmatrix} \alpha_1^T B \\ \alpha_2^T B \\ \vdots \\ \alpha_m^T B \end{pmatrix}.$

【温馨提示】注意 $A_{m\times s}B_{s\times n} = (\alpha_1,\alpha_2,\cdots,\alpha_s)B \neq (\alpha_1 B, \alpha_2 B, \cdots, \alpha_s B).$

② 分块矩阵的转置:设 $A = \begin{pmatrix} A_{11} & \cdots & A_{1t} \\ \vdots & \cdots & \vdots \\ A_{s1} & \cdots & A_{st} \end{pmatrix}$,则 $A^T = \begin{pmatrix} A_{11}^T & \cdots & A_{s1}^T \\ \vdots & \cdots & \vdots \\ A_{1t}^T & \cdots & A_{st}^T \end{pmatrix}.$

③ 分块对角阵的逆:$A = \begin{pmatrix} A_1 & & & \\ & A_2 & & \\ & & \ddots & \\ & & & A_k \end{pmatrix}$,则 $A^{-1} = \begin{pmatrix} A_1^{-1} & & & \\ & A_2^{-1} & & \\ & & \ddots & \\ & & & A_k^{-1} \end{pmatrix}$,其中 $A_1, A_2, \cdots, A_k$ 均为可逆的方阵.

④ 分块反对角阵的逆:$A = \begin{pmatrix} & & & A_1 \\ & & A_2 & \\ & \cdots & & \\ A_k & & & \end{pmatrix}$,则 $A^{-1} = \begin{pmatrix} & & & A_k^{-1} \\ & & \cdots & \\ & A_2^{-1} & & \\ A_1^{-1} & & & \end{pmatrix}$,其中 $A_1, A_2, \cdots, A_k$ 均为可逆的方阵.

⑤ 分块对角阵的行列式:$|A| = |A_1||A_2|\cdots|A_k|$,其中 $A_1, A_2, \cdots, A_k$ 均为方阵.

【基本题型 10】分块矩阵的运用

【例 2-18】 已知 $A=\begin{pmatrix} 1 & 2 & 0 & 0 & 0 \\ 3 & 4 & 0 & 0 & 0 \\ 0 & 0 & 1 & 3 & 2 \\ 0 & 0 & 2 & 1 & 3 \\ 0 & 0 & 3 & 2 & 1 \end{pmatrix}$, $B=\begin{pmatrix} 1 & -1 & 0 \\ 0 & 0 & -1 \\ 0 & 0 & 1 \\ 0 & 1 & 0 \\ 0 & 1 & 1 \end{pmatrix}$, 求(1) $|A|$;(2) A^{-1};(3) AB.

【解】将矩阵 A 分块为

$$A=\left(\begin{array}{cc|ccc} 1 & 2 & 0 & 0 & 0 \\ 3 & 4 & 0 & 0 & 0 \\ \hline 0 & 0 & 1 & 3 & 2 \\ 0 & 0 & 2 & 1 & 3 \\ 0 & 0 & 3 & 2 & 1 \end{array}\right)=\begin{pmatrix} A_{11} & 0 \\ 0 & A_{22} \end{pmatrix},$$

则 $|A_{11}|=\begin{vmatrix} 1 & 2 \\ 3 & 4 \end{vmatrix}=-2$, $|A_{22}|=\begin{vmatrix} 1 & 3 & 2 \\ 2 & 1 & 3 \\ 3 & 2 & 1 \end{vmatrix}=18$,

$A_{11}^{-1}=\begin{pmatrix} 1 & 2 \\ 3 & 4 \end{pmatrix}^{-1}=\begin{pmatrix} -2 & 1 \\ \frac{3}{2} & -\frac{1}{2} \end{pmatrix}$, $A_{22}^{-1}=\begin{pmatrix} 1 & 3 & 2 \\ 2 & 1 & 3 \\ 3 & 2 & 1 \end{pmatrix}^{-1}=\begin{pmatrix} -\frac{5}{18} & \frac{1}{18} & \frac{7}{18} \\ \frac{7}{18} & -\frac{5}{18} & \frac{1}{18} \\ \frac{1}{18} & \frac{7}{18} & -\frac{5}{18} \end{pmatrix}$.

(1) $|A|=|A_{11}||A_{22}|=(-2)\cdot(18)=-36$.

(2) $A^{-1}=\begin{pmatrix} A_{11} & 0 \\ 0 & A_{22} \end{pmatrix}^{-1}=\begin{pmatrix} A_{11}^{-1} & 0 \\ 0 & A_{22}^{-1} \end{pmatrix}=\begin{pmatrix} -2 & 1 & 0 & 0 & 0 \\ \frac{3}{2} & -\frac{1}{2} & 0 & 0 & 0 \\ 0 & 0 & -\frac{5}{18} & \frac{1}{18} & \frac{7}{18} \\ 0 & 0 & \frac{7}{18} & -\frac{5}{18} & \frac{1}{18} \\ 0 & 0 & \frac{1}{18} & \frac{7}{18} & -\frac{5}{18} \end{pmatrix}$.

再将矩阵 B 分块为

$$B=\left(\begin{array}{c|cc} 1 & -1 & 0 \\ 0 & 0 & -1 \\ \hline 0 & 0 & 1 \\ 0 & 1 & 0 \\ 0 & 1 & 1 \end{array}\right)=\begin{pmatrix} B_{11} & -E \\ 0 & B_{22} \end{pmatrix}.$$

(3) $AB=\begin{pmatrix} A_{11} & 0 \\ 0 & A_{22} \end{pmatrix}\begin{pmatrix} B_{11} & -E \\ 0 & B_{22} \end{pmatrix}=\begin{pmatrix} A_{11}B_{11} & -A_{11} \\ 0 & -A_{22}B_{22} \end{pmatrix}$.

由 $A_{11}B_{11} = \begin{pmatrix} 1 \\ 3 \end{pmatrix}, A_{22}B_{22} = \begin{pmatrix} 5 & 3 \\ 4 & 5 \\ 3 & 4 \end{pmatrix}$ 得

$$AB = \begin{pmatrix} 1 & -1 & -2 \\ 3 & -3 & -4 \\ 0 & 5 & 3 \\ 0 & 4 & 5 \\ 0 & 3 & 4 \end{pmatrix}.$$

【例 2-19】(1994 年真题)设 $A = \begin{pmatrix} 0 & a_1 & 0 & \cdots & 0 \\ 0 & 0 & a_2 & \cdots & 0 \\ \vdots & \vdots & \vdots & \cdots & \vdots \\ 0 & 0 & 0 & \cdots & a_{n-1} \\ a_n & 0 & 0 & \cdots & 0 \end{pmatrix}$,其中 $a_i \neq 0, i = 1, 2, \cdots, n$ 则 $A^{-1} = \underline{\qquad}$.

【解】求具体矩阵的逆矩阵常用的方法有两个:一个是初等变换法;一个是利用分块矩阵求逆.由于本例是高阶矩阵,且有明显的分块特征,因此首选方法应是利用分块矩阵求逆.

依次利用分块矩阵的求逆公式: $\begin{pmatrix} 0 & A \\ B & 0 \end{pmatrix}^{-1} = \begin{pmatrix} 0 & B^{-1} \\ A^{-1} & 0 \end{pmatrix}$ 和 $\begin{pmatrix} A & 0 \\ 0 & B \end{pmatrix}^{-1} = \begin{pmatrix} A^{-1} & 0 \\ 0 & B^{-1} \end{pmatrix}$, 可得

$$A^{-1} = \begin{pmatrix} 0 & a_1 & 0 & \cdots & 0 \\ 0 & 0 & a_2 & \cdots & 0 \\ \vdots & \vdots & \vdots & \cdots & \vdots \\ 0 & 0 & 0 & \cdots & a_{n-1} \\ a_n & 0 & 0 & \cdots & 0 \end{pmatrix}^{-1} = \begin{pmatrix} 0 & 0 & \cdots & 0 & \frac{1}{a_n} \\ \frac{1}{a_1} & 0 & \cdots & 0 & 0 \\ 0 & \frac{1}{a_2} & \cdots & 0 & 0 \\ \vdots & \vdots & \cdots & \vdots & \vdots \\ 0 & 0 & \cdots & \frac{1}{a_n} & 0 \end{pmatrix}.$$

本章其余部分大纲中是这样叙述的:理解矩阵初等变换的概念,了解初等矩阵的性质和矩阵等价的概念,理解矩阵的秩的概念,掌握用初等变换求矩阵的秩和逆矩阵的方法……

11. 初等变换

(1) 定义:矩阵的下列三种变换:①换法变换:互换矩阵的两行(列);②倍法变换:某一行(列)乘以非零数 k;③消法变换:某一行(列)加上另一行(列)的 k 倍,称为矩阵的初等行(列)变换.矩阵的初等行变换及初等列变换统称为矩阵的初等变换.

(2) 两矩阵的等价:如果矩阵 A 经过有限次初等变换变成矩阵 B,则称矩阵 A 与 B 等价.

(3) 行阶梯形矩阵特点:可画出一条阶梯线,线的下方全为零;每个台阶只有一行,台阶数即是非零行的行数,阶梯线的竖线后面的第一个元素为非零元,即非零行的第一个非零元.

(4) 行最简阶梯形:若已是行阶梯形矩阵,则还要求非零行的第一个非零元为 1,且这些非

零元所在列的其余元素全为零.例如下面的矩阵

$$\begin{pmatrix} 1 & 0 & -1 & 0 & 4 \\ 0 & 1 & -1 & 0 & 3 \\ 0 & 0 & 0 & 1 & -3 \\ 0 & 0 & 0 & 0 & 0 \end{pmatrix}$$

(5) 任一矩阵可以通过有限次初等行变换化为行阶梯形矩阵或最简行阶梯形.

12. 初等矩阵

(1) 定义：n 阶单位矩阵 E 经过一次初等变换得到的矩阵，称为初等矩阵．因此对应于三种初等变换，应有三种初等矩阵．

(2) 换法(或第一种)初等矩阵：对调单位矩阵 E 中第 i,j 两行(或列)得到，即

$$E \xrightarrow[\text{或} c_i \leftrightarrow c_j]{r_i \leftrightarrow r_j} E_{ij} = \begin{pmatrix} 1 & & & & & & & & \\ & \ddots & & & & & & & \\ & & 1 & & & & & & \\ & & & 0 & \cdots & 1 & & & \\ & & & & 1 & & & & \\ & & & \vdots & & \ddots & \vdots & & \\ & & & & & & 1 & & \\ & & & 1 & \cdots & & 0 & & \\ & & & & & & & 1 & \\ & & & & & & & & \ddots \\ & & & & & & & & & 1 \end{pmatrix}.$$

(3) 倍法(或第二种)初等矩阵：以数 $k \neq 0$ 乘以单位矩阵的第 i 行(或列)得到，即

$$E \xrightarrow[\text{或} kc_i]{kr_i} E_i(k) = \begin{pmatrix} 1 & & & & & & \\ & \ddots & & & & & \\ & & 1 & & & & \\ & & & k & & & \\ & & & & 1 & & \\ & & & & & \ddots & \\ & & & & & & 1 \end{pmatrix}.$$

(4) 消法(或第三种)初等矩阵：第 i 行(或 j 列)加上第 j 列(或 i 列)的 k 倍(列)，得到 E

$$\xrightarrow[\text{或} c_j + kc_i]{r_i + kr_j} E_{ij}(k) = \begin{pmatrix} 1 & & & & & \\ & \ddots & & & & \\ & & 1 & \cdots & k & \\ & & & \ddots & \vdots & \\ & & & & 1 & \\ & & & & & \ddots \\ & & & & & & 1 \end{pmatrix}.$$

(5) 初等矩阵的逆矩阵:初等矩阵是可逆的,逆矩阵仍为初等矩阵.且 $E_{ij}^{-1}=E_{ij}$;$E_i^{-1}(k)=E_i\left(\dfrac{1}{k}\right)$;$E_{ij}^{-1}(k)=E_{ij}(-k)$.

(6) 初等矩阵的转置矩阵:初等矩阵的转置仍是初等矩阵.
$$E_{ij}^T=E_{ij},E_i^T(k)=E_i(k);E_{ij}^T(k)=E_{ji}(k).$$

(7) 初等矩阵的行列式:$|E_{ij}|=-1$;$|E_i(k)|=k\neq 0$;$|E_{ij}(k)|=1$.

13. 初等矩阵的应用

(1) 初等矩阵与初等变换的关系:对于一个 $m\times n$ 矩阵 A 作一次初等行(列)变换,相当于在 A 的左(右)边乘上一个对 $m(n)$ 阶单位矩阵 E 作同样初等变换得到的初等矩阵.

【基本题型 11】将矩阵写成初等矩阵乘积形式

【例 2-20】(1995 年真题)设 $A=\begin{pmatrix}a_{11}&a_{12}&a_{13}\\a_{21}&a_{22}&a_{23}\\a_{31}&a_{32}&a_{33}\end{pmatrix}$,$B=\begin{pmatrix}a_{21}&a_{22}&a_{23}\\a_{11}&a_{12}&a_{13}\\a_{31}+a_{11}&a_{32}+a_{12}&a_{33}+a_{13}\end{pmatrix}$,$P_1=\begin{pmatrix}0&1&0\\1&0&0\\0&0&1\end{pmatrix}$,$P_2=\begin{pmatrix}1&0&0\\0&1&0\\1&0&1\end{pmatrix}$,则必有【   】.

(A) $AP_1P_2=B$.   (B) $AP_2P_1=B$.
(C) $P_1P_2A=B$.   (D) $P_2P_1A=B$.

【答案】(C).

【分析】 P_1,P_2 为初等矩阵,对 A 左(右)乘初等矩阵,相当于对 A 施行了一次行(列)初等变换.而 B 是由 A 先将第 1 行加到第 3 行,然后再交换第 1、2 行所得初等变换得到的,由此即可找出正确选项.

【解】 P_1 是交换单位矩阵的第 1、2 行两次初等变换得到的矩阵,P_2 是将单位矩阵的第 1 行加到第 3 行所得初等矩阵,而 B 是 A 先将第 1 行加到第 3 行,然后再交换第 1、2 行所得初等变换得到的,因此有 $P_1P_2A=B$,故正确选项为(C).

【例 2-21】(2006 年真题)设 A 为 3 阶矩阵,将 A 的第 2 行加到第 1 行得 B,再将 B 的第 1 列的 -1 倍加到第 2 列得 C,记 $P=\begin{pmatrix}1&1&0\\0&1&0\\0&0&1\end{pmatrix}$,则必有【   】.

(A) $C=P^{-1}AP$.   (B) $C=PAP^{-1}$.
(C) $C=P^TAP$.   (D) $C=PAP^T$.

【答案】(B).

【解】 由题设可得
$$B=\begin{pmatrix}1&1&0\\0&1&0\\0&0&1\end{pmatrix}A,\quad C=B\begin{pmatrix}1&-1&0\\0&1&0\\0&0&1\end{pmatrix}=\begin{pmatrix}1&1&0\\0&1&0\\0&0&1\end{pmatrix}A\begin{pmatrix}1&-1&0\\0&1&0\\0&0&1\end{pmatrix},$$
而 $P=\begin{pmatrix}1&1&0\\0&1&0\\0&0&1\end{pmatrix}=E_{12}(1)$,且 $P^{-1}=E_{12}(-1)=\begin{pmatrix}1&-1&0\\0&1&0\\0&0&1\end{pmatrix}$.

$C = PAP^{-1}$,故应选(B).

(2) 设 A 为可逆矩阵,则存在有限个初等方阵 $P_1, P_2, \cdots, P_l$,使得 $A = P_1 P_2 \cdots P_l$.

(3) $m \times n$ 矩阵 $A \sim B$ 的充要条件是:存在 m 阶可逆方阵 P 及 n 阶可逆方阵 Q,使 $PAQ = B$.

(4) 利用初等变换求逆阵的方法如下.

① $(A \vdots E) \xrightarrow{\text{初等行变换}} (E \vdots A^{-1})$.

② $\begin{pmatrix} A \\ E \end{pmatrix} \xrightarrow{\text{初等列变换}} \begin{pmatrix} E \\ A^{-1} \end{pmatrix}$.

因为当 $|A| \neq 0$ 时,由 $A = P_1 P_2 \cdots P_l$,有

$$P_l^{-1} P_{l-1}^{-1} \cdots P_1^{-1} A = E, \qquad P_l^{-1} P_{l-1}^{-1} \cdots P_1^{-1} E = A^{-1},$$

$$P_l^{-1} P_{l-1}^{-1} \cdots P_1^{-1} (A \vdots E) = (P_l^{-1} P_{l-1}^{-1} \cdots P_1^{-1} A \ P_l^{-1} P_{l-1}^{-1} \cdots P_1^{-1} E) = (E \vdots A^{-1}).$$

于是得到,对 $n \times 2n$ 矩阵 $(A \vdots E)$ 施行初等行变换,当把 A 变成 E 时,原来的 E 就变成 A^{-1}.

同理可说明②.

【基本题型 12】利用初等变换法求矩阵的逆

【例 2-22】(1987 年真题)设矩阵 A 和 B 满足关系式 $AB = A + 2B$,其中 $A = \begin{pmatrix} 3 & 0 & 1 \\ 1 & 1 & 0 \\ 0 & 1 & 4 \end{pmatrix}$,求矩阵 B.

【解】由 $AB = A + 2B$,有 $(A - 2E)B = A$. 因为,$|A - 2E| = \begin{vmatrix} 1 & 0 & 1 \\ 1 & -1 & 0 \\ 0 & 1 & 2 \end{vmatrix} = -1 \neq 0$,所以有 $B = (A - 2E)^{-1} A$. 下面用初等变化法求 $A - 2E = \begin{pmatrix} 1 & 0 & 1 \\ 1 & -1 & 0 \\ 0 & 1 & 2 \end{pmatrix}$ 的逆矩阵.

$$(A - 2E \vdots E) = \begin{pmatrix} 1 & 0 & 1 & 1 & 0 & 0 \\ 1 & -1 & 0 & 0 & 1 & 0 \\ 0 & 1 & 2 & 0 & 0 & 1 \end{pmatrix} \xrightarrow{r_2 + (-1)r_1} \begin{pmatrix} 1 & 0 & 1 & 1 & 0 & 0 \\ 0 & -1 & -1 & -1 & 1 & 0 \\ 0 & 1 & 2 & 0 & 0 & 1 \end{pmatrix}$$

$$\xrightarrow{r_3 + r_2} \begin{pmatrix} 1 & 0 & 1 & 1 & 0 & 0 \\ 0 & -1 & -1 & -1 & 1 & 0 \\ 0 & 0 & 1 & -1 & 1 & 1 \end{pmatrix} \xrightarrow[r_2 + r_3]{r_1 + (-1)r_3} \begin{pmatrix} 1 & 0 & 0 & 2 & -1 & -1 \\ 0 & -1 & 0 & -2 & 2 & 1 \\ 0 & 0 & 1 & -1 & 1 & 1 \end{pmatrix}$$

$$\xrightarrow{(-1)r_2} \begin{pmatrix} 1 & 0 & 0 & 2 & -1 & -1 \\ 0 & 1 & 0 & 2 & -2 & -1 \\ 0 & 0 & 1 & -1 & 1 & 1 \end{pmatrix},$$

$$(A - 2E)^{-1} = \begin{pmatrix} 2 & -1 & -1 \\ 2 & -2 & -1 \\ -1 & 1 & 1 \end{pmatrix}.$$

故 $B = (A - 2E)^{-1} A = \begin{pmatrix} 2 & -1 & -1 \\ 2 & -2 & -1 \\ -1 & 1 & 1 \end{pmatrix} \begin{pmatrix} 3 & 0 & 1 \\ 1 & 1 & 0 \\ 0 & 1 & 4 \end{pmatrix} = \begin{pmatrix} 5 & -2 & -2 \\ 4 & -3 & -2 \\ -2 & 2 & 3 \end{pmatrix}$.

14. 矩阵的秩

(1) 定义：若 $m \times n$ 矩阵 A 中至少有一个 r 阶子式不等于零，而所有 $r+1$ 阶子式都等于零，则称矩阵 A 的秩为 r，记为 $r(A)=r$。零矩阵的秩规定为零。

(2) 若 n 阶方阵 A 的秩等于其阶数，即 $r(A)=n$，则称 A 为满秩的矩阵。

【基本题型 13】按定义求矩阵的秩

【例 2-23】 设 $A = \begin{pmatrix} a_1b_1 & a_1b_2 & \cdots & a_1b_n \\ a_2b_1 & a_2b_2 & \cdots & a_2b_n \\ \vdots & \vdots & \cdots & \vdots \\ a_nb_1 & a_nb_2 & \cdots & a_nb_n \end{pmatrix}$，其中 $a_i \neq 0, b_i \neq 0 (i=1,2,\cdots,n)$ 则矩阵 A 的秩 $r(A)=$ _____。

【答案】1。

【分析】本题可根据矩阵秩的子式定义直接求秩。

【解】因为 A 的任一 2 阶子式 $\begin{vmatrix} a_ib_k & a_ib_s \\ a_jb_k & a_jb_s \end{vmatrix} = a_ia_j \begin{vmatrix} b_k & b_s \\ b_k & b_s \end{vmatrix} = 0$，且 A 为非零矩阵，故 $r(A)=1$。

【例 2-24】 (2007 年真题) 设矩阵 $A = \begin{pmatrix} 0 & 1 & 0 & 0 \\ 0 & 0 & 1 & 0 \\ 0 & 0 & 0 & 1 \\ 0 & 0 & 0 & 0 \end{pmatrix}$，则 A^3 的秩为 _____。

【答案】1。

【解】依矩阵乘法直接计算得 $A^3 = \begin{pmatrix} 0 & 0 & 0 & 1 \\ 0 & 0 & 0 & 0 \\ 0 & 0 & 0 & 0 \\ 0 & 0 & 0 & 0 \end{pmatrix}$，故 $r(A^3)=1$。

15. 矩阵秩的基本结论

(1) 设 A 为 $m \times n$ 矩阵，则 $0 \leqslant r(A) \leqslant \min(m,n)$。

(2) $A \neq 0 \Leftrightarrow r(A) \geqslant 1$。

(3) A 中存在 r 阶子式不等于零 $\Leftrightarrow r(A) \geqslant r$。

(4) $r(A_n)=n \Leftrightarrow |A| \neq 0$。即矩阵是满秩矩阵的充要条件是该矩阵可逆。

(5) $r(A_n)<n \Leftrightarrow |A|=0$。

(6) $r(A^T)=r(A)$。

(7) 初等变换不改变矩阵的秩。

(8) 设 A 为 $m \times n$ 矩阵，P 为 m 阶可逆矩阵，Q 为 n 阶可逆矩阵，则 $r(PAQ)=r(PA)=r(AQ)=r(A)$。

【基本题型 14】利用秩的基本结论解题

【例 2-25】 设 A 是 4×3 矩阵，且 A 的秩 $r(A)=2$，而 $B = \begin{pmatrix} 1 & 0 & 2 \\ 0 & 2 & 0 \\ -1 & 0 & 3 \end{pmatrix}$，则

$r(AB)=$ _____.

【答案】2.

【分析】求 AB 的秩,若 B 不可逆,则情况比较复杂,一般而言,不能断定其秩具体为多少.而当 B 可逆时,则十分简单,AB 的秩与 A 的秩相同.

【解】因为 $|B|=\begin{vmatrix}1&0&2\\0&2&0\\-1&0&3\end{vmatrix}=10\neq 0$,说明矩阵 B 可逆,故 $r(AB)=r(A)=2$.

【例 2-26】设 $n\geqslant 2$ 阶方阵 A 的秩,A^* 为其伴随矩阵,证明 $r(A^*)=\begin{cases}n,r(A)=n,\\1,r(A)=n-1,\\0,r(A)<n-1.\end{cases}$

【证明】(1) 若 $r(A)=n$,则 $|A|\neq 0$. 由 $AA^*=|A|E$,得 $|A||A^*|=|A|^n$. 因此 $|A^*|=|A|^{n-1}\neq 0$,所以 $r(A^*)=n$.

(2) 若 $r(A)=n-1$,则 A 中至少有一个 $n-1$ 阶子式不为零,而 A^* 中的元素都是 A 的 $n-1$ 阶子式或子式的相反数,所以 A^* 中至少有一个元素不为零,则 $r(A^*)\geqslant 1$;又由 $r(A)=n-1$,知 $|A|=0$,则 $AA^*=|A|E=0$,于是 $r(A)+r(A^*)\leqslant n$,进而 $r(A^*)\leqslant n-r(A)=n-(n-1)=1$;故 $r(A^*)=1$.

(3) 若 $r(A)<n-1$,则 A 中所有 $n-1$ 阶行列式全为零,于是 A^* 中所有元素全部为零,故 $r(A^*)=0$.

【例 2-27】(2003 年真题)设三阶矩阵 $A=\begin{pmatrix}a&b&b\\b&a&b\\b&b&a\end{pmatrix}$,若 A 的伴随矩阵的秩为 1,则必有【   】.

(A) $a=b$ 或 $a+2b=0$. (B) $a=b$ 或 $a+2b\neq 0$.

(C) $a\neq b$ 且 $a+2b=0$. (D) $a\neq b$ 且 $a+2b\neq 0$.

【答案】(C)

【分析】A 的伴随矩阵的秩为 1,说明 A 的秩为 2,由此可确定 a,b 应满足的条件.

【解】根据 A 与其伴随矩阵 A^* 的秩之间的关系知,$r(A)=2$,故有

$\begin{vmatrix}a&b&b\\b&a&b\\b&b&a\end{vmatrix}=(a+2b)(a-b)^2=0$,即有 $a+2b=0$ 或 $a=b$.

但当 $a=b$ 时,显然 $r(A)\neq 2$,故必有 $a\neq b$ 且 $a+2b=0$. 应选(C).

【例 2-28】设 n 阶矩阵 A 与 B 等价,则必有【   】.

(A) 当 $|A|=a(a\neq 0)$ 时,$|B|=a$. (B) 当 $|A|=a(a\neq 0)$ 时,$|B|=-a$.

(C) 当 $|A|\neq 0$ 时,$|B|=0$. (D) 当 $|A|=0$ 时,$|B|=0$.

【分析】利用矩阵 A 与 B 等价的充要条件:$r(A)=r(B)$ 立即可得.

【解】因为当 $|A|=0$ 时,$r(A)<n$,又 A 与 B 等价,故 $r(B)<n$,即 $|B|=0$,故选(D).

16. 用初等变化法求矩阵 A 的秩

将 $m\times n$ 矩阵 A 经过一系列初等行变换化为阶梯形矩阵,阶梯形矩阵中非零行的个数就等于 A 的秩.

【基本题型 15】用初等变换法求矩阵的秩

【例 2-29】矩阵 $A=\begin{pmatrix}1-a&a&0&-a\\-1&2&1&-1\\2-a&a-2&-1&1-a\end{pmatrix}$,其中 a 是任意常数,则 $r(A)$ 为【   】.

(A) 3.　　　　(B) 2.　　　　(C) 1.　　　　(D) 与 a 的取值有关.

【解法1】按照一般步骤,利用初等行变换将矩阵化为行阶梯形的矩阵,求 A 的秩.

$$A = \begin{pmatrix} 1-a & a & 0 & -a \\ -1 & 2 & 1 & -1 \\ 2-a & a-2 & -1 & 1-a \end{pmatrix} \xrightarrow{r_1 \leftrightarrow r_2} \begin{pmatrix} -1 & 2 & 1 & -1 \\ 1-a & a & 0 & -a \\ 2-a & a-2 & -1 & 1-a \end{pmatrix}$$

$$\xrightarrow[r_3+(2-a)r_1]{r_2+(1-a)r_1} \begin{pmatrix} -1 & 2 & 1 & -1 \\ 0 & 2-a & 1-a & -1 \\ 0 & 2-a & 1-a & -1 \end{pmatrix} \xrightarrow{r_3+(-1)r_2} \begin{pmatrix} -1 & 2 & 1 & -1 \\ 0 & 2-a & 1-a & -1 \\ 0 & 0 & 0 & 0 \end{pmatrix}.$$

由此看出,无论 a 取何值,上述矩阵的第1行和第2行均不能成比例,故 $r(A)=2$. 正确选项应为(B).

【解法2】考虑到矩阵中有参数的元素较多,尤其是第1列中含有参数,将矩阵 A 的第1行的 -1 倍和第2行加到第3行,可得

$$A = \begin{pmatrix} 1-a & a & 0 & -a \\ -1 & 2 & 1 & -1 \\ 2-a & a-2 & -1 & 1-a \end{pmatrix} \xrightarrow{r_3+r_2+(-1)r_1} \begin{pmatrix} 1-a & a & 0 & -a \\ -1 & 2 & 1 & -1 \\ 0 & 0 & 0 & 0 \end{pmatrix}.$$

由此看出,无论 a 取何值,上述矩阵的第1行和第2行均不能成比例,故 $r(A)=2$. 正确选项应为(B).

【例2-30】计算矩阵 $A = \begin{pmatrix} 1 & 4 & -1 & 0 \\ 2 & x & 2 & 1 \\ 11 & 56 & 5 & 4 \\ 2 & 5 & y & -1 \end{pmatrix}$ 的秩.

【解法1】按照一般步骤,利用初等行变换将矩阵化为行阶梯形的矩阵,求 A 的秩.

$$A = \begin{pmatrix} 1 & 4 & -1 & 0 \\ 2 & x & 2 & 1 \\ 11 & 56 & 5 & 4 \\ 2 & 5 & y & -1 \end{pmatrix} \xrightarrow{r_2 \leftrightarrow r_4} \begin{pmatrix} 1 & 4 & -1 & 0 \\ 2 & 5 & y & -1 \\ 11 & 56 & 5 & 4 \\ 2 & x & 2 & 1 \end{pmatrix} \xrightarrow[r_4+(-2)r_1]{\substack{r_2+(-2)r_1 \\ r_3+(-11)r_1}} \begin{pmatrix} 1 & 4 & -1 & 0 \\ 0 & -3 & y+2 & -1 \\ 0 & 12 & 16 & 4 \\ 0 & x-8 & 4 & 1 \end{pmatrix}$$

$$\xrightarrow{\frac{1}{4}r_3 \leftrightarrow r_2} \begin{pmatrix} 1 & 4 & -1 & 0 \\ 0 & 3 & 4 & 1 \\ 0 & -3 & y+2 & -1 \\ 0 & x-8 & 4 & 1 \end{pmatrix} \xrightarrow[r_4-r_2]{r_3+r_2} \begin{pmatrix} 1 & 4 & -1 & 0 \\ 0 & 3 & 4 & 1 \\ 0 & 0 & y+6 & 0 \\ 0 & x-11 & 0 & 0 \end{pmatrix}$$

$$\xrightarrow{r_3 \leftrightarrow r_4} \begin{pmatrix} 1 & 4 & -1 & 0 \\ 0 & 3 & 4 & 1 \\ 0 & x-11 & 0 & 0 \\ 0 & 0 & y+6 & 0 \end{pmatrix}.$$

① 当 $x=11, y=-6$ 时,$r(A)=2$.

② 当 $x \neq 11, y \neq -6$ 时,$r(A)=4$.

③ 当 $x \neq 11, y = -6$ 时,$r(A)=3$.

④ 当 $x = 11, y \neq -6$ 时,$r(A)=3$.

【解法2】本题应对 A 施以初等行变换,将其化为行阶梯形矩阵. 考虑到第2行有元素 x,

计算不太方便,所以先对 A 进行初等列变换,再进行初等行变换,得

$$A=\begin{pmatrix} 1 & 4 & -1 & 0 \\ 2 & x & 2 & 1 \\ 11 & 56 & 5 & 4 \\ 2 & 5 & y & -1 \end{pmatrix} \xrightarrow{c_2 \leftrightarrow c_3} \begin{pmatrix} 1 & 0 & 4 & -1 \\ 2 & 1 & x & 2 \\ 11 & 4 & 56 & 5 \\ 2 & -1 & 5 & y \end{pmatrix} \xrightarrow[r_3+(-11)r_1]{r_2+(-2)r_1} \begin{pmatrix} 1 & 0 & 4 & -1 \\ 0 & 1 & x-8 & 4 \\ 0 & 4 & 12 & 16 \\ 0 & -1 & -3 & y+2 \end{pmatrix}$$

$$\xrightarrow{r_2 \leftrightarrow \frac{1}{4}r_3} \begin{pmatrix} 1 & 0 & 4 & -1 \\ 0 & 1 & 3 & 4 \\ 0 & 1 & x-8 & 4 \\ 0 & -1 & -3 & y+2 \end{pmatrix} \xrightarrow[r_4+r_2]{r_3+(-1)r_2} \begin{pmatrix} 1 & 0 & 4 & -1 \\ 0 & 1 & 3 & 4 \\ 0 & 0 & x-11 & 0 \\ 0 & 0 & 0 & y+6 \end{pmatrix}.$$

① 当 $x=11, y=-6$ 时,$r(A)=2$.

② 当 $x\neq 11, y\neq -6$ 时,$r(A)=4$.

③ 当 $x\neq 11, y=-6$ 时,$r(A)=3$.

④ 当 $x=11, y\neq -6$ 时,$r(A)=3$.

问题自答

【问题1】矩阵与行列式的区别是什么?

【答】

【问题2】矩阵有哪些运算?这些运算满足或不满足哪些运算律?

【答】

【问题3】常见的矩阵有哪些?

【答】

【问题4】矩阵可逆的充要条件有哪些?如何求一个矩阵的逆?

【答】

【问题5】什么是伴随矩阵?伴随矩阵具有哪些重要公式和结论?

【答】

【问题6】什么是矩阵的初等变换?什么是初等矩阵?具有哪些重要结论?

【答】

【问题7】什么矩阵的秩?求矩阵秩的方法有哪些?具有哪些重要公式和结论?

【答】

【问题8】分块矩阵的重要结论有哪些?

【答】

【问题9】如何将一个矩阵化为行阶梯形矩阵?尤其是将含参数的矩阵化为行阶梯形时,应注意什么?

问题反馈

在学习本章的过程中,你有哪些体会和建议,请发送到 Email:mathcui@163.com.

第三章 向量

复习导学

向量这一章所涉及的相关名词、性质、定理比较多,也比较抽象.考试大纲中关于向量的考试要求如下:理解 n 维向量、向量的线性组合与线性表示的概念;理解向量组线性相关、线性无关的概念,掌握向量组线性相关、线性无关的有关性质及判别法;理解向量组的极大线性无关组和向量组的秩的概念,会求向量组的极大线性无关组及秩;理解向量组等价的概念,理解矩阵的秩与其行(列)向量组的秩之间的关系.基于此,分类复习如下.

1. n 维向量的概念

(1) 向量的定义:n 个数组成的有序数组 $(a_1, a_2, \cdots, a_n)$ 称为一个 n 维向量.

(2) 向量的记法:若记 $\alpha^T = (a_1, a_2, \cdots, a_n)$,称为 n 维行向量,则 $\alpha = \begin{pmatrix} a_1 \\ a_2 \\ \vdots \\ a_n \end{pmatrix} = (a_1, a_2, \cdots, a_n)^T$ 称为 n 维列向量.当没有明确说明是行向量还是列向量时,都当做列向量.

(3) 向量的坐标:数 $a_i (i=1,2,\cdots,n)$ 称为向量 α 的第 i 个分量或坐标.

(4) 向量的相等:给定两向量 $\alpha = (a_1, a_2, \cdots, a_n), \beta = (b_1, b_2, \cdots, b_n)$,如果对应的分量都相等,即有 $a_i = b_i (i=1,2,\cdots,n)$,则称这两个向量相等,记作 $\alpha = \beta$.

(5) 零向量:称 n 个分量均为零的向量,即 $(0,0,\cdots,0)$ 为 n 维零向量.

(6) 负向量:称向量 $(-a_1, -a_2, \cdots, -a_n)$ 为向量 $\alpha = (a_1, a_2, \cdots, a_n)$ 的负向量,记作 $-\alpha$.

2. n 维向量的线性运算

(1) 向量的加法和数乘运算称为向量的线性运算.

① 加法:设有两向量 $\alpha = (a_1, a_2, \cdots, a_n)^T, \beta = (b_1, b_2, \cdots, b_n)^T$,规定 α 和 β 之和为 $\alpha + \beta = (a_1+b_1, a_2+b_2, \cdots, a_n+b_n)^T$.

② 数乘:设有常数 k 和向量 $\alpha = (a_1, a_2, \cdots, a_n)^T$,规定 k 与 α 的乘积为 $k\alpha = (ka_1, ka_2, \cdots, ka_n)^T$.

(2) 线性运算的运算性质

① $\alpha + \beta = \beta + \alpha$. ② $(\alpha + \beta) + \gamma = \alpha + (\beta + \gamma)$. ③ $\alpha + 0 = 0$. ④ $\alpha + (-\alpha) = 0$. ⑤ $1 \cdot \alpha = \alpha$. ⑥ $(kl)\alpha = k(l\alpha)$. ⑦ $(k+l)\alpha = k\alpha + l\alpha$. ⑧ $k(\alpha + \beta) = k\alpha + k\beta$. 其中 $\alpha, \beta, \gamma, 0$ 是 n 维向量,k, l 是常数.

3. 向量、向量组与矩阵

(1) 向量组:若干个同维数的列向量(或同维数的行向量)所组成的集合称为向量组.

(2) 矩阵 A 的行向量组:由矩阵 $A = (a_{ij})_{m \times n}$ 的 m 个 n 维列向量 $\alpha_1, \alpha_2, \cdots, \alpha_n$ 组成的向量组.

(3) 矩阵 A 的列向量组：由矩阵 $A=(a_{ij})_{m\times n}$ 的 m 个 n 维行向量 $\beta_1,\beta_2,\cdots,\beta_m$ 组成的向量组.

【基本题型 1】向量的线性运算

【例 3-1】设 $\alpha_1=\begin{pmatrix}a_{11}\\a_{21}\\\vdots\\a_{m1}\end{pmatrix}$，$\alpha_2=\begin{pmatrix}a_{12}\\a_{22}\\\vdots\\a_{m2}\end{pmatrix}$，$\cdots,\alpha_n=\begin{pmatrix}a_{1n}\\a_{2n}\\\vdots\\a_{mn}\end{pmatrix}$，$X=\begin{pmatrix}x_1\\x_2\\\vdots\\x_n\end{pmatrix}$，$\beta=\begin{pmatrix}b_1\\b_2\\\vdots\\b_m\end{pmatrix}$. 若 $x_1\alpha_1+x_2\alpha_2+\cdots+x_n\alpha_n=\beta$，试写出它的两种等价形式.

【解】因为 $x_1\alpha_1+x_2\alpha_2+\cdots+x_n\alpha_n=x_1\begin{pmatrix}a_{11}\\a_{21}\\\vdots\\a_{m1}\end{pmatrix}+x_2\begin{pmatrix}a_{12}\\a_{22}\\\vdots\\a_{m2}\end{pmatrix}+\cdots+x_n\begin{pmatrix}a_{1n}\\a_{2n}\\\vdots\\a_{mn}\end{pmatrix}$，

$=\begin{pmatrix}x_1a_{11}\\x_1a_{21}\\\vdots\\x_1a_{m1}\end{pmatrix}+\begin{pmatrix}x_2a_{11}\\x_2a_{21}\\\vdots\\x_2a_{m2}\end{pmatrix}+\cdots+\begin{pmatrix}x_na_{1n}\\x_na_{2n}\\\vdots\\x_na_{mn}\end{pmatrix}=\begin{pmatrix}x_1a_{11}+x_2a_{12}+\cdots+x_na_{1n}\\x_1a_{21}+x_2a_{22}+\cdots+x_na_{2n}\\\vdots\\x_1a_{m1}+x_2a_{m2}+\cdots+x_na_{mn}\end{pmatrix}.$

若 $x_1\alpha_1+x_2\alpha_2+\cdots+x_n\alpha_n=\beta$，则有 $\begin{pmatrix}x_1a_{11}+x_2a_{12}+\cdots+x_na_{1n}\\x_1a_{21}+x_2a_{22}+\cdots+x_na_{2n}\\\vdots\\x_1a_{m1}+x_2a_{m2}+\cdots+x_na_{mn}\end{pmatrix}=\begin{pmatrix}b_1\\b_2\\\vdots\\b_m\end{pmatrix}$，故

$$\begin{cases}a_{11}x_1+a_{12}x_2+\cdots+a_{1n}x_n=b_1\\a_{21}x_1+a_{22}x_2+\cdots+a_{2n}x_n=b_2\\\quad\vdots\\a_{m1}x_1+a_{m2}x_2+\cdots+a_{mn}x_n=b_m\end{cases}.$$

又 $x_1\alpha_1+x_2\alpha_2+\cdots+x_n\alpha_n=(\alpha_1,\alpha_2,\cdots,\alpha_n)\begin{pmatrix}x_1\\x_2\\\vdots\\x_n\end{pmatrix}=\beta,$

若记 $A=(\alpha_1,\alpha_2,\cdots,\alpha_n)$，则可得 $AX=\beta$.

> 【温馨提示 1】此例表明 $x_1\alpha_1+x_2\alpha_2+\cdots+x_n\alpha_n=\beta$ 实际上是一个线性方程组的向量形式.其系数矩阵为 $A=(\alpha_1,\alpha_2,\cdots,\alpha_n)$，常数向量为 β，未知量为 $x_1,x_2,\cdots,x_n$.
>
> 【温馨提示 2】注意到向量组中的个数对应于方程组中未知量的个数，向量的维数对应于方程组的个数.

4. 一个向量与一个向量组之间的线性表示

(1) 定义：给定 n 维向量组 $\alpha_1,\alpha_2,\cdots,\alpha_s$ 和向量 β，如果存在 s 个数 $k_1,k_2,\cdots,k_s$，使得 $\beta=$

$k_1\alpha_1+k_2\alpha_2+\cdots+k_s\alpha_s$ 成立，则称向量 β 是向量组 $\alpha_1,\alpha_2,\cdots,\alpha_s$ 的一个线性组合，亦称 β 可以由向量组 $\alpha_1,\alpha_2,\cdots,\alpha_s$ 线性表示.

(2) 判定：向量 β 可以由向量组 $\alpha_1,\alpha_2,\cdots,\alpha_s$ 线性表示的充要条件是以 $\alpha_1,\alpha_2,\cdots,\alpha_s$ 为系数列向量，以 β 为常数项列向量的线性方程组 $x_1\alpha_1+x_2\alpha_2+\cdots+x_n\alpha_n=\beta$ 有解，并且一个解就是线性表示系数. 因此向量 β 可以由向量组 $\alpha_1,\alpha_2,\cdots,\alpha_s$ 线性表示的充要条件是矩阵 $A=(\alpha_1,\alpha_2,\cdots,\alpha_s)$ 和矩阵 $B=(\alpha_1,\alpha_2,\cdots,\alpha_s,\beta)$ 有相同的秩.

【基本题型 2】利用构成矩阵的秩来判定一个向量能否由另一向量组线性表示

【例 3-2】 设 $\alpha_1=(1,2,0)^T, \alpha_2=(1,a+2,-3a)^T, \alpha_3=(-1,-b-2,a+2b)^T, \beta=(1,3,-3)^T$，试讨论当 a,b 为何值时，(1) β 不能由 $\alpha_1,\alpha_2,\alpha_3$ 线性表示；(2) β 可由 $\alpha_1,\alpha_2,\alpha_3$ 唯一地线性表示；(3) β 可由 $\alpha_1,\alpha_2,\alpha_3$ 线性表示，但表示不唯一.

【分析】 将 β 可否由 $\alpha_1,\alpha_2,\alpha_3$ 线性表示的问题转化为线性方程组 $k_1\alpha_1+k_2\alpha_2+k_3\alpha_3=\beta$ 是否有解的问题.

【解】 设有数 k_1,k_2,k_3 使得

$$k_1\alpha_1+k_2\alpha_2+k_3\alpha_3=\beta. \tag{3-1}$$

记 $A=(\alpha_1,\alpha_2,\alpha_3)$. 对矩阵 $(A\vdots\beta)$ 施以初等行变换，有

$$(A\vdots\beta)=\begin{pmatrix}1 & 1 & -1 & 1 \\ 2 & a+2 & -b-2 & 3 \\ 0 & -3a & a+2b & -3\end{pmatrix}\to\begin{pmatrix}1 & 1 & -1 & 1 \\ 0 & a & -b & 1 \\ 0 & 0 & a-b & 0\end{pmatrix}.$$

(1) 当 $a=0$ 时，有

$$(A\vdots\beta)\to\begin{pmatrix}1 & 1 & -1 & 1 \\ 0 & 0 & -b & 1 \\ 0 & 0 & 0 & -1\end{pmatrix}.$$

可知 $r(A)\neq r(A\vdots\beta)$，故式 (3-1) 无解，β 不能由 $\alpha_1,\alpha_2,\alpha_3$ 线性表示.

(2) 当 $a\neq 0$，且 $a\neq b$ 时，有

$$(A\vdots\beta)\to\begin{pmatrix}1 & 1 & -1 & 1 \\ 0 & a & -b & 1 \\ 0 & 0 & a-b & 0\end{pmatrix}\to\begin{pmatrix}1 & 0 & 0 & 1-\dfrac{1}{a} \\ 0 & 1 & 0 & \dfrac{1}{a} \\ 0 & 0 & 1 & 0\end{pmatrix}.$$

可知 $r(A)=r(A\vdots\beta)=3$，式 (3-1) 有唯一解，此时 β 可由 $\alpha_1,\alpha_2,\alpha_3$ 唯一地线性表示.

(3) 当 $a=b\neq 0$ 时，对矩阵 $(A\vdots\beta)$ 施以初等行变换，有

$$(A\vdots\beta)\to\begin{pmatrix}1 & 1 & -1 & 1 \\ 0 & a & -b & 1 \\ 0 & 0 & a-b & 0\end{pmatrix}\to\begin{pmatrix}1 & 0 & 0 & 1-\dfrac{1}{a} \\ 0 & 1 & -1 & \dfrac{1}{a} \\ 0 & 0 & 0 & 0\end{pmatrix}.$$

$r(A)=r(A\vdots\beta)=2$，式 (3-1) 有无穷多解，β 可由 $\alpha_1,\alpha_2,\alpha_3$ 线性表示，但表示式不唯一.

5. 向量组的线性相关与线性无关

（1）定义：设有 n 维向量组 $\alpha_1,\alpha_2,\cdots,\alpha_s$，若存在一组不全为零的数 $k_1,k_2,\cdots,k_s$，使得 $k_1\alpha_1+k_2\alpha_2+\cdots+k_s\alpha_s=0$，则称向量组线性相关．若当且仅当 $k_1=k_2=\cdots=k_s=0$ 时，$k_1\alpha_1+k_2\alpha_2+\cdots+k_s\alpha_s=0$ 方可成立，则称向量组线性无关．

（2）线性相关的判定（秩法）：向量组 $\alpha_1,\alpha_2,\cdots,\alpha_s$ 线性相关的充要条件是方程组 $x_1\alpha_1+x_2\alpha_2+\cdots+x_s\alpha_s=0$ 有非零解．因此向量组 $\alpha_1,\alpha_2,\cdots,\alpha_s$ 线性相关的充要条件是矩阵 $A=(\alpha_1,\alpha_2,\cdots,\alpha_s)$ 的秩小于向量的个数 s．

（3）线性无关的判定（秩法）：向量组 $\alpha_1,\alpha_2,\cdots,\alpha_s$ 线性无关的充要条件是方程组 $x_1\alpha_1+x_2\alpha_2+\cdots+x_s\alpha_s=0$ 只有零解．因此向量组 $\alpha_1,\alpha_2,\cdots,\alpha_s$ 线性相关的充要条件是矩阵 $A=(\alpha_1,\alpha_2,\cdots,\alpha_s)$ 的秩等于向量的个数 s．

> 【温馨提示】当向量的个数与维数相等时，$\alpha_1,\alpha_2,\cdots,\alpha_s$ 线性相关 $\Leftrightarrow |\alpha_1,\alpha_2,\cdots,\alpha_s|=0$．$\alpha_1,\alpha_2,\cdots,\alpha_s$ 线性无关 $\Leftrightarrow |\alpha_1,\alpha_2,\cdots,\alpha_s|\neq 0$．称此方法为判定向量组线性相关性的行列式方法．

【基本题型 3】有关抽象向量组的线性相关性的证明

【例 3-3】设 $\alpha_1,\alpha_2,\cdots,\alpha_s(s\geq 2)$ 线性无关，$\beta_i=\alpha_i+l_i\alpha_s(i=1,2,\cdots,s-1)$，证明 $\beta_1,\beta_2,\cdots,\beta_{s-1}$ 线性无关．

【证明】设存在 $s-1$ 个数 $k_1,k_2,\cdots,k_{s-1}$，使得

$$k_1\beta_1+k_2\beta_2+\cdots+k_{s-1}\beta_{s-1}=0, \qquad (3\text{-}2)$$

即

$$k_1\alpha_1+k_2\alpha_2+\cdots+k_{s-1}\alpha_{s-1}+(k_1l_1+k_2l_2+\cdots+k_{s-1}l_{s-1})\alpha_s=0. \qquad (3\text{-}3)$$

因为 $\alpha_1,\alpha_2,\cdots,\alpha_s$ 线性无关，故式 (3-3) 成立的条件是当且仅当

$$k_1=k_2=\cdots=k_{s-1}=k_1l_1+k_2l_2+\cdots+k_{s-1}l_{s-1}=0.$$

因而式 (3-2) 成立的条件是当且仅当 $k_1,k_2,\cdots,k_{s-1}$ 全为零，所以 $\beta_1,\beta_2,\cdots,\beta_{s-1}$ 线性无关.

> 【温馨提示】对于抽象向量组 $\alpha_1,\alpha_2,\cdots,\alpha_s$，其线性相关性的判定，常用定义法．

【基本题型 4】有关分量具体的向量组的线性相关性的判定

【例 3-4】设向量组 $\alpha_1=(2,1,1,1)^T,\alpha_2=(2,1,a,a)^T,\alpha_3=(3,2,1,a)^T,\alpha_4=(4,3,2,1)^T$，讨论向量组的线性相关性．

【解法 1】用行列式法．因为

$$(\alpha_1,\alpha_2,\alpha_3,\alpha_4)=\begin{vmatrix} 2 & 2 & 3 & 4 \\ 1 & 1 & 2 & 3 \\ 1 & a & 1 & 2 \\ 1 & a & a & 1 \end{vmatrix}=(a-1)(2a-1)=0.$$

所以当 $a=1$ 或 $a=\dfrac{1}{2}$ 时，向量组线性相关；当 $a\neq 1$ 且 $a\neq \dfrac{1}{2}$ 时，向量组线性无关．

【解法 2】用矩阵秩法．因为

$$(\alpha_1,\alpha_2,\alpha_3,\alpha_4)=\begin{pmatrix}2&2&3&4\\1&1&2&3\\1&a&1&2\\1&a&a&1\end{pmatrix}\to\begin{pmatrix}1&1&2&3\\2&2&3&4\\1&a&1&2\\1&a&a&1\end{pmatrix}\to\begin{pmatrix}1&1&2&3\\0&0&-1&-2\\0&a-1&-1&-1\\0&a-1&a-2&-2\end{pmatrix}$$

$$\to\begin{pmatrix}1&1&2&3\\0&0&-1&-2\\0&a-1&-1&-1\\0&0&a-1&-1\end{pmatrix}\to\begin{pmatrix}1&1&2&3\\0&0&1&2\\0&a-1&-1&-1\\0&0&0&1-2a\end{pmatrix}\to\begin{pmatrix}1&1&2&3\\0&a-1&-1&-2\\0&0&1&2\\0&0&0&1-2a\end{pmatrix}$$

显然,当 $a\neq 1$ 且 $a\neq\dfrac{1}{2}$ 时,$r(\alpha_1,\alpha_2,\alpha_3,\alpha_4)=4$,向量组线性无关;当 $a=1$ 或 $a=\dfrac{1}{2}$ 时,$r(\alpha_1,\alpha_2,\alpha_3,\alpha_4)=3<4$,向量组线性相关.

> 【温馨提示 1】本题型也可以直接用定义,转化为齐次线性方程组有无非零解的问题来进行讨论.
>
> 【温馨提示 2】对于分量具体的向量组 $\alpha_1,\alpha_2,\cdots,\alpha_s$,其线性相关性的判定,常用矩阵秩法和行列式法.

6. 线性相关性的重要性质及定理

根据向量组线性相关性的定义,可以证明如下结论.

(1) 一个零向量线性相关;一个非零向量线性无关.

(2) 两个向量线性相关的充要条件是对应的分量成比例;两个向量线性无关的充要条件是对应的分量不成比例.

(3) 向量组 $\alpha_1,\alpha_2,\cdots,\alpha_s$ 线性相关的充要条件是其中至少有一向量可由其余向量线性表示.向量组 $\alpha_1,\alpha_2,\cdots,\alpha_s$ 线性无关的充要条件是其中任意向量都不能用其余向量线性表示.

(4) 若 $\alpha_1,\alpha_2,\cdots,\alpha_r$ 线性相关,则 $\alpha_1,\alpha_2,\cdots,\alpha_r,\alpha_{r+1},\cdots,\alpha_s$ 也线性相关;若 $\alpha_1,\alpha_2,\cdots,\alpha_s$ 线性无关,则 $\alpha_1,\alpha_2,\cdots,\alpha_r(r\leqslant s)$ 亦线性无关(该性质可概括为"部分相关,整体相关;整体无关,部分无关").包含零向量的向量组一定线性相关.包含相等(或成比例)向量的向量组一定线性相关.

(5) 设向量组 $\alpha_1,\alpha_2,\cdots,\alpha_s$ 线性无关,$\alpha_1,\alpha_2,\cdots,\alpha_s,\beta$ 线性相关,则 β 可由 $\alpha_1,\alpha_2,\cdots,\alpha_s$ 线性表示,且表示式是唯一的.

根据向量组线性相关性的秩法,可以证明如下结论.

(6) 在一个向量组 $\alpha_1,\alpha_2,\cdots,\alpha_s$ 中,若向量的个数大于维数,则该向量组必然线性相关.特别地,$n+1$ 个 n 维向量必线性相关.

(7) 若一个向量组线性无关,则分量维数增加后得到的新向量组仍然线性无关;一个向量组线性相关,则分量维数减少后得到的新向量组仍然线性相关.

【基本题型 5】有关线性相关性的概念和重要定理的题目

【例 3-5】(1988 年真题)n 维向量组线 $\alpha_1,\alpha_2,\cdots,\alpha_s(3\leqslant s\leqslant n)$ 性无关的充要条件是【　　】.

(A) 存在一组不全为零的数 $k_1, k_2, \cdots, k_s$,使得 $k_1\alpha_1 + k_2\alpha_2 + \cdots + k_s\alpha_s \neq 0$.

(B) $\alpha_1, \alpha_2, \cdots, \alpha_s$ 中任意两个向量均线性无关.

(C) $\alpha_1, \alpha_2, \cdots, \alpha_s$ 中存在一个向量不能用其余向量线性表示.

(D) $\alpha_1, \alpha_2, \cdots, \alpha_s$ 中任意一个向量都不能用其余向量线性表示.

【答案】(D).

【分析】本题考察一组向量线性无关的等价形式,既可直接选出答案,也可通过反例用排除法得到正确选项.

【解】(A)选项只是存在一组不全为零的数 $k_1, k_2, \cdots, k_s$,使 $k_1\alpha_1 + k_2\alpha_2 + \cdots + k_s\alpha_s \neq 0$,事实上,只要 $\alpha_1, \alpha_2, \cdots, \alpha_s (3 \leqslant s \leqslant n)$ 有一个不为零(如 $\alpha_l \neq 0$),则必存在一组数 $1, 0, 0, \cdots, 0$,使 $1 \cdot \alpha_1 + 0 \cdot \alpha_2 + \cdots + 0 \cdot \alpha_s \neq 0$,但不能保证 $\alpha_1, \alpha_2, \cdots, \alpha_s$ 线性无关,因此排除(A).设 $\alpha_1 = \begin{pmatrix} 1 \\ 1 \end{pmatrix}$, $\alpha_2 = \begin{pmatrix} 1 \\ 0 \end{pmatrix}$, $\alpha_3 = \begin{pmatrix} 0 \\ 1 \end{pmatrix}$,则 $\alpha_1 + \alpha_2 + \alpha_s \neq 0$ 且两两线性无关,但 $\alpha_1, \alpha_2, \alpha_3$ 线性相关,可排除(B).又如 $\alpha_1 = \begin{pmatrix} 1 \\ 1 \\ 1 \end{pmatrix}$, $\alpha_2 = \begin{pmatrix} 1 \\ 0 \\ 0 \end{pmatrix}$, $\alpha_3 = \begin{pmatrix} 2 \\ 0 \\ 0 \end{pmatrix}$,则 α_1 不能由 α_2, α_3 线性表示,但同样 $\alpha_1, \alpha_2, \alpha_3$ 线性相关,进一步可排除(C).事实上,(A),(B),(C)三个选项均是 $\alpha_1, \alpha_2, \cdots, \alpha_s$ 线性无关的必要条件,而非充分条件,因此正确选项为(D).

【温馨提示1】对于线性代数中的一些常见反例,平时应有意识地积累,这对于解答选择题往往是非常有益的.

【温馨提示2】一组向量 $\alpha_1, \alpha_2, \cdots, \alpha_s$ 线性无关 $\Leftrightarrow$ 对任意一组不全为零的数 $k_1, k_2, \cdots, k_s$,总有 $k_1\alpha_1 + k_2\alpha_2 + \cdots + k_s\alpha_s \neq 0 \Leftrightarrow \alpha_1, \alpha_2, \cdots, \alpha_s$ 中任意一个向量均不能用其余向量线性表示.

【例 3-6】(2003 年真题)设 $\alpha_1, \alpha_2, \cdots, \alpha_s$ 均为 n 维向量,下列结论不正确的是【　】.

(A) 若对于任意一组不全为零的数 $k_1, k_2, \cdots, k_s$,都有 $k_1\alpha_1 + k_2\alpha_2 + \cdots + k_s\alpha_s \neq 0$,则 $\alpha_1, \alpha_2, \cdots, \alpha_s$ 线性无关.

(B) 若 $\alpha_1, \alpha_2, \cdots, \alpha_s$ 线性相关,则对于任意一组不全为零的数 $k_1, k_2, \cdots, k_s$,都有 $k_1\alpha_1 + k_2\alpha_2 + \cdots + k_s\alpha_s = 0$.

(C) $\alpha_1, \alpha_2, \cdots, \alpha_s$ 线性无关的充要条件是此向量组的秩为 s.

(D) $\alpha_1, \alpha_2, \cdots, \alpha_s$ 线性无关的必要条件是其中任意两个向量线性无关.

【答案】(B).

【分析】本题涉及线性相关、线性无关概念的理解,以及线性相关、线性无关的等价表现形式.应注意要求寻找不正确的命题.

【解】(A)选项,若对于任意一组不全为零的数 $k_1, k_2, \cdots, k_s$,都有 $k_1\alpha_1 + k_2\alpha_2 + \cdots + k_s\alpha_s \neq 0$,则 $\alpha_1, \alpha_2, \cdots, \alpha_s$ 必线性无关,因为若 $\alpha_1, \alpha_2, \cdots, \alpha_s$ 线性相关,则存在一组不全为零的数 $k_1, k_2, \cdots, k_s$,使得 $k_1\alpha_1 + k_2\alpha_2 + \cdots + k_s\alpha_s = 0$,矛盾.可见(A)成立.

(B)选项,若 $\alpha_1, \alpha_2, \cdots, \alpha_s$ 线性相关,则存在一组而不是对任意一组不全为零的数 k_1,

$k_2, \cdots, k_s$，都有 $k_1\alpha_1 + k_2\alpha_2 + \cdots + k_s\alpha_s = 0$．(B)不成立．

(C)选项，$\alpha_1, \alpha_2, \cdots, \alpha_s$ 线性无关，则此向量组的秩为 s；反之，若向量组 $\alpha_1, \alpha_2, \cdots, \alpha_s$ 的秩为 s，则 $\alpha_1, \alpha_2, \cdots, \alpha_s$ 线性无关，因此(C)成立．

(D)选项 $\alpha_1, \alpha_2, \cdots, \alpha_s$ 线性无关，则其任一部分线性无关，其中任意两个向量线性无关，可见(D)也成立．

综上所述，应选(B)．

【例 3-7】(2006 年真题)设 $\alpha_1, \alpha_2, \cdots, \alpha_s$ 均为 n 维列向量，A 为 $m \times n$ 矩阵，下列选项正确的是【　】．

(A) 若 $\alpha_1, \alpha_2, \cdots, \alpha_s$ 线性相关，则 $A\alpha_1, A\alpha_2, \cdots, A\alpha_s$ 线性相关．

(B) 若 $\alpha_1, \alpha_2, \cdots, \alpha_s$ 线性相关，则 $A\alpha_1, A\alpha_2, \cdots, A\alpha_s$ 线性无关．

(C) 若 $\alpha_1, \alpha_2, \cdots, \alpha_s$ 线性无关，则 $A\alpha_1, A\alpha_2, \cdots, A\alpha_s$ 线性相关．

(D) 若 $\alpha_1, \alpha_2, \cdots, \alpha_s$ 线性无关，则 $A\alpha_1, A\alpha_2, \cdots, A\alpha_s$ 线性无关．

【答案】(A)．

【解法1】直接法．设有一组数 $k_1, k_2, \cdots, k_s$，使得
$$k_1\alpha_1 + k_2\alpha_2 + \cdots + k_s\alpha_s = 0. \tag{3-4}$$

此式两边左乘矩阵 A 得
$$A(k_1\alpha_1 + k_2\alpha_2 + \cdots + k_s\alpha_s) = 0.$$

即
$$k_1(A\alpha_1) + k_2(A\alpha_2) + \cdots + k_s(A\alpha_s) = 0. \tag{3-5}$$

若 $\alpha_1, \alpha_2, \cdots, \alpha_s$ 线性相关，则式(3-4)成立的条件是当且仅当 $k_1, k_2, \cdots, k_s$ 不全为零，因而式(3-5)成立成立的条件是当且仅当 $k_1, k_2, \cdots, k_s$ 不全为零，故 $A\alpha_1, A\alpha_2, \cdots, A\alpha_s$ 线性相关．

【解法2】取特殊值法或排除法．取 $A=0$，即可排除(B)和(D)；取 $A=E$，即可排除(C)．因此只有(A)可选．故本题应选(A)．

【温馨提示】作为考试技巧，本题显然选择解法2简单．

【例 3-8】(1992 年真题)设向量组 $\alpha_1, \alpha_2, \alpha_3$ 线性相关，向量组 $\alpha_2, \alpha_3, \alpha_4$ 线性无关，问

(1) α_1 能否由 α_2, α_3 线性表出？证明你的结论．

(2) α_4 能否由 $\alpha_1, \alpha_2, \alpha_3$ 线性表出？证明你的结论．

【分析】对于线性表示问题，主要有两个考虑方法：一是定义，二是定理，即若向量组 $\alpha_1, \alpha_2, \cdots, \alpha_s$ 线性无关，而向量组 $\alpha_1, \alpha_2, \cdots, \alpha_s, \beta$ 线性相关，则 β 可由 $\alpha_1, \alpha_2, \cdots, \alpha_s$ 唯一线性表示．

【解法1】(1) α_1 能由 α_2, α_3 线性表出．由向量组 $\alpha_1, \alpha_2, \alpha_3$ 的线性相关知，存在不全为零的 k_1, k_2, k_3，使得
$$k_1\alpha_1 + k_2\alpha_2 + k_3\alpha_3 = 0.$$

其中 $k_1 \neq 0$．因为若 $k_1 = 0$，则 k_2, k_3 不全为零，使 $k_2\alpha_2 + k_2\alpha_3 = 0$，于是有 α_2, α_3 线性相关，从而 $\alpha_2, \alpha_3, \alpha_4$ 线性相关，这与已知矛盾，故 $k_1 \neq 0$．于是有
$$\alpha_1 = -\frac{k_2}{k_1}\alpha_2 - \frac{k_3}{k_1}\alpha_3 = l_2\alpha_2 + l_3\alpha_3.$$

即 α_1 能由 α_2, α_3 线性表出．

(2) α_4 不能由 $\alpha_1, \alpha_2, \alpha_3$ 线性表出．用反证法，设 α_4 可由 $\alpha_1, \alpha_2, \alpha_3$ 线性表出，即存在 $\lambda_1, \lambda_2,$

λ_3,使得
$$\alpha_4 = \lambda_1\alpha_1 + \lambda_2\alpha_2 + \lambda_3\alpha_3.$$
由(1)知,$\alpha_1 = l_2\alpha_2 + l_3\alpha_3$,代入上式得
$$\alpha_4 = (\lambda_2 + \lambda_1 l_2)\alpha_2 + (\lambda_3 + \lambda_1 l_3)\alpha_3.$$
即 α_4 可由 α_2, α_3 线性表出,从而 $\alpha_2, \alpha_3, \alpha_4$ 线性相关,这与已知矛盾. 故 α_4 不能由 $\alpha_1, \alpha_2, \alpha_3$ 线性表出.

【解法2】(1)已知 $\alpha_2, \alpha_3, \alpha_4$ 线性无关,故其部分 α_2, α_3 线性无关,又题设 $\alpha_1, \alpha_2, \alpha_3$ 线性相关,故 α_1 能由 α_2, α_3 线性表出,并且表示方法是唯一的.

(2)同解法1.

7. 两个向量组的线性表示及其等价

(1) 两个向量组的线性表示:设有两个向量组
$$\text{I}: \alpha_1, \alpha_2, \cdots, \alpha_s \text{ 和 II}: \beta_1, \beta_2, \cdots, \beta_t.$$
若 II 中的每一个向量 $\beta_j (j=1,2,\cdots,t)$ 都可以由向量组 I 线性表示,则称向量组 II 可以由向量组 I 线性表示,即
$$\beta_j = k_{j1}\alpha_1 + k_{j2}\alpha_2 + \cdots + k_{js}\alpha_s (j=1,2,\cdots,t).$$
或表示为矩阵的形式
$$(\beta_1, \beta_2, \cdots, \beta_t) = (\alpha_1, \alpha_2, \cdots, \alpha_s) \begin{pmatrix} k_{11} & k_{12} & \cdots & k_{1t} \\ k_{21} & k_{22} & \cdots & k_{2t} \\ \vdots & \vdots & \cdots & \vdots \\ k_{s1} & k_{s2} & \cdots & k_{st} \end{pmatrix}.$$
其中矩阵 $K = (k_{ij})_{s \times t} (i=1,2,\cdots,s; j=1,2,\cdots,t)$ 称为这一线性表示的关系矩阵.

(2) 两个向量组的等价:若两个向量组可以互相线性表示,则称这两个向量组是等价的.

8. 两个向量组线性相关性的性质定理

如果 n 维向量组 $\beta_1, \beta_2, \cdots, \beta_t$ 均可由 $\alpha_1, \alpha_2, \cdots, \alpha_s$ 线性表示,则有如下性质.

(1) 如果 $t > s$,则 $\beta_1, \beta_2, \cdots, \beta_t$ 线性相关.

(2) 如果 $\beta_1, \beta_2, \cdots, \beta_t$ 线性无关,则 $t \leq s$.

(3) 两个线性无关的等价的向量组,必包含相同个数的向量.

(4) 如果 $\alpha_1, \alpha_2, \cdots, \alpha_s$ 线性无关,则 $r(\beta_1, \beta_2, \cdots, \beta_t) = r(K_{s \times t})$,其中矩阵 K 满足 $(\beta_1, \beta_2, \cdots, \beta_t) = (\alpha_1, \alpha_2, \cdots, \alpha_s) K_{s \times t}$.

(5) 特别地,当 $s = t$ 时,如果 $\alpha_1, \alpha_2, \cdots, \alpha_s$ 线性无关,则 $|K_{s \times t}| \neq 0$ 时,向量组 $\beta_1, \beta_2, \cdots, \beta_t$ 线性无关;当 $|K_{s \times t}| = 0$ 时,$\beta_1, \beta_2, \cdots, \beta_t$ 线性相关.

【基本题型6】有关两个向量组之间的线性表示及其相关性的判定

【例3-9】(2003年真题)设向量组 I:$\alpha_1, \alpha_2, \cdots, \alpha_r$ 可由向量组 II:$\beta_1, \beta_2, \cdots, \beta_s$ 线性表示,则

(A) 当 $r < s$ 时,向量组 II 必线性相关.

(B) 当 $r > s$ 时,向量组 II 必线性相关.

(C) 当 $r < s$ 时,向量组 I 必线性相关.

(D) 当 $r > s$ 时,向量组 I 必线性相关.

【答案】(D).

【解】由两个向量组线性相关性的性质定理立即可得.

【例3-10】(1994年真题)已知向量组 $\alpha_1,\alpha_2,\alpha_3,\alpha_4$ 线性无关,则向量组【   】.

(A) $\alpha_1+\alpha_2,\alpha_2+\alpha_3,\alpha_3+\alpha_4,\alpha_4+\alpha_1$ 线性无关.

(B) $\alpha_1-\alpha_2,\alpha_2-\alpha_3,\alpha_3-\alpha_4,\alpha_4-\alpha_1$ 线性无关.

(C) $\alpha_1+\alpha_2,\alpha_2+\alpha_3,\alpha_3+\alpha_4,\alpha_4-\alpha_1$ 线性无关.

(D) $\alpha_1+\alpha_2,\alpha_2+\alpha_3,\alpha_3-\alpha_4,\alpha_4-\alpha_1$ 线性无关.

【答案】(C).

【分析】判断一组向量是否线性无关,基本方法是用定义.对于此类单选题,一般有2~3组通过观察即可很快排除,如果无法全部排除,就要用定义判断.

【解】因为(A)选项4个向量有关系:$(\alpha_1+\alpha_2)-(\alpha_2+\alpha_3)+(\alpha_3+\alpha_4)-(\alpha_4+\alpha_1)=0$;(B)选项4个向量有关系:$(\alpha_1-\alpha_2)+(\alpha_2-\alpha_3)+(\alpha_3-\alpha_4)-(\alpha_4-\alpha_1)=0$;(D)选项4个向量有关系:$(\alpha_1+\alpha_2)-(\alpha_2+\alpha_3)+(\alpha_3-\alpha_4)-(\alpha_4-\alpha_1)=0$;因此由向量组线性相关的定义知,(A)、(B)、(D)选项4个向量均线性相关,故(C)为正确选项.

事实上,因为

$$(\alpha_1+\alpha_2,\alpha_2+\alpha_3,\alpha_3+\alpha_4,\alpha_4-\alpha_1)=(\alpha_1,\alpha_2,\alpha_3,\alpha_4)\begin{pmatrix}1&0&0&-1\\1&1&0&0\\0&1&1&0\\0&0&1&1\end{pmatrix},$$

而 $\begin{vmatrix}1&0&0&-1\\1&1&0&0\\0&1&1&0\\0&0&1&1\end{vmatrix}=2\neq 0$,向量组 $\alpha_1,\alpha_2,\alpha_3,\alpha_4$ 线性无关,因而 $\alpha_1+\alpha_2,\alpha_2+\alpha_3,\alpha_3+\alpha_4,\alpha_4-\alpha_1$ 线性无关,故(C)为正确选项.

【例3-11】(2000年真题)设 n 维列向量组 $\alpha_1,\alpha_2,\cdots,\alpha_m(m<n)$ 线性无关,则 n 维列向量组 $\beta_1,\beta_2,\cdots,\beta_m$ 线性无关的充要条件为【   】.

(A) 向量组 $\alpha_1,\alpha_2,\cdots,\alpha_m$ 可由向量组 $\beta_1,\beta_2,\cdots,\beta_m$ 线性表示.

(B) 向量组 $\beta_1,\beta_2,\cdots,\beta_m$ 可由向量组 $\alpha_1,\alpha_2,\cdots,\alpha_m$ 线性表示.

(C) 向量组 $\alpha_1,\alpha_2,\cdots,\alpha_m$ 与向量组 $\beta_1,\beta_2,\cdots,\beta_m$ 等价.

(D) 矩阵 $A=(\alpha_1,\alpha_2,\cdots,\alpha_m)$ 与矩阵 $B=(\beta_1,\beta_2,\cdots,\beta_m)$ 等价.

【答案】(D).

9. 向量组的极大无关组

(1) 定义.对于向量组 $A:\alpha_1,\alpha_2,\cdots,\alpha_s$,如果存在 r 个向量 $\alpha_1,\alpha_2,\cdots,\alpha_r$ 满足:

① $\alpha_1,\alpha_2,\cdots,\alpha_r$ 线性无关;

② 任意 $r+1$ 个向量线性相关(如果有的话).

则称 $\alpha_1,\alpha_2,\cdots,\alpha_r$ 为向量组 A 的一个极大线性无关组,简称极大无关组.

(2) 等价的定义.对于向量组 $A:\alpha_1,\alpha_2,\cdots,\alpha_s$,如果存在 r 个向量 $\alpha_1,\alpha_2,\cdots,\alpha_r$ 满足:

① $\alpha_1,\alpha_2,\cdots,\alpha_r$ 线性无关;

② A 中任意一个向量能由向量组 A 线性表示.

则称 $\alpha_1,\alpha_2,\cdots,\alpha_r$ 为向量组 A 的一个极大线性无关组,简称极大无关组.

> 【温馨提示】
> (1) 极大线性无关组,就是向量组中向量个数最多的线性无关组.
> (2) 若一个向量组是线性无关的,则向量组的极大无关组就是其本身.
> (3) 规定只含零向量的向量组没有极大无关组.

(3) 极大无关组的性质如下.
① 极大无关组不唯一.
② 任意一个极大线性无关组都与向量组本身等价.
③ 向量组的任意两个极大无关组都是等价的,且所含向量的个数相同.

10. 向量组的秩

向量组中极大无关组所含向量的个数,称为向量组的秩.

11. 两个向量组秩之间的关系

(1) 等价的向量组的秩相等.两个有相同的秩的向量组不一定等价.

(2) 两个向量组有相同的秩,并且其中一个可以被另一个线性表示,则这两个向量组等价.

12. 向量组的秩和矩阵的秩的关系

(1) 行向量组,列向量组,行秩和列秩:给定一个 $m\times n$ 矩阵

$$A=\begin{pmatrix}a_{11}&a_{12}&\cdots&a_{1n}\\a_{21}&a_{22}&\cdots&a_{2n}\\\vdots&\vdots&\cdots&\vdots\\a_{m1}&a_{m2}&\cdots&a_{mn}\end{pmatrix},$$

它的每一行可以看做一个 n 维向量,m 个行构成一个 n 维向量组,称为矩阵 A 的行向量组;同样,A 的每一列可以看做一个 m 维向量,n 个列构成一个 m 维向量组,称为矩阵 A 的列向量组.一个矩阵 A 的行向量组的秩称为 A 的行秩,它的列向量组的秩称为 A 的列秩.

(2) 三秩相等原理:矩阵的行秩＝矩阵的列秩＝矩阵的秩(矩阵中不等于零的子式的最大阶数).

> 【温馨提示】矩阵的秩是一个深奥的概念,它既是矩阵不等于零的子式的最高阶数,又是矩阵行向量组和列向量组的极大无关组中向量的个数,三者是一致的.

13. 用初等变换法求向量组的秩和极大无关组

把向量组按列分块构造成矩阵 $A=(\alpha_1,\alpha_2,\cdots,\alpha_s)$,对 A 进行初等行变换化成阶梯形矩阵.阶梯形矩阵中主元的个数即为向量组的秩,与主元所在列的列标相对应的向量即为向量组的一个极大线性无关组.

【基本题型 7】求一个向量组的极大无关组并表示其余向量

【例 3-12】设 4 维向量组 $\alpha_1=(1+a,1,1,1)^T$,$\alpha_2=(2,2+a,2,2)^T$,$\alpha_3=(3,3,3+a,3)^T$,$\alpha_4=(4,4,4,4+a)^T$,问 a 为何值时 $\alpha_1,\alpha_2,\alpha_3,\alpha_4$ 线性相关?当 $\alpha_1,\alpha_2,\alpha_3,\alpha_4$ 线性相关时,求其

一个极大线性无关组,并将其余向量用该极大线性无关组线性表出.

【分析】因为向量组中的向量个数和向量维数相同,所以用以向量为列向量的矩阵的行列式为零来确定参数 a;用初等变换求极大线性无关组.

【解】以 $\alpha_1,\alpha_2,\alpha_3,\alpha_4$ 为列向量作矩阵为 A,则有

$$|A|=\begin{vmatrix} 1+a & 2 & 3 & 4 \\ 1 & 2+a & 3 & 4 \\ 1 & 2 & 3+a & 4 \\ 1 & 2 & 3 & 4+a \end{vmatrix}=(10+a)a^3.$$

令 $|A|=0$,得 $a=0,a=-10$. 故当 $a=0$ 或 $a=-10$ 时,$\alpha_1,\alpha_2,\alpha_3,\alpha_4$ 线性相关.

(1) 当 $a=0$ 时,显然 α_1 是一个极大线性无关组,且 $\alpha_2=2\alpha_1,\alpha_3=3\alpha_1,\alpha_4=4\alpha_1$.

(2) 当 $a=-10$ 时,对 A 施行初等行变换化为行最简阶梯形.

$$A=\begin{pmatrix} -9 & 2 & 3 & 4 \\ 1 & -8 & 3 & 4 \\ 1 & 2 & -7 & 4 \\ 1 & 2 & 3 & -6 \end{pmatrix} \rightarrow \begin{pmatrix} 1 & 2 & 3 & -6 \\ 1 & -8 & 3 & 4 \\ 1 & 2 & -7 & 4 \\ -9 & 2 & 3 & 4 \end{pmatrix} \rightarrow \begin{pmatrix} 1 & 2 & 3 & -6 \\ 0 & -10 & 0 & 10 \\ 0 & 0 & -10 & 10 \\ 0 & 20 & 30 & -50 \end{pmatrix}$$

$$\rightarrow \begin{pmatrix} 1 & 2 & 3 & -6 \\ 0 & 1 & 0 & -1 \\ 0 & 0 & 1 & -1 \\ 0 & 0 & 0 & 0 \end{pmatrix} \rightarrow \begin{pmatrix} 1 & 0 & 0 & -1 \\ 0 & 1 & 0 & -1 \\ 0 & 0 & 1 & -1 \\ 0 & 0 & 0 & 0 \end{pmatrix}.$$

所以 $\alpha_1,\alpha_2,\alpha_3$ 为极大线性无关组,且 $\alpha_1+\alpha_2+\alpha_3+\alpha_4=0$,即 $\alpha_4=-\alpha_1-\alpha_2-\alpha_3$.

【基本题型 8】有关等价的向量组的证明

【例 3-13】设 $\begin{cases} \beta_1=\alpha_2+\alpha_3+\cdots+\alpha_m, \\ \beta_2=\alpha_1+\alpha_3+\cdots+\alpha_m, \\ \vdots \\ \beta_m=\alpha_1+\alpha_2+\cdots+\alpha_{m-1}. \end{cases}$ 证明向量组 $\alpha_1,\alpha_2,\cdots,\alpha_m$ 与向量组 $\beta_1,\beta_2,\cdots,\beta_m$ 等价.

【证明】根据题意,有 $(\beta_1,\beta_2,\cdots,\beta_m)=(\alpha_1,\alpha_2,\cdots,\alpha_m)\begin{pmatrix} 0 & 1 & \cdots & 1 \\ 1 & 0 & \cdots & 1 \\ \vdots & \vdots & \cdots & \vdots \\ 1 & 1 & \cdots & 0 \end{pmatrix}.$

若记 $C=\begin{pmatrix} 0 & 1 & \cdots & 1 \\ 1 & 0 & \cdots & 1 \\ \vdots & \vdots & \cdots & \vdots \\ 1 & 1 & \cdots & 0 \end{pmatrix}$,则由于

$$|C|=\begin{vmatrix} 0 & 1 & \cdots & 1 \\ 1 & 0 & \cdots & 1 \\ \vdots & \vdots & \cdots & \vdots \\ 1 & 1 & \cdots & 0 \end{vmatrix}=(n-1)\begin{vmatrix} 1 & 1 & \cdots & 1 \\ 1 & 0 & \cdots & 1 \\ \vdots & \vdots & \cdots & \vdots \\ 1 & 1 & \cdots & 0 \end{vmatrix}=(n-1)\begin{vmatrix} 1 & 1 & \cdots & 1 \\ 0 & -1 & \cdots & 0 \\ \vdots & \vdots & \cdots & \vdots \\ 0 & 0 & \cdots & -1 \end{vmatrix}$$

$=(-1)^{n-1}(n-1)\neq 0$,故 C 可逆,从而有

$$(\alpha_1,\alpha_2,\cdots,\alpha_m)=(\beta_1,\beta_2,\cdots,\beta_m)C^{-1},$$

即向量组 $\alpha_1,\alpha_2,\cdots,\alpha_m$ 可由向量组 $\beta_1,\beta_2,\cdots,\beta_m$ 线性表示,因此该两向量组等价.

【例 3-14】设向量组 $A:\alpha_1,\alpha_2,\cdots,\alpha_m$ 与向量组 $B:\beta_1,\beta_2,\cdots,\beta_s$ 的秩相同,且 A 可由 B 线性表示,证明 A 与 B 等价.

【证明】设 $r(A)=r(B)=r$,$r\leqslant\min\{m,s\}$,且不妨设 A 与 B 的极大无关组分别为 α_1, $\alpha_2,\cdots,\alpha_r$ 和 $\beta_1,\beta_2,\cdots,\beta_r$. 考虑向量组 $C:\alpha_1,\alpha_2,\cdots,\alpha_r,\beta_1,\beta_2,\cdots,\beta_r$.

因 A 可由 B 线性表示,又 $\beta_1,\beta_2,\cdots,\beta_r$ 与 B 等价,所以 A 的部分向量组 $\alpha_1,\alpha_2,\cdots,\alpha_r$ 可由 $\beta_1,\beta_2,\cdots,\beta_r$ 线性表示.因此 $\beta_1,\beta_2,\cdots,\beta_r$ 是向量组 C 的极大无关组.又 $\alpha_1,\alpha_2,\cdots,\alpha_r$ 线性无关,所以它也是 C 的极大无关组,从而 $\beta_1,\beta_2,\cdots,\beta_r$ 可由 $\alpha_1,\alpha_2,\cdots,\alpha_r$ 线性表示,即 B 可由 A 线性表示,故 A 与 B 等价.

【基本题型 9】求向量组的秩

【例 3-15】若向量组 $\beta_1=(3,1,-1)^T$,$\beta_2=(6,a,5)^T$,$\beta_3=(0,0,3)^T$ 与向量组 $\alpha_1=(1,1,1)^T$,$\alpha_2=(2,0,-2)^T$,$\alpha_3=(0,2,4)^T$ 的秩相同,则 $a=$ _____.

【答案】2.

【解法 1】用行列式法.因为 $|\alpha_1,\alpha_2,\alpha_3|=0$,且向量 α_1,α_2 对应分量不成比例,所以 $r(\alpha_1,\alpha_2,\alpha_3)=2$.

因为 $|\beta_1,\beta_2,\beta_3|=9(a-2)$,所以,当 $a=2$ 时,向量组 β_1,β_2,β_3 线性相关,且 β_1,β_3 对应分量不成比例,所以 $r(\beta_1,\beta_2,\beta_3)=2$.因此,要使 $r(\alpha_1,\alpha_2,\alpha_3)=r(\beta_1,\beta_2,\beta_3)$,必须满足 $a=2$.

【解法 2】用矩阵的初等变换法.因为

$$(\alpha_1,\alpha_2,\alpha_3)=\begin{pmatrix}1&2&0\\1&0&2\\1&-2&4\end{pmatrix}\to\begin{pmatrix}1&2&0\\0&-2&2\\0&-4&4\end{pmatrix}\to\begin{pmatrix}1&2&0\\0&1&-1\\0&0&0\end{pmatrix},$$

所以 $r(\alpha_1,\alpha_2,\alpha_3)=2$.

$$(\beta_1,\beta_2,\beta_3)=\begin{pmatrix}3&6&0\\1&a&0\\-1&5&3\end{pmatrix}\to\begin{pmatrix}1&2&0\\1&a&0\\-1&5&3\end{pmatrix}\to\begin{pmatrix}1&2&0\\0&a-2&0\\0&7&3\end{pmatrix}\to\begin{pmatrix}1&2&0\\0&7&3\\0&a-2&0\end{pmatrix}.$$

因此,要使 $r(\beta_1,\beta_2,\beta_3)=r(\alpha_1,\alpha_2,\alpha_3)=2$,必须有 $a=2$.

【基本题型 10】有关抽象向量组或矩阵秩的不等式的证明

【例 3-16】设向量组 $A:\alpha_1,\alpha_2,\cdots,\alpha_s$ 的秩为 r_1,向量组 $B:\beta_1,\beta_2,\cdots,\beta_r$ 的秩为 r_2,向量组 $C:\alpha_1,\alpha_2,\cdots,\alpha_s,\beta_1,\beta_2,\cdots,\beta_r$ 的秩为 r_3,证明:

$$\max\{r_1,r_2\}\leqslant r_3\leqslant r_1+r_2.$$

【分析】比较向量组秩的大小,通常从向量组秩的定义出发,考虑各自的极大无关组.

【证明】当 $r_1=0$ 或 $r_2=0$ 时,结论显然成立.当 $r_1\neq 0$,$r_2\neq 0$ 时,不失一般性,分别设向量组 A,B,C 的极大无关组是 $\alpha_1,\alpha_2,\cdots,\alpha_{r_1},\beta_1,\beta_2,\cdots,\beta_{r_2}$ 和 $\gamma_1,\gamma_2,\cdots,\gamma_{r_3}$. 显然,$\gamma_1,\gamma_2,\cdots,\gamma_{r_3}$ 可由 $\alpha_1,\alpha_2,\cdots,\alpha_{r_1},\beta_1,\beta_2,\cdots,\beta_{r_2}$ 线性表示,又 $\gamma_1,\gamma_2,\cdots,\gamma_{r_3}$ 线性无关,因此 $r_3\leqslant r_1+r_2$.

$\alpha_1,\alpha_2,\cdots,\alpha_{r_1}$ 线性无关,且可由 $\alpha_1,\alpha_2,\cdots,\alpha_{r_1},\beta_1,\beta_2,\cdots,\beta_{r_2}$ 线性表示,所以 $r_1\leqslant r_3$.

$\beta_1,\beta_2,\cdots,\beta_{r_2}$ 线性无关,且可由 $\alpha_1,\alpha_2,\cdots,\alpha_{r_1},\beta_1,\beta_2,\cdots,\beta_{r_2}$ 线性表示,所以 $r_2\leqslant r_3$.

所以 $\max\{r_1,r_2\}\leqslant r_3$.

综上所述,$\max\{r_1,r_2\}\leqslant r_3\leqslant r_1+r_2$.

> 【温馨提示】对矩阵也有类似的结论:$r(A\pm B)\leqslant r(A)+r(B)$.

【例3-17】 设 A 是 $m\times s$ 矩阵,B 是 $s\times n$ 的矩阵,证明 $r(AB)\leqslant\min\{r(A),r(B)\}$.

【证明】 若记 $A_{m\times s}B_{s\times n}=C_{m\times n}$,将这三个矩阵按列分块,并设 $A_{m\times s}=(a_{ij})_{m\times s}=(\alpha_1,\alpha_2,\cdots,\alpha_s)$,$B_{s\times n}=(b_{ij})_{s\times n}=(\beta_1,\beta_2,\cdots,\beta_n)$,$C_{m\times n}=(c_{ij})_{m\times n}=(\gamma_1,\gamma_2,\cdots,\gamma_n)$. 因为

$$AB=(\alpha_1,\alpha_2,\cdots,\alpha_s)\begin{pmatrix}b_{11}&b_{12}&\cdots&b_{1n}\\b_{21}&b_{22}&\cdots&b_{2n}\\\vdots&\vdots&\cdots&\vdots\\b_{s1}&b_{s2}&\cdots&b_{sn}\end{pmatrix}$$

$$=(b_{11}\alpha_1+b_{21}\alpha_2+\cdots+b_{s1}\alpha_s,b_{12}\alpha_1+b_{22}\alpha_2+\cdots+b_{s2}\alpha_s,\cdots,b_{1n}\alpha_1+b_{2n}\alpha_2+\cdots+b_{sn}\alpha_s).$$

所以

$(\gamma_1,\gamma_2,\cdots,\gamma_n)=(b_{11}\alpha_1+b_{21}\alpha_2+\cdots+b_{s1}\alpha_s,b_{12}\alpha_1+b_{22}\alpha_2+\cdots+b_{s2}\alpha_s,\cdots,b_{1n}\alpha_1+b_{2n}\alpha_2+\cdots+b_{sn}\alpha_s)$

即
$$\gamma_1=b_{11}\alpha_1+b_{21}\alpha_2+\cdots+b_{s1}\alpha_s,$$
$$\gamma_2=b_{12}\alpha_1+b_{22}\alpha_2+\cdots+b_{s2}\alpha_s,$$
$$\vdots$$
$$\gamma_n=b_{1n}\alpha_1+b_{2n}\alpha_2+\cdots+b_{sn}\alpha_s.$$

因此向量组 $\gamma_1,\gamma_2,\cdots,\gamma_n$ 可以由向量组 $\alpha_1,\alpha_2,\cdots,\alpha_s$ 线性表示,即 C 的列向量组可以由 A 的列向量组线性表示,所以

$$r(AB)=r(C)\leqslant r(A).$$

又由 $C_{m\times n}=A_{m\times s}B_{s\times n}$,可得 $C^T=B^TA^T$,根据上面的结果,应有 $r(B^TA^T)=r(C^T)\leqslant r(B^T)$. 而 $r(AB)=r(AB)^T=r(B^TA^T)$,$r(B)=r(B^T)$,所以

$$r(AB)\leqslant r(B).$$

综上所述,有 $r(AB)\leqslant\min\{r(A),r(B)\}$.

【基本题型11】关于抽象向量组和矩阵秩的等式的证明

【例3-18】 已知 n 维向量组 Ⅰ:$\alpha_1,\alpha_2,\alpha_3$ 且 $r(Ⅰ)=3$;Ⅱ:$\alpha_1,\alpha_2,\alpha_3,\alpha_4$ 且 $r(Ⅱ)=3$;Ⅲ:$\alpha_1,\alpha_2,\alpha_3,\alpha_5$ 且 $r(Ⅲ)=4$. 求证向量组 $\alpha_1,\alpha_2,\alpha_3,\alpha_4+\alpha_5$ 的秩为4.

【分析】 因为 $\alpha_1,\alpha_2,\alpha_3$ 线性无关,再增加向量 $\alpha_4+\alpha_5$ 所得新向量组 $\alpha_1,\alpha_2,\alpha_3,\alpha_4+\alpha_5$,若线性相关,则秩 $r=3$;若线性无关则秩 $r=4$. 两者必有一种情况发生.

【证法1】 由已知条件知 $r(Ⅰ)=3$,故 $\alpha_1,\alpha_2,\alpha_3$ 线性无关. 又 $r(Ⅱ)=3$,故 $\alpha_1,\alpha_2,\alpha_3,\alpha_4$ 线性相关,所以 α_4 必可由 $\alpha_1,\alpha_2,\alpha_3$ 线性表出(且系数唯一). 设

$$\alpha_4=k_1\alpha_1+k_2\alpha_2+k_3\alpha_3 \qquad(3\text{-}6)$$

若向量组 $\alpha_1,\alpha_2,\alpha_3,\alpha_4+\alpha_5$ 的秩为3,则 $\alpha_4+\alpha_5$ 也能由 $\alpha_1,\alpha_2,\alpha_3$ 线性表出. 若设

$$\alpha_4+\alpha_5=l_1\alpha_1+l_2\alpha_2+l_3\alpha_3.$$

把式(3-6)代入上式,得

$$\alpha_5=l_1\alpha_1+l_2\alpha_2+l_3\alpha_3-k_1\alpha_1-k_2\alpha_2-k_3\alpha_3$$
$$=(l_1-k_1)\alpha_1+(l_2-k_2)\alpha_2+(l_3-k_3)\alpha_3.$$

即得 α_5 可由 $\alpha_1,\alpha_2,\alpha_3$ 线性表出.

由 $r(\alpha_1,\alpha_2,\alpha_3,\alpha_5)=4$ 知,向量组 $\alpha_1,\alpha_2,\alpha_3,\alpha_5$ 线性无关,即 α_5 不能由 $\alpha_1,\alpha_2,\alpha_3$ 线性表出,这与上面推出的结论矛盾,故 $r(\alpha_1,\alpha_2,\alpha_3,\alpha_4+\alpha_5)=4$.

【证法 2】由于初等变换不改变矩阵的秩,而矩阵的三秩又相等,因此可用矩阵的初等列变换方法求矩阵的秩. 设
$$A=(\alpha_1,\alpha_2,\alpha_3,\alpha_4+\alpha_5), B=(\alpha_1,\alpha_2,\alpha_3,\alpha_5).$$
由已知得 $r(B)=r(\alpha_1,\alpha_2,\alpha_3,\alpha_5)=4$. 由证法 1 知, α_4 能由 $\alpha_1,\alpha_2,\alpha_3$ 线性表出,故可设 $\alpha_4=k_1\alpha_1+k_2\alpha_2+k_3\alpha_3$. 从而有
$$A=(\alpha_1,\alpha_2,\alpha_3,\alpha_4+\alpha_5) \rightarrow (\alpha_1,\alpha_2,\alpha_3,\alpha_5)=B.$$
故 $r(A)=r(B)=4=r(\alpha_1,\alpha_2,\alpha_3,\alpha_4+\alpha_5)$.

【例 3-19】设 n 阶矩阵 A 满足 $A^2+A=2E$,试证 $r(A+2E)+r(A-E)=n$.

【分析】这是一个抽象矩阵的求秩,要证明这个等式,需要证明两个不等式,即
$$r(A+2E)+r(A-E)\leqslant n \text{ 和 } r(A+2E)+r(A-E)\geqslant n.$$

【证明】由 $A^2+A=2E$,即 $A^2+A-2E=0$,可得
$$(A+2E)(A-E)=0.$$
利用结论 $AB=0 \Rightarrow r(A)+r(B)\leqslant n$ 可得
$$r(A+2E)+r(A-E)\leqslant n \tag{3-7}$$
又因为 $(A+2E)+(-1)(A-E)=3E$,所以
$$r[(A+2E)+(-1)(A-E)]=r(3E)=n.$$
再利用结论 $r(A)+r(B)\geqslant r(A\pm B)$,有
$$r(A+2E)+r(A-E)\geqslant r[(A+2E)+(-1)(A-E)]=n.$$
故
$$r(A+2E)+r(A-E)\geqslant n \tag{3-8}$$
综合式(3-7)和式(3-8)可得
$$r(A+2E)+r(A-E)=n.$$

【温馨提示 1】若已知 n 阶矩阵 A 满足 $(A+kE)(A-lE)=0, k\neq l$,则必有结论 $r(A+kE)+r(A-lE)=n$ 成立. 若 $A^2=E$,则 $r(A+E)+r(A-E)=n$.

【温馨提示 2】一般地,若已知矩阵 A,B 的方程或等式,证明有关矩阵秩的等式 $r(A)+r(B)=n$,一般思路是:
$$\begin{cases} AB=0 \Rightarrow r(A)+r(B)\leqslant n, \\ A\pm B=kE \Rightarrow r(A)+r(B)\geqslant r(A\pm B)=r(kE)=n. \end{cases}$$

【例 3-20】设 A 为任一实矩阵,问 $r(A)$ 与 $r(A^TA)$ 是否相等,为什么?

【解】因为对任一实向量 $X\neq 0$,当 $AX=0$ 时,必有 $A^TAX=0$;反之,当 $A^TAX=0$ 时,有 $X^TA^TAX=0$,即 $(AX)^T(AX)=0$,从而得 $AX=0$. 由此可知,方程组 $AX=0$ 与 $A^TAX=0$ 同解,故 $r(A^TA)=r(A)$.

【温馨提示】利用有关矩阵构造方程组,证明两方程组同解,也是证明两矩阵秩相等的重要方法之一.

【例3-21】设向量组 $B:\beta_1,\beta_2,\cdots,\beta_t$ 能由向量组 $A:\alpha_1,\alpha_2,\cdots,\alpha_s$ 线性表示为
$$(\beta_1,\beta_2,\cdots,\beta_t)=(\alpha_1,\alpha_2,\cdots,\alpha_s)K,$$
其中 K 为 $s\times t$ 矩阵,且向量组 A 线性无关.证明向量组 B 线性无关的充要条件是矩阵 K 的秩 $r(K)=t$.

【证明】充分性证明.若向量组 B 线性无关,则 $r(B)=t$.令 $B=(\beta_1,\beta_2,\cdots,\beta_t)$,$A=(\alpha_1,\alpha_2,\cdots,\alpha_s)$,则有 $B=AK$.故
$$t=r(B)=r(AK)\leqslant \min\{r(A),r(K)\}\leqslant r(K).$$
又知 K 为 $s\times t$ 阶矩阵,则 $r(K)\leqslant \min\{s,t\}$.由于向量组 $B:\beta_1,\beta_2,\cdots,\beta_t$ 能由向量组 $A:\alpha_1,\alpha_2,\cdots,\alpha_s$ 线性表示,则 $t\leqslant s$.因此,$\min\{s,t\}=t$,故 $r(K)\leqslant t$.

综上所述,知 $\quad t\leqslant r(K)\leqslant t$,即 $r(K)=t$.

必要性证明.若 $r(K)=t$,令 $x_1\beta_1+x_2\beta_2+\cdots+x_t\beta_t=0$,其中 x_i 为实数,$i=1,2,\cdots,t$.则有
$$(\beta_1,\beta_2,\cdots,\beta_t)\begin{pmatrix}x_1\\\vdots\\x_t\end{pmatrix}=0.$$

又 $(\beta_1,\beta_2,\cdots,\beta_t)=(\alpha_1,\alpha_2,\cdots,\alpha_s)K$,则 $(\alpha_1,\alpha_2,\cdots,\alpha_s)K\begin{pmatrix}x_1\\\vdots\\x_t\end{pmatrix}=0.$

由于 $\alpha_1,\alpha_2,\cdots,\alpha_s$ 线性无关,所以 $K\cdot\begin{pmatrix}x_1\\x_2\\\vdots\\x_t\end{pmatrix}=0.$

即
$$\begin{cases}k_{11}x_1+k_{21}x_2+\cdots+k_{t1}x_t=0,\\k_{12}x_1+k_{22}x_2+\cdots+k_{t2}x_t=0,\\\quad\vdots\\k_{1t}x_1+k_{2t}x_2+\cdots+k_{tt}x_t=0,\\\quad\vdots\\k_{1s}x_1+k_{2s}x_2+\cdots+k_{ts}x_t=0.\end{cases}\quad(3\text{-}9)$$

由于 $r(K)=t$,不妨设 $\begin{vmatrix}k_{11}&k_{21}&\cdots&k_{t1}\\k_{12}&k_{22}&\cdots&k_{t2}\\\vdots&\vdots&\cdots&\vdots\\k_{1t}&k_{2t}&\cdots&k_{tt}\end{vmatrix}\neq 0$ 所以式(3-9)等价于方程组:

$$\begin{cases}k_{11}x_1+k_{21}x_2+\cdots+k_{t1}x_t=0,\\k_{12}x_1+k_{22}x_2+\cdots+k_{t2}x_t=0,\\\quad\vdots\\k_{1t}x_1+k_{2t}x_2+\cdots+k_{tt}x_t=0.\end{cases}$$

由克莱姆法则得 $x_1=x_2=\cdots=x_t=0$.所以 $\beta_1,\beta_2,\cdots,\beta_t$ 线性无关.

以下内容考试大纲叙述为(斜体只对数一):了解 n 维向量空间、子空间、基底、维数、坐标等概念;了解基变换和坐标变换公式,会求过渡矩阵;了解内积的概念,掌握线性无关向量组正交规范化的施密特(Schmidt)方法;了解规范正交基、正交矩阵的概念以及它们的性质.

14. 向量的内积、长度、夹角

设 n 维实向量 $\alpha=\begin{pmatrix}a_1\\a_2\\\vdots\\a_n\end{pmatrix},\beta=\begin{pmatrix}b_1\\b_2\\\vdots\\b_n\end{pmatrix}$.

(1) 向量内积的定义:称 $(\alpha,\beta)=(a_1,a_2,\cdots,a_n)\begin{pmatrix}b_1\\b_2\\\vdots\\b_n\end{pmatrix}=a_1b_1+a_2b_2+\cdots+a_nb_n=\alpha^T\beta$ 为向量 α 和 β 的内积.

(2) 向量内积的性质.

① 对称性:$(\alpha,\beta)=(\beta,\alpha)$.

② 线性性:$(\alpha+\beta,\gamma)=(\alpha,\gamma)+(\beta,\gamma)$;$(k\alpha,\beta)=k(\alpha,\beta)$.

③ 正定性:$(\alpha,\alpha)\geqslant 0$,当且仅当 $\alpha=0$ 时等号成立.

(3) 向量的长度:实数 $|\alpha|=\sqrt{(\alpha,\alpha)}=\sqrt{a_1^2+a_2^2+\cdots+a_n^2}$ 称为向量的长度或模.若 $|\alpha|=1$,则称 α 为单位向量.

(4) 向量的夹角:向量 α,β 的夹角为 $\langle\alpha,\beta\rangle=\arccos\dfrac{(\alpha,\beta)}{|\alpha||\beta|}$.

15. Schmidt 正交化、单位化

(1) 两向量的正交:当向量 α,β 的内积为零时,即 $(\alpha,\beta)=a_1b_1+a_2b_2+\cdots+a_nb_n=0$ 时,称 α 与 β 正交.

(2) 正交向量组:非零实向量 $\alpha_1,\alpha_2,\cdots,\alpha_s$ 两两正交.

(3) 正交单位向量组:非零实向量 $\alpha_1,\alpha_2,\cdots,\alpha_s$ 两两正交,且每个向量长度均为 1,即 $(\alpha_i,\alpha_j)=\begin{cases}1(i=j),\\0(i\neq j).\end{cases}$

(4) 正交向量组的性质:正交向量组是线性无关的.

(5) Schmidt 正交化方法:设 $\alpha_1,\alpha_2,\cdots,\alpha_s$ 是一组线性无关的向量组,则可通过下列 Schmidt 正交化方法将其它为正交的单位向量组.

① 正交化:取

$$\begin{cases}\beta_1=\alpha_1,\\\beta_2=\alpha_2-\dfrac{(\beta_1,\alpha_2)}{(\beta_1,\beta_1)}\beta_1,\\\quad\vdots\\\beta_s=\alpha_s-\dfrac{(\beta_1,\alpha_s)}{(\beta_1,\beta_1)}\beta_1-\dfrac{(\beta_2,\alpha_s)}{(\beta_2,\beta_2)}\beta_2-\cdots-\dfrac{(\beta_{s-1},\alpha_s)}{(\beta_{s-1},\beta_{s-1})}\beta_{s-1}.\end{cases}$$

则向量组 $\beta_1,\beta_2,\cdots,\beta_s$ 是正交的向量组,且与 $\alpha_1,\alpha_2,\cdots,\alpha_s$ 等价.

② 单位化：取 $\gamma_1 = \dfrac{\beta_1}{\|\beta_1\|}, \gamma_2 = \dfrac{\beta_2}{\|\beta_2\|}, \cdots, \gamma_s = \dfrac{\beta_s}{\|\beta_s\|}$，则 $\gamma_1, \gamma_2, \cdots, \gamma_s$ 是正交的单位向量组．

16. 正交矩阵

(1) 定义：A 是一个实对称矩阵，若 $A^T A = E$，则称 A 为正交矩阵．

(2) 基本判定定理：n 阶实矩阵 A 是正交矩阵 $\Leftrightarrow A$ 的列(行)向量组为单位正交向量组．例如，若将 A 列分块，设为 $A = (\alpha_1, \alpha_2, \cdots, \alpha_n)$，则 $(\alpha_i, \alpha_j) = \begin{cases} 1 (i=j), \\ 0 (i \neq j). \end{cases}$

(3) 构造法：n 个 n 维向量，若长度为 1，且两两正交，则以它们为列(行)向量构成的矩阵一定是正交矩阵．

(4) 性质：设 A, B 都是 n 阶正交矩阵，则 $|A| = 1$ 或 $|A| = -1$；$A^{-1} = A^T$；A^T, A^{-1}, A^* 仍是正交矩阵；AB 也是正交矩阵．

17. 向量空间的定义、基与维数

(1) 定义：设 V 为 n 维向量的集合，如果 V 非空，且对加法及数乘两种运算封闭，则称 V 为向量空间．封闭是指在集合 V 中可以进行加法和数乘两种运算．若 $\alpha \in V, \beta \in V$，则 $\alpha + \beta \in V$；若 $\alpha \in V, \lambda \in R$，则 $\lambda \alpha \in V$．

(2) 子空间：设有向量空间 V_1, V_2，如果 $V_1 \subset V_2$，则称 V_1 是 V_2 的子空间．

(3) 任何 n 维向量组成的向量空间 V 都是 R^n 的子空间．

(4) 基与维数：设 V 为向量空间，如果存在 r 个向量 $\alpha_1, \alpha_2, \cdots, \alpha_r$ 满足 $\alpha_1, \alpha_2, \cdots, \alpha_r$ 线性无关，V 中任一向量都可由 $\alpha_1, \alpha_2, \cdots, \alpha_r$ 线性表示，则称向量组 $\alpha_1, \alpha_2, \cdots, \alpha_r$ 为空间 V 的一个基，r 称为向量空间的维数，并称 V 为 r 维向量空间．

(5) 若向量空间没有基，则 V 的维数为零．零维向量空间只含一个零向量 0．

(6) 向量空间的构造：若向量组 $\alpha_1, \alpha_2, \cdots, \alpha_r$ 是 V 的一个基，则 V 可以表示为 $V = \{\alpha = \sum_{i=1}^{r} \lambda_i \alpha_i | \lambda_i \in R, i = 1, 2, \cdots, r\}$．

(7) 若把向量空间 V 看做向量组，则 V 的基就是向量组的极大线性无关组，V 的维数就是向量组的秩．

(8) V 的一个标准正交基：若 n 维向量组 $e_1, e_2, \cdots, e_r$ 满足是向量空间 $V \subset R^n$ 的一个基，是单位正交向量组，则称该向量组是 V 的一个标准正交基或规范正交基．

【基本题型 12】 求解空间的一组标准正交基

【例 3-22】 设 B 是秩为 2 的 5×4 矩阵，$\alpha_1 = (1, 1, 2, 3)^T, \alpha_2 = (-1, 1, 4, -1)^T, \alpha_3 = (5, -1, -8, 9)^T$ 是齐次线性方程组 $BX = 0$ 的解向量，求 $BX = 0$ 的解空间的一个标准正交基．

【分析】 解空间是指齐次线性方程组 $BX = 0$ 的所有解向量所构成的向量空间．解空间的一个基相当于 $BX = 0$ 的一个基础解系，求出后，再用 Schmidt 方法标准正交化就可得到解空间的一个标准正交基．

【解】 由 $r(B) = 2$ 可知，$BX = 0$ 的解空间的维数为 $n - r(B) = 4 - 2 = 2$．又 $\alpha_1 = (1, 1, 2, 3)^T, \alpha_2 = (-1, 1, 4, -1)^T$ 是 $BX = 0$ 的解向量，且 α_1, α_2 线性无关，因此 α_1, α_2 构成解空间的一个基．取

$$\beta_1 = \alpha_1 = (1, 1, 2, 3)^T,$$

$$\beta_2 = \alpha_2 - \dfrac{(\beta_1, \alpha_2)}{(\beta_1, \beta_1)} \beta_1 = (-1, 1, 4, -1)^T - \dfrac{1}{3}(1, 1, 2, 3)^T = \dfrac{1}{3}(-4, 2, 10, -6)^T.$$

再单位化,得 $\gamma = \frac{1}{\sqrt{15}}(1,1,2,3)^T, \gamma_2 = \frac{1}{\sqrt{39}}(-2,1,5,-3)^T$.

> 【温馨提示 1】若直接将向量组 $\alpha_1=(1,1,2,3)^T, \alpha_2=(-1,1,4,-1)^T, \alpha_3=(5,-1,-8,9)^T$ 标准正交化,为什么不对?
>
> 【温馨提示 2】本题的结果是否唯一?为什么?如果不唯一,哪种选择计算较为简便?

【基本题型 13】 有关向量空间的维数

【例 3-23】(2010 年真题)设 $\alpha_1=(1,2,-1,0)^T, \alpha_2=(1,1,0,2)^T, \alpha_3=(2,1,1,a)^T$,若由 $\alpha_1, \alpha_2, \alpha_3$ 形成的向量空间的维数为 2,则 $a=$【   】.

【解】由题意知,向量组 $\alpha_1, \alpha_2, \alpha_3$ 线性相关,而其中两个向量线性无关,所以 $r(\alpha_1, \alpha_2, \alpha_3)=2$. 故由

$$(\alpha_1, \alpha_2, \alpha_3) = \begin{pmatrix} 1 & 1 & 2 \\ 2 & 1 & 1 \\ -1 & 0 & 1 \\ 0 & 2 & a \end{pmatrix} \to \begin{pmatrix} 1 & 1 & 2 \\ 0 & -1 & -3 \\ 0 & 0 & 0 \\ 0 & 0 & a-6 \end{pmatrix},$$

必有 $a-6=0$,即 $a=6$.

18. 向量在基下的坐标

设 $\alpha_1, \alpha_2, \cdots, \alpha_r$ 是 V 的一个基,则 V 中任意一个向量 β,总有且仅有一组有序数 $x_1, x_2, \cdots, x_r$,使得 $\beta=x_1\alpha_1+x_2\alpha_2+\cdots+x_r\alpha_r$ 成立,则称 $x_1, x_2, \cdots, x_r$ 为向量 β 在基 $\alpha_1, \alpha_2, \cdots, \alpha_r$ 下的坐标. 事实上,求向量 β 在基 $\alpha_1, \alpha_2, \cdots, \alpha_r$ 下的坐标,相当于解方程组 $x_1\alpha_1+x_2\alpha_2+\cdots+x_r\alpha_r=\beta$.

【基本题型 14】 求向量在基下的坐标

【例 3-24】已知 3 维向量空间的基底为 $\alpha_1=(1,1,0)^T, \alpha_2=(1,0,1)^T, \alpha_3=(0,1,1)^T$,则向量 $\beta=(2,0,0)^T$ 在此基底下的坐标为_____.

【分析】求向量 β 在基 $\alpha_1, \alpha_2, \cdots, \alpha_n$ 下的坐标,相当于解方程组 $x_1\alpha_1+x_2\alpha_2+\cdots+x_n\alpha_n=\beta$.

【解法 1】设 $\beta=(\alpha_1, \alpha_2, \alpha_3)\begin{pmatrix} x_1 \\ x_2 \\ x_3 \end{pmatrix}$,其中 $(\alpha_1, \alpha_2, \alpha_3) = \begin{pmatrix} 1 & 1 & 0 \\ 1 & 0 & 1 \\ 0 & 1 & 1 \end{pmatrix}$.

因 $(\alpha_1, \alpha_2, \alpha_3)^{-1} = \frac{1}{2}\begin{pmatrix} 1 & 1 & -1 \\ 1 & -1 & 1 \\ -1 & 1 & 1 \end{pmatrix}$,

故 $\begin{pmatrix} x_1 \\ x_2 \\ x_3 \end{pmatrix} = (\alpha_1, \alpha_2, \alpha_3)^{-1}\beta = \frac{1}{2}\begin{pmatrix} 1 & 1 & -1 \\ 1 & -1 & 1 \\ -1 & 1 & 1 \end{pmatrix}\begin{pmatrix} 2 \\ 0 \\ 0 \end{pmatrix} = \begin{pmatrix} 1 \\ 1 \\ -1 \end{pmatrix}$.

【解法 2】设 $\beta=(\alpha_1, \alpha_2, \alpha_3)\begin{pmatrix} x_1 \\ x_2 \\ x_3 \end{pmatrix}$,其中 $(\alpha_1, \alpha_2, \alpha_3) = \begin{pmatrix} 1 & 1 & 0 \\ 1 & 0 & 1 \\ 0 & 1 & 1 \end{pmatrix}$.

因$(\alpha_1,\alpha_2,\alpha_3,\beta)=\begin{pmatrix}1&1&0&2\\1&0&1&0\\0&1&1&0\end{pmatrix}\xrightarrow{r_2+(-1)r_1}\begin{pmatrix}1&1&0&2\\0&-1&1&-2\\0&1&1&0\end{pmatrix}$

$\xrightarrow{r_3+r_2}\begin{pmatrix}1&1&0&2\\0&-1&1&-2\\0&0&2&-2\end{pmatrix}\xrightarrow[\frac{1}{2}r_3]{(-1)r_2}\begin{pmatrix}1&1&0&2\\0&1&-1&2\\0&0&1&-1\end{pmatrix}$

$\xrightarrow[r_1+r_3]{r_1+(-1)r_2}\begin{pmatrix}1&0&1&0\\0&1&0&1\\0&0&1&-1\end{pmatrix}\xrightarrow{r_1+(-1)r_3}\begin{pmatrix}1&0&0&1\\0&1&0&1\\0&0&1&-1\end{pmatrix}$,

故 $\begin{pmatrix}x_1\\x_2\\x_3\end{pmatrix}=\begin{pmatrix}1\\1\\-1\end{pmatrix}$.

19. 两个向量组之间的过渡矩阵

考试大纲中是这样叙述的：了解基变换和坐标变换公式，会求过渡矩阵．因此仅复习如下．

设 $\alpha_1,\alpha_2,\cdots,\alpha_n$ 和 $\beta_1,\beta_2,\cdots,\beta_n$ 是 n 维向量空间的两个基，则有如下结论．

（1）基变换公式：$(\beta_1,\beta_2,\cdots,\beta_n)=(\alpha_1,\alpha_2,\cdots,\alpha_n)P$，其中 $P=(p_{ij}),i,j=1,2,\cdots,n$.

（2）过渡矩阵：若$(\beta_1,\beta_2,\cdots,\beta_n)=(\alpha_1,\alpha_2,\cdots,\alpha_n)P$ 成立，则称 P 为从基 $\alpha_1,\alpha_2,\cdots,\alpha_n$ 到基 $\beta_1,\beta_2,\cdots,\beta_n$ 的过渡矩阵．

（3）可逆性：过渡矩阵 P 必是可逆的．

（4）基坐标变换公式：若 $\begin{cases}\beta=x_1\alpha_1+x_2\alpha_2+\cdots+x_r\alpha_r,\\ \beta=y_1\beta_1+y_2\beta_2+\cdots+y_r\beta_r,\\(\beta_1,\beta_2,\cdots,\beta_n)=(\alpha_1,\alpha_2,\cdots,\alpha_n)P.\end{cases}$ 则有坐标变换公式

$\begin{pmatrix}x_1\\x_2\\\vdots\\x_n\end{pmatrix}=P\begin{pmatrix}y_1\\y_2\\\vdots\\y_n\end{pmatrix}$ 或 $\begin{pmatrix}y_1\\y_2\\\vdots\\y_n\end{pmatrix}=P^{-1}\begin{pmatrix}x_1\\x_2\\\vdots\\x_n\end{pmatrix}$.

【基本题型 15】 求两组基之间的过渡矩阵

【例 3-25】（2003 年真题）从 R^2 的基 $\alpha_1=\begin{pmatrix}1\\0\end{pmatrix}$, $\alpha_2=\begin{pmatrix}1\\-1\end{pmatrix}$ 到基 $\beta_1=\begin{pmatrix}1\\1\end{pmatrix}$, $\beta_2=\begin{pmatrix}1\\2\end{pmatrix}$，的过渡矩阵为_____．

【分析】 n 维向量空间中，从基 $\alpha_1,\alpha_2,\cdots,\alpha_n$ 到基 $\beta_1,\beta_2,\cdots,\beta_n$ 的过渡矩阵满足 $(\beta_1,\beta_2,\cdots,\beta_n)=(\alpha_1,\alpha_2,\cdots,\alpha_n)P$．注意前后顺序．

【解】 设 $(\beta_1,\beta_2)=(\alpha_1,\alpha_2)P$，其中 $(\alpha_1,\alpha_2)=\begin{pmatrix}1&1\\0&-1\end{pmatrix}$，$(\beta_1,\beta_2)=\begin{pmatrix}1&1\\1&2\end{pmatrix}$，则

$$P=(\alpha_1,\alpha_2)^{-1}(\beta_1,\beta_2)=\begin{pmatrix}1&1\\0&-1\end{pmatrix}^{-1}\begin{pmatrix}1&1\\1&2\end{pmatrix}=\begin{pmatrix}2&3\\-1&-2\end{pmatrix}.$$

问题自答

【问题 1】 对于一个向量组的线性相关性，你能写出几个等价的叙述？

【答】

【问题 2】一个向量和一个向量组之间的线性表示关系,你能写出几个等价的叙述?

【答】

【问题 3】如何判定两个向量组等价? 对于两个向量组之间的线性表示关系,你能写出几个等价的叙述?

【答】

【问题 4】一个向量组内部的相关性有哪些规律?

【答】

【问题 5】一个向量和一个向量组之间的相关性有哪些结论?

【答】

【问题 6】两个向量组的相关性有哪些结论?

【答】

【问题 7】如何求元素具体的向量组的极大无关组? 如何求抽象向量组的极大无关组?

【答】

【问题 8】一个向量组和它的任何一个极大无关组都是等价的,对吗?

【答】

【问题 9】如何求元素具体的向量组的秩? 如何求抽象向量组的秩?

【答】

【问题 10】向量组的秩和矩阵的秩有何关系?

【答】

【问题 11】正交的向量组是如何定义的? 任何一个正交的向量组必是线性无关的,对吗?

【答】

【问题 12】任何一个线性无关的向量组都可化为正交的向量组吗? 一般采用什么方法?

【答】

【问题 13】若把向量空间 V 看做向量组,则 V 的基就是向量组的极大线性无关组,V 的维数就是向量组的秩,对吗?

【答】

【问题 14】什么是解空间? 如何求解空间的一组标准正交基?

【答】

【问题 15】向量在基下的坐标是如何定义的? 如何求?

【答】

【问题 16】两组基之间的过渡矩阵是如何定义的? 如何求?

【答】

【问题 17】如何判定一个矩阵是正交矩阵?

【答】

【问题 18】正交矩阵有哪些主要的性质?

【答】

问题反馈

在学习本章的过程中,你有哪些体会和建议,请发送到 Email:mathcui@163.com.

第四章 线性方程组

复习导学

1. m 个方程 n 个未知量的线性方程组的一般形式

$$\begin{cases} a_{11}x_1 + a_{12}x_2 + \cdots + a_{1n}x_n = b_1, \\ a_{21}x_1 + a_{22}x_2 + \cdots + a_{2n}x_n = b_2, \\ \vdots \\ a_{m1}x_1 + a_{m2}x_2 + \cdots + a_{mn}x_n = b_m, \end{cases}$$

矩阵形式为

$$AX = \beta.$$

其中

$$A = \begin{pmatrix} a_{11} & a_{12} & \cdots & a_{1n} \\ a_{21} & a_{22} & \cdots & a_{2n} \\ \vdots & \vdots & \cdots & \vdots \\ a_{m1} & a_{m2} & \cdots & a_{mn} \end{pmatrix} = (\alpha_1, \alpha_2, \cdots, \alpha_n), \quad X = \begin{pmatrix} x_1 \\ x_2 \\ \vdots \\ x_n \end{pmatrix}, \beta = \begin{pmatrix} b_1 \\ b_2 \\ \vdots \\ b_m \end{pmatrix}.$$

(1) A 为系数矩阵,$(A \vdots \beta)$ 为增广矩阵,也常记 $(A \vdots \beta) = \overline{A}$.

(2) 当 $\beta \neq 0$ 时,上述方程组称为非齐次线性方程组;当 $\beta = 0$ 时,上述方程组称为齐次线性方程组.

(3) 解向量:若 $x_1 = a_1, x_2 = a_2, \cdots, x_n = a_n$ 为线性方程组 $AX = \beta$ 的一组解,则 $X = (a_1, a_2, \cdots, a_n)^\mathrm{T}$ 称为线性方程组 $AX = \beta$ 的一个解向量,也称为一个解.

在考试大纲中,有关基础解系的问题是这样叙述的:理解齐次线性方程组的基础解系,掌握齐次线性方程组的基础解系的求法.因此,应重视这部分的学习.

2. 齐次线性方程组的基础解系

(1) 定义:若向量组 $\xi_1, \xi_2, \cdots, \xi_{n-r}$ 满足是解向量,即 $A\xi_i = 0, i = 1, 2, \cdots, n-r$;线性无关,即 $k_1\xi_1 + k_2\xi_2 + \cdots + k_{n-r}\xi_{n-r} = 0 \Leftrightarrow k_1 = k_2 = \cdots = k_{n-r} = 0$;代表作用,即 $AX = 0$ 的任一解都可以由 $\xi_1, \xi_2, \cdots, \xi_{n-r}$ 线性表出.则称 $\xi_1, \xi_2, \cdots, \xi_{n-r}$ 为方程组 $AX = 0$ 的一个基础解系.

(2) 存在性:设 A 是 $m \times n$ 矩阵,如果 $r(A) = r < n$,则齐次线性方程组的基础解系存在,且每个基础解系中含有 $n - r$ 个解向量.

【基本题型 1】有关基础解系的概念

【例 4-1】 设 A 为 n($n \geqslant 2$)阶方阵,A^* 为 A 的伴随矩阵,设对任意 n 维向量 α,均有 $A^*\alpha = 0$,则齐次线性方程组 $AX = 0$ 的基础解系中所含向量的个数 k 为【   】.

(A) $k = n$.　　(B) $k - 1$.　　(C) $k = 0$.　　(D) $k > 1$.

【解】 因为对任意 n 维向量 α,均有 $A^*\alpha = 0$,所以方程组 $A^*X = 0$ 的基础解系中所含向量

的个数为 n. 又因为方程组 $A^*X=0$ 的基础解系中所含向量的个数可由 $n-r(A^*)$ 确定,所以 $n-r(A^*)=n$,即 $r(A^*)=0$. 再根据

$$r(A^*)=\begin{cases} n, & r(A)=n \\ 1, & r(A)=n-1 \\ 0, & r(A)<n-1 \end{cases}$$

可得 $r(A)<n-1$,即 $n-r(A)>1$,而方程组 $AX=0$ 的基础解系中所含向量的个数由 $n-r(A)$ 决定,故应选(D).

【例 4-2】设齐次线性方程组 $AX=0$,其中 A 为 3×5 矩阵,且 $r(A)=2$,若 $\alpha_1,\alpha_2,\alpha_3$ 是 $AX=0$ 的三个线性无关的解向量,则该方程组的一个基础解系是【　　】.

(A) α_1,α_2.　　　　　　(B) $\alpha_1,\alpha_1+\alpha_2,\alpha_1+\alpha_2+\alpha_3$.
(C) $\alpha_1-\alpha_2,\alpha_2-\alpha_3,\alpha_3-\alpha_1$.　(D) $\alpha_3,\alpha_1+\alpha_2+\alpha_3,\alpha_3-\alpha_2-\alpha_1$.

【解】因为线性方程组 $AX=0$ 的系数矩阵为 3×5 矩阵,所以该方程组含有 5 个未知量. 又因为 $r(A)=2$,所以该方程组基础解系所含向量的个数为 $5-2=3$ 个,故排除(A). 又因为

$$(\alpha_1-\alpha_2)+(\alpha_2-\alpha_3)+(\alpha_3-\alpha_1)=0,$$
$$-2\alpha_3+(\alpha_1+\alpha_2+\alpha_3)+(\alpha_3-\alpha_2-\alpha_1)=0,$$

所以选项(C)和(D)中三个向量均线性相关,不能成为基础解系,故本题应选(B).

【例 4-3】设 A,B 都是 n 阶方阵,且 $AB=0$,证明 $r(A)+r(B)\leqslant n$.

【证明】设 A 的秩为 r_1,B 的秩为 r_2,则由 $AB=0$ 知,B 的每个列向量都是以 A 为系数矩阵的齐次线性方程组的解向量.

(1) 当 $r_1=n$ 时,该齐次线性方程组只有零解,故此时 $B=0$,$r_1=n$,$r_2=0$,$r_1+r_2=n$ 结论成立.

(2) 当 $r_1<n$ 时,该齐次方程组的基础解系中含有 $n-r_1$ 个向量,故 B 的列向量组的秩$\leqslant n-r_1$,即 $r_1+r_2\leqslant n$,结论成立.

综上所述,$r(A)+r(B)\leqslant n$.

【温馨提示】当 A,B 不是方阵时,本例的结论照样成立,读者可自行证明. 具体地:若 $A_{m\times n}B_{n\times k}=0$,则 $r(A)+r(B)\leqslant n$. 在有关矩阵秩的题目中,记住并灵活运用这个结论是非常有益的.

3. 线性方程组解的性质和结构

考试大纲要求:理解非齐次线性方程组解的结构及通解的概念.

(1) 齐次线性方程组 $AX=0$ 的任何 k 个解的线性组合仍是方程组本身的解. 其通解由基础解系的线性组合构成.

(2) 非齐次线性方程组 $AX=\beta$ 的任何两个解的差是与其对应的齐次方程组的解;任何 k 个解的算术平均值仍是方程组本身的解;任何 k 个解的线性组合,当 k 个表示系数的和为 1 时仍是方程组的解. 其通解由对应的齐次方程组的通解和本身的一个特解两部分构成.

【基本题型 2】有关方程组解的性质和结构

【例 4-4】设 η 是非齐次线性方程组 $AX=\beta(\beta\neq0)$ 的解,α 是对应齐次线性方程组 $AX=0$

的解,则向量 $3\eta+2\alpha$ 是【　】所列方程组的解.

(A) $AX=\beta$.　　　(B) $AX=2\beta$.　　　(C) $AX=3\beta$.　　　(D) $AX=5\beta$.

【解】依题意,有 $A\eta=\beta,A\alpha=0$.故 $A(3\eta+2\alpha)=3A\eta+2A\alpha=3\beta+0=3\beta$,即 $3\eta+2\alpha$ 满足方程 $AX=3\beta$.故应选(C).

【例 4-5】设 B 为 n 阶矩阵,且 $r(B)=n-1$.若向量 α_1,α_2 是齐次线性方程组 $BX=0$ 的两个不同的解,则 $BX=0$ 的通解为【　】.

(A) $k\alpha_1$.　　　(B) $k\alpha_2$.　　　(C) $k(\alpha_1+\alpha_2)$.　　　(D) $k(\alpha_1-\alpha_2)$.

【解】因为 α_1,α_2 是齐次线性方程组 $BX=0$ 的两个不同的解,所以有

$$B\alpha_1=0,\quad B\alpha_2=0.$$

对于(A)选项,不妨设 α_1 为零向量,α_2 为满足 $B\alpha_2=0$ 的非零向量,则 α_1,α_2 是齐次线性方程组 $BX=0$ 的两个不同的解,但 $k\alpha_1=0$ 不是 $BX=0$ 的通解,故排除(A).

同理,令 α_1 为非零向量,α_2 为零向量就可以排除(B).

再取 $\alpha_1=-\alpha_2$,则显然 α_1,α_2 也是不同的两个解向量,但 $k(\alpha_1+\alpha_2)$ 也不能作为 $BX=0$ 的通解,故排除(C),所以本题应选(D).

事实上,因为 α_1,α_2 是 $BX=0$ 的两个不同的解,所以 $\alpha_1-\alpha_2\neq 0$,而 $B(\alpha_1-\alpha_2)=B\alpha_1-B\alpha_2=0-0=0$,即 $\alpha_1-\alpha_2$ 是方程组 $BX=0$ 的非零解.又由 $r(B)=n-1$ 得方程组 $BX=0$ 的基础解系所含向量的个数为 $n-(n-1)=1$.所以方程组 $BX=0$ 的通解为 $k(\alpha_1-\alpha_2)$,故应选(D).

【例 4-6】设三元非齐次线性方程组 $AX=\beta$ 中,$r(A)=2$,且 α_1,α_2 为它的两个不同的解向量,则 $AX=\beta$ 的通解可写成_____.

【解】因为 $n=3,r(A)=2$,所以对应的齐次线性方程组 $AX=0$ 的基础解系含有 $3-2=1$ 个向量.又因为 α_1,α_2 为方程组 $AX=\beta$ 的两个不同的解,所以向量 $\beta_1=\alpha_2-\alpha_1$ 是对应齐次方程组 $AX=0$ 的一个非零解,因而也是 $AX=0$ 的一个基础解系.根据非齐次线性方程组解的结构定理,得 $AX=b$ 的通解是 $\alpha_1+k\beta=\alpha_1+k(\alpha_1-\alpha_2)$,其中 k 为任意常数.

【例 4-7】已知 β_1,β_2 是非齐次线性方程组 $AX=\beta$ 的两个不同解,α_1,α_2 是对应齐次方程组 $AX=0$ 的基础解系,k_1,k_2 为任意常数,则方程组 $AX=\beta$ 的通解(一般解)必是【　】.

(A) $k_1\alpha_1+k_2(\alpha_1+\alpha_2)+\dfrac{\beta_1-\beta_2}{2}$.　　　(B) $k_1\alpha_1+k_2(\alpha_1-\alpha_2)+\dfrac{\beta_1+\beta_2}{2}$.

(C) $k_1\alpha_1+k_2(\beta_1+\beta_2)+\dfrac{\beta_1-\beta_2}{2}$.　　　(D) $k_1\alpha_1+k_2(\beta_1-\beta_2)+\dfrac{\beta_1+\beta_2}{2}$.

【答案】(B).

【分析】本题考察解的性质与结构.非齐次方程组的通解由对应齐次方程组的通解和非齐次方程组的特解所构成.因此重点在于判断四个选项中前后两部分是否符合要求.

【解法 1】排除法.从大的方面来看,(A)、(B)、(C)、(D)四个选项的构成都符合非齐次方程组通解的结构形式.据观察,先考虑非齐次方程组的特解部分是否符合较为方便.根据非齐次方程组的任何两个解 β_1,β_2 的算数平均值 $\dfrac{\beta_1+\beta_2}{2}$ 仍是方程组的解,而任何两个解的差 $\beta_1-\beta_2$ 的倍乘 $\dfrac{\beta_1-\beta_2}{2}$ 是对应的齐次方程组的解这一性质,立即可以排除(A)和(C).只需考察(B)和(D)中的齐次方程组的通解部分.(D)中的 α_1 与 $\beta_1-\beta_2$ 虽然都是 $AX=0$ 的解,但不能够确定两者的线性无关性,因此(D)也排除.最后只剩下(B)选项,故应选(B).

【解法 2】逐一判别法. 对于(A)选项, 其表达式仅是 $AX=0$ 的解. 故 (A) 不正确.

对于(B)选项, 因为向量组 $\alpha_1, \alpha_1-\alpha_2$ 都是 $AX=0$ 的解, 且线性无关, 故构成基础解系. 而向量 $\dfrac{\beta_1+\beta_2}{2}$ 是 $AX=\beta$ 的解, 故(B)是 $AX=\beta$ 的通解.

对于(C)选项, 表达式不一定是 $AX=\beta$ 的解(例如在 $k_2\neq\dfrac{1}{2}$ 时), 故 (C) 不正确.

对于(D)选项, α_1 与 $\beta_1-\beta_2$ 虽然都是 $AX=0$ 的解, 但不能保证线性无关, 故(D)不正确.

综上, 本题应选(B).

【例 4-8】设 A 是 4 阶矩阵, $r(A)=3$, 又 $\alpha_1=(1,2,1,3)^T, \alpha_2=(1,1,-1,1)^T, \alpha_3=(1,3,3,5)^T, \alpha_4=(-3,-5,-1,-6)^T$ 均是齐次线性方程组 $A^*X=0$ 的解向量, 则 $A^*X=0$ 的基础解系是【　】.

(A) α_1. 　　(B) α_1,α_2. 　　(C) $\alpha_1,\alpha_2,\alpha_3$. 　　(D) $\alpha_1,\alpha_2,\alpha_4$.

【答案】(D).

【解】A 是 4 阶矩阵, $r(A)=3$, 于是由 $r(A^*)=\begin{cases}n, & r(A)=n\\1, & r(A)=n-1\\0, & r(A)<n-1\end{cases}$ 可知, $r(A^*)=1$, 进而

齐次线性方程组 $A^*X=0$ 基础解系所含向量的个数为 3, 因此可先排除(A)和(B). 又 $(\alpha_1,\alpha_2,\alpha_3)=\begin{pmatrix}1 & 1 & 1\\2 & 1 & 3\\1 & -1 & 3\\3 & 1 & 5\end{pmatrix}\to\begin{pmatrix}1 & 1 & 1\\0 & -1 & 1\\0 & -2 & 2\\0 & -2 & 2\end{pmatrix}\to\begin{pmatrix}1 & 1 & 1\\0 & -1 & 1\\0 & 0 & 0\\0 & 0 & 0\end{pmatrix}$, 得 $r(\alpha_1,\alpha_2,\alpha_3)=2<3$, 所以 $\alpha_1,\alpha_2,\alpha_3$ 线性相关, 不能构成基础解系, 故只能选(D).

【例 4-9】设 ξ_1,ξ_2,ξ_3 是齐次线性方程组 $AX=0$ 的一个基础解系, 试证明 $\xi_1-\xi_2,\xi_1+\xi_2+\xi_3,\xi_1+2\xi_3$ 也是齐次线性方程组 $AX=0$ 的一个基础解系.

【分析】要证明某一向量组是方程组 $AX=0$ 的基础解系, 需要证明三个结论:

① 该组向量都是方程组的解;

② 该组向量线性无关;

③ 方程组的任一解均可由该向量组线性表示, 或向量组所含向量的个数为 $n-r(A)$.

【证明】因为 ξ_1,ξ_2,ξ_3 是齐次线性方程组 $AX=0$ 的一个基础解系, 所以有以下结论成立.

(1) ξ_1,ξ_2,ξ_3 是齐次线性方程组 $AX=0$ 的一组解向量, 根据齐次线性方程组解的性质可知, $\xi_1-\xi_2,\xi_1+\xi_2+\xi_3,\xi_1+2\xi_3$ 必是方程组 $AX=0$ 的一组解向量.

(2) ξ_1,ξ_2,ξ_3 线性无关, 而

$$(\xi_1-\xi_2,\xi_1+\xi_2+\xi_3,\xi_1+2\xi_3)=(\xi_1,\xi_2,\xi_3)\begin{pmatrix}1 & 1 & 1\\-1 & 1 & 0\\0 & 1 & 2\end{pmatrix}, 且 \begin{vmatrix}1 & 1 & 1\\-1 & 1 & 0\\0 & 1 & 2\end{vmatrix}=3\neq 0,$$

所以向量组 $\xi_1-\xi_2,\xi_1+\xi_2+\xi_3,\xi_1+2\xi_3$ 线性无关, 并且 $(\xi_1,\xi_2,\xi_3)=(\xi_1-\xi_2,\xi_1+\xi_2+\xi_3,\xi_1+2\xi_3)\begin{pmatrix}1 & 1 & 1\\-1 & 1 & 0\\0 & 0 & 2\end{pmatrix}^{-1}$, 即 ξ_1,ξ_2,ξ_3 也可由 $\xi_1-\xi_2,\xi_1+\xi_2+\xi_3,\xi_1+2\xi_3$ 线性表示.

(3) 方程组 $AX=0$ 的任一解 η 可由 ξ_1,ξ_2,ξ_3 线性表出. 再根据(2)得知, η 也可由 $\xi_1-\xi_2$,

$\xi_1+\xi_2+\xi_3, \xi_1+2\xi_3$ 线性表示.

综上所述, $\xi_1-\xi_2, \xi_1+\xi_2+\xi_3, \xi_1+2\xi_3$ 也是齐次线性方程组 $AX=0$ 的一个基础解系.

4. 线性方程组解的判定

考试大纲叙述为：理解齐次线性方程组有非零解的充要条件及非齐次线性方程组有解的充要条件.

(1) 齐次线性方程组 $AX=0$ 总是有解的, 它的解有两种可能情形：零解或非零解. 方程组只有零解 $\Leftrightarrow r(A)=n$; 方程组有非零解 $\Leftrightarrow r(A)<n$.

特别地, 当 $m=n$ 时(即方程个数与未知量个数相等), 方程组只有零解 $\Leftrightarrow |A|\neq 0$; 方程组有非零解 $\Leftrightarrow |A|=0$.

【温馨提示】对齐次方程组, 当 $m<n$ 时(即当方程个数小于未知量个数时)必有非零解, 反之不然.

(2) 非齐次线性方程组 $AX=\beta$ 的解有三种可能情形：无解、有唯一解、有无穷多解. 方程组无解 $\Leftrightarrow r(A)\neq r(A\vdots\beta)$; 方程组有唯一解 $\Leftrightarrow r(A)=r(A\vdots\beta)=n$; 方程组有无穷多解 $\Leftrightarrow r(A\vdots\beta)<n$.

特别地, 当 $m=n$ 时(即方程个数与未知量个数相等), 方程组有唯一解 $\Leftrightarrow |A|\neq 0$; 当 $|A|=0$ 时, 方程组可能无解, 也可能有解.

【温馨提示】对非齐次方程组 $AX=0$, 当 $m=n$ 时(即方程个数与未知量个数相等时), 系数行列式 $|A|=0$ 是方程组无解的必要条件而非充分条件.

【基本题型3】有关解的判定定理

【例4-10】设 A 是 n 阶矩阵, 若齐次线性方程组 $AX=0$ 只有零解, 则 $A^*X=0$ 的解是_____.

【解】齐次线性方程组 $AX=0$ 只有零解 $\Leftrightarrow |A|\neq 0 \Leftrightarrow r(A)=n \Leftrightarrow A \Leftrightarrow r(A^*)=n$, 所以 $A^*X=0$ 只有零解, 因此 $X=0$.

【例4-11】设 $AX=0$ 是非齐次线性方程组 $AX=\beta$ 对应的齐次线性方程组, 则【   】.

(A) 若 $AX=0$ 只有零解, 则 $AX=\beta$ 有唯一解.

(B) 若 $AX=0$ 有非零解时, 则 $AX=\beta$ 有无穷多组解.

(C) 若 $AX=0$ 有非零解时, 则 $A^TX=0$ 也有非零解.

(D) 若 $AX=\beta$ 有无穷多组解, 则 $AX=0$ 有非零解.

【答案】(D).

【解】对于(A)选项, 因为 $AX=0$ 只有零解 $\Leftrightarrow r(A)=n$, 此时不能保证 $r(A\vdots\beta)=r(A)$. 除非 A 是 n 阶矩阵. 故(A)不正确.

对于(B)选项, 因为 $AX=0$ 有非零解 $\Leftrightarrow r(A)=r<n$, 此时不能保证 $r(A\vdots\beta)=r(\beta)$. 这样 $AX=\beta$ 有可能无解, 更谈不上必有无穷多组解. 故(B)不正确.

对于(C)选项, 注意到 A 为 $m\times n$ 的矩阵, $AX=0$ 有非零解 $\Leftrightarrow r(A)=r<n$. 而 $r(A^T)=r(A)=r$, 又 A^T 为 $n\times m$ 的矩阵, 此时不能保证 $r(A^T)=r<m$, 而这是 $A^TX=0$ 有非零解的充要条件. 例如 $r(A_{3\times 5})=3$ 时, $AX=0$ 有非零解, 而 $A^TX=0$ 只有零解. 故(C)不正确.

第四章 线性方程组

对于(D)选项,因为 $AX=\beta$ 有无穷多组解 $\Leftrightarrow r(A\vdots\beta)=r(A)=r<n$,从而 $AX=0$ 有非零解. 故(D)正确. 本题应选(D).

【例 4-12】设 A 是 $m\times n$ 矩阵,X 是 n 维列向量,β 是 m 维列向量且 $r(A)=r$,则下列结论正确的是【   】.

(A) 当 $r=m$ 时,$AX=\beta$ 有解. (B) 当 $r=n$ 时,$AX=\beta$ 有唯一解.

(C) 当 $r<n$ 时,$AX=\beta$ 有无穷多组解. (D) 当 $m=n$ 时,$AX=\beta$ 有唯一解.

【答案】(A).

【解】对于(A)选项,已知 $r=m$,在 $AX=\beta$ 中,$(A\vdots\beta)$ 为 $m\times(n+1)$ 矩阵. 此时 $r(A)=r=m$,则 $r(A\vdots\beta)=m$,故 $r(A)=r(A\vdots\beta)=m$,所以线性方程组有解,故结论正确.

对于(B)选项,已知 $r=n$,不能确定 $r(A)=r(A\vdots\beta)$,即 $AX=\beta$ 不一定有解,故结论 $AX=\beta$ 有唯一解不正确.

对于(C)选项,已知 $r<n$,同样不能确定 $r(A)=r(A\vdots\beta)$. 因此结论 $AX=\beta$ 有无穷多组解不正确.

对于(D)选项,已知 $m=n$,同样不能确定 $r(A)=r(A\vdots\beta)$. 因此结论 $AX=\beta$ 有唯一解不正确.

【例 4-13】设 A 是 $m\times n$ 矩阵,且 $r(A)=m<n$,则下列命题中不正确的是【   】.

(A) $A^TAX=0$ 有无穷多个解. (B) $A^TX=0$ 只有零解.

(C) $\forall \alpha\in R^m$,$AX=\alpha$ 有无穷多个解. (D) $\forall \beta\in R^n$,$A^TX=\beta$ 有唯一解.

【答案】(D).

【解】由 $r(A)=m \Rightarrow r(A^T)=m$.

对于(A)选项,系数矩阵 A^TA 是 n 阶方阵,因此未知量的个数为 n. 又 $r(A^TA)\leqslant \min\{r(A),r(A^T)\}=m<n$,所以齐次方程组 $A^TAX=0$ 有非零解,即有无穷多个解. 故(A)正确.

对于(B)选项,系数矩阵是 $n\times m$ 的矩阵,因此未知量的个数为 m. 又 $r(A^T)=m$,所以齐次方程组 $A^TX=0$ 只有零解. 故(B)正确.

对于(C)选项,由 $r(A)=m$ 可知,A 的 m 个行向量线性无关,故添加一个分量后得 $(A\vdots\alpha)$ 的 m 个行向量仍线性无关,即有 $r(A)=r(A\vdots\alpha)=m$,所以 $\forall \alpha\in R^m$,$AX=\alpha$ 有解. 又 $r(A)=r(A\vdots\alpha)=m<n$,所以 $\forall \alpha\in R^m$,$AX=\alpha$ 有无穷多个解. 故(C)正确.

只剩下(D)选项可选. 事实上,对于(D)选项,由 $r(A^T)=m$ 可知,A^T 的 m 个列向量线性无关,但添加一个向量后得到的 $(A\vdots\beta)$ 的 $m+1$ 个列向量,线性相关性无法确定,即无法确定 $r(A\vdots\alpha)$,也就更无法确定 $r(A)$ 和 $r(A\vdots\alpha)$ 是否相等. 故(D)不正确.

【例 4-14】设非齐次线性方程组

$$\begin{cases} x_1+x_2-2x_3=3 \\ 2x_1-x_2+x_3=1 \end{cases}$$

有两个解 $\alpha_1=(1,0,-1)^T$,$\alpha_2=(2,5,2)^T$,则该方程组的通解为_____.

【解】方程组的系数矩阵为

$$A=\begin{pmatrix} 1 & 1 & -2 \\ 2 & -1 & 1 \end{pmatrix} \rightarrow \begin{pmatrix} 1 & 1 & -2 \\ 0 & -3 & 5 \end{pmatrix}.$$

所以 $r(A)=2$,该方程组的基础解系所含无关向量的个数为 $3-2=1$ 个. 又因为 α_1,α_2 为非齐次线性方程组的两个不同的解,所以 $\alpha_1-\alpha_2$ 为对应齐次线性方程组的一个非零解.

于是对应齐次线性方程组的通解为 $k(\alpha_1-\alpha_2)$,再根据非齐次线性方程组解的结构定理知该非齐次线性方程组的通解为 $k(\alpha_1-\alpha_2)+\alpha_1=k(-1,5,-3)^T+(1,0,-1)^T$,其中 k 为任意常数.

5. 线性方程组求解的初等变换法

考试大纲叙述为斜体内容只针对数一:会用初等行变换求解线性方程组,会用克莱姆法则,掌握用初等行变换求解线性方程组的方法. 一般是解答题,占分值较高.

① 齐次线性方程组的基础解系:若齐次线性方程组 $AX=0$ 的秩 $r(A)=r$,而方程组中未知数的个数为 n,则方程组的一个基础解系存在,且含有 $n-r$ 个解向量.求解步骤如下.

第一步:对系数矩阵 A 进行初等行变换,化为行最简形阶梯形矩阵,得到同解方程组;第二步:根据同解方程和矩阵的秩,确定自由未知量(其个数 $s=n-r$),并求出基础解系;第三步:写出基础解系的线性组合,即是方程组的通解.

> 【温馨提示】基础解系的取法并不是唯一的.

② 非齐次线性方程组的特解:若非齐次线性方程组 $AX=\beta$ 的秩 $r(A)=r(A\vdots\beta)=r$,而方程组中未知数的个数为 n,则对增广矩阵 $(A\vdots\beta)$ 进行初等行变换,使其成为行最简阶梯矩阵.将这个矩阵中最后一列的前 r 个分量依次作为特解的 r 个分量,其余 $n-r$ 个分量全部取零,可得所求非齐次线性方程组的一个特解.

【基本题型 4】求(非)齐次方程组的基础解系和通解

【例 4-15】已知方程组 $\begin{cases} x_1+2x_2+x_3+x_4=-1, \\ 3x_1+6x_2+2x_3-x_4=2, \\ -x_1-2x_2+x_3+7x_4=-9. \end{cases}$

(1) 求对应齐次方程组的基础解系. (2) 求方程组的通解.

【解】对增广矩阵进行初等行变换化为阶梯形矩阵:

$$\overline{A}=\begin{pmatrix} 1 & 2 & 1 & 1 & \vdots & -1 \\ 3 & 6 & 2 & -1 & \vdots & 2 \\ -1 & -2 & 1 & 7 & \vdots & -9 \end{pmatrix} \to \begin{pmatrix} 1 & 2 & 1 & 1 & \vdots & -1 \\ 0 & 0 & -1 & -4 & \vdots & 5 \\ 0 & 0 & 2 & 8 & \vdots & -10 \end{pmatrix} \to \begin{pmatrix} 1 & 2 & 1 & 1 & \vdots & -1 \\ 0 & 0 & 1 & 4 & \vdots & -5 \\ 0 & 0 & 0 & 0 & \vdots & 0 \end{pmatrix}$$

$$\to \begin{pmatrix} 1 & 2 & 0 & -3 & \vdots & 4 \\ 0 & 0 & 1 & 4 & \vdots & -5 \\ 0 & 0 & 0 & 0 & \vdots & 0 \end{pmatrix}.$$

由此可知,$r(A)=r(\overline{A})=2$,故其基础解系中含有 $n-r=4-2=2$ 个线性无关的解向量,又原方程组的同解方程组为

$$\begin{cases} x_1+2x_2-3x_4=4, \\ x_3+4x_4=-5, \end{cases}$$

即 $\begin{cases} x_1=-2x_2+3x_4+4, \\ x_3=-4x_4-5, \end{cases}$

其中 x_2, x_4 为自由未知量.

方法 1：令 $x_2=0, x_4=0$，解得 $x_1=4, x_3=-5$，由此即得方程组的一个特解为
$$\eta=(4,0,-5,0)^{\mathrm{T}}.$$

又对应的齐次线性方程组为
$$\begin{cases} x_1=-2x_2+3x_4, \\ x_3=\quad\quad\quad -4x_4. \end{cases}$$

令 $x_2=1, x_4=0$，解得 $x_1=-2, x_3=0$，因此 $\xi_1=(-2,1,0,0)^{\mathrm{T}}$；令 $x_2=0, x_4=1$，解得 $x_1=3$，$x_3=-4$，因此 $\xi_2=(3,0,-4,1)^{\mathrm{T}}$.

从而 ξ_1, ξ_2 为一个基础解系. 非齐次方程组的通解为 $x=k_1\xi_1+k_2\xi_2+\eta$.

方法 2：由同解方程组改写为
$$\begin{cases} x_1=-2x_2+3x_4+4, \\ x_2=\quad x_2, \\ x_3=\quad\quad\quad -4x_4-5, \\ x_4=\quad\quad\quad x_4, \end{cases}$$

即
$$\begin{pmatrix} x_1 \\ x_2 \\ x_3 \\ x_4 \end{pmatrix} = \begin{pmatrix} -2 \\ 1 \\ 0 \\ 0 \end{pmatrix} x_2 + \begin{pmatrix} 3 \\ 0 \\ -4 \\ 1 \end{pmatrix} x_4 + \begin{pmatrix} 4 \\ 0 \\ -5 \\ 0 \end{pmatrix}.$$

令 $x_2=k_1, x_4=k_2, k_1, k_2$ 为任意的常数，则非齐次方程组的通解为
$$x=k_1\begin{pmatrix} -2 \\ 1 \\ 0 \\ 0 \end{pmatrix}+k_2\begin{pmatrix} 3 \\ 0 \\ -4 \\ 1 \end{pmatrix}+\begin{pmatrix} 4 \\ 0 \\ -5 \\ 0 \end{pmatrix}.$$

其中 $\xi_1=(-2,1,0,0)^{\mathrm{T}}, \xi_2=(3,0,-4,1)^{\mathrm{T}}$，为对应齐次方程组的基础解系.

> 【温馨提示】本例中出现的方法 1 和方法 2 实质上是一样的，只是书写形式不同. 一般来说，采用方法 2 较为方便，不妨将其称为"初等行变换一步到位法"，即将增广矩阵进行初等行变换化为行最简阶梯形，按照"等号左边主元保留，缺谁补谁，等号右边非主元变号，常数项不变号"的原则直接写出同解方程组，再改写成向量形式即得.

6. 线性方程组求解的克莱姆法则

克莱姆法则仅适合于方程的个数和未知量的个数相等的情况. 如果线性方程组
$$\begin{cases} a_{11}x_1+a_{12}x_2+\cdots+a_{1n}x_n=b_1 \\ a_{21}x_1+a_{22}x_2+\cdots+a_{2n}x_n=b_2 \\ \quad\quad\quad\vdots \\ a_{n1}x_1+a_{n2}x_2+\cdots+a_{nn}x_n=b_n \end{cases} \tag{4-1}$$

的系数行列式不等于零，即

$$D = \begin{vmatrix} a_{11} & a_{12} & \cdots & a_{1n} \\ a_{21} & a_{22} & \cdots & a_{2n} \\ \vdots & \vdots & \cdots & \vdots \\ a_{n1} & a_{n2} & \cdots & a_{nn} \end{vmatrix}.$$

则线性方程组式(4-1)有解,并且解是唯一的,解可以表为

$$x_1 = \frac{D_1}{D}, x_2 = \frac{D_2}{D}, x_3 = \frac{D_3}{D}, \cdots, x_n = \frac{D_n}{D}.$$

其中 D_j 是把系数行列式 D 中第 j 列的元素用方程组右端的常数项代替后所得到的 n 阶行列式,即

$$D_j = \begin{vmatrix} a_{11} & \cdots & a_{1,j-1} & b_1 & a_{1,j+1} & \cdots & a_{1n} \\ \vdots & \cdots & \vdots & \vdots & \vdots & \cdots & \vdots \\ a_{n1} & \cdots & a_{n,j-1} & b_n & a_{n,j+1} & \cdots & a_{nn} \end{vmatrix}.$$

【基本题型 5】按照克莱姆法则求方程组的解

【例 4-16】(1996 年真题)设

$$A = \begin{pmatrix} 1 & 1 & 1 & \cdots & 1 \\ a_1 & a_2 & a_3 & \cdots & a_n \\ a_1^2 & a_2^2 & a_3^2 & \cdots & a_n^2 \\ \vdots & \vdots & \vdots & \cdots & \vdots \\ a_1^{n-1} & a_2^{n-1} & a_3^{n-1} & \cdots & a_n^{n-1} \end{pmatrix}, x = \begin{pmatrix} x_1 \\ x_2 \\ x_3 \\ \vdots \\ x_n \end{pmatrix}, \beta = \begin{pmatrix} 1 \\ 1 \\ 1 \\ \vdots \\ 1 \end{pmatrix},$$

其中 $a_i \neq a_j (i \neq j, i, j = 1, 2, \cdots, n)$,则线性方程组 $A^T X = \beta$ 的解是_____.

【答案】$X = (1, 0, \cdots, 0)^T$.

【解】由于 $|A^T| = |A| \neq 0$(A 为范德蒙行列式),故 $A^T X = \beta$ 有唯一解,且由克莱姆法则知唯一解为 $x_j = \frac{D_j}{D} = \frac{D_j}{|A^T|}$,故有 $D_1 = \frac{|A^T|}{|A^T|} = 1, D_2 = D_3 = \cdots = D_n = 0$,故线性方程组的解为 $X = (1, 0, \cdots, 0)^T$.

【例 4-17】(2008 年真题)设 n 元线性方程组 $AX = \beta$,其中

$$A = \begin{pmatrix} 2a & 1 & & & & \\ a^2 & 2a & 1 & & & \\ & a^2 & 2a & 1 & & \\ & & \ddots & \ddots & \ddots & \\ & & & a^2 & 2a & 1 \\ & & & & a^2 & 2a \end{pmatrix}, x = \begin{pmatrix} x_1 \\ x_2 \\ \vdots \\ x_n \end{pmatrix}, \beta = \begin{pmatrix} 1 \\ 0 \\ \vdots \\ 0 \end{pmatrix}.$$

(Ⅰ)求当 a 为何值时,该方程组有唯一解,并求 x_1.

(Ⅱ)求当 a 为何值时,该方程组有无穷多解,并求其通解.

【解】(Ⅰ)利用用克莱姆法则求解,需要先计算系数行列式.因为

$$|A| = \begin{vmatrix} 2a & 1 & & & & \\ a^2 & 2a & 1 & & & \\ & a^2 & 2a & 1 & & \\ & & \ddots & \ddots & \ddots & \\ & & & a^2 & 2a & 1 \\ & & & & a^2 & 2a \end{vmatrix}_n \xrightarrow{r_2 - \frac{1}{2}ar_1} \begin{vmatrix} 2a & 1 & & & & \\ 0 & \frac{3}{2}a & 1 & & & \\ & a^2 & 2a & 1 & & \\ & & \ddots & \ddots & \ddots & \\ & & & a^2 & 2a & 1 \\ & & & & a^2 & 2a \end{vmatrix}_n$$

$$\xrightarrow{r_3 - \frac{2}{3}ar_2} \begin{vmatrix} 2a & 1 & & & & \\ 0 & \frac{3}{2}a & 1 & & & \\ & 0 & \frac{4}{3}a & 1 & & \\ & & a^2 & 2a & 1 & \\ & & & \ddots & \ddots & \ddots \\ & & & & a^2 & 2a & 1 \\ & & & & & a^2 & 2a \end{vmatrix}_n$$

$$= \cdots \xrightarrow{r_n - \frac{n-1}{n}ar_{n-1}} \begin{vmatrix} 2a & 1 & & & & \\ 0 & \frac{3}{2}a & 1 & & & \\ & 0 & \frac{4}{3}a & 1 & & \\ & & \ddots & \ddots & \ddots & \\ & & & 0 & \frac{n}{n-1}a & 1 \\ & & & & 0 & \frac{n+1}{n}a \end{vmatrix}_n$$

$$= (n+1)a^n.$$

为方便,记 $|A| = D_n$,于是当 $a \neq 0$ 时,方程组系数行列式 $D_n \neq 0$,故方程组有唯一解. 根据克莱姆法则,将 D_n 的第 1 列换成 β,得行列式为

$$\begin{vmatrix} 1 & 1 & & & & \\ 0 & 2a & 1 & & & \\ & a^2 & 2a & 1 & & \\ & & \ddots & \ddots & \ddots & \\ & & & a^2 & 2a & 1 \\ & & & & a^2 & 2a \end{vmatrix}_n = \begin{vmatrix} 2a & 1 & & & & \\ a^2 & 2a & 1 & & & \\ & a^2 & 2a & 1 & & \\ & & \ddots & \ddots & \ddots & \\ & & & a^2 & 2a & 1 \\ & & & & a^2 & 2a \end{vmatrix}_{n-1} = D_{n-1} = na^{n-1}.$$

所以,$x_1 = \dfrac{D_{n-1}}{D_n} = \dfrac{a}{(n+1)a}$.

（Ⅱ）为了使方程组有无穷多解，必须使系数行列式等于零，即$|A|=0$. 于是得$a=0$. 此时，方程组为

$$\begin{pmatrix} 0 & 1 & & & \\ & 0 & 1 & & \\ & & 0 & \ddots & \\ & & & \ddots & 1 \\ & & & & 0 \end{pmatrix} \begin{pmatrix} x_1 \\ x_2 \\ \vdots \\ x_{n-1} \\ x_n \end{pmatrix} = \begin{pmatrix} 1 \\ 0 \\ \vdots \\ 0 \\ 0 \end{pmatrix}.$$

显然，有$r(A)=r(A\vdots\beta)=n-1<n$，所以自由未知量的个数为$n-(n-1)=1$个. 又方程组的同解方程组为

$$\begin{cases} x_2 = 1, \\ x_3 = 0, \\ \vdots \\ x_n = 0. \end{cases}$$

令$x_1=k$，则$\begin{pmatrix} x_1 \\ x_2 \\ \vdots \\ x_{n-1} \\ x_n \end{pmatrix} = \begin{pmatrix} 1 \\ 0 \\ \vdots \\ 0 \\ 0 \end{pmatrix} k + \begin{pmatrix} 0 \\ 1 \\ \vdots \\ 0 \\ 0 \end{pmatrix}$ 即为所求的通解，其中k为任意常数.

【温馨提示】也可用递推法计算行列式. 由$|A|=D_n=\cdots=2aD_{n-1}-a^2D_{n-2}$得，$D_n-aD_{n-1}=a(D_{n-1}-aD_{n-2})=\cdots=a^{n-2}(D_2-a^{n-2}D_1)=a^n$，故$D_n=(n+1)a^n$.

7. 线性方程组的求解和讨论

【基本题型6】含参数方程组解的讨论

【例4-18】若线性方程组$AX=\beta$的系数增广矩阵$(A\vdots\beta)$经过初等变换转化为

$$(A\vdots\beta) \to \begin{pmatrix} 1 & 3 & 4 & \vdots & 4 \\ 0 & \lambda & \lambda & \vdots & \lambda \\ 0 & 0 & \lambda^2-1 & \vdots & \lambda-2 \end{pmatrix} = B.$$

试讨论方程组解的情况.

【解】根据矩阵B的特征，分如下3种情况讨论.

(1) 当$\lambda^2-1=0$，即$\lambda=-1$，$\lambda=1$时，有$r(A)=2$，$r(A\vdots\beta)=3$，所以此时方程组$AX=\beta$无解.

(2) 当$\lambda=0$时，有$r(A\vdots\beta)=r(A)=2<3$，所以此时方程组$AX=\beta$有无穷多解.

(3) 当$\lambda\neq 0$且$\lambda\neq \pm 1$时，$r(A\vdots\beta)=r(A)=3$，所以此时方程组$AX=\beta$有唯一解.

【例4-19】求a,b的值，使齐次线性方程组$\begin{cases} ax_1+x_2+x_3=0 \\ x_1+bx_2+x_3=0 \\ x_1+2bx_2+x_3=0 \end{cases}$有非零解，并求解.

【解】要使齐次线性方程组有非零解，必须满足系数行列式$D=0$. 因为系数行列式

$$D = \begin{vmatrix} a & 1 & 1 \\ 1 & b & 1 \\ 1 & 2b & 1 \end{vmatrix} = \begin{vmatrix} a-1 & 1-b & 1 \\ 0 & 0 & 1 \\ 0 & b & 1 \end{vmatrix} = b(1-a).$$

所以当 $a=1$ 或 $b=0$ 时,原方程组有非零解.

当 $a=1$ 时,对系数矩阵进行初等变换为

$$A = \begin{pmatrix} 1 & 1 & 1 \\ 1 & b & 1 \\ 1 & 2b & 1 \end{pmatrix} \rightarrow \begin{pmatrix} 1 & 1 & 1 \\ 0 & b-1 & 0 \\ 0 & b & 0 \end{pmatrix} \rightarrow \begin{pmatrix} 1 & 1 & 1 \\ 0 & 1 & 0 \\ 0 & 0 & 0 \end{pmatrix} \rightarrow \begin{pmatrix} 1 & 0 & 1 \\ 0 & 1 & 0 \\ 0 & 0 & 0 \end{pmatrix}.$$

A 已是行最简阶梯形.可见,$r(A)=2<3$,所以原方程组有非零解,且基础解系含有 $3-2=1$ 个解向量.

原方程组的等价方程组为

$$\begin{cases} x_1 = -x_3, \\ x_2 = 0. \end{cases}$$

自由未知量为 x_3,令 $x_3=1$,代入同解方程组得到非自由未知量 $\begin{pmatrix} x_1 \\ x_2 \end{pmatrix} = \begin{pmatrix} -1 \\ 0 \end{pmatrix}$.于是得基础解系为 $\begin{pmatrix} x_1 \\ x_2 \\ x_3 \end{pmatrix} = \begin{pmatrix} -1 \\ 0 \\ 1 \end{pmatrix}$,方程组的非零解为 $k\begin{pmatrix} -1 \\ 0 \\ 1 \end{pmatrix}$,其中 k 为任意常数.

当 $b=0$ 时,对系数矩阵进行初等变换为

$$A = \begin{pmatrix} a & 1 & 1 \\ 1 & 0 & 1 \\ 1 & 0 & 1 \end{pmatrix} \rightarrow \begin{pmatrix} 1 & 0 & 1 \\ 0 & 1 & 1-a \\ 0 & 0 & 0 \end{pmatrix}.$$

已是行最简阶梯形.可见,$r(A)=2<3$,所以原方程组有非零解,且基础解系含有 $3-2=1$ 个解向量.

原方程组的等价方程组为

$$\begin{cases} x_1 = -x_3, \\ x_2 = (a-1)x_3. \end{cases}$$

自由未知量为 x_3,令 $x_3=1$,代入同解方程组得到非自由未知量 $\begin{pmatrix} x_1 \\ x_2 \end{pmatrix} = \begin{pmatrix} -1 \\ a-1 \end{pmatrix}$.于是得基础解系为 $\begin{pmatrix} x_1 \\ x_2 \\ x_3 \end{pmatrix} = \begin{pmatrix} -1 \\ a-1 \\ 1 \end{pmatrix}$,方程组的非零解为 $c\begin{pmatrix} -1 \\ a-1 \\ 1 \end{pmatrix}$,其中 c 为任意常数.

【例 4-20】讨论 λ 取何值时,齐次线性方程组 $\begin{cases} (\lambda+3)x_1 + x_2 + 2x_3 = \lambda \\ \lambda x_1 + (\lambda-1)x_2 + x_3 = 2\lambda \\ 3(\lambda+1)x_1 + \lambda x_2 + (\lambda+3)x_3 = 3\lambda \end{cases}$

有唯一解、无穷多解及无解.

【解】因为系数行列式

$$|A| = \begin{vmatrix} \lambda+3 & 1 & 2 \\ \lambda & \lambda-1 & 1 \\ 3(\lambda+1) & \lambda & \lambda+3 \end{vmatrix} \xrightarrow{\substack{c_1+(-1)c_j \\ j=2,3}} \begin{vmatrix} \lambda & 1 & 2 \\ 0 & \lambda-1 & 1 \\ \lambda & \lambda & \lambda+3 \end{vmatrix}$$

$$\xrightarrow{r_3+(-1)r_1} \begin{vmatrix} \lambda & 1 & 2 \\ 0 & \lambda-1 & 1 \\ 0 & \lambda-1 & \lambda+1 \end{vmatrix} \xrightarrow{r_3+(-1)r_2} \begin{vmatrix} \lambda & 1 & 2 \\ 0 & \lambda-1 & 1 \\ 0 & 0 & \lambda \end{vmatrix} = \lambda^2(\lambda-1).$$

现讨论如下.

(1) 当 $\lambda \neq 0$ 且 $\lambda \neq 1$ 时，$|A| \neq 0$，此时非齐次线性方程组有唯一解.

(2) 当 $\lambda = 0$ 时，对增广矩阵进行初等变换，有

$$\overline{A} = \begin{pmatrix} 3 & 1 & 2 & 0 \\ 0 & -1 & 1 & 0 \\ 3 & 0 & 3 & 0 \end{pmatrix} \rightarrow \begin{pmatrix} 3 & 0 & 3 & 0 \\ 0 & -1 & 1 & 0 \\ 3 & 1 & 2 & 0 \end{pmatrix} \rightarrow \begin{pmatrix} 1 & 0 & 1 & 0 \\ 0 & -1 & 1 & 0 \\ 0 & 1 & -1 & 0 \end{pmatrix} \rightarrow \begin{pmatrix} 1 & 0 & 1 & 0 \\ 0 & 1 & -1 & 0 \\ 0 & 0 & 0 & 0 \end{pmatrix}.$$

因为 $r(\overline{A}) = r(A) = 2 < 3$，所以当 $\lambda = 0$ 时，方程组有无穷多解.

(3) 当 $\lambda = 1$ 时，对增广矩阵进行初等变换，有

$$\overline{A} = \begin{pmatrix} 4 & 1 & 2 & 1 \\ 1 & 0 & 1 & 2 \\ 6 & 1 & 4 & 3 \end{pmatrix} \rightarrow \begin{pmatrix} 1 & 0 & 1 & 2 \\ 4 & 1 & 2 & 1 \\ 6 & 1 & 4 & 3 \end{pmatrix} \rightarrow \begin{pmatrix} 1 & 0 & 1 & 2 \\ 0 & 1 & 2 & -3 \\ 0 & 1 & -2 & -9 \end{pmatrix} \rightarrow \begin{pmatrix} 1 & 0 & 1 & 2 \\ 0 & 1 & -2 & -3 \\ 0 & 0 & 0 & -6 \end{pmatrix}.$$

因为 $r(A) = 2 \neq r(\overline{A}) = 3$，所以当 $\lambda = 1$ 时，方程组无解.

> **【温馨提示】** 此类题型属于含参数的线性方程组解的讨论，一般有以下两种方法：
>
> ① 行列式法. 适用于方程个数等于未知量个数的方程组. 通常先计算 $|A|$，当参数满足 $|A| \neq 0$ 时，方程组有唯一解（对于 $AX=0$，则只有零解）；然后再逐个讨论参数满足 $|A| = 0$ 的情况.
>
> ② 初等变换法. 当未知量个数与方程组个数不一样时，用初等行变换将矩阵化为行阶梯形，直接对参数分类讨论解的情况.

【基本题型 7】求齐次线性方程组的基础解系、通解

【例 4-21】 设 $A = \begin{pmatrix} 1 & 2 & 1 & 2 \\ 0 & 1 & t & t \\ 1 & t & 0 & 1 \end{pmatrix}$，且方程组 $AX=0$ 的基础解系含有两个线性无关的解向量，求方程 $AX=0$ 的基础解系和通解.

【分析】 本题中，尽管系数矩阵中含有参数，但题设有确定参数的条件，可以先确定参数的值，再求解.

【解】 由题设知，方程组 $AX=0$ 是一个四元的齐次线性方程组，其基础解系含有两个线性无关的解向量，所以有 $r(A) = 4-2 = 2$，为此对系数矩阵 A 作初等行变换，得

$$A = \begin{pmatrix} 1 & 2 & 1 & 2 \\ 0 & 1 & t & t \\ 1 & t & 0 & 1 \end{pmatrix} \rightarrow \begin{pmatrix} 1 & 2 & 1 & 2 \\ 0 & 1 & t & t \\ 0 & t-2 & -1 & -1 \end{pmatrix} \rightarrow \begin{pmatrix} 1 & 0 & 1-2t & 2-2t \\ 0 & 1 & t & t \\ 0 & 0 & -(t-1)^2 & -(t-1)^2 \end{pmatrix} \xlongequal{\text{记为}} B.$$

要使 $r(A)=2$，必有 $t=1$。此时

$$B=\begin{pmatrix} 1 & 0 & -1 & 0 \\ 0 & 1 & 1 & 1 \\ 0 & 0 & 0 & 0 \end{pmatrix},$$

已是行最简阶梯形。可见，$r(A)=2<4$，所以原方程组有无穷多个解，且基础解系含有 $4-2=2$ 个解向量。

原方程组同解方程组为 $\begin{cases} x_1 = x_3, \\ x_2 = -x_3 - x_4, \\ x_3 = x_3, \\ x_4 = x_4. \end{cases}$

即

$$\begin{pmatrix} x_1 \\ x_2 \\ x_3 \\ x_4 \end{pmatrix} = \begin{pmatrix} 1 \\ -1 \\ 1 \\ 0 \end{pmatrix} x_3 + \begin{pmatrix} 0 \\ -1 \\ 0 \\ 1 \end{pmatrix} x_4.$$

令 $x_3=k_1, x_4=k_2$，则原方程组的通解为

$$x = k_1(1,-1,1,0)^T + k_2(0,-1,0,1)^T.$$

其中 $\xi_1=\begin{pmatrix} 1 \\ -1 \\ 1 \\ 0 \end{pmatrix}, \xi_2=\begin{pmatrix} 0 \\ -1 \\ 0 \\ 1 \end{pmatrix}$ 为基础解系，k_1, k_2 为任意常数。

【基本题型 8】求非齐次方程组的通解

【例 4-22】设 $A=\begin{pmatrix} 2 & 1 & 1 & 2 \\ 0 & 1 & 3 & 1 \\ 1 & a & c & 1 \end{pmatrix}, \beta=\begin{pmatrix} 0 \\ 1 \\ 0 \end{pmatrix}, \eta=\begin{pmatrix} 1 \\ -1 \\ 1 \\ -1 \end{pmatrix}$。如果 η 是 $AX=\beta$ 的一个解，试求 $AX=\beta$ 的通解。

【分析】本题系数矩阵中含有两个参数，但题设只有一个确定参数的条件。应先确定两参数的关系，再求解。

【解】因为 η 是 $AX=\beta$ 的一个解，故把 η 代入方程 $AX=\beta$，得

$$\begin{pmatrix} 2 & 1 & 1 & 2 \\ 0 & 1 & 3 & 1 \\ 1 & a & c & 1 \end{pmatrix} \begin{pmatrix} 1 \\ -1 \\ 1 \\ -1 \end{pmatrix} = \begin{pmatrix} 0 \\ 1 \\ 0 \end{pmatrix}.$$

即有 $1-a+c-1=0, a=c$。

利用初等行变换，将方程组的增广矩阵化为阶梯形矩阵：

$$(A \vdots \beta) \begin{pmatrix} 2 & 1 & 1 & 2 & \vdots & 0 \\ 0 & 1 & 3 & 1 & \vdots & 1 \\ 1 & a & c & 1 & \vdots & 0 \end{pmatrix} \rightarrow \begin{pmatrix} 1 & a & a & 2 & \vdots & 0 \\ 0 & 1 & 3 & 1 & \vdots & 1 \\ 0 & 1-2a & 1-2a & 1 & \vdots & 0 \end{pmatrix} \rightarrow$$

$$\begin{pmatrix} 1 & 0 & -2a & 1-a & \vdots & -a \\ 0 & 1 & 3 & 1 & \vdots & 1 \\ 0 & 0 & -2(1-2a) & -(1-2a) & \vdots & -(1-2a) \end{pmatrix}.$$

当 $a=\frac{1}{2}$ 时，有

$$A\to\begin{pmatrix} 1 & 0 & -1 & \frac{1}{2} & \vdots & -\frac{1}{2} \\ 0 & 1 & 3 & 1 & \vdots & 1 \\ 0 & 0 & 0 & 0 & \vdots & 0 \end{pmatrix}.$$

可见 $r(A\vdots\beta)=r(A)=2<4=n$，方程组 $AX=\beta$ 有无穷多解．其通解为 $x=\left(-\frac{1}{2},1,0,0\right)^{\mathrm{T}}+k_1(1,-3,1,0)^{\mathrm{T}}+k_2(-1,-2,0,2)^{\mathrm{T}}$，其中 k_1,k_2 为任意常数．

当 $a\neq\frac{1}{2}$ 时，有

$$A\to\begin{pmatrix} 1 & 0 & -2a & 1-a & \vdots & -a \\ 0 & 1 & 3 & 1 & \vdots & 1 \\ 0 & 0 & 2 & 1 & \vdots & 1 \end{pmatrix}\to\begin{pmatrix} 1 & 0 & 0 & 1 & \vdots & 0 \\ 0 & 1 & 0 & -\frac{1}{2} & \vdots & -\frac{1}{2} \\ 0 & 0 & 1 & \frac{1}{2} & \vdots & \frac{1}{2} \end{pmatrix}.$$

可见 $r(A\vdots\beta)=r(A)=2<4=n$，方程组 $AX=\beta$ 有无穷多解．其通解为 $x=\left(0,-\frac{1}{2},\frac{1}{2},0\right)^{\mathrm{T}}+k(-2,1,-1,2)^{\mathrm{T}}$，其中 k 为任意常数．

【基本题型 9】已知齐次方程组的解，反求系数矩阵

【例 4-23】设 $\xi_1=(1,0,2)^{\mathrm{T}},\xi_2=(0,1,-1)^{\mathrm{T}}$ 都是齐次线性方程组 $AX=0$ 的解，则 A 为【　】．

(A) $\begin{pmatrix} -2 & 1 & 1 \\ 2 & -1 & -1 \end{pmatrix}$.　　(B) $\begin{pmatrix} 2 & 0 & -1 \\ 0 & 1 & 1 \end{pmatrix}$.

(C) $\begin{pmatrix} 3 & 1 & -2 \\ -6 & -2 & 4 \end{pmatrix}$.　　(D) $\begin{pmatrix} 0 & 1 & -1 \\ 4 & -2 & 1 \\ 0 & 1 & 1 \end{pmatrix}$.

【答案】(A)．

【解法 1】代入验证法．将四个选项中的矩阵逐一代入 $A\xi_i=0,i=1,2$ 进行检验，于是可知，只有(A)选项中的矩阵满足，故选(A)．

【解法 2】由于 ξ_1,ξ_2 都是方程组 $AX=0$ 的解，故知 $AX=0$ 有非零解．又注意到 ξ_1,ξ_2 线性无关，所以 $AX=0$ 的基础解系中所含向量的个数 $n-r(A)$ 至少是 2，即 $n-r(A)\geqslant 2$．而该线性方程组的未知量的个数 $n=3$，所以 $r(A)\leqslant 3-2=1,r(A)=1$．而(B)和(D)选项中的矩阵的秩均不等于 1，不满足条件，故排除(B)和(D)．对于(A)选项中的矩阵，它满足 $A\xi_i=0,i=1,2$，而对于(C)选项中的矩阵，它不满足 $A\xi_i=0,i=1,2$，所以本题应选(A)．

【思考】如果此题不是选择题，而是求矩阵 A，又该如何求呢？

【分析】由题意，可知 $A\xi_i=0,i=1,2$．于是有

$$A(\xi_1,\xi_2) = (A\xi_1, A\xi_2) = (0,0).$$

若记 $B=(\xi_1,\xi_2)$，则 $AB=0$. 于是有

$$B^{\mathrm{T}}A^{\mathrm{T}} = 0.$$

设 $A^{\mathrm{T}}=(\alpha_1,\alpha_2)$，则 $B^{\mathrm{T}}(\alpha_1,\alpha_2)=(B^{\mathrm{T}}\alpha_1, B^{\mathrm{T}}\alpha_2)=(0,0)$，即

$$\begin{cases} B^{\mathrm{T}}\alpha_1 = 0, \\ B^{\mathrm{T}}\alpha_2 = 0. \end{cases}$$

因此求矩阵 A 转化为求方程组 $B^{\mathrm{T}}Y=0$ 的解的问题.

【解】令矩阵 $B^{\mathrm{T}} = \begin{pmatrix} \xi_1^{\mathrm{T}} \\ \xi_2^{\mathrm{T}} \end{pmatrix} = \begin{pmatrix} 1 & 0 & 2 \\ 0 & 1 & -1 \end{pmatrix}$，显然 $r(B^{\mathrm{T}})=2<3$，所以方程组 $B^{\mathrm{T}}Y=0$ 有非零解，并且同解方程组为 $\begin{cases} x_1 = -2x_3 \\ x_2 = x_3, \end{cases}$ 自由未知量为 x_3. 令 $x_3=1$，代入同解方程组得到非自由未知量 $\begin{pmatrix} x_1 \\ x_2 \end{pmatrix} = \begin{pmatrix} -2 \\ 1 \end{pmatrix}$. 于是得一个基础解系为 $\begin{pmatrix} x_1 \\ x_2 \\ x_3 \end{pmatrix} = \begin{pmatrix} -2 \\ 1 \\ 1 \end{pmatrix}$. 故所求的矩阵 $A=(-2 \quad 1 \quad 1)$.

【问题1】方程组有几种等价的形式？无论给出哪种形式，你能否立即观察出对应的解？

【答】

【问题2】基础解系有哪些具体特征？

【答】

【问题3】齐次方程组的解有哪些性质？非齐次方程组的解有哪些性质？两者的解之间有哪些关系？

【答】

【问题4】对于非齐次线性方程组的解，有几种求法？

【答】

【问题5】若 m 个方程 n 个未知量的齐次线性方程组有 t 个线性无关的解，则基础解系所含向量的个数至少应是多少？你能用不等式表示出来吗？

【答】

在学习本章的过程中，你有哪些体会和建议，请发送到 Email:mathcui@163.com.

第五章 特征值与相似对角化

复习导学

1. 特征值和特征向量的定义

定义：设 A 为 n 阶矩阵，满足 $AX=\lambda X$ 的数 λ 和非零列向量 X 分别称为 A 的一个特征值和属于特征值 λ 的特征向量.

【温馨提示】① A 是方阵. ② 特征向量 $X \neq 0$. ③ 以下不特别说明时，所出现的矩阵 A 均为 n 阶方阵，λ 是 A 的任意一个特征值，X 是属于特征值 λ 的特征向量.

【基本题型 1】有关特征值和特征向量定义的题目

【例 5-1】设 $X=(1,-1,2)^T$ 是矩阵 $A=\begin{pmatrix} 2 & 1 & 2 \\ 2 & b & a \\ 1 & a & 3 \end{pmatrix}$ 一个特征向量，求 a,b 的值及特征向量 X 对应的特征值 λ.

【解】根据特征值和特征向量的定义，有 $AX=\lambda X$，即

$$\begin{pmatrix} 2 & 1 & 2 \\ 2 & b & a \\ 1 & a & 3 \end{pmatrix}\begin{pmatrix} 1 \\ -1 \\ 2 \end{pmatrix}=\lambda\begin{pmatrix} 1 \\ -1 \\ 2 \end{pmatrix}, 则 \begin{pmatrix} 5 \\ 2-b+2a \\ 7-a \end{pmatrix}=\begin{pmatrix} \lambda \\ -\lambda \\ 2\lambda \end{pmatrix},$$

进而得

$$\begin{cases} \lambda=5, \\ 2-b+2a=-\lambda, \\ 7-a=2\lambda. \end{cases}$$

得

$$\begin{cases} a=-3, \\ b=1, \\ \lambda=5. \end{cases}$$

【例 5-2】写出特征值、特征向量定义中 $AX=\lambda X$ 的等价叙述.

【解】由 $AX=\lambda X, X\neq 0 \Leftrightarrow (\lambda E-A)X=0, X\neq 0$，这是一个以 $\lambda E-A$ 为系数矩阵的齐次线性方程组，定义中要求 $X\neq 0$，所以等价于齐次线性方程组有非零解，而 $(\lambda E-A)X=0$ 有非零解的充要条件是 $|\lambda E-A|=0$，于是可以得到如下特征值和特征向量的求法.

2. 特征值和特征向量的计算步骤

(1) 写出矩阵 A 的特征方程 $|\lambda E-A|=0$，求出 λ 即为特征值.

(2) 将每个特征值 λ 代入齐次线性方程组 $(\lambda E-A)X=0$，求齐次线性方程组的非零解 X，

即为所求特征向量.

> 【温馨提示】①满足 $|\lambda E-A|=0$ 的数 λ,必是矩阵 A 的特征值,从而得出求抽象矩阵 A 的特征值的一个方法. ② n 阶矩阵 A 必有且只有 n 个特征值 $\lambda_1,\lambda_2,\cdots,\lambda_n$(包括重根,重根按重数计).

考试大纲叙述为:理解矩阵的特征值和特征向量的概念及性质,会求矩阵的特征值和特征向量.

【基本题型2】求具体矩阵的特征值和特征向量

【例5-3】(1999年真题)设 n 阶矩阵 A 的元素全为1,则 A 的 n 个特征值是_____.

【答案】$n,0,\cdots,0$.

【分析】已知矩阵 A 的全体元素,因此直接用 $|\lambda E-A|=0$ 求解即可,这可转化为 n 阶行列式的计算问题.

【解】因为

$$|\lambda E-A|=\begin{vmatrix} \lambda-1 & -1 & \cdots & -1 \\ -1 & \lambda-1 & \cdots & -1 \\ \vdots & \vdots & \cdots & \vdots \\ -1 & -1 & \cdots & \lambda-1 \end{vmatrix}=\begin{vmatrix} \lambda-n & -1 & \cdots & -1 \\ \lambda-n & \lambda-1 & \cdots & -1 \\ \vdots & \vdots & \cdots & \vdots \\ \lambda-n & -1 & \cdots & \lambda-1 \end{vmatrix}$$

$$=(\lambda-n)\begin{vmatrix} 1 & -1 & \cdots & -1 \\ 0 & \lambda & \cdots & 0 \\ \vdots & \vdots & \cdots & \vdots \\ 0 & 0 & \cdots & \lambda \end{vmatrix}=(\lambda-n)\lambda^{n-1},$$

故矩阵 A 的 n 个特征值是 n 和 $0(n-1$ 重). 因此本题应填 $n,0,\cdots,0$.

> 【温馨提示】矩阵的特征值一般有两种求解方法:$|\lambda E-A|=0$ 或 $AX=\lambda X$. 前一种方法主要用于矩阵元素已知的情形,可转化为行列式的计算问题;而后一种方法则经常用于 A 满足某一矩阵等式的情形,考虑到本例 A 可改写为 $A=\begin{pmatrix}1\\\vdots\\1\end{pmatrix}(1\cdots1)$,从而有 $A^2=nA$,因此 A 的任一特征值必满足 $\lambda^2=n\lambda$,求得 $\lambda=n,\lambda=0$. 而对于任一矩阵有 $\lambda_1+\lambda_2+\cdots+\lambda_n=a_{11}+a_{22}+\cdots+a_{nn}$,因此可推导出 $\lambda_1=n$ 为单根,$\lambda_2=\lambda_3=\cdots=\lambda_n=0$ 为 $n-1$ 重根的结论.

3. 特征值和特征向量的性质

由特征值、特征向量的定义 $AX=\lambda X,X\neq 0$ 可知如下结论.

(1) 属于同一特征值的特征向量的非零线性组合仍是属于这个特征值的特征向量.

(2) 一个特征值对应的特征向量有无穷多,但一个特征向量只能属于一个特征值.

(3) 不同的特征值对应的特征向量的和不能是 A 的任何一个特征值的特征向量.

(4) 属于不同的特征值的特征向量是线性无关的.

（5）矩阵 A 或其转置、伴随、逆、多项式的特征值或特征向量的关系如下：

矩阵	特征值	特征向量
A	λ	X
A^T	λ	/
A^{-1}	$\dfrac{1}{\lambda}$ $(\lambda\neq 0)$	X
A^*	$\dfrac{|A|}{\lambda}$ $(\lambda\neq 0)$	X
$f(A)=a_0E+a_1A+a_2A^2+\cdots+a_kA^k$	$f(\lambda)=a_0+a_1\lambda+a_2\lambda^2+\cdots+a_k\lambda^k$	X
$B=P^{-1}AP$	λ	$P^{-1}X$

（6）由于 $|\lambda E-A|=0$ 是一个关于 λ 的一元 n 次代数方程，根据方程根与系数的关系可得 n 阶矩阵 A 的 n 个特征值 $\lambda_1,\lambda_2,\cdots,\lambda_n$ 满足

$$\begin{cases} \sum_{i=1}^{n}\lambda_i=\lambda_1+\lambda_2+\cdots+\lambda_n=a_{11}+a_{22}+\cdots+a_{nn}=\sum_{i=1}^{n}a_{ii}=\text{tr}(A), \\ \prod_{i=1}^{n}\lambda_i=\lambda_1\lambda_2\cdots\lambda_n=|A|. \end{cases}$$

【温馨提示】由 $\lambda_1\lambda_2\cdots\lambda_n=|A|$ 可得：① n 阶矩阵 A 可逆 $\Leftrightarrow |A|\neq 0\Leftrightarrow A$ 无零特征值；② A 有零特征值 $\Leftrightarrow |A|=0\Leftrightarrow A$ 不可逆；③ 若矩阵 A 的特征多项式为 $f(\lambda)$，则必有 $f(A)=0$，该结论主要应用于矩阵多项式的计算，尤其是次数较高时，可得到大大简化。

【基本题型3】有关特征值和特征向量性质的题目

【例 5-4】设 3 阶矩阵 A 的特征多项式为 $|\lambda E-A|=(\lambda+1)(\lambda-2)(\lambda-3)$，求 $\left|E+\dfrac{1}{6}A^*\right|$ 的值。

【解】由于 3 阶矩阵 A 的特征多项式为 $|\lambda E-A|=(\lambda+1)(\lambda-2)(\lambda-3)$，可得 A 的特征值为 $-1,2,3$，所以 $|A|=(-1)\cdot 2\cdot 3=-6$，根据 A^* 与 A 的特征值的关系 $\dfrac{|A|}{\lambda}$，可得 A^* 的三个特征值分别为 $6,-3,-2$，进而 $E+\dfrac{1}{6}A^*$ 的特征值分别为 $1+\dfrac{1}{6}\cdot 6,1+\dfrac{1}{6}\cdot(-3),1+\dfrac{1}{6}\cdot(-2)$，即分别为 $2,\dfrac{1}{2},\dfrac{2}{3}$，于是 $\left|E+\dfrac{1}{6}A^*\right|=2\cdot\dfrac{1}{2}\cdot\dfrac{2}{3}=\dfrac{2}{3}$。

【例 5-5】已知 $\alpha=(1,k,1)^T$ 是矩阵

$$A=\begin{pmatrix} 2 & 1 & 1 \\ 1 & 2 & 1 \\ 1 & 1 & 2 \end{pmatrix}$$

的逆矩阵 A^{-1} 的特征向量，求 k 值和 A^{-1} 的特征值。

【解】设有数 λ 满足

$$A^{-1}\alpha=\lambda\alpha,$$

则 λ 为 A^{-1} 的对应于特征向量 α 的特征值,上式两边左乘 A,得

$$\lambda A\alpha = \alpha,$$

把 α, A 值代入,得

$$\lambda \begin{pmatrix} 2 & 1 & 1 \\ 1 & 2 & 1 \\ 1 & 1 & 2 \end{pmatrix} \begin{pmatrix} 1 \\ k \\ 1 \end{pmatrix} = \begin{pmatrix} 1 \\ k \\ 1 \end{pmatrix},$$

展开得

$$\begin{cases} \lambda(k+3)=1, \\ \lambda(2k+2)=k. \end{cases} \tag{5-1}$$

消去 λ 得 $k_1=1, k_2=-2$,将其代入式(5-1),得到 A^{-1} 的特征值 $\lambda_1=\dfrac{1}{4}, \lambda_2=1$.

因为 A 的特征值和 A^{-1} 的特征值互为倒数,故 A 的特征值 $\mu_1=\dfrac{1}{\lambda_1}=4, \mu_2=\dfrac{1}{\lambda_2}=1$. 又

$$a_{11}+a_{22}+a_{33}=2+2+2=6=\mu_1+\mu_2+\mu_3=5+\mu_3,$$

故 $\mu_3=1$,即 A^{-1} 的另一个特征值 $\lambda_3=\dfrac{1}{\mu_3}=1$,所以 A^{-1} 的特征值为 $1, 1, \dfrac{1}{4}$.

【基本题型 4】求抽象矩阵的特征值和特征向量

【例 5-6】 已知方阵 A 满足 $A^3=5A^2-6A$,求 A 的特征值.

【解】 设矩阵 A 的特征值为 λ,对应的特征向量为 X,则 $AX=\lambda X$,此式两边左乘 A,得 $A(AX)=A(\lambda X)=\lambda(AX)=\lambda(\lambda X)=\lambda^2 X$,即 $A^2X=\lambda^2 X$,此式两边再左乘 A,得 $A^3X=\lambda^3 X$,于是有

$$(A^3-5A^2+6A)X = A^3X-5A^2X+6AX = \lambda^3 X - 5\lambda^2 X + 6\lambda X = (\lambda^3-5\lambda^2+6\lambda)X,$$

而 $A^3-5A^2+6A=0$,所以

$$(\lambda^3-5\lambda^2+6\lambda)X = 0.$$

因为 $X\neq 0$,所以 $\lambda^3-5\lambda^2+6\lambda=0$,解得 $\lambda_1=0, \lambda_2=2, \lambda_3=3$. 所以 A 的特征值可能为 $0、2、3$ 以外的数.

> **【温馨提示】** 由此例可得更一般性的结论:若 $f(A)=A^k+a_1 A+a_2 A^2+\cdots+a_k A^k=0$,则 $f(\lambda)=\lambda^k+a_1\lambda+a_2\lambda^2+\cdots+a_k\lambda^k=0$,从而,由矩阵 A 满足的方程可得 λ 满足的方程,从而可求得 A 的特征值.

【例 5-7】 已知 n 阶矩阵 A 满足 $|aE+bA|=0, |A|=c\neq 0$,其中 E 为 n 阶单位矩阵,则伴随矩阵 A^* 必有一个特征值为_____.

【解】 由 $|aE+bA|=0$,得 $\left|-\dfrac{a}{b}E-A\right|=0$,故 $\lambda=-\dfrac{a}{b}$ 是 A 的一个特征值,又 $|A|=c\neq 0$,所以 A^* 的特征值为 $\dfrac{|A|}{\lambda}=\dfrac{c}{-\dfrac{a}{b}}=-\dfrac{bc}{a}$.

【例 5-8】 设方阵 $A=(a_{ij})_{n\times n}$ 的每行元素之和都等于常数 a,$\sum_{j=1}^{n}a_{ij}=a(i=1,2,\cdots,n)$,则 A 的一个特征值是_____.相应的特征向量是_____.若 A 可逆,则 A^{-1} 的每行元素

之和为_____.

【答案】a；$(1,1,\cdots,1)^T$；$\dfrac{1}{a}$.

【解】将 $\sum\limits_{j=1}^{n} a_{ij} = a(i=1,2,\cdots,n)$ 改写为

$$\begin{cases} a_{11}\cdot 1 + a_{12}\cdot 1 + \cdots + a_{1n}\cdot 1 = a, \\ a_{21}\cdot 1 + a_{22}\cdot 1 + \cdots + a_{2n}\cdot 1 = a, \\ \quad\quad\quad\quad\quad\quad \vdots \\ a_{n1}\cdot 1 + a_{n2}\cdot 1 + \cdots + a_{nn}\cdot 1 = a. \end{cases}$$

即 $A\begin{pmatrix} 1 \\ 1 \\ \vdots \\ 1 \end{pmatrix} = a \begin{pmatrix} 1 \\ 1 \\ \vdots \\ 1 \end{pmatrix}$，于是 A 的一个特征值是 a，相应的特征向量是 $(1,1,\cdots,1)^T$. 若 A 可逆，则 A 的任一个特征值不等于 0，于是 $a\neq 0$，因而 A^{-1} 的一个特征值为 $\dfrac{1}{a}$，对应的特征向量为 $(1,1,\cdots,1)^T$，故 A^{-1} 的每行元素之和为 $\dfrac{1}{a}$.

【例 5-9】(1998 年真题)设向量 $\alpha=(a_1,a_2,\cdots,a_n)^T$, $\beta=(b_1,b_2,\cdots,b_n)^T$ 都是非零向量，且满足条件 $\alpha^T\beta=0$，记 n 阶矩阵 $A=\alpha\beta^T$，求：(1) A^2；(2) 矩阵 A 的特征值和特征向量.

【分析】对于抽象的矩阵 A，求特征值即求存在非零向量 X，使得 $AX=\lambda X$.

【解】(1) 由 $A=\alpha\beta^T$ 和 $\alpha^T\beta=0$ 有

$$A^2 = AA = (\alpha\beta^T)(\alpha\beta^T) = \alpha(\beta^T\alpha)\beta^T = \alpha(\alpha^T\beta)\beta^T = 0.$$

即 A^2 为零矩阵.

(2) 设 λ 为 A 的任一特征值，A 的属于特征值 λ 的特征向量为 X，则 $AX=\lambda X$. 于是有

$$A^2 X = A(AX) = \lambda AX = \lambda^2 X.$$

当 $A^2 = 0$ 时，有 $\lambda^2 X = 0$. 因为 $X\neq 0$，所以 $\lambda = 0$，即矩阵 A 的特征值全部为零. 又向量 $\alpha=(a_1,a_2,\cdots,a_n)^T$, $\beta=(b_1,b_2,\cdots,b_n)^T$ 都是非零向量，不妨设 $a_1\neq 0, b_1\neq 0$，对齐次线性方程组 $(0E-A)X=0$ 的系数矩阵施以初等行变换：

$$-A = \begin{pmatrix} -a_1 b_1 & -a_1 b_2 & \cdots & -a_1 b_n \\ -a_2 b_1 & -a_2 b_2 & \cdots & -a_2 b_n \\ \vdots & \vdots & \cdots & \vdots \\ -a_n b_1 & -a_n b_2 & \cdots & -a_n b_n \end{pmatrix} \rightarrow \begin{pmatrix} b_1 & b_2 & \cdots & b_n \\ 0 & 0 & \cdots & 0 \\ \vdots & \vdots & \cdots & \vdots \\ 0 & 0 & \cdots & 0 \end{pmatrix} \rightarrow \begin{pmatrix} 1 & \dfrac{b_2}{b_1} & \cdots & \dfrac{b_n}{b_1} \\ 0 & 0 & \cdots & 0 \\ \vdots & \vdots & \cdots & \vdots \\ 0 & 0 & \cdots & 0 \end{pmatrix},$$

于是可得该方程组的基础解系为

$$\alpha_1 = \left(-\dfrac{b_2}{b_1}, 1, 0, \cdots, 0\right)^T, \alpha_2 = \left(-\dfrac{b_3}{b_1}, 0, 1, \cdots, 0\right)^T, \alpha_{n-1} = \left(-\dfrac{b_n}{b_1}, 0, 0, \cdots, 1\right)^T.$$

故 A 的属于特征值 $\lambda=0$ 的全部特征向量为 $k_1\alpha_1 + k_2\alpha_2 + \cdots + k_{n-1}\alpha_{n-1}$，其中 $k_1, k_2, \cdots, k_{n-1}$ 是不全为零的常数.

考试大纲叙述为：理解相似矩阵的概念、性质及矩阵可相似对角化的充要条件，会将矩阵化为相似对角矩阵．掌握将矩阵化为相似对角矩阵的方法．

4. 相似矩阵的概念

(1) 相似矩阵的定义：设 A,B 都是 n 阶矩阵，若存在 n 阶可逆矩阵 P，使得 $P^{-1}AP=B$，则称 A 相似于 B，记作 $A\sim B$.

(2) 相似的等价关系．
① 反身性：A 与 A 相似．
② 对称性：若 A 与 B 相似，则 B 与 A 也相似．
③ 传递性：若 A 与 B 相似，则 B 与 C 相似，则 A 与 C 相似．

(3) 矩阵可对角化的定义：若 n 阶矩阵 A 与对角矩阵 Λ 相似，就称 A 可以对角化．

(4) 若 $A\sim B$，则有 $|\lambda E-B|=|\lambda E-P^{-1}AP|=|P^{-1}\lambda EP-P^{-1}AP|=|P^{-1}(\lambda E-A)P|=|P^{-1}||\lambda E-A||P|=|\lambda E-A|$.

5. 相似矩阵的性质

(1) 若 $A\sim B$，则 $|\lambda E-A|=|\lambda E-B|$，即 A 与 B 具有相同的特征多项式，从而 A 与 B 具有相同的特征值、相同的行列式、相同的迹．

(2) 若 $A\sim \Lambda=\begin{pmatrix}\lambda_1 & & & \\ & \lambda_2 & & \\ & & \ddots & \\ & & & \lambda_n\end{pmatrix}$，则 $\lambda_1,\lambda_2,\cdots,\lambda_n$ 是 A 的 n 个特征值．

(3) 若 $A\sim B$，则 $r(A)=r(B)$，即 A 与 B 具有相同的秩．

(4) 若 $A\sim B$，则 $A^{\mathrm{T}}\sim B^{\mathrm{T}}$，即相似矩阵的转置仍然是相似的．

(5) 若 $A\sim B$，且 A 可逆，则 $A^{-1}\sim B^{-1}$，即可逆的相似矩阵的逆仍然是相似的．

(6) 若 $A\sim B$，则 $f(A)\sim f(B)$，即相似矩阵的多项式仍然是相似的．

【温馨提示】上述(1)、(2)、(3)仅是两矩阵相似的必要条件，而非充分条件，此结论常用来判定两矩阵不相似．

【基本题型 5】有关相似矩阵性质的题目

【例 5-10】(1999 年真题) 设 A,B 为 n 阶矩阵，且 A 与 B 相似，E 为 n 阶单位矩阵，则 【　】．

(A) $\lambda E-A=\lambda E-B$.
(B) A 与 B 有相同的特征值与特征向量．
(C) A 与 B 都相似于一个对角阵．
(D) 对任意常数 t，$tE-A$ 与 $tE-B$ 相似．

【答案】(D).

【分析】利用相似矩阵的性质解题．

【解】若 A 与 B 相似，则 $|\lambda E-A|=|\lambda E-B|$，由此可知 A 与 B 有相同的特征值，但 A 与 B 未必相等，也未必有相同的特征向量，同时也不能确定它们都相似于一个对角阵，因此(A)、(B)、(C)都不对，只剩(D)可选．

对于(A)选项，若 $\lambda E-A=\lambda E-B$，则必有 $A=B$，但相似矩阵未必相等，所以(A)不对．

对于(B)选项和(C)选项,例如 $A=\begin{pmatrix}1&1\\0&1\end{pmatrix}$, $B=\begin{pmatrix}1&0\\1&1\end{pmatrix}$,有 $\begin{pmatrix}0&1\\1&0\end{pmatrix}A\begin{pmatrix}0&1\\1&0\end{pmatrix}^{-1}=B$,即 A 与 B 相似,易知,$\begin{pmatrix}1\\0\end{pmatrix}$ 是矩阵 A 的一个特征向量,但不为矩阵 B 的特征向量,且矩阵 A 不能与对角矩阵相似,故(B)和(C)都不对.

对于(D)选项,因为有可逆矩阵 P,使 $P^{-1}AP=B$,所以 $P^{-1}(A-tE)P=P^{-1}AP-tE=B-tE$,即对于任意常数 t,$A-tE$ 与 $B-tE$ 相似.因此应选(D).

【例 5-11】(1992 年真题)设矩阵 A 与 B 相似,其中

$$A=\begin{pmatrix}-2&0&0\\2&x&2\\3&1&1\end{pmatrix}, B=\begin{pmatrix}-1&0&0\\0&2&0\\0&0&y\end{pmatrix}.$$

(1) 求 x 和 y 的值.

(2) 求可逆矩阵 P,使 $P^{-1}AP=B$.

【解】(1) 由 A 与 B 相似可知,$|\lambda E-A|=|\lambda E-B|$,而

$$|\lambda E-A|=\begin{vmatrix}\lambda+2&0&0\\-2&\lambda-x&-2\\-3&-1&\lambda-1\end{vmatrix}=(\lambda+2)[(\lambda-x)(\lambda-1)-2],$$

$$|\lambda E-B|=\begin{vmatrix}\lambda+1&0&0\\0&\lambda-2&0\\0&0&\lambda-y\end{vmatrix}=(\lambda+1)(\lambda-2)(\lambda-y),$$

所以

$$(\lambda+2)[(\lambda-x)(\lambda-1)-2]=(\lambda+1)(\lambda-2)(\lambda-y).$$

令 $\lambda=-1$,得 $x=0$,令 $\lambda=-2$,得 $y=-2$,因此 $\begin{cases}x=0,\\y=-2.\end{cases}$

(2) 由(1)可知,矩阵 A 的 3 个特征值分别为 $\lambda_1=-1,\lambda_2=2,\lambda_3=-2$. 对 $\lambda_1=-1$,为解方程组 $(\lambda_1 E-A)X=0$,先对 $\lambda_1 E-A$ 施行初等行变换如下:

$$(\lambda_1 E-A)=\begin{pmatrix}1&0&0\\-2&-1&-2\\-3&-1&-2\end{pmatrix}\rightarrow\begin{pmatrix}1&0&0\\0&1&2\\0&0&0\end{pmatrix},$$ 同解方程组为 $\begin{cases}x_1=0\\x_2=-2x_3\\x_3=x_3\end{cases}$,故可取 $\xi_1=(0,-2,1)^T$ 为对应于 $\lambda_1=-1$ 的特征向量. 同理可求出 $\xi_2=(0,1,1)^T$,$\xi_3=(1,0,-1)^T$ 分别为对应于 $\lambda_2=2,\lambda_3=-2$ 的特征向量,于是令 $P=\begin{pmatrix}0&0&1\\-2&1&0\\1&1&-1\end{pmatrix}$,则 P 可逆,且使得 $P^{-1}AP=B$.

6. 矩阵可以对角化的条件

(1) n 阶矩阵 A 可对角化的两个充要条件是:① A 有 n 个线性无关的特征向量;② 对 A 的任一特征值 $\lambda_i,i=1,2,\cdots,n$,均有 $n-n_i=r(\lambda_i E-A)$,其中 n_i 为 λ_i 的重数.

(2) n 阶矩阵 A 可对角化的一个充分条件是 A 有 n 个互不相同的特征值.

【温馨提示】A 有 n 个线性无关的特征向量 $\Leftrightarrow n - n_i = r(\lambda_i E - A)$，其中 n_i 为 λ_i 的重数.

【基本题型 6】有关两方阵相似的判定

【例 5-12】下列矩阵中，与 $M = \begin{pmatrix} 2 & 0 & 0 \\ 0 & 2 & 0 \\ 0 & 0 & -1 \end{pmatrix}$ 相似的矩阵是【　　】.

(A) $A = \begin{pmatrix} -1 & 0 & 0 \\ 0 & 2 & 1 \\ 0 & 0 & 2 \end{pmatrix}$.　　　　(B) $B = \begin{pmatrix} 2 & 1 & 0 \\ 0 & -1 & 1 \\ 0 & 0 & 2 \end{pmatrix}$.

(C) $C = \begin{pmatrix} 2 & 0 & 0 \\ 0 & 2 & 3 \\ 0 & 0 & -1 \end{pmatrix}$.　　　　(D) $D = \begin{pmatrix} 2 & 0 & 0 \\ 3 & -1 & 0 \\ 1 & 0 & -1 \end{pmatrix}$.

【分析】注意到矩阵 M 是个对角矩阵，而 A,B,C,D 这 4 个矩阵为上三角或下三角矩阵，它们的特征值分别为各自的对角线元素. 即矩阵 M,A,B,C 的特征值都是 $2,2,-1$，D 的特征值为 $2,-1,-1$. 由于特征值相同是矩阵相似的必要条件，故应首先排除(D)选项，而矩阵 A,B,C 都有可能与 M 相似，则应看矩阵相似的充分条件.

【解】因为 $\lambda = 2$ 是矩阵 M 及 A,B,C 的二重特征值，A,B,C 能否与 M 相似，取决于该矩阵属于 $\lambda = 2$ 的线性无关的特征向量的个数是否等于重数 2.

对于 A，有

$$2E - A = \begin{pmatrix} 2 & 0 & 0 \\ 0 & 2 & 0 \\ 0 & 0 & 2 \end{pmatrix} - \begin{pmatrix} -1 & 0 & 0 \\ 0 & 2 & 1 \\ 0 & 0 & 2 \end{pmatrix} = \begin{pmatrix} 3 & 0 & 0 \\ 0 & 0 & -1 \\ 0 & 0 & 0 \end{pmatrix},$$

得 $r(2E - A) = 2 \neq 1$，故 A 与 M 不相似.

对于 B，有

$$2E - B = \begin{pmatrix} 2 & 0 & 0 \\ 0 & 2 & 0 \\ 0 & 0 & 2 \end{pmatrix} - \begin{pmatrix} 2 & 1 & 0 \\ 0 & -1 & 1 \\ 0 & 0 & 2 \end{pmatrix} = \begin{pmatrix} 0 & -1 & 0 \\ 0 & 3 & -1 \\ 0 & 0 & 0 \end{pmatrix},$$

得 $r(2E - B) = 2 \neq 1$，故 B 与 M 不相似.

对于 C，有

$$2E - C = \begin{pmatrix} 2 & 0 & 0 \\ 0 & 2 & 0 \\ 0 & 0 & 2 \end{pmatrix} - \begin{pmatrix} 2 & 0 & 0 \\ 0 & 2 & 3 \\ 0 & 0 & -1 \end{pmatrix} = \begin{pmatrix} 0 & 0 & 0 \\ 0 & 0 & -3 \\ 0 & 0 & 3 \end{pmatrix} \rightarrow \begin{pmatrix} 0 & 0 & 0 \\ 0 & 0 & 1 \\ 0 & 0 & 0 \end{pmatrix},$$

得 $r(2E - C) = 1$，故 C 与 M 相似. 应选(C).

7. 矩阵对角化的方法

若一个矩阵 A 可对角化，则必存在可逆矩阵 $P = (p_1, p_2, \cdots, p_n)$，使得 $P^{-1}PA = \Lambda =$

$\begin{pmatrix} \lambda_1 & & \\ & \ddots & \\ & & \lambda_n \end{pmatrix}$ 为对角矩阵,其中 $\lambda_i, i=1,2,\cdots,n$ 为矩阵 A 的 n 个特征值,$p_1,p_2,\cdots,p_n$ 分别为对应于特征值 $\lambda_i, i=1,2,\cdots,n$ 的特征向量.

> 【温馨提示】在构造矩阵对角矩阵 Λ 和正交矩阵 P 时,应特别注意排序的对应性.

【基本题型 7】有关矩阵可对角化的判定

【例 5-13】设 A 是 n 阶下三角阵.(1)在什么条件下 A 可对角化?(2)如果 $a_{11}=a_{22}=\cdots=a_{nn}$,且至少有一个 $a_{i_0 j_0} \neq 0 (i_0 > j_0)$,证明 A 不可对角化.

【解】(1) A 可对角化的充分条件是 A 有 n 个互异的特征值,下面求出 A 的所有特征值.

因为

$$A = \begin{pmatrix} a_{11} & & & 0 \\ & a_{22} & & \\ & & \ddots & \\ & & & \lambda_{nn} \end{pmatrix},$$

所以

$$f_A(\lambda) = |\lambda E - A| = (\lambda - a_{11})(\lambda - a_{22})\cdots(\lambda - a_{nn})$$

令 $f_A(\lambda)=0$,即

$$(\lambda - a_{11})(\lambda - a_{22})\cdots(\lambda - a_{nn}) = 0$$

得 A 的所有特征值 $\lambda_i = a_{ii} (1 \leqslant i \leqslant n)$.

当 $\lambda_i \neq \lambda_j (i \neq j; i,j=1,2,\cdots,n)$ 时,即 $a_{ii} \neq a_{jj}$ 时,A 可对角化.

(2) 用反证法.若 A 可相似对角化,则存在可逆矩阵 P,使 $P^{-1}AP = \mathrm{diag}(\lambda_1,\lambda_2\cdots,\lambda_n)$,其中 $\lambda_i (1 \leqslant i \leqslant n)$ 是 A 的特征值.

由(1)可知 $\lambda_i = a_{ii} = a_{11}$,所以

$$P^{-1}AP = \begin{pmatrix} a_{11} & & & \\ & a_{11} & & \\ & & \ddots & \\ & & & a_{11} \end{pmatrix} = a_{11}E,$$

于是有

$$A = P a_{11} E P^{-1} = a_{11} P P^{-1} = a_{11} E,$$

这与至少有一个 $a_{i_0 j_0} \neq 0 (i_0 > j_0)$ 矛盾,故 A 不可对角化.

【例 5-14】设 $A = \begin{pmatrix} 1 & -1 & 1 \\ x & 4 & y \\ -3 & -3 & 5 \end{pmatrix}$ 且有 3 个线性无关的特征向量,$\lambda=2$ 是 A 的二重特征值,求 x 和 y 的值.

【解】因为 3 阶矩阵有 3 个线性无关的特征向量,故 A 可对角化,从而每个特征值的代数

重数等于其对应的线性无关的特征向量的个数. 已知 $\lambda=2$ 是 A 的二重特征值,故
$$n-n_i=3-2=1=r(2E-A),$$
对 $2E-A$ 进行初等变换:
$$2E-A=\begin{pmatrix} 1 & 1 & -1 \\ -x & -2 & -y \\ 3 & 3 & -3 \end{pmatrix} \rightarrow \begin{pmatrix} 1 & 1 & -1 \\ 0 & x-2 & -x-y \\ 0 & 0 & 0 \end{pmatrix},$$
要使 $r(2E-A)=1$,则 $x-2=0$ 且 $-x-y=0$,即 $x=2,y=-2$.

【例 5-15】设 A 是 3 阶矩阵,特征值分别是 $\lambda_1=1,\lambda_2=2,\lambda_3=-1$,对应的特征向量分别是 $\alpha_1,\alpha_2,\alpha_3$,若 $P=(\alpha_3,3\alpha_2,-\alpha_1)$,则 $P^{-1}AP=$【　　】.

(A) $\begin{pmatrix} -1 & & \\ & 2 & \\ & & 1 \end{pmatrix}$. (B) $\begin{pmatrix} 0 & & \\ & -2 & \\ & & 1 \end{pmatrix}$. (C) $\begin{pmatrix} 1 & & \\ & -2 & \\ & & 0 \end{pmatrix}$. (D) $\begin{pmatrix} 1 & & \\ & 2 & \\ & & -1 \end{pmatrix}$.

【答案】(A).

【解】矩阵 A 具有 3 个相异的特征值 $\lambda_1=1,\lambda_2=2,\lambda_3=-1$,故 A 可相似对角化,由于 $\lambda_1,\lambda_2,\lambda_3$ 对应的特征向量分别为 $\alpha_1,\alpha_2,\alpha_3$,故 $3\alpha_2$ 仍为 λ_2 对应的特征向量,$-\alpha_1$ 仍为 λ_1 对应的特征向量,以这 3 个线性无关的特征向量 $\alpha_3,3\alpha_2,-\alpha_1$ 为列组成的可逆矩阵 P 对 A 进行相似对角化时,要注意对角阵中元素的次序要与 P 矩阵中对应的特征向量所在的列的次序相一致,故 $P=(\alpha_3,3\alpha_2,-\alpha_1)$ 时,有
$$P^{-1}AP=\begin{pmatrix} \lambda_1 & & \\ & \lambda_2 & \\ & & \lambda_3 \end{pmatrix}=\begin{pmatrix} -1 & & \\ & 2 & \\ & & 1 \end{pmatrix}.$$
故应选(A).

【例 5-16】设 A 是 3 阶矩阵,特征值分别是 $\lambda_1=1,\lambda_2=2,\lambda_3=-3$,对应的特征向量分别是 $\alpha_1,\alpha_2,\alpha_3$,若 $P=(\alpha_3,3\alpha_2,-\alpha_1)$,则 $P^{-1}(A^*+4E)P=$ _____ .

【解】已知 $|A|=\lambda_1\lambda_2\lambda_3=-6$,所以 A^*+3E 的 3 个特征值分别为 $\mu_1=\dfrac{|A|}{\lambda_1}+4=-2$,$\mu_2=\dfrac{|A|}{\lambda_2}+4=1,\mu_3=\dfrac{|A|}{\lambda_3}+4=6$,对应的特征向量分别为 $\alpha_1,\alpha_2,\alpha_3$. 与上题进行类似的分析,立即得到 $P^{-1}(A^*+4E)P=\begin{pmatrix} 6 & & \\ & 1 & \\ & & -2 \end{pmatrix}$.

【例 5-17】设 A 是 3 阶不可逆矩阵,α,β 是线性无关的两个三维列向量,且满足 $A\alpha=\beta$,$A\beta=\alpha$,则【　　】.

(A) A 能对角化且 $A\sim\begin{pmatrix} 0 & 0 & 0 \\ 0 & 1 & 0 \\ 0 & 0 & 1 \end{pmatrix}$.　　(B) A 能对角化且 $A\sim\begin{pmatrix} 0 & 0 & 0 \\ 0 & 1 & 0 \\ 0 & 0 & -1 \end{pmatrix}$.

(C) A 不能对角化. (D) 不能确定 A 能否对角化.

【答案】(B).

【解】由 A 不可逆得,$|A|=0$,从而 A 有零特征值. 又由 $A\alpha=\beta$ 和 $A\beta=\alpha$ 可得
$$A(\alpha+\beta)=A\alpha+A\beta=\beta+\alpha=1\cdot(\alpha+\beta),$$

和
$$A(\alpha-\beta)=A\alpha-A\beta=\beta-\alpha=-1\cdot(\alpha-\beta).$$

又因为 $(\alpha+\beta,\alpha-\beta)=(\alpha,\beta)\begin{pmatrix}1&1\\1&-1\end{pmatrix}$，并且 $\begin{vmatrix}1&1\\1&-1\end{vmatrix}=-2\neq0$，因此当 α 和 β 线性无关时，必有 $\alpha+\beta$ 和 $\alpha-\beta$ 也线性无关，于是可知 $\alpha+\beta\neq0$ 且 $\alpha-\beta\neq0$. 故 A 有特征值 1 和 -1，对应的特征向量分别为 $\alpha+\beta$ 和 $\alpha-\beta$.

因为 A 的 3 个特征值互不相同，因此必可对角化，并且 $A\sim\begin{pmatrix}0&0&0\\0&1&0\\0&0&-1\end{pmatrix}$.

【基本题型 8】已知矩阵的特征值和特征向量，反求矩阵

【例 5-18】设 3 阶矩阵 A 的特征值为 $1,1,-2$，对应特征向量依次为 $\alpha_1=\begin{pmatrix}0\\1\\0\end{pmatrix}$，$\alpha_2=\begin{pmatrix}1\\0\\1\end{pmatrix}$，$\alpha_3=\begin{pmatrix}1\\0\\-1\end{pmatrix}$.（1）求矩阵 A；（2）求 A^{2011}.

【解】（1）令 $P=(\alpha_1,\alpha_2,\alpha_3)$，因为 $|P|\neq0$，所以 $\alpha_1,\alpha_2,\alpha_3$ 线性无关，于是矩阵 A 必可对角化，故存在可逆矩阵 P 使得

$$P^{-1}AP=\Lambda=\begin{pmatrix}1&0&0\\0&1&0\\0&0&-2\end{pmatrix},\text{即 }A=P\Lambda P^{-1}.$$

利用初等行变换求 P^{-1}，有

$$(P\vdots E)=\begin{pmatrix}0&1&1&\vdots&1&0&0\\1&0&0&\vdots&0&1&0\\0&1&-1&\vdots&0&0&1\end{pmatrix}\to\begin{pmatrix}1&0&0&\vdots&0&1&0\\0&1&1&\vdots&1&0&0\\0&1&-1&\vdots&0&0&1\end{pmatrix}$$

$$\to\begin{pmatrix}0&0&0&\vdots&0&1&0\\1&1&1&\vdots&1&0&0\\0&0&-2&\vdots&-1&0&1\end{pmatrix}\to\begin{pmatrix}1&0&0&\vdots&1&1&0\\0&1&0&\vdots&\frac{1}{2}&0&\frac{1}{2}\\0&0&1&\vdots&\frac{1}{2}&0&\frac{1}{2}\end{pmatrix},$$

即 $P^{-1}=\begin{pmatrix}0&1&0\\\frac{1}{2}&0&\frac{1}{2}\\\frac{1}{2}&0&-\frac{1}{2}\end{pmatrix}$，$A=P\Lambda P^{-1}=\begin{pmatrix}-\frac{1}{2}&0&\frac{3}{2}\\0&1&0\\\frac{3}{2}&0&-\frac{1}{2}\end{pmatrix}$.

（2）$A^{2011}=P\Lambda^{2011}P^{-1}=\begin{pmatrix}0&1&1\\1&0&0\\0&1&-1\end{pmatrix}\begin{pmatrix}1&0&0\\0&1&0\\0&0&-2^{2011}\end{pmatrix}\begin{pmatrix}0&1&0\\\frac{1}{2}&0&\frac{1}{2}\\\frac{1}{2}&0&-\frac{1}{2}\end{pmatrix}$

$$= \begin{pmatrix} \frac{1}{2}-2^{2010} & 0 & \frac{1}{2}+2^{2010} \\ 0 & 1 & 0 \\ \frac{1}{2}+2^{2010} & 0 & \frac{1}{2}-2^{2010} \end{pmatrix}.$$

考试大纲叙述为:理解实对称矩阵的特征值和特征向量的性质;对数一是掌握实对称矩阵的特征值和特征向量的性质.

8. n 阶实对称矩阵 A 的主要结论

(1) $A=A^T$ 或 $a_{ij}=a_{ji}$, $i,j=1,2,\cdots,n$.

(2) 特征值均为实数,相应的特征向量为实向量.

(3) 属于不同特征值的特征向量是正交的.

(4) 对于实对称矩阵 A 的任一 k 重特征值 λ,必有 $r(\lambda E-A)=n-k$,即对应于特征值 λ 有 k 个线性无关的特征向量.

(5) 实对称矩阵必可对角化,且能与对角矩阵正交相似,即存在正交矩阵 Q,使得 $Q^TAQ=Q^{-1}AQ=\Lambda=\begin{pmatrix} \lambda_1 & & \\ & \ddots & \\ & & \lambda_n \end{pmatrix}$ 为对角矩阵,其中 λ_i, $i=1,2,\cdots,n$ 为矩阵 A 的 n 个特征值.

【温馨提示】 上述(3)经常用来根据一部分特征向量求另一部分特征向量.

【基本题型 9】 有关实对称矩阵的性质

【例 5-19】 设 A 为 n 阶实对称矩阵,证明 $r(A)=r(A^2)$.

【证明】 由于 A 为实对称矩阵,故存在正交矩阵 P,使得 $P^{-1}AP=\Lambda$,其中 Λ 为对角矩阵,其主对角线上的元素恰为 A 的 n 个特征值,显然有 $r(A)=r(\Lambda)$,于是 $A=P\Lambda P^{-1}$, $A^2=(P\Lambda P^{-1})(P\Lambda P^{-1})=P\Lambda^2 P^{-1}$,从而 A^2 与 Λ^2 相似,且 $r(A^2)=r(\Lambda^2)$.

又 Λ^2 仍为对角矩阵,且主对角上与 Λ 有相同个数的非零元素,所以 $r(\Lambda^2)=r(\Lambda)$,故 $r(A)=r(A^2)$.

【例 5-20】 (1997年真题)设 3 阶实对称矩阵 A 的特征值是 1,2,3;矩阵 A 的属于特征值 1,2 的特征向量分别是 $\alpha_1=(-1,-1,1)^T$, $\alpha_2=(1,-2,-1)^T$.

(1) 求 A 的属于特征值 3 的特征向量.

(2) 求矩阵 A.

【分析】 先利用实对称矩阵不同的特征值对应的特征向量是正交的可求出属于特征值 3 的特征向量,至于已知 A 的所有特征值、特征向量,欲求 A,可以考虑两种方法:求可逆矩阵 P 的方法, $A=P\Lambda P^{-1}$;求正交矩阵 Q 的方法, $A=Q\Lambda Q^T$.

【解】 (1) 设 A 的属于特征值 3 的特征向量为 $\alpha_3=(x_1,x_2,x_3)^T$,因为对于实对称矩阵,属于不同特征值的特征向量是彼此正交的,所以

$$\begin{cases} \alpha_1^T\alpha_3=0, \\ \alpha_2^T\alpha_3=0. \end{cases}$$

即 $\alpha_1,\alpha_2,\alpha_3$ 是齐次线性方程组

$$\begin{cases}-x_1-x_2+x_3=0\\x_1-2x_2-x_3=0\end{cases}$$

的非零解，因为

$$\begin{pmatrix}-1&-1&1\\1&-2&-1\end{pmatrix}\to\begin{pmatrix}1&1&-1\\0&-3&0\end{pmatrix}\to\begin{pmatrix}1&0&-1\\0&1&0\end{pmatrix},$$

得同解方程组为

$$\begin{cases}x_1=x_3,\\x_2=0,\\x_3=x_3.\end{cases}$$

即$\begin{pmatrix}x_1\\x_2\\x_3\end{pmatrix}=\begin{pmatrix}1\\0\\1\end{pmatrix}k$，其中 k 为不等于零的任意常数，因此 A 的属于特征值 3 的特征向量为 $\alpha_3=\begin{pmatrix}1\\0\\1\end{pmatrix}k$，其中 k 为不等于零的任意常数．

(2) 方法 1：令 $P=(\alpha_1,\alpha_2,\alpha_3)=\begin{pmatrix}-1&1&1\\-1&-2&0\\1&-1&1\end{pmatrix}$，则有 $P^{-1}AP=\begin{pmatrix}1&0&0\\0&2&0\\0&0&3\end{pmatrix}$，即

$$A=P\begin{pmatrix}1&0&0\\0&2&0\\0&0&3\end{pmatrix}P^{-1},$$

而

$$P^{-1}\begin{pmatrix}-\frac{1}{3}&-\frac{1}{3}&\frac{1}{3}\\\frac{1}{6}&-\frac{1}{3}&-\frac{1}{6}\\\frac{1}{2}&0&\frac{1}{2}\end{pmatrix},$$

故

$$A=P\begin{pmatrix}1&0&0\\0&2&0\\0&0&3\end{pmatrix}P^{-1}=\frac{1}{6}\begin{pmatrix}13&-2&5\\-2&10&2\\5&2&13\end{pmatrix}.$$

方法 2：注意到$\langle\alpha_1,\alpha_2\rangle=0$，因此 α_1,α_2 是正交的，进而 $\alpha_1,\alpha_2,\alpha_3$ 是正交的向量组，只需将它们单位化，取

$$\beta_1=\frac{\alpha_1}{\|\alpha_1\|}=\begin{pmatrix}-\frac{1}{\sqrt{3}}\\-\frac{1}{\sqrt{3}}\\\frac{1}{\sqrt{3}}\end{pmatrix},\beta_2=\frac{\alpha_2}{\|\alpha_2\|}=\begin{pmatrix}\frac{1}{\sqrt{6}}\\-\frac{2}{\sqrt{6}}\\-\frac{1}{\sqrt{6}}\end{pmatrix},\beta_3=\frac{\alpha_2}{\|\alpha_2\|}=\begin{pmatrix}\frac{1}{\sqrt{2}}\\0\\\frac{1}{\sqrt{2}}\end{pmatrix},$$

并令 $Q=(\beta_1,\beta_2,\beta_3)=\begin{pmatrix} -\frac{1}{\sqrt{3}} & \frac{1}{\sqrt{6}} & \frac{1}{\sqrt{2}} \\ -\frac{1}{\sqrt{3}} & -\frac{2}{\sqrt{6}} & 0 \\ \frac{1}{\sqrt{3}} & -\frac{1}{\sqrt{6}} & \frac{1}{\sqrt{2}} \end{pmatrix}$，则 Q 是正交矩阵，使得

$$Q^{-1}AQ=\begin{pmatrix} 1 & 0 & 0 \\ 0 & 2 & 0 \\ 0 & 0 & 3 \end{pmatrix},$$

于是有

$$A=Q\begin{pmatrix} 1 & 0 & 0 \\ 0 & 2 & 0 \\ 0 & 0 & 3 \end{pmatrix}Q^{T}=\begin{pmatrix} -\frac{1}{\sqrt{3}} & \frac{1}{\sqrt{6}} & \frac{1}{\sqrt{2}} \\ -\frac{1}{\sqrt{3}} & -\frac{2}{\sqrt{6}} & 0 \\ \frac{1}{\sqrt{3}} & -\frac{1}{\sqrt{6}} & \frac{1}{\sqrt{2}} \end{pmatrix}\begin{pmatrix} 1 & 0 & 0 \\ 0 & 2 & 0 \\ 0 & 0 & 3 \end{pmatrix}\begin{pmatrix} -\frac{1}{\sqrt{3}} & -\frac{1}{\sqrt{3}} & \frac{1}{\sqrt{3}} \\ \frac{1}{\sqrt{6}} & -\frac{2}{\sqrt{6}} & -\frac{1}{\sqrt{6}} \\ \frac{1}{\sqrt{2}} & 0 & \frac{1}{\sqrt{2}} \end{pmatrix}$$

$$=\frac{1}{6}\begin{pmatrix} 13 & -2 & 5 \\ -2 & 10 & 2 \\ 5 & 2 & 13 \end{pmatrix}.$$

9. 用正交相似变换化实对称矩阵 A 为对角矩阵的方法步骤

(1) 求出特征值和对应的特征向量．

(2) 特征向量的正交化：如果 λ_i 是 A 的 k 重特征值，在求出与 λ_i 对应的 k 个线性无关的特征向量 $p_{i1},p_{i2},\cdots,p_{ik}$ 后，先检查 $p_{i1},p_{i2},\cdots,p_{ik}$ 是否两两正交，如果不是两两正交，应利用施密特方法将向量组正交化．

(3) 将得到的所有特征向量都单位化．

(4) 构造对角矩阵和正交矩阵：将所求的 n 个特征值作为对角线元素排成一个对角矩阵 Λ，将这些正交规范化的特征向量作为列向量构成矩阵 Q，Q 即为正交矩阵．

(5) 写出结论：$Q^{T}AQ=\Lambda$．

【温馨提示】在构造矩阵对角矩阵 Λ 和正交矩阵 Q 时，应特别注意排序的对应性．

【基本题型 10】求正交矩阵 Q，将实对称矩阵化为对角阵

【例 5-21】设 $A=\begin{pmatrix} 1 & 1 & a \\ 1 & a & 1 \\ a & 1 & 1 \end{pmatrix}$，$\beta=\begin{pmatrix} 1 \\ 1 \\ -2 \end{pmatrix}$，方程组 $AX=\beta$ 有解但不唯一，试求正交矩阵 Q 使 $Q^{T}AQ$ 为对角矩阵．

【分析】解此题应分为两步：首先根据方程组 $AX=\beta$ 有解但不唯一这个条件确定参数 a 的值，此时需讨论的线性方程组 $AX=\beta$ 的系数矩阵是一个含参数 a 的 3 阶方阵，为了从"有解而不唯一"确定 a 的值，可以从系数行列式着手，也可以对增广矩阵施行初等变换；其次，当求

出 a 的值后,再按照用正交相似变换化实对称矩阵 A 为对角矩阵的方法步骤求出 Q.

【解】因为线性方程组有解但不唯一,所以系数矩阵

$$|A|=\begin{vmatrix}1&1&a\\1&a&1\\a&1&1\end{vmatrix}=(2+a)(a-1)^2=0.$$

当 $a=1$ 时,因为

$$(A\ \vdots\ \beta)=\begin{pmatrix}1&1&1&\vdots&1\\1&1&1&\vdots&1\\1&1&1&\vdots&-2\end{pmatrix}\rightarrow\begin{pmatrix}1&1&1&\vdots&1\\0&0&0&\vdots&1\\0&0&0&\vdots&0\end{pmatrix},$$

所以 $r(A\ \vdots\ \beta)=2\neq 1=r(A)$,此时方程组无解,与题设矛盾,所以 $a\neq 1$.

当 $a=-2$ 时,因为

$$(A\ \vdots\ \beta)=\begin{pmatrix}1&1&-2&\vdots&1\\1&-2&1&\vdots&1\\-2&1&1&\vdots&-2\end{pmatrix}\rightarrow\begin{pmatrix}1&1&-2&\vdots&1\\0&-3&3&\vdots&0\\0&3&-3&\vdots&0\end{pmatrix}\rightarrow\begin{pmatrix}1&1&-2&\vdots&1\\0&1&1&\vdots&0\\0&0&0&\vdots&0\end{pmatrix},$$

所以 $r(A\ \vdots\ \beta)=r(A)=2<3$,此时方程组有解但不唯一,所以 $a=-2$,此时

$$A=\begin{pmatrix}1&1&-2\\1&-2&1\\-2&1&1\end{pmatrix}.$$

先求 A 的特征值,由 A 的特征方程 $|\lambda E-A|=\lambda(\lambda-3)(\lambda+3)=0$,得 A 的 3 个特征值为

$$\lambda_1=3,\lambda_2=-3,\lambda_3=0.$$

再求 A 的特征向量,对 $\lambda_1=3$,求解线性方程组 $(3E-A)X=0$ 的一个基础解系为 $\alpha_1=(1,0,-1)^T$,对 $\lambda_2=-3$,求解线性方程组 $(-3E-A)X=0$ 的一个基础解系为 $\alpha_2=(1,-2,1)^T$,对 $\lambda_3=0$,求解线性方程组 $(0\cdot E-A)X=0$ 的一个基础解系为 $\alpha_3=(1,1,1)^T$.

因为 3 个特征值 $\lambda_1,\lambda_2,\lambda_3$ 两两互异,所以它们对应的特征向量 $\alpha_1,\alpha_2,\alpha_3$ 必是正交的,只需要将它们单位化即可. 将 $\alpha_1,\alpha_2,\alpha_3$ 单位化,得

$$\beta_1=\left(\frac{1}{\sqrt{2}},0,-\frac{1}{\sqrt{2}}\right)^T,\beta_2=\left(\frac{1}{\sqrt{6}},\frac{1}{\sqrt{2}},\frac{1}{\sqrt{6}}\right)^T,\beta_3=\left(\frac{1}{\sqrt{3}},\frac{1}{\sqrt{3}},\frac{1}{\sqrt{3}}\right)^T,$$

令

$$Q=\begin{pmatrix}\frac{1}{\sqrt{2}}&\frac{1}{\sqrt{6}}&\frac{1}{\sqrt{3}}\\0&-\frac{1}{\sqrt{6}}&\frac{1}{\sqrt{3}}\\-\frac{1}{\sqrt{2}}&\frac{1}{\sqrt{6}}&\frac{1}{\sqrt{3}}\end{pmatrix},$$

则

$$Q^TAQ=\begin{pmatrix}3&&\\&-3&\\&&0\end{pmatrix}.$$

【基本题型 11】有关特征值、特征向量的性质及其应用

当 n 阶方阵 A 可相似对角化时,计算其高次幂 A^k 有简单的方法.

事实上,若有 $A = P\Lambda P^{-1}$,则

$$\begin{aligned} A^k &= (P\Lambda P^{-1})(P\Lambda P^{-1})\cdots(P\Lambda P^{-1}) \\ &= P\Lambda(P^{-1}P)\Lambda\cdots(P^{-1}P)\Lambda P^{-1} \\ &= P\Lambda^k P^{-1} \end{aligned}$$

对于对角阵 $\Lambda = \mathrm{diag}(\lambda_1, \lambda_2, \cdots, \lambda_n)$,有 $\Lambda^k = \mathrm{diag}(\lambda_1^k, \lambda_2^k, \cdots, \lambda_n^k)$,故

$$A^k = P\mathrm{diag}(\lambda_1^k, \lambda_2^k, \cdots, \lambda_n^k)P^{-1}.$$

【例 5-22】已知 A 为 n 阶实对称矩阵,且其特征值只能为 1 和 -1,则 $A^2 = \underline{\qquad}$.

【答案】E.

【解】$A^2 = P\mathrm{diag}(\lambda_1^2, \lambda_2^2, \cdots, \lambda_n^2)P^{-1} = P\mathrm{diag}(1, 1, \cdots, 1)P^{-1} = PEP^{-1} = E$.

【例 5-23】已知 $A = \begin{pmatrix} \frac{1}{2} & -2 & 3 \\ 0 & \frac{1}{3} & 1 \\ 0 & 0 & \frac{1}{4} \end{pmatrix}$,求 $\lim\limits_{n\to+\infty} A^n$.

【解】显然 A 的特征值为 $\frac{1}{2}, \frac{1}{3}, \frac{1}{4}$,且它们互不相同,故 A 与对角矩阵相似,即存在可逆矩阵 P,使得

$$P^{-1}AP = \begin{pmatrix} \frac{1}{2} & & \\ & \frac{1}{3} & \\ & & \frac{1}{4} \end{pmatrix},$$

因而

$$A = P\begin{pmatrix} \frac{1}{2} & & \\ & \frac{1}{3} & \\ & & \frac{1}{4} \end{pmatrix}P^{-1},$$

于是有

$$A^n = P\begin{pmatrix} \left(\frac{1}{2}\right)^n & & \\ & \left(\frac{1}{3}\right)^n & \\ & & \left(\frac{1}{4}\right)^n \end{pmatrix}P^{-1}.$$

由于 $\lim\limits_{n\to+\infty}\left(\dfrac{1}{2}\right)^n=0, \lim\limits_{n\to+\infty}\left(\dfrac{1}{3}\right)^n=0, \lim\limits_{n\to+\infty}\left(\dfrac{1}{4}\right)^n=0,$ 故 $\lim\limits_{n\to+\infty}A^n=0.$

【例 5-24】(2004 年真题)设矩阵 $A=\begin{pmatrix} 0 & -1 & 0 \\ 1 & 0 & 0 \\ 0 & 0 & -1 \end{pmatrix}, B=P^{-1}AP$, 其中 P 为可逆矩阵, 则 $B^{2004}-2A^2=$ _____.

【分析】将 B 的幂次转化为 A 的幂次, 并注意到 A^2 为对角矩阵即可得答案.

【解】因为
$$A^2=\begin{pmatrix} -1 & 0 & 0 \\ 0 & -1 & 0 \\ 0 & 0 & 1 \end{pmatrix},$$

所以 $A^4=E$, 于是
$$B^{2004}=P^{-1}(A^2)^{1002}P=P^{-1}EP=E,$$

故
$$B^{2004}-2A^2=\begin{pmatrix} 3 & 0 & 0 \\ 0 & 3 & 0 \\ 0 & 0 & -1 \end{pmatrix}.$$

【例 5-25】(1992 年真题)已知 3 阶矩阵 A 的特征值为 $\lambda_1=1, \lambda_2=2, \lambda_3=3$, 对应的特征向量依次为 $\xi_1=(1,1,1)^T, \xi_2=(1,2,4)^T, \xi_3=(1,3,9)^T$, 又向量 $\beta=2\xi_1-2\xi_2+\xi_3$. 求 $A^n\beta$ (n 为自然数).

【分析】思路 1: 利用 $\beta=k_1\xi_1+k_2\xi_2+k_3\xi_3$ 和特征值、特征向量的性质 $A^n\xi_i=\lambda_i^n\xi_i$ ($i=1,2,3$), 可得 $A^n\beta=A^n(2\xi_1-2\xi_2+\xi_3)=2\lambda_1^n\xi_1-2\lambda_2^n\xi_2+\lambda_3^n\xi_3$, 从而将求 $A^n\beta$ 问题转化. 思路 2: 3 阶矩阵 A 的特征值互异 $\Rightarrow P^{-1}AP=\begin{pmatrix} 1 & & \\ & 2 & \\ & & 3 \end{pmatrix}$, 其中 $P=(\xi_1,\xi_2,\xi_3) \rightarrow$ 求 A^n.

【解法 1】由于 $A\xi_i=\lambda_i\xi_i$, 故 $A^n\xi_i=\lambda_i^n\xi_i$ ($i=1,2,3$), 于是有
$$A^n\beta=A^n(2\xi_1-2\xi_2+\xi_3)=2A^n\xi_1-2A^n\xi_2+A^n\xi_3$$
$$=2\lambda_1^n\xi_1-2\lambda_2^n\xi_2+\lambda_3^n\xi_3=2\xi_1-2^{n+1}\xi_2+3^n\xi_3=\begin{pmatrix} 2-2^{n+1}+3^n \\ 2-2^{n+2}+3^{n+1} \\ 2-2^{n+3}+3^{n+2} \end{pmatrix}.$$

【解法 2】记 $P=(\xi_1,\xi_2,\xi_3)$, 则有
$$P^{-1}AP=\begin{pmatrix} 1 & & \\ & 2 & \\ & & 3 \end{pmatrix} \text{或} A=P\begin{pmatrix} 1 & & \\ & 2 & \\ & & 3 \end{pmatrix}P^{-1},$$

于是有
$$A^n\beta=P\begin{pmatrix} 1 & & \\ & 2 & \\ & & 3 \end{pmatrix}P^{-1}\beta=\begin{pmatrix} 1 & 1 & 1 \\ 1 & 2 & 3 \\ 1 & 4 & 9 \end{pmatrix}\begin{pmatrix} 1 & & \\ & 2^n & \\ & & 3^n \end{pmatrix}\begin{pmatrix} 3 & -\dfrac{5}{2} & \dfrac{1}{2} \\ -3 & 4 & -1 \\ 1 & -\dfrac{3}{2} & \dfrac{1}{2} \end{pmatrix}\begin{pmatrix} 1 \\ 1 \\ 3 \end{pmatrix}$$

$$= \begin{pmatrix} 2-2^{n+1}+3^n \\ 2-2^{n+2}+3^{n+1} \\ 2-2^{n+3}+3^{n+2} \end{pmatrix}.$$

问题自答

【问题1】矩阵的特征值和特征向量是如何定义的？

【答】

【问题2】特征值和特征向量有哪些基本性质？

【答】

【问题3】求矩阵特征值的方法有哪些？

【答】

【问题4】两矩阵相似是如何定义的？

【答】

【问题5】两相似矩阵有哪些性质？这些性质是两矩阵相似的必要条件还是充分条件？

【答】

【问题6】一个矩阵可对角化就是该矩阵与一个对角矩阵相似吗？

【答】

【问题7】如何判定一个矩阵可以对角化？

【答】

【问题8】如果一个矩阵 A 有 n 个线性无关的特征向量，则对于任一特征值 $\lambda_i, i=1,2,\cdots,n$，均有 $n-k_i=r(\lambda_i E-A)$（其中 k_i 为 λ_i 的重数）成立吗？

【答】

【问题9】实对称矩阵有哪些主要性质？

【答】

【问题10】对于实对称矩阵 A 的任一特征值 $\lambda_i, i=1,2,\cdots,n$，均有 $n-k_i=r(\lambda_i E-A)$（其中 k_i 为 λ_i 的重数）成立吗？

【答】

【问题11】矩阵的不同的特征值对应的特征向量一定是线性无关的吗？实对称矩阵不同的特征值对应的特征向量一定既是线性无关的，又是正交的吗？

【答】

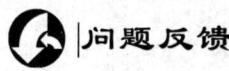 问题反馈

在学习本章的过程中，你有哪些体会和建议，请发送到 Email：mathcui@163.com。

第六章 二次型

 复习导学

1. 二次型的概念

(1) 二次型的定义:含有 n 个变量 $x_1,x_2,\cdots,x_n$ 的二次齐次函数 $f(x_1,x_2,\cdots,x_n)=a_{11}x_1^2+a_{22}x_2^2+\cdots+a_{nn}x_n^2+2a_{12}x_1x_2+2a_{13}x_1x_3+\cdots+2a_{n-1,n}x_{n-1}x_n$ 称为二次型.

(2) 二次型的和号表示:$f(x_1,x_2,\cdots,x_n)=\sum\limits_{i,j=1}^{n}a_{ij}x_ix_j$,其中 $a_{ij}=a_{ji},i,j=1,2,\cdots,n.$

(3) 二次型的矩阵表示:$f(x_1,x_2,\cdots,x_n)=X^{\mathrm{T}}AX$,其中

$$A=\begin{pmatrix} a_{11} & a_{12} & \cdots & a_{1n} \\ a_{21} & a_{22} & \cdots & a_{2n} \\ \vdots & \vdots & \cdots & \vdots \\ a_{n1} & a_{n2} & \cdots & a_{nn} \end{pmatrix}$$ 为对称矩阵,$X=\begin{pmatrix} x_1 \\ x_2 \\ \vdots \\ x_n \end{pmatrix}.$

(4) 二次型的矩阵:二次型与对称矩阵之间存在一一对应的关系. 在 $f=X^{\mathrm{T}}AX$ 中,对称矩阵 A 称为二次型 f 的矩阵,f 称为矩阵 A 的二次型.

(5) 二次型的秩:二次型的矩阵 A 的秩,称为二次型的秩.

考试大纲要求:了解(掌握)二次型的概念,会用矩阵形式表示二次型,了解合同变换与合同矩阵的概念.

【基本题型 1】写出二次型的矩阵

【例 6-1】写出二次型 $f=x_1^2+2x_2^2-3x_3^2+4x_1x_2+6x_2x_3$ 的矩阵.

【解】因为

$$a_{11}=1,a_{22}=2,a_{33}=-3,a_{12}=a_{21}=4/2=2,a_{13}=a_{31}=0,a_{23}=a_{32}=-6/2=-3.$$

所以二次型 f 的矩阵为

$$A=\begin{pmatrix} 1 & 2 & 0 \\ 2 & 2 & -3 \\ 0 & -3 & -3 \end{pmatrix}.$$

【例 6-2】写出二次型 $f(x_1,x_2,\cdots,x_n)=\left(\sum\limits_{j=1}^{n}a_{1j}x_j\right)^2+\left(\sum\limits_{j=1}^{n}a_{2j}x_j\right)^2+\cdots+\left(\sum\limits_{j=1}^{n}a_{nj}x_j\right)^2$ 的矩阵.

【解】因为

$$f(x_1,x_2,\cdots,x_n) = \left(\sum_{j=1}^n a_{1j}x_j \quad \sum_{j=1}^n a_{2j}x_j \quad \cdots \quad \sum_{j=1}^n a_{nj}x_j\right) \begin{pmatrix} \sum_{j=1}^n a_{1j}x_j \\ \sum_{j=1}^n a_{2j}x_j \\ \vdots \\ \sum_{j=1}^n a_{nj}x_j \end{pmatrix}$$

$$= (x_1 \quad x_2 \quad \cdots \quad x_n)\begin{pmatrix} a_{11} & a_{21} & \cdots & a_{n1} \\ a_{12} & a_{22} & \cdots & a_{n2} \\ \vdots & \vdots & & \vdots \\ a_{1n} & a_{2n} & \cdots & a_{m} \end{pmatrix}\begin{pmatrix} a_{11} & a_{12} & \cdots & a_{1n} \\ a_{21} & a_{22} & \cdots & a_{2n} \\ \vdots & \vdots & & \vdots \\ a_{n1} & a_{n2} & \cdots & a_{m} \end{pmatrix}\begin{pmatrix} x_1 \\ x_2 \\ \vdots \\ x_n \end{pmatrix}.$$

若记 $\begin{pmatrix} a_{11} & a_{12} & \cdots & a_{1n} \\ a_{21} & a_{22} & \cdots & a_{2n} \\ \vdots & \vdots & & \vdots \\ a_{n1} & a_{n2} & \cdots & a_{m} \end{pmatrix} = A$, $\begin{pmatrix} x_1 \\ x_2 \\ \vdots \\ x_n \end{pmatrix} = X$. 则 $f(x_1,x_2,\cdots,x_n) = X^{\mathrm{T}}A^{\mathrm{T}}AX$, 故此题二次型对应的矩阵为 $A^{\mathrm{T}}A$.

【基本题型 2】已知二次型的秩，反求其参数

【例 6-3】 已知二次型 $f(x_1,x_2,x_3) = (1-a)x_1^2 + (1-a)x_2^2 + 2x_3^2 + 2(1+a)x_1x_2$ 的秩为 2, 求 a 的值.

【解法 1】 二次型对应矩阵为 $A = \begin{pmatrix} 1-a & 1+a & 0 \\ 1+a & 1-a & 0 \\ 0 & 0 & 2 \end{pmatrix}$. 对 A 施行初等行变换, 得

$$A = \begin{pmatrix} 1-a & 1+a & 0 \\ 1+a & 1-a & 0 \\ 0 & 0 & 2 \end{pmatrix} \xrightarrow[\frac{1}{2}r_3]{r_1+r_2} \begin{pmatrix} 2 & 2 & 0 \\ 1+a & 1-a & 0 \\ 0 & 0 & 1 \end{pmatrix} \xrightarrow{r_2+\left(-\frac{1+a}{2}\right)r_1} \begin{pmatrix} 2 & 2 & 0 \\ 0 & -2a & 0 \\ 0 & 0 & 1 \end{pmatrix}$$

因为 $r(A) = 2$, 所以必有 $-2a = 0$, 故得 $a = 0$.

【解法 2】 二次型对应矩阵为 $A = \begin{pmatrix} 1-a & 1+a & 0 \\ 1+a & 1-a & 0 \\ 0 & 0 & 2 \end{pmatrix}$. 由二次型的秩为 2, 知 $r(A) = 2$.

$|A| = \begin{vmatrix} 1-a & 1+a & 0 \\ 1+a & 1-a & 0 \\ 0 & 0 & 2 \end{vmatrix} = -4a = 0$, 故得 $a = 0$.

此时, $A = \begin{pmatrix} 1 & 1 & 0 \\ 1 & 1 & 0 \\ 0 & 0 & 2 \end{pmatrix} \to \begin{pmatrix} 1 & 1 & 0 \\ 0 & 0 & 2 \\ 0 & 0 & 0 \end{pmatrix}$, 确实有 $r(A) = 2$. 因此, $a = 0$.

> 【温馨提示】若 $r(A)=2$，则必有 $|A|=0$，但反之不真．因此按解法 2 计算得到的 a 的值，需要再验证进行取舍．

2. 线性变换

(1) 定义：线性变换 $\begin{cases} x_1 = c_{11}y_1 + c_{12}y_2 + \cdots + c_{1n}y_n \\ x_2 = c_{21}y_1 + c_{22}y_2 + \cdots + c_{2n}y_n \\ \vdots \\ x_n = c_{n1}y_1 + c_{n2}y_2 + \cdots + c_{nn}y_n \end{cases}$ 或其矩阵形式 $X = CY$．

① 当矩阵 C 是可逆矩阵时，则称为非退化的线性变换（或可逆的线性变换）．
② 当矩阵 C 是合同矩阵时，则称为合同线性变换．
③ 当矩阵 C 是正交矩阵时，则称为正交线性变换．

(2) 性质．
① 一个二次型 $f = X^T A X$，经过可逆线性变换 $X = CY$ 之后，仍然是一个二次型 $f = (CY)^T A(CY) = Y^T(C^T A C)Y$，新的二次型的矩阵为 $C^T A C$．
② 一个二次型经可逆线性变换后它的秩不变．

3. 矩阵的合同

(1) 定义：设 A 与 B 是 n 阶矩阵，若存在可逆矩阵 C，使得 $B = C^T A C$，则称矩阵 A 合同于 B．记为 $A \simeq B$．

(2) 合同的等价关系．
① 反身性：任意矩阵 A 与自身 A 是合同的．
② 对称性：若 A 与 B 合同，则 B 与 A 也合同．
③ 传递性：若 A 与 B 相似，B 与 C 合同，则 A 与 C 合同．

(3) 性质：若 $A \simeq B$，则 $r(A) = r(B)$；两者同时为正定矩阵．

(4) 双重性：任意 n 阶实对称矩阵 A 与对角矩阵 Λ 既合同又相似，

$$\Lambda = \begin{pmatrix} \lambda_1 & & & \\ & \lambda_2 & & \\ & & \ddots & \\ & & & \lambda_n \end{pmatrix},$$

其中 $\lambda_1, \lambda_2, \cdots, \lambda_n$ 为矩阵 A 的 n 个特征值．因此，两个相似的实对称矩阵必定合同．

(5) 基本判定法．
① 若两个同阶实对称矩阵相似，则这两个矩阵必定合同，但反之不真．
② 若两个同阶实对称矩阵有相同的特征值和重数，则它们必是合同的，但反之不真．

【基本题型 3】判断两个矩阵是否合同

【例 6-4】设 $A = \begin{pmatrix} 1 & 2 \\ 2 & 1 \end{pmatrix}$，则在实数域上与 A 合同的矩阵为【   】．

(A) $\begin{pmatrix} -2 & 1 \\ 1 & -2 \end{pmatrix}$． (B) $\begin{pmatrix} 2 & -1 \\ -1 & 2 \end{pmatrix}$． (C) $\begin{pmatrix} 2 & 1 \\ 1 & 2 \end{pmatrix}$． (D) $\begin{pmatrix} 1 & -2 \\ -2 & 1 \end{pmatrix}$．

【解】显然，本题中所出现的 5 个矩阵都是实对称矩阵，所以应从求出特征值出发，从而判

断出它们是否合同. 因为

$$|\lambda E-A|=\begin{vmatrix}\lambda-1 & 2 \\ -2 & \lambda-1\end{vmatrix}=(\lambda-1)^2-4=\lambda^2-2\lambda-3=(\lambda+1)(\lambda-3)=0,$$

所以 A 的两个特征值为 $\lambda_1=-1,\lambda_2=3$.

分别记(A)(B)(C)(D)所给矩阵为 A_1,A_2,A_3,A_4,则

$$|\lambda E-A_1|=\begin{vmatrix}\lambda+2 & -1 \\ -1 & \lambda+2\end{vmatrix}=(\lambda+2)^2-1=\lambda^2+4\lambda+3=(\lambda+1)(\lambda+3)=0,$$

所以 A_1 的两个特征值为 $\lambda_1=-1,\lambda_2=-3$.

$$|\lambda E-A_2|=\begin{vmatrix}\lambda-2 & 1 \\ 1 & \lambda-2\end{vmatrix}=(\lambda-2)^2-1=\lambda^2-4\lambda+3=(\lambda-1)(\lambda-3)=0,$$

所以 A_2 的两个特征值为 $\lambda_1=1,\lambda_2=3$.

$$|\lambda E-A_3|=\begin{vmatrix}\lambda-2 & -1 \\ -1 & \lambda-2\end{vmatrix}=(\lambda-2)^2-1=\lambda^2-4\lambda+3=(\lambda-1)(\lambda-3)=0,$$

所以 A_3 的两个特征值为 $\lambda_1=1,\lambda_2=3$.

$$|\lambda E-A_4|=\begin{vmatrix}\lambda-1 & 2 \\ 2 & \lambda-1\end{vmatrix}=(\lambda-1)^2-4=\lambda^2-2\lambda-3=(\lambda+1)(\lambda-3)=0,$$

所以 A_4 的两个特征值为 $\lambda_1=-1,\lambda_2=3$.

于是可知,只有 A_4 与 A 有相同的正负惯性指数,故选(D).

考试大纲要求:了解二次型的标准形、规范形的概念以及惯性定理.

4. 二次型的标准形

(1) 二次型的标准形定义:只含平方项的二次型,即形如 $d_1y_1^2+d_2y_2^2+\cdots+d_ny_n^2$ 的二次型称为标准形.

(2) 二次型的正负惯性指数、符号差:二次型的标准形中,正系数的个数称为正惯性指数,负系数的个数称为负惯性指数,正、负惯性指数的差称为符号差.

(3) 化二次型为标准形的定理.

① 任意 n 元二次型 $f=X^{\mathrm{T}}AX$ 都可以通过可逆线性变换 $X=CY$ 化成标准形 $d_1y_1^2+d_2y_2^2+\cdots+d_ny_n^2$.

② 任意 n 元实二次型 $f=X^{\mathrm{T}}AX$ 都可以通过正交变换 $X=CY$ 化成标准形 $\lambda_1y_1^2+\lambda_2y_2^2+\cdots+\lambda_ny_n^2$,其中 $\lambda_i(i=1,2,\cdots,n)$ 为 f 的特征值.

【基本题型 4】二次型的最大值问题

【例 6-5】对一般实 n 元二次型 $f=X^{\mathrm{T}}AX$,其中 $X=(x_1,x_2,\cdots,x_n)^{\mathrm{T}}$,证明该二次型 f 在 $x_1^2+x_2^2+\cdots+x_n^2=1$ 下的最大值,恰为矩阵 A 的最大特征值.

【证明】因为 A 为实对称矩阵,所以 A 的所有特征值均为实数,并且存在正交变换 $X=QY$,其中 $Y=(y_1,y_2,\cdots,y_n)^{\mathrm{T}}$,使得 $f=\lambda_1y_1^2+\lambda_2y_2^2+\cdots+\lambda_ny_n^2$.

又 $x_1^2+x_2^2+\cdots+x_n^2=X^{\mathrm{T}}X=(QY)^{\mathrm{T}}(QY)=Y^{\mathrm{T}}Q^{\mathrm{T}}QY=Y^{\mathrm{T}}Y=y_1^2+y_2^2+\cdots+y_n^2$,故 f 在 $x_1^2+x_2^2+\cdots+x_n^2=1$ 下的最大值,即为 f 在 $y_1^2+y_2^2+\cdots+y_n^2=1$ 下的最大特征值.

不妨设 λ_1 为 A 的最大特征值,则有

$$f = \lambda_1 y_1^2 + \lambda_2 y_2^2 + \cdots + \lambda_n y_n^2 \leqslant \lambda_1 (y_1^2 + y_2^2 + \cdots + y_n^2) = \lambda_1,$$

即 $$f \leqslant \lambda_1.$$

又当 $Y = (1, 0, \cdots, 0)^T$，显然它满足 $y_1^2 + y_2^2 + \cdots + y_n^2 = 1$，而此时，$f = \lambda_1$，即 f 可取到 λ_1. 故在 $x_1^2 + x_2^2 + \cdots + x_n^2 = 1$ 时 f 的最大值恰为矩阵 A 的最大特征值.

5. 进一步的结论

（1）通过正交变换化二次型为标准形，则原二次型所对应矩阵与标准形所对应矩阵既是相似的又是合同的. 但是通过一般的可逆线性变换化为标准形，则前后二次型所对应的矩阵合同但不一定相似.

（2）二次型的标准形中，非零系数的个数等于二次型的秩.

（3）与矩阵合同的对角阵中正对角元的个数等于矩阵的正惯性指数，负对角元的个数等于矩阵的负惯性指数.

（4）任意 n 阶实对称矩阵与下面的对角矩阵合同：

$$\begin{pmatrix} E_p & & \\ & -E_q & \\ & & 0 \end{pmatrix},$$

其中 p 和 q 分别是矩阵的正、负惯性指数，E_p, E_q 分别是 p 阶，q 阶单位矩阵.

（5）两个同阶实对称矩阵合同的充要条件是它们有相同的秩及相同的正惯性指数.

（6）二次型的规范形：如果标准形的系数只在 $-1, 0, 1$ 三个数中取值，即形如 $y_1^2 + y_2^2 + \cdots + y_p^2 - y_{p+1}^2 - y_{p+2}^2 - \cdots - y_{p+q}^2$ 的二次型为规范形. 显然，这里的 p 为二次型的正惯性指数，q 为二次型的负惯性指数，$p + q$ 为二次型的秩.

【基本题型 5】已知二次型线性变换前后的形式，反求其中的参数

【例 6-6】已知二次型 $f(x_1, x_2, x_3) = 2x_1^2 + 3x_2^2 + 3x_3^2 + 2ax_2x_3 \, (a > 0)$ 通过正交变换化成标准形 $f = y_1^2 + 2y_2^2 + 5y_3^2$，求参数 a.

【分析】本题的关键是题设为通过正交变换化二次型为标准形，因此前后两个二次型所对应的矩阵是相似的，从而有相同的特征值、特征多项式和行列式.

【解】设变换前后二次型的矩阵分别为

$$A = \begin{pmatrix} 2 & 0 & 0 \\ 0 & 3 & a \\ 0 & a & 3 \end{pmatrix}, B = \begin{pmatrix} 1 & 0 & 0 \\ 0 & 2 & 0 \\ 0 & 0 & 5 \end{pmatrix}.$$

由正交变换的性质知，矩阵 A 与矩阵 B 是相似的，于是必有 $|\lambda E - A| = |\lambda E - B|$，即

$$(\lambda - 2)(\lambda^2 - 6\lambda + 9 - a^2) = (\lambda - 1)(\lambda - 2)(\lambda - 5).$$

将 $\lambda = 1$ 代入上式，得 $a^2 - 4 = 0, a = \pm 2$. 因为 $a > 0$，故 $a = 2$.

> 【温馨提示】通过正交变换化二次型为标准形，则原二次型所对应矩阵与标准形所对应矩阵既是相似的又是合同的. 但是通过一般的可逆线性变换化为标准形，则前后二次型所对应的矩阵合同但不一定相似.

6. 化二次型为标准形的配方法

（1）若二次型中含有平方项：首先将 f 中含有 x_1 的项归并起来并配方，然后将配方之后

的二次型中的含有 x_2 的项归并起来并配方,依次类推直到最后将含有 x_n 的项配方,将每一个平方项的内部设为一个新变量,进而找出所求的变换矩阵,得到二次型的标准形,进一步可得到其规范形.

(2) 若二次型中不含平方项:先作一个线性变换,把二次型化为含平方项的情形,然后再利用(1)的配方法.

【温馨提示】一般称上述配方法为拉格朗日配方法,按照这个方法可以保证线性变换是可逆的.

考试大纲叙述为:会用(掌握)正交变换和配方法化二次型为标准形.

【基本题型 6】用配方法化二次型化为标准形或规范形

【例 6-7】 二次型 $f(x_1,x_2,x_3)=x_1x_2+x_1x_3-x_2x_3$ 的标准形是_____,所用的可逆线性变换为_____.

【解】这里缺少平方项,无法直接配方,为此先作如下变换:

$$\begin{cases} x_1=y_1+y_2 \\ x_2=y_1-y_2 \\ x_3=y_3 \end{cases}, 即 X=\begin{pmatrix} 1 & 1 & 0 \\ 1 & -1 & 0 \\ 0 & 0 & 1 \end{pmatrix}Y=C_1Y,$$

使得

$$f=(y_1+y_2)(y_1-y_2)+(y_1+y_2)y_3-(y_1-y_2)y_3=y_1^2-y_2^2+2y_2y_3.$$

再配方得

$$f=y_1^2-(y_2-y_3)^2+y_3^2.$$

令 $\begin{cases} z_1=y_1, \\ z_2=y_2-y_3, \\ z_3=y_3, \end{cases}$ 即 $Z=\begin{pmatrix} 1 & 0 & 0 \\ 0 & 1 & -1 \\ 0 & 0 & 1 \end{pmatrix}Y=C_2Y,$ 或 $Y=C_2^{-1}Z=\begin{pmatrix} 1 & 0 & 0 \\ 0 & 1 & 1 \\ 0 & 0 & 1 \end{pmatrix}Z,$ 使得 $f=z_1^2-z_2^2+z_3^2$,即为所求的二次型的标准形.

所用的可逆线性变换为

$$X=C_1C_2^{-1}Z=\begin{pmatrix} 1 & 1 & 1 \\ 1 & -1 & -1 \\ 0 & 0 & 1 \end{pmatrix}Z.$$

【例 6-8】 二次型 $f(x_1,x_2,x_3,)=(x_1+x_2)^2+(x_2-x_3)^2+(x_3+x_1)^2$ 的秩为_____.

【分析】二次型的秩即对应的矩阵的秩,亦为标准形中平方项的项数,于是利用初等变换或配方法均可得到答案.

【解法1】因为 $f(x_1,x_2,x_3)=(x_1+x_2)^2+(x_2-x_3)^2+(x_3+x_1)^2$

$$=2x_1^2+2x_2^2+2x_3^2+2x_1x_2+2x_1x_3-2x_2x_3$$

于是二次型的矩阵为

$$A=\begin{pmatrix} 2 & 1 & 1 \\ 1 & 2 & -1 \\ 1 & -1 & 2 \end{pmatrix}.$$

由初等变换得

$$A \to \begin{pmatrix} 1 & -1 & 2 \\ 0 & 3 & -3 \\ 0 & 3 & -3 \end{pmatrix} \to \begin{pmatrix} 1 & -1 & 2 \\ 0 & 3 & -3 \\ 0 & 0 & 0 \end{pmatrix},$$

从而 $r(A)=2$，即二次型的秩为 2.

【解法 2】因为 $f(x_1,x_2,x_3)=(x_1+x_2)^2+(x_2-x_3)^2+(x_3+x_1)^2$
$$=2x_1^2+2x_2^2+2x_3^2+2x_1x_2+2x_1x_3-2x_2x_3$$
$$=2\left(x_1+\frac{1}{2}x_2+\frac{1}{2}x_3\right)^2+\frac{3}{2}(x_2-x_3)^2$$

令
$$\begin{cases} y_1=x_1+\frac{1}{2}x_2+\frac{1}{2}x_3, \\ y_2=x_2-x_3, \\ y_3=y_3, \end{cases}$$

则 $f=2y_1^2+\frac{3}{2}y_2^2$，所以二次型的秩为 2.

【温馨提示】若令 $\begin{cases} y_1=x_1+x_2, \\ y_2=x_2-x_3, \\ y_3=x_3+x_1, \end{cases}$ 得 $f(x_1,x_2,x_3)=y_1^2+y_2^2+y_3^2$，由此得二次型的秩为 3. 这种做法对吗？为什么？

7. 化二次型为标准形的正交变换法

(1) 写出二次型 $f(x_1,x_2,\cdots,x_n)=\sum_{i,j=1}^{n}a_{ij}x_ix_j$ 的矩阵 $A=(a_{ij})_{n\times n}$.

(2) 求 A 的特征值与特征向量.

(3) 如果 λ_i 是 A 的 k 重特征值，在求出与 λ_i 对应的 k 个线性无关的特征向量 $p_{i1},p_{i2},\cdots,p_{ik}$ 后，先检查 $p_{i1},p_{i2},\cdots,p_{ik}$ 是否两两正交，如果不是两两正交，应利用施密特方法将向量组正交化.

(4) 将得到的所有特征向量都单位化.

(5) 将这些正交规范化的特征向量作为列向量构成矩阵 Q，Q 即为正交矩阵.

(6) 做正交变换 $X=QY$，则原二次型 f 化成了标准形
$$f=\lambda_1y_1^2+\lambda_2y_2^2+\cdots+\lambda_ny_n^2,$$

其中 $\lambda_i(i=1,2,\cdots,n)$ 为 A 的特征值，且 λ_i 是与 Q 中第 i 列特征向量对应的特征值.

【基本题型 7】求正交变换，将二次型化为标准形或规范形

【例 6-9】求一个正交变换，化二次型 $f=x_1^2+4x_2^2+4x_3^2-4x_1x_2+4x_1x_3-8x_2x_3$ 为标准形.

【分析】这是典型题，按常规步骤求解. 先写出 f 的矩阵 A，然后求出 A 的特征值、特征向量，将特征向量标准正交化，得到正交矩阵 T，令 $X=TY$，则在该正交变换下，$f=\lambda_1y_1^2+\lambda_2y_2^2+\lambda_3y_3^2$，其中 $\lambda_1,\lambda_2,\lambda_3$ 是 A 的 3 个特征值.

【解】二次型 f 的矩阵为

$$A = \begin{pmatrix} 1 & -2 & 2 \\ -2 & 4 & -4 \\ 2 & -4 & 4 \end{pmatrix}.$$

A 的特征多项式为

$$|\lambda E - A| = \begin{vmatrix} \lambda-1 & 2 & -2 \\ 2 & \lambda-4 & 4 \\ -2 & 4 & \lambda-4 \end{vmatrix} = \lambda^2(\lambda-9).$$

A 的特征值为

$$\lambda_1 = \lambda_2 = 0, \lambda_3 = 9.$$

当 $\lambda_1 = \lambda_2 = 0$ 时,对特征矩阵施行初等变换,得

$$\lambda_1 E - A = \begin{pmatrix} 1 & -2 & 2 \\ -2 & 4 & -4 \\ 2 & -4 & 4 \end{pmatrix} \rightarrow \begin{pmatrix} -1 & 2 & -2 \\ 0 & 0 & 0 \\ 0 & 0 & 0 \end{pmatrix},$$

即

$$x_1 = 2x_2 - 2x_3.$$

基础解系(特征向量)为

$$\alpha_1 = (2,1,0)^T, \alpha_2 = (-2,0,1)^T.$$

将 α_1, α_2 标准正交化. 先正交化,令

$$\beta_1 = \alpha_1 = (2,1,0)^T,$$

$$\beta_2 = \alpha_2 - \frac{\beta_1^T \alpha_2}{\beta_1^T \beta_1} \beta_1 = (-2,0,1)^T - \frac{-4}{5}(2,1,0)^T = \left(-\frac{2}{5}, \frac{4}{5}, -1\right).$$

再单位化,令

$$\gamma_1 = \frac{\beta_1}{|\beta_1|} = \left(\frac{2}{\sqrt{5}}, \frac{1}{\sqrt{5}}, 0\right)^T = \left(\frac{2\sqrt{5}}{5}, \frac{\sqrt{5}}{5}, 0\right)^T,$$

$$\gamma_2 = \frac{\beta_2}{|\beta_2|} = \left(-\frac{2\sqrt{5}}{15}, \frac{4\sqrt{5}}{5}, \frac{\sqrt{5}}{3}\right)^T.$$

则 γ_1, γ_2 是相互正交,单位长的属于 $\lambda_1 = \lambda_2 = 0$ 的特征向量.

当 $\lambda_3 = 9$ 时,对特征矩阵施行初等变换,得

$$\lambda_3 E - A = \begin{pmatrix} 8 & 2 & -2 \\ 2 & 5 & 4 \\ -2 & 4 & 5 \end{pmatrix} \rightarrow \begin{pmatrix} 2 & 5 & 4 \\ 0 & -18 & -18 \\ 0 & 9 & 9 \end{pmatrix} \rightarrow \begin{pmatrix} 2 & 5 & 4 \\ 0 & 1 & 1 \\ 0 & 0 & 0 \end{pmatrix} \rightarrow \begin{pmatrix} 2 & 0 & -1 \\ 0 & 1 & 1 \\ 0 & 0 & 0 \end{pmatrix},$$

即

$$2x_1 = x_3, x_2 = -x_3.$$

基础解系(特征向量)为

$$\alpha_3 = (1,-2,2)^T.$$

将 α_3 单位化,得

$$\gamma_3 = \frac{\alpha_3}{|\alpha_3|} = \left(\frac{1}{3}, -\frac{2}{3}, \frac{2}{3}\right)^T.$$

则 γ_3 是 $\lambda_3 = 9$ 的单位长特征向量. 令

$$Q=(\gamma_1,\gamma_2,\gamma_3)=\begin{pmatrix} \dfrac{2\sqrt{5}}{5} & -\dfrac{2\sqrt{5}}{15} & \dfrac{1}{3} \\ \dfrac{\sqrt{5}}{5} & \dfrac{4\sqrt{5}}{15} & -\dfrac{2}{3} \\ 0 & \dfrac{\sqrt{5}}{3} & \dfrac{2}{3} \end{pmatrix},$$

Q 是正交矩阵. 令 $\begin{pmatrix} x_1 \\ x_2 \\ x_3 \end{pmatrix} = Q \begin{pmatrix} y_1 \\ y_2 \\ y_3 \end{pmatrix}$,则

$$f = \lambda_1 y_1^2 + \lambda_2 y_2^2 + \lambda_3 y_3^2 = 9 y_3^2.$$

【温馨提示】该例题是二次型用正交变换化成标准形的基本题.

【例 6-10】已知二次型 $f(x_1, x_2, x_3) = 2x_1^2 + ax_2^2 + ax_3^2 + 6x_2 x_3 (a < -3)$.
(1) 求二次型的规范形.
(2) 求二次型的惯性指数和符号差.

【分析】用配方法将二次型化为标准形,从而求得规范形和正惯性指数.或考虑到二次型的规范形由其秩和正惯性指数所确定,利用二次型的特征值可以确定其秩和正惯性指数.

【解法1】用配方法把二次型 f 化为

$$f(x_1, x_2, x_3) = 2x_1^2 + ax_2^2 + ax_3^2 + 6x_2 x_3 = 2x_1^2 + a\left(x_2 + \dfrac{3}{a}x_3\right)^2 + \left(a - \dfrac{9}{a}\right)x_3^2.$$

由 $a < -3$,知 $a - \dfrac{9}{a} < 0$. 于是,令

$$\begin{cases} y_1 = \sqrt{2} x_1, \\ y_2 = \sqrt{-a}\left(x_2 + \dfrac{3}{a}x_3\right), \\ y_3 = \sqrt{\dfrac{9}{a} - a}\, x_3, \end{cases}$$

得 $f(x_1, x_2, x_3) = y_1^2 - y_2^2 - y_3^2$,且所用的线性变换是可逆的.

由此可知,二次型 f 的正惯性指数为 1,负惯性指数为 2,符号差为 -1.

【解法2】二次型 f 的矩阵为 $A = \begin{pmatrix} 2 & 0 & 0 \\ 0 & a & 3 \\ 0 & 3 & a \end{pmatrix}$,则因为

$$|\lambda E - A| = \begin{vmatrix} \lambda - 2 & 0 & 0 \\ 0 & \lambda - a & -3 \\ 0 & -3 & \lambda - a \end{vmatrix} (\lambda - 2)(\lambda - a - 3)(\lambda - a + 3) = 0,$$

所以 A 的 3 个特征值为 $\lambda_1 = 2, \lambda_2 = a + 3, \lambda_3 = a - 3$,于是二次型 f 的标准形为

$$f = 2y_1^2 + (a+3)y_2^2 + (a-3)y_3^2.$$

由 $a < -3$,知 $a + 3 < 0, a - 3 < 0$. 于是,令

$$\begin{cases} z_1 = \sqrt{2} y_1, \\ z_2 = -(a+3) y_2, \\ z_3 = -(a-3) y_2, \end{cases}$$

得 $f(x_1, x_2, x_3) = z_1^2 - z_2^2 - z_3^2$，且所用的线性变换是可逆的．

由此可知，二次型 f 的正惯性指数为 1，负惯性指数为 2，符号差为 -1．

> 【温馨提示】只要确定了二次型的秩和正惯性指数，就可以求出二次型的规范形，其形式是唯一的．一般来说，求二次型的标准形、规范形或正负惯性指数，在题目中没有要求必须用正交法时，可选用配方法求得，因为计算量较小．一般出现在填空和选择题中．

考试大纲叙述为：理解正定二次型、正定矩阵的概念并掌握其判别法．

8. 正定二次型和正定矩阵

(1) 定义：若二次型为 $f = X^T A X$，如果对任何 $X \neq 0$，都有 $f > 0$，则称 f 为正定二次型，并称实对称矩阵 A 为正定矩阵．

(2) 等价命题：n 元实二次型 $f = X^T A X$ 正定的充要条件是下列条件之一成立：

① f 的标准形的 n 个系数全为正；
② f 的正惯性指数为 n；
③ f 的矩阵 A 与 E 合同；
④ $A = C C^T$，其中 C 可逆；
⑤ f 的矩阵 A 的特征值均大于零；
⑥ A 的各阶顺序主子式全大于零，即 $a_{11} > 0$，$\begin{vmatrix} a_{11} & a_{12} \\ a_{21} & a_{22} \end{vmatrix} > 0, \cdots, |A| > 0$．

> 【温馨提示】判定所给矩阵是否正定，一般的方法是：对于具体的矩阵，多数情况用顺序主子式方法；对于抽象的矩阵，可以考虑用定义、特征值等方法判别．但要注意的是，二次型的矩阵是对称矩阵，因而在用③、④或⑤的方法时，应先说明 A 为对称矩阵．

【基本题型 8】判定二次型或矩阵的正定性

【例 6-11】若二次型 $f(x_1, x_2, x_3) = x_1^2 + 4x_2^2 + 4x_3^2 + 2t x_1 x_2 - 2t x_1 x_3 + 4 x_2 x_3$ 为正定二次型，则 t 的取值范围是（　　）．

【解】二次型 $f(x_1, x_2, x_3)$ 的矩阵为

$$A = \begin{pmatrix} 1 & t & -1 \\ t & 4 & 2 \\ -1 & 2 & 4 \end{pmatrix},$$

其正定的充要条件是各阶顺序主子式全大于零，即

$$|A_1| = 1 > 0, \quad |A_2| = \begin{vmatrix} 1 & t \\ t & 4 \end{vmatrix} = 4 - t^2 > 0, \quad |A_3| = |A| = \begin{vmatrix} 1 & t & -1 \\ t & 4 & 2 \\ -1 & 2 & 4 \end{vmatrix} = 8 - 4t - 4t^2 > 0,$$

得
$$-2 < t < 1.$$

> 【温馨提示】当判断一个具体的二次型或实对称矩阵是否为正(负)时,往往采用顺序主子式来判断,而对于抽象的二次型或实对称矩阵,则应视不同的情形灵活运用诸判定方法.

【例 6-12】(1999年真题)设 A 为 $m\times n$ 实矩阵,E 为 n 阶单位矩阵,已知矩阵 $B=\lambda E+A^T A$,试证:当 $\lambda>0$ 时,矩阵 B 为正定矩阵(用定义证明).

【证明】因为 $B^T=(\lambda E+A^T A)^T=(\lambda E)^T+A^T(A^T)^T=\lambda E+A^T A=B$,所以 B 是 n 阶实对称矩阵. 对于任意的实 n 维向量 X,有

$$X^T BX = X^T(\lambda E + A^T A)X$$
$$= \lambda X^T X + X^T A^T AX = \lambda X^T X + (AX)^T AX.$$

当 $X\neq 0$ 时,有 $X^T X>0$,$(AX)^T AX\geqslant 0$. 因此当 $\lambda>0$ 时,对任意的 $X\neq 0$,有

$$X^T BX = \lambda X^T X + (AX)^T AX > 0.$$

由此可知,B 为正定矩阵.

> 【温馨提示】本题所给的矩阵 B 为抽象矩阵,并且题设提供的信息既无法求其顺序主子式,也求不出特征值,故选用定义证明其正定性.

【例 6-13】设 A,B 都是 n 阶正定矩阵,证明:
(1) AB 特征值全大于零.
(2) 若 $AB=BA$,则 AB 是正定矩阵.

【证明】(1) A,B 都是 n 阶正定矩阵,所以存在可逆矩阵 P 和 Q,使得 $A=P^T P$,$B=Q^T Q$. 于是

$$Q(AB)Q^{-1}=Q(P^T P)(Q^T Q)Q^{-1}=QP^T PQ^T=(PQ^T)^T(PQ^T).$$

又 PQ^T 是可逆矩阵,从而知矩阵 $D=(PQ^T)^T(PQ^T)$ 是正定矩阵,它的所有特征值大于零,由上式可知,AB 与 D 相似,故 AB 的特征值全大于零.

(2) 由(1)知,AB 的特征值全为正数,又因为 $(AB)^T=B^T A^T=BA=AB$,即 AB 为实对称矩阵,因而 AB 是正定矩阵.

> 【温馨提示】当判断一个抽象的矩阵是否为正定时,往往采用正定矩阵的定义、特征值等方法,不过务必注意说明该矩阵的对称性. 如上面例 6-12、例 6-13.

【例 6-14】设 $A=(a_{ij})_{n\times n}$ 是正定矩阵,试证明:
(1) $a_{ii}>0 (i=1,2,\cdots,n)$;
(2) A^{-1} 为正定矩阵;
(3) A^* 为正定矩阵;
(4) A^m(m 为正整数)为正定矩阵;
(5) $kA(k>0)$ 为正定矩阵.

【证明】设 $\lambda_1,\lambda_2,\cdots,\lambda_n$ 是正定矩阵 A 的特征值,所以 $\lambda_i>0(i=1,2,\cdots,n)$ 且 $|A|>0$.

(1) 因为 A 是正定矩阵,所以对于任意的非零列向量 x,有 $x^T Ax>0$,取 $x=e_i$,其中 e_i 是第 i 个分量为 1 其余分量为 0 的 n 维列向量,则 $a_{ii}=x_i^T Ax_i>0(i=1,2,\cdots,n)$.

(2) 方法 1：A^{-1} 是对称矩阵,其特征值为 $\frac{1}{\lambda_i}>0(i=1,2,\cdots,n)$,所以 A^{-1} 为正定矩阵.

方法 2：因为 A 是正定矩阵,所以存在可逆矩阵 P,使得 $P^TAP=E$,两边求逆得 $P^{-1}A^{-1}(P^{-1})^T=E$,即存在可逆矩阵 $Q=(P^{-1})^T$,使得 $Q^TQ^{-1}Q=E$,所以 A^{-1} 为正定矩阵.

(3) 方法 1：由于 A^* 是矩阵 A 的伴随矩阵,故有 $AA^*=A^*A=|A|E$,且 $(A^*)^T=(A^T)^*=A^*$,因此有 $A^*=|A|A^{-1}$,并且 A^* 为对称矩阵.

已知 A 是正定矩阵,故有 $|A|>0$,且对任意的 $x=(x_1,x_2,\cdots,x_n)^T\neq 0$ 恒有 $x^TAx>0$,于是有

$$y^TA^*y=y^T|A|A^{-1}y=|A|y^TA^{-1}y=|A|y^TA^{-1}AA^{-1}y=|A|(A^{-1}y)A(A^{-1}y).$$

因为 A 可逆,当 $y\neq 0$ 时,$x=A^{-1}y\neq 0$,从而对任何的 $y\neq 0$,恒有 $y^TA^*y>0$. 根据定义可知,A^* 为正定矩阵.

方法 2：$A^*=|A|A^{-1}$,为实对称矩阵,且特征值为 $\frac{|A|}{\lambda_i}>0(i=1,2,\cdots,n)$,故 A^* 为正定矩阵.

(4) A^m 为实对称矩阵,且特征值为 $\lambda_i^m>0(i=1,2,\cdots,n)$,故 A^m(m 为正整数)为正定矩阵.

(5) $kA(k>0)$ 为实对称矩阵,且特征值为 $k\lambda_i>0(i=1,2,\cdots,n)$,故 $kA(k>0)$ 为正定矩阵.

【例 6-15】已知 A,B 均为 n 阶正定矩阵,问 $A+B,A-B,AB$ 是否也是正定矩阵？为什么？

【解】$A+B$ 是正定矩阵,$A-B,AB$ 不一定是正定矩阵.

因为 $(A+B)^T=A^T+B^T=A+B$,即它是实对称矩阵,且对任意 n 维列向量 $x\neq 0$,有 $x^T(A+B)x=x^TAx+x^TBx>0$,故 $A+B$ 是正定矩阵.

虽然 $A-B$ 也是实对称矩阵,但 $x^T(A-B)x=x^TAx-x^TBx$ 可能会小于等于零,所以 $A-B$ 不一定是正定矩阵.

因为 $(AB)^T=B^TA^T=BA$,但 $AB=BA$ 不一定成立,即 AB 不一定是实对称矩阵,从而 AB 不一定是正定矩阵.

【温馨提示】上面的例 6-14、例 6-15 的结果可作为这部分的一般性的结论加以熟记,若出现在客观题中,就可立即判断.

【例 6-16】已知 n 阶实方阵 A 的任一特征值均不为零,证明 A^TA 为正定矩阵.

【证明】首先,由于 $(A^TA)^T=A^T(A^T)^T=A^TA$,所以 A^TA 为实对称矩阵.其次,对任意的 n 维实向量 X,恒有 $X^T(A^TA)X=(X^TA^T)(AX)=(AX)^T(AX)$. 不妨设 $AX=(a_1,a_2,\cdots,a_n)^T$,则

$$X^T(A^TA)X=(X^TA^T)(AX)=(AX)^T(AX)=a_1^2+a_2^2+\cdots+a_n^2\geq 0. \qquad (6-1)$$

又由于 A 的任一特征值均不为零,根据矩阵 A 的行列式等于它的 n 个特征值之积,可知 $|A|\neq 0$,从而对任意的 n 维实向量 X,齐次线性方程组 $AX=0$ 只有零解,即对任意的 $X\neq 0$,必有 $AX\neq 0$,因而必存在某个 $a_i\neq 0,1\leq i\leq n$,于是

$$(AX)^T(AX)=a_1^2+a_2^2+\cdots+a_n^2>0. \qquad (6-2)$$

结合式(6-1)和式(6-2)可知,对任意的 n 维实向量 X,当 $X\neq 0$ 时,有 $X^T(A^TA)X=$

$(AX)^T(AX) > 0$ 成立,故 A^TA 为正定矩阵.

【例 6-17】已知 n 阶实方阵 $A=(a_{ij})$ 的任一特征值均不为零,证明 $f(x_1,x_2,\cdots,x_n)= \left(\sum_{j=1}^n a_{1j}x_j\right)^2 + \left(\sum_{j=1}^n a_{2j}x_j\right)^2 + \cdots + \left(\sum_{j=1}^n a_{nj}x_j\right)^2$ 为正定二次型.

【分析】结合本章例 6-2 和例 6-16,立即可得. 请读者自行练习.

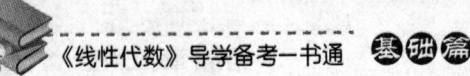

【问题1】二次型有几种形式?

【答】

【问题2】一个二次型与一个对称矩阵是一一对应关系吗?

【答】

【问题3】二次型的秩、正惯性指数、负惯性指数、符号差是如何定义的?

【答】

【问题4】什么是二次型的标准形?唯一吗?什么是二次型的规范形?唯一吗?

【答】

【问题5】任何一个二次型都可以通过线性变换化为标准形吗?化二次型为标准形的方法有几种?

【答】

【问题6】通过正交变换化二次型为标准形,则原二次型所对应矩阵与标准形所对应矩阵既是相似的又是合同的.但是通过一般的可逆线性变换化为标准形,则前后二次型所对应的矩阵合同但不一定相似,对吗?

【答】

【问题7】正定二次型和正定矩阵是如何定义的?有哪些判别方法?常见的等价命题有哪些?

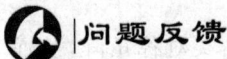

在学习本章的过程中,你有哪些体会和建议,请发送到 Email:mathcui@163.com.

第七章 行列式

第七章 行列式

 考点归纳

（1）行列式的概念和性质，行列式按行（列）展开定理．
（2）方阵的行列式及其性质．
（3）行列式和后续相关知识的有机结合，这些后续知识包括：方阵运算、矩阵的秩、向量组的线性相关性、方程组解的判定、特征值与相似矩阵、二次型等．

 考点解读

★ 命题趋势

行列式的计算是整个线性代数这门课的基础．一方面直接利用行列式的相关知识计算行列式是基本要求，这主要体现在一些综合类的大题中；另一方面考生更应注意行列式与后续相关知识的有机结合，这主要体现在选择题和填空题中．

★ 难点剖析

1. n 阶行列式的计算

行列式可分为数字行列式和文字行列式，其难点是文字行列式和高阶行列式的计算．常用的计算方法有：定义法、化为三角形法、降阶法（即按行展开定理）、分裂行列式法、递推法、数学归纳法、范德蒙法、加边法等．可根据行列式的特点，采用不同的计算方法，有时需同时使用几种不同的方法．具体计算方法在基础篇相应部分已有较为详细的阐述，读者可参考．

以下几个行列式的计算建议作为公式加以记忆．

（1）上（下）三角行列式：

$$D_n=\begin{vmatrix} a_{11} & & & * \\ & a_{22} & & \\ & & \ddots & \\ 0 & & & a_{nn} \end{vmatrix}=a_{11}a_{22}\cdots a_{nn}, D_n=\begin{vmatrix} a_{11} & & & 0 \\ & a_{22} & & \\ & & \ddots & \\ * & & & a_{nn} \end{vmatrix}=a_{11}a_{22}\cdots a_{nn}.$$

（2）反上（下）三角行列式：

$$D_n=\begin{vmatrix} * & & & a_{1n} \\ & & a_{2n-1} & \\ & \iddots & & \\ a_{n1} & & & 0 \end{vmatrix}=(-1)^{\frac{(n-1)n}{2}}a_{1n}a_{2n-1}a_{3n-2}\cdots a_{n1},$$

$$D_n=\begin{vmatrix} 0 & & & a_{1n} \\ & & a_{2n-1} & \\ & \iddots & & \\ a_{n1} & & & * \end{vmatrix}=(-1)^{\frac{(n-1)n}{2}}a_{1n}a_{2n-1}a_{3n-2}\cdots a_{n1}.$$

（3）范德蒙行列式：

$$D_n=\begin{vmatrix} 1 & 1 & \cdots & 1 \\ x_1 & x_2 & \cdots & x_n \\ x_1^2 & x_2^2 & \cdots & x_n^2 \\ \vdots & \vdots & \cdots & \vdots \\ x_1^{n-1} & x_2^{n-1} & \cdots & x_n^{n-1} \end{vmatrix}=\prod_{1\leqslant j<i\leqslant n}(x_i-x_j).$$

考研真题涉及此类行列式的，例如 1994 年，数三，九，11 分；1996 年，数三，一（4），3 分．

（4）行和值相等的行列式：

$$D_n=\begin{vmatrix} a_1+b & a_2 & a_3 & \cdots & a_n \\ a_1 & a_2+b & a_3 & \cdots & a_n \\ a_1 & a_2 & a_3+b & \cdots & a_n \\ \vdots & \vdots & \vdots & \cdots & \vdots \\ a_1 & a_2 & a_3 & \cdots & a_n+b \end{vmatrix}=b^{n-1}\left(b+\sum_{i=1}^n a_i\right).$$

考研真题涉及此类行列式的，例如 2003 年，数三，九，13 分；2004 年，数一，20，9 分；2004 年，数二，22，9 分．

（5）行和值与列和值都相等的行列式：

$$D_n=\begin{vmatrix} a & b & b & \cdots & b \\ b & a & b & \cdots & b \\ b & b & a & \cdots & b \\ \cdots & \cdots & \cdots & \cdots & \cdots \\ b & b & b & \cdots & a \end{vmatrix}=[a+(n-1)b](a-b)^{n-1}.$$

考研真题涉及此类型行列式的，例如 2001 年，数一，二（4），3 分；2002 年，数三，九，8 分；2004 年，数三，21，13 分．

(6) $D_n = \begin{vmatrix} a_1 & b_1 & 0 & \cdots & 0 \\ 0 & a_2 & b_2 & \cdots & 0 \\ 0 & 0 & a_3 & \cdots & 0 \\ \vdots & \vdots & \vdots & \cdots & \vdots \\ b_n & 0 & 0 & \cdots & a_n \end{vmatrix} = a_1 a_2 \cdots a_n + (-1)^{n+1} b_1 b_2 \cdots b_n.$

考研真题涉及此类型行列式的,例如 2001 年,数一,九,6 分.

(7) 箭形行列式:

$$D_n = \begin{vmatrix} a_1 & b_2 & b_3 & \cdots & b_n \\ c_2 & a_2 & 0 & \cdots & 0 \\ c_3 & 0 & a_3 & \cdots & 0 \\ \vdots & \vdots & \vdots & \cdots & \vdots \\ c_n & 0 & 0 & \cdots & a_n \end{vmatrix} = a_2 a_3 \cdots a_n \left(a_1 - \sum_{i=2}^{n} \frac{b_i c_i}{a_i} \right).$$

2. 抽象型行列式的计算

方法较为灵活,一般有:用行列式的性质;用方阵的性质;用与矩阵秩的关系;用与向量组相关性的关系;用与特征值的关系. 熟记并灵活运用下列相关结论是有益的,其中 n 为矩阵的阶数或向量的维数.

(1) 行列式的拆分性质:$|\alpha_1 \quad \alpha_2 + \beta \quad \alpha_3| = |\alpha_1 \quad \alpha_2 \quad \alpha_3| + |\alpha_1 \quad \beta \quad \alpha_3|.$

(2) 方阵的行列式:$|kA| = k^n |A|, |AB| = |A||B|, |A^*| = |A|^{n-1}, |A|^2 = |AA^T|$ 等.

(3) 行列式与矩阵的秩:$|A| = 0 \Leftrightarrow r(A) < n.$

(4) 行列式与向量组的线性相关性:$|\alpha_1, \alpha_2, \cdots, \alpha_n| = 0 \Leftrightarrow \alpha_1, \alpha_2, \cdots, \alpha_n$ 线性相关.

(5) 行列式与特征值:$|A| = \lambda_1 \lambda_2 \cdots \lambda_n, |aE + bA| = 0 \Leftrightarrow A$ 有一个特征值为 $-\dfrac{a}{b}.$

3. 证明行列式 $|A| = 0$ 的方法

方法较为灵活,一般有:利用 $AX = 0$ 有非零解;反证法;$r(A) < n$;A 的列向量组线性相关;0 是 A 的特征值;$|A| = -|A|.$

4. 分块矩阵的行列式

设 A, B 分别是 m 阶和 n 阶矩阵,则有

$$\begin{vmatrix} A & 0 \\ C & B \end{vmatrix} = \begin{vmatrix} A & D \\ 0 & B \end{vmatrix} = |A||B|, \quad \begin{vmatrix} 0 & A \\ B & C \end{vmatrix} = \begin{vmatrix} D & A \\ B & 0 \end{vmatrix} = (-1)^{mn} |A||B|.$$

 点击考点+方法归纳

有关行列式计算的题目

【考点1】元素具体的含文字的低阶行列式的计算

【常考题型】选择、填空题.

> 【方法归纳】一般先观察、分析行列式的特征，然后结合行列式的如下性质将其化为特殊的行列式。其关键点首先减少或消去某行或某列中的文字，再往下进行．
> ① 行列式"倍加不变"性质和按行（列）展开定理计算；
> ② 行列式"拆分性质"和方阵的行列式性质计算．

【例 7-1】 行列式 $D = \begin{vmatrix} 1 & -1 & 1 & x-1 \\ 1 & -1 & x+1 & -1 \\ 1 & x-1 & 1 & -1 \\ 1+x & -1 & 1 & -1 \end{vmatrix}$ 的值等于_____．

【分析】本题是含文字的 4 阶行列式的计算．通过观察、分析所给行列式的特征可知，它可化为一个箭形行列式，从而化为三角行列式．

【解】将第 1 行乘以 -1 依次加到第 2, 3, 4 行上去，得到的是一个箭形行列式，然后再将第 1, 2, 3 列加到第 4 列上去，可得到一个反上三角行列式．于是有

$$D = \begin{vmatrix} 1 & -1 & 1 & x-1 \\ 0 & 0 & x & -x \\ 0 & x & 0 & -x \\ x & 0 & 0 & -x \end{vmatrix} = \begin{vmatrix} 1 & -1 & 1 & x \\ 0 & 0 & x & 0 \\ 0 & x & 0 & 0 \\ x & 0 & 0 & 0 \end{vmatrix} = x^4.$$

> 【温馨提示】此题具有"行和值相等"的特征，因此可先将第 2, 3, 4 列加到第 1 列，然后外提行和值 x，再往下进行计算．

【例 7-2】（1997 年真题）记行列式 $\begin{vmatrix} x-2 & x-1 & x-2 & x-3 \\ 2x-2 & 2x-1 & 2x-2 & 2x-3 \\ 3x-3 & 3x-2 & 4x-5 & 3x-5 \\ 4x & 4x-3 & 5x-7 & 4x-3 \end{vmatrix}$ 为 $f(x)$，则方程 $f(x) = 0$ 的根的个数为【　　】.

(A) 1. (B) 2. (C) 3. (D) 4.

【答案】(B).

【分析】本题实际上是含文字行列式的计算，难在每个元素都是 x 的一次函数．通过观察、分析所给行列式的特征可以先利用行列式的倍加性质消去某列或行中的文字，再进行下一步计算．

【解】各列减第 1 列，得

$$f(x) \xrightarrow{c_j - c_1, j = 4, 3, 2} \begin{vmatrix} x-2 & 1 & 0 & -1 \\ 2x-2 & 1 & 0 & -1 \\ 3x-3 & 1 & x-2 & -2 \\ 4x & -3 & x-7 & -3 \end{vmatrix} \xrightarrow{c_2 + c_4} \begin{vmatrix} x-2 & 1 & 0 & 0 \\ 2x-2 & 1 & 0 & 0 \\ 3x-3 & 1 & x-2 & -1 \\ 4x & -3 & x-7 & -6 \end{vmatrix}$$

$$= \begin{vmatrix} x-2 & 1 \\ 2x-2 & 1 \end{vmatrix} \begin{vmatrix} x-2 & -1 \\ x-7 & -6 \end{vmatrix} = -x(-5x+5) = 0.$$

所以 $x = 0, 1$ 为 $f(x) = 0$ 的两个根．故选择 (B).

【例7-3】计算 $\begin{vmatrix} a & b & c & d \\ -b & a & -d & c \\ -c & d & a & -b \\ -d & -c & b & a \end{vmatrix}$.

【分析】若记原行列式为 $|A|$，通过观察行列式中各行元素的特点，即各行自乘的结果都相等，不同行对应元素的乘积均为零，可转化为求 $|A|^2=|A||A|=|A||A^T|=|AA^T|$ 的计算.

【解】为方便，记 $|A|=\begin{vmatrix} a & b & c & d \\ -b & a & -d & c \\ -c & d & a & -b \\ -d & -c & b & a \end{vmatrix}$，因为

$$AA^T = \begin{pmatrix} (a^2+b^2+c^2+d^2)^2 & 0 & 0 & 0 \\ 0 & (a^2+b^2+c^2+d^2)^2 & 0 & 0 \\ 0 & 0 & (a^2+b^2+c^2+d^2)^2 & 0 \\ 0 & 0 & 0 & (a^2+b^2+c^2+d^2)^2 \end{pmatrix}$$

从而有

$$|A|^2=|A||A|=|A||A^T|=|AA^T|=(a^2+b^2+c^2+d^2)^4.$$

所以 $|A|=\pm(a^2+b^2+c^2+d^2)^2$.

又因为当取 $a\neq 0,b=c=d=0$ 时，有 $|A|=a^4>0$，所以 $|A|=(a^2+b^2+c^2+d^2)^2$.

【温馨提示】此题有技巧：通过观察行列式中各行元素的特点（各行自乘的结果都相等，不同行对应元素的乘积均为零），可转化为求 $|A|^2=|A||A|=|A||A^T|$.

【考点2】含在矩阵方程中的方阵的行列式的计算

【常考题型】填空题.

【方法归纳】利用矩阵运算性质简化方程，再利用方阵的行列式性质计算．简化矩阵方程的方法类似于代数多项式方程，常用合并同类项、分解因式等，但要注意矩阵乘法的不可交换性．

【例7-4】（2003年真题）设3阶方阵 A,B 满足 $A^2B-A-B=E$，其中 E 为3阶单位矩阵，若 $A=\begin{pmatrix} 1 & 0 & 1 \\ 0 & 2 & 0 \\ -2 & 0 & 1 \end{pmatrix}$，则 $|B|=$ _____．

【分析】所给矩阵方程有两个矩阵 A 和 B，所求与 B 有关，所以应先合并同类项 B，化简分解出矩阵 B，再取行列式即可．

【解】由 $A^2B-A-B=E$ 知

$$(A^2-E)B=A+E, \tag{7-1}$$

即 $(A+E)(A-E)B=A+E.$ (7-2)

因为 $|A+E|\neq 0$，所以 $A+E$ 可逆，于是有 $(A-E)B=E.$ 两边取行列式得

$$|A-E||B|=|E|=1$$

因为 $|A-E|=\begin{vmatrix} 0 & 0 & 1 \\ 0 & 1 & 0 \\ -2 & 0 & 0 \end{vmatrix}=2$，所以 $|B|=\dfrac{1}{2}.$

【温馨提示】 想一想，在此题的解答过程中，从式(7-1)到式(7-2)的关键点是哪里？A^2-E 有两种分解式 $A^2-E=(A+E)(A-E)=(A-E)(A+E)$，为什么不选择后者？

【例 7-5】 设 $A=\begin{pmatrix} 1 & -1 & 1 \\ 1 & 2 & 3 \end{pmatrix}$，$A^T$ 为 A 的转置矩阵，则行列式 $|A^T A|=$ _____.

【解法 1】 因为 $A^T A=\begin{pmatrix} 1 & 1 \\ -1 & 2 \\ 1 & 3 \end{pmatrix}\begin{pmatrix} 1 & -1 & 1 \\ 1 & 2 & 3 \end{pmatrix}=\begin{pmatrix} 2 & 1 & 4 \\ 1 & 5 & 5 \\ 4 & 5 & 10 \end{pmatrix},$

故 $|A^T A|=\begin{vmatrix} 2 & 1 & 4 \\ 1 & 5 & 5 \\ 4 & 5 & 10 \end{vmatrix}=\begin{vmatrix} 2 & 1 & 3 \\ 1 & 5 & 0 \\ 4 & 5 & 5 \end{vmatrix}=\begin{vmatrix} 2 & -9 & 3 \\ 1 & 0 & 0 \\ 4 & -15 & 5 \end{vmatrix}=0.$

【解法 2】 因为 A 是 2×3 矩阵，所以 $r(A)\leqslant 2$. 又 $r(A^T A)\leqslant r(A)\leqslant 2<3$，$A^T A$ 是 3×3 矩阵，所以 $|A^T A|=0.$

【考点 3】抽象矩阵的行列式求值

【常考题型】 填空、选择题.

【方法归纳】 一般思路是将所求的矩阵行列式"凑出"一个已知行列式的关系式．常用方法如下.

① 利用行列式的拆分性质.
② 利用方阵的性质.
③ 利用矩阵的秩性质.
④ 利用行列式和特征值的关系.

【例 7-6】 设 4×4 矩阵 $A=(\alpha,\gamma_2,\gamma_3,\gamma_4)$，$B=(\beta,\gamma_2,\gamma_3,\gamma_4)$，其中 $\alpha,\beta,\gamma_2,\gamma_3,\gamma_4$ 均为 4 维列向量，且已知行列式 $|A|=4$，$|B|=1$. 则行列式 $|A+B|=$ _____.

【解】 根据矩阵的加法运算可得 $A+B=(\alpha,\gamma_2,\gamma_3,\gamma_4)+(\beta,\gamma_2,\gamma_3,\gamma_4)=(\alpha+\beta,2\gamma_2,2\gamma_3,2\gamma_4).$

根据行列式的拆分性质和倍提性质，有

$$|A+B|=|\alpha+\beta,2\gamma_2,2\gamma_3,2\gamma_4|=2^3|\alpha+\beta,\gamma_2,\gamma_3,\gamma_4|$$
$$=2^3|\alpha,\gamma_2,\gamma_3,\gamma_4|+2^3|\beta,\gamma_2,\gamma_3,\gamma_4|=8|A|+8|B|=40.$$

> 【温馨提示】注意矩阵的加法与行列式的加法（即拆分性质）的区别．一般有：$|A+B| \neq |A|+|B|$．

【例 7-7】 设 A 为 n 阶方阵，满足 $AA^T = E$，其中 E 是 n 阶单位矩阵，A^T 是 A 的转置矩阵，求 $|A+E|$．

【分析】已知矩阵等式 $AA^T = E$，求抽象矩阵 $|A+E|$ 的行列式，自然想到，先将 $E = AA^T$ 直接代入要计算的行列式．

【解】根据 $AA^T = E$，有

$$|A+E| = |A+AA^T| = |A(E+A^T)| = |A||(E+A)^T|$$
$$= |A||E+A| = |A||A+E|.$$

于是 $(1-|A|)|A+E| = 0$．

又由 $AA^T = E$ 可知，$|A|^2 = |A|^2 = |AA^T| = |E| = 1$，于是 $|A| = \pm 1$．

故当 $|A| = -1$ 时，$|A+E| = 0$；当 $|A| = 1$ 时，$|A+E|$ 任意取值．

> 【温馨提示】事实上，满足 $AA^T = E$ 的 n 阶方阵 A 被称为正交矩阵．正交矩阵有许多特殊的性质，例如①$|A| = \pm 1$；②$A^{-1} = A^T$；③A 的列（或行）向量组构成标准正交的向量组；④$AX = 0$ 只有零解；⑤$AX = b$ 有唯一解；⑥当 $|A| = -1$ 时，A 有 -1 作为特征值，当 $|A| = 1$，n 为奇数时，有 1 作为特征值．

【例 7-8】（2010 年真题）设 A,B 为 3 阶方阵，且 $|A| = 3$，$|B| = 2$，$|A^{-1}+B| = 2$，则 $|A+B^{-1}| = $ _____．

【分析】想办法"凑出"与已知行列式的关系式．此题关键是将所求 $A+B^{-1}$ 过渡到已知的 $A^{-1}+B$，其桥梁应是先"凑出"一项 E．

【解】$|A+B^{-1}| = |(AB+E)B^{-1}| = |AB+AA^{-1}||B^{-1}| = |A||B+A^{-1}||B^{-1}|$
$$= |A||A^{-1}+B|\frac{1}{|B|} = 3 \times 2 \times \frac{1}{2} = 3.$$

【例 7-9】 设 $A = \begin{pmatrix} 1 & 0 & 0 \\ 0 & 1 & 0 \\ -3 & 0 & 3 \end{pmatrix}$，则 $(2E+A)^T(2E-A)^{-1}(4E-A^2) = $ _____．

【解】原式 $= |(2E+A)^T(2E-A)^{-1}(2E-A)(2E+A)|$
$$= |(2E+A)^T(2E+A)| = |(2E+A)^T||(2E+A)|$$
$$= |(2E+A)|^2 = \begin{vmatrix} 3 & 0 & 0 \\ 0 & 3 & 0 \\ -3 & 0 & 5 \end{vmatrix}^2 = 2025.$$

【例 7-10】（2005 年真题）设 $\alpha_1, \alpha_2, \alpha_3$ 均为 3 维列向量，记矩阵 $A = (\alpha_1, \alpha_2, \alpha_3)$，$B = (\alpha_1 + \alpha_2 + \alpha_3, \alpha_1 + 2\alpha_2 + 4\alpha_3, \alpha_1 + 3\alpha_2 + 9\alpha_3)$．如果 $|A| = 1$，那么 $|B| = $ _____．

【分析】将 B 写成用 A 右乘另一矩阵的形式，再用方阵相乘的行列式性质进行计算即可．

【解】由题设，有

$$B = (\alpha_1 + \alpha_2 + \alpha_3, \alpha_1 + 2\alpha_2 + 4\alpha_3, \alpha_1 + 3\alpha_2 + 9\alpha_3)$$

$$= (\alpha_1, \alpha_2, \alpha_3) \begin{pmatrix} 1 & 1 & 1 \\ 1 & 2 & 3 \\ 1 & 4 & 9 \end{pmatrix},$$

于是有

$$|B| = |A| \begin{vmatrix} 1 & 1 & 1 \\ 1 & 2 & 3 \\ 1 & 4 & 9 \end{vmatrix} = 1 \times 2 = 2.$$

【温馨提示 1】作为解题技巧,本题可用选择题中常用的赋值法,即可令 $A = \begin{pmatrix} 1 & 0 & 0 \\ 0 & 1 & 0 \\ 0 & 0 & 1 \end{pmatrix}$,则 $B = \begin{pmatrix} 1 & 1 & 1 \\ 1 & 2 & 3 \\ 1 & 4 & 9 \end{pmatrix}$,于是 $|B| = 2$.

【温馨提示 2】本题也可用行列式的拆分性质或倍加不变进行计算.

【温馨提示 3】本题相当于矩阵 B 的列向量组可由矩阵 A 的列向量组线性表示,关键是将其转化为用矩阵乘积形式表示. 一般地,若

$$\begin{cases} \beta_1 = a_{11}\alpha_1 + a_{12}\alpha_2 + \cdots + a_{1n}\alpha_n, \\ \beta_2 = a_{21}\alpha_1 + a_{22}\alpha_2 + \cdots + a_{2n}\alpha_n, \\ \quad\vdots \\ \beta_n = a_{n1}\alpha_1 + a_{n2}\alpha_2 + \cdots + a_{m}\alpha_n, \end{cases}$$

则有

$$(\beta_1, \beta_2, \cdots, \beta_n) = (\alpha_1, \alpha_2, \cdots, \alpha_n) \begin{pmatrix} a_{11} & a_{21} & \cdots & a_{n1} \\ a_{12} & a_{22} & \cdots & a_{n2} \\ \vdots & \vdots & \cdots & \vdots \\ a_{1n} & a_{2n} & \cdots & a_{m} \end{pmatrix}.$$

【例 7-11】设 A 是 n 阶实对称矩阵,$A^2 = A$,$r(A) = r$,计算 $|A + 2E|$.

【分析】一方面,A 是实对称矩阵,必可对角化,即 A 可表示为 $A = P\Lambda P^{-1}$;另一方面由 $A^2 = A$ 和 $r(A) = r$ 可求出 A 的所有特征值,从而将 A 转化为对角矩阵进行分析,进而可计算出 $|A + 2E|$.

【解】因为 A 是实对称矩阵,故 A 必与对角矩阵 Λ 相似,即存在可逆矩阵 P,使得

$$P^{-1}AP = \Lambda = \mathrm{diag}(\lambda_1, \lambda_2, \cdots, \lambda_n),\text{其中 } \lambda_i(i = 1, 2, \cdots, n)$$

为 A 的特征值. 于是有 $A = P\Lambda P^{-1}$,从而

$$A + 2E = P\Lambda P^{-1} + P(2E)P^{-1} = P(\Lambda + 2E)P^{-1},$$

故

$$|A + 2E| = |P(\Lambda + 2E)P^{-1}| = |P||\Lambda + 2E||P^{-1}|$$

$$= (\lambda_1 + 2)(\lambda_2 + 2)\cdots(\lambda_n + 2).$$

而由 $A^2 = A$,可得 $\lambda^2 - \lambda = 0$,即 A 的特征值只能是 0 和 1,又 $r(\Lambda) = r(A) = r$,所以 $\lambda = 0$ 是 A 的 $n - r$ 重特征值,从而 $\lambda = 1$ 是 A 的 r 重特征值. 故

$$|A + 2E| = (1 + 2)^r (0 + 2)^{n-r} = 3^r \cdot 2^{n-r}.$$

> **【温馨提示】** 抽象行列式的计算问题,经常可利用特征值来进行讨论. 由本题可知:
>
> ① 若 A 的 n 个特征值为 $\lambda_i(i=1,2,\cdots,n)$,则 $A+kE$ 的 n 个特征值相应为 $\lambda_i+k(i=1,2,\cdots,n)$,于是 $|A+kE|=(\lambda_1+k)(\lambda_2+k)\cdots(\lambda_n+k)$.
>
> ② 若 A 与对角矩阵 Λ 相似,则 $A+kE$ 与 $\Lambda+kE$ 也相似,因而两者具有相同的特征值,进而具有相同的行列式.
>
> ③ 若实对称矩阵 $r(A)=r$,则 A 必有 $n-r$ 重零特征值. 也可叙述为,若矩阵 A 可对角化,且 $r(A)=r$,则 A 必有 $n-r$ 重零特征值. 这里的理论依据为 A 可对角化 $\Leftrightarrow n_i=n-r(\lambda_iE-A)$,其中 n_i 为特征值 λ_i 的重数.

【例 7-12】 设 $\alpha=(1,0,-1)^T$,矩阵 $A=\alpha\alpha^T$,n 为正整数,则 $|kE-A^n|=$ _____.

【解法1】 由于 $A=\alpha\alpha^T=\begin{pmatrix}1\\0\\-1\end{pmatrix}(1,0,-1)^T=\begin{pmatrix}1 & 0 & -1\\0 & 0 & 0\\-1 & 0 & 1\end{pmatrix}$,且

$$|\lambda E-A|=\begin{vmatrix}\lambda-1 & 0 & 1\\0 & \lambda & 0\\1 & 0 & \lambda-1\end{vmatrix}=\lambda^2(\lambda-2)=0,$$

于是,A 的特征值为 $\lambda_1=\lambda_2=0,\lambda_3=2$,故 $kE-A^n$ 的 3 个特征值为 $k-\lambda_i^n(i=1,2,3)$. 即分别为 $k,k,k-2^n$,故 $|kE-A^n|=k\cdot k\cdot(k-2^n)=k^2(k-2^n)$.

【解法2】 由 $A=\alpha\alpha^T$ 可得
$$A^n=(\alpha\alpha^T)^n=(\alpha\alpha^T)(\alpha\alpha^T)\cdots(\alpha\alpha^T)=\alpha(\alpha^T\alpha)^{n-1}\alpha^T=(\alpha^T\alpha)^{n-1}\alpha\alpha^T=2^{n-1}A,$$
于是,A 的任一特征值 λ 满足 $\lambda^n=2^{n-1}\lambda$,因此
$$\lambda=0 \text{ 或 } \lambda=2.$$
又由 $A=\alpha\alpha^T\neq 0$,有 $1\leqslant r(A)\leqslant\min\{\alpha,\alpha^T\}\leqslant 1$,进而 $r(A)=1$. 于是
$$\lambda_1=\lambda_2=0,\lambda_3=2,$$
故 $kE-A^n$ 的 3 个特征值为 $k-\lambda_i^n(i=1,2,3)$. 即分别为 $k,k,k-2^n$,故 $|kE-A^n|=k\cdot k\cdot(k-2^n)=k^2(k-2^n)$.

【解法3】 由 $A=\alpha\alpha^T\neq 0$,有 $1\leqslant r(A)\leqslant\min\{\alpha,\alpha^T\}\leqslant 1$,进而 $r(A)=1$,从而 A 有二重零特征值,即 $\lambda_1=\lambda_2=0$. 又 $A=\alpha\alpha^T=\begin{pmatrix}1\\0\\-1\end{pmatrix}(1,0,-1)^T=\begin{pmatrix}1 & 0 & -1\\0 & 0 & 0\\-1 & 0 & 1\end{pmatrix}$,所以 A 的第 3 个特征值满足 $\lambda_3+0+0=1+0+1$,于是 A 的特征值为
$$\lambda_1=\lambda_2=0,\lambda_3=2,$$
故 $kE-A^n$ 的 3 个特征值为 $k-\lambda_i^n(i=1,2,3)$. 即分别为 $k,k,k-2^n$,故 $|kE-A^n|=k\cdot k\cdot(k-2^n)=k^2(k-2^n)$.

【考点4】 高阶行列式的计算

> 【常考题型】解答题或其中的一部分.

> 【方法归纳】可根据行列式的特点,采用不同的计算方法,有时需同时使用几种不同的方法.常用方法:①化为三角形法;②降阶法(即是按行展开定理);③分裂行列式法;④递推法;⑤数学归纳法;⑥范德蒙法;⑦加边法等.

【例 7-13】(2008 年真题的第一问)设 n 元线性方程组 $Ax=b$,其中

$$A=\begin{pmatrix} 2a & 1 & & & & \\ a^2 & 2a & 1 & & & \\ & a^2 & 2a & 1 & & \\ & & \ddots & \ddots & \ddots & \\ & & & a^2 & 2a & 1 \\ & & & & a^2 & 2a \end{pmatrix}, x=\begin{pmatrix} x_1 \\ x_2 \\ \vdots \\ x_n \end{pmatrix}, b=\begin{pmatrix} 1 \\ 0 \\ \vdots \\ 0 \end{pmatrix}.$$

证明行列式 $|A|=(n+1)a^n$.

【证法 1】数学归纳法.记 $D_n=|A|=\begin{vmatrix} 2a & 1 & & & & \\ a^2 & 2a & 1 & & & \\ & a^2 & 2a & 1 & & \\ & & \ddots & \ddots & \ddots & \\ & & & a^2 & 2a & 1 \\ & & & & a^2 & 2a \end{vmatrix}_n$,

以下用数学归纳法证明 $D_n=(n+1)a^n$.

当 $n=1$ 时,$D_1=2a$,结论成立.

当 $n=2$ 时,$D_2=\begin{vmatrix} 2a & 1 \\ a^2 & 2a \end{vmatrix}=3a^2$,结论成立.

假设结论对小于 n 的情况成立.将 D_n 按第 1 行展开,得

$$D_n=2aD_{n-1}-\begin{vmatrix} a^2 & 1 & & & & \\ 0 & 2a & 1 & & & \\ & a^2 & 2a & 1 & & \\ & & \ddots & \ddots & \ddots & \\ & & & a^2 & 2a & 1 \\ & & & & a^2 & 2a \end{vmatrix}_{n-1}$$

$$=2aD_{n-1}-a^2 D_{n-2}$$
$$=2ana^{n-1}-a^2(n-1)a^{n-2}$$
$$=(n+1)a^n$$

故 $$|A|=(n+1)a^n.$$

【证法 2】消元法.

$$|A| = \begin{vmatrix} 2a & 1 & & & & \\ a^2 & 2a & 1 & & & \\ & a^2 & 2a & 1 & & \\ & & \ddots & \ddots & \ddots & \\ & & & a^2 & 2a & 1 \\ & & & & a^2 & 2a \end{vmatrix}_n$$

$$\xrightarrow{r_2 - \frac{1}{2}ar_1} \begin{vmatrix} 2a & 1 & & & & \\ 0 & \frac{3}{2}a & 1 & & & \\ & a^2 & 2a & 1 & & \\ & & \ddots & \ddots & \ddots & \\ & & & a^2 & 2a & 1 \\ & & & & a^2 & 2a \end{vmatrix}_n \xrightarrow{r_3 - \frac{2}{3}ar_2} \begin{vmatrix} 2a & 1 & & & & \\ 0 & \frac{3}{2}a & 1 & & & \\ & 0 & \frac{4}{3}a & 1 & & \\ & & a^2 & 2a & 1 & \\ & & & \ddots & \ddots & \ddots \\ & & & & a^2 & 2a \end{vmatrix}_n$$

$$= \cdots \xrightarrow{r_n - \frac{n-1}{n}ar_{n-1}} \begin{vmatrix} 2a & 1 & & & & \\ 0 & \frac{3}{2}a & 1 & & & \\ & 0 & \frac{4}{3}a & 1 & & \\ & & \ddots & \ddots & \ddots & \\ & & & 0 & \frac{n}{n-1}a & 1 \\ & & & & 0 & \frac{n+1}{n}a \end{vmatrix}_n = (n+1)a^n.$$

【温馨提示1】本题也可用递推法. 由 $D_n = \cdots = 2aD_{n-1} - a^2 D_{n-2}$ 得

$$D_n - aD_{n-1} = a(D_{n-1} - aD_{n-2}) = \cdots = a^{n-2}(D_2 - a^{n-2}D_1) = a^n.$$

于是 $D_n = (n+1)a^n$.

【温馨提示2】一般来讲,当已知行列式结果,而要求证明与自然数有关的结论时, 考虑用数学归纳法来证明较为方便.

【温馨提示3】纵观20年全国考研真题,尽数高阶行列式的计算,多数是作为"重要配角"融在其他大题中,常考类型已总结在难点剖析里. 具体计算方法在基础篇中已有较为详细的阐述,这里不再赘述.

有关行列式的证明题

【考点5】抽象行列式等于零或不等于零的判定或证明

【常考题型】大多为选择题,也有证明题.

【方法归纳】一般可用如下方法.
① 齐次方程组法:转化为齐次线性方程组 $AX=0$ 有非零解的判定.
② 反证法.
③ 秩法:转化为矩阵的秩 $r(A)<n$.
④ 线性相关性方法:转化为 A 的列向量组的线性相关性.
⑤ 特征值法:利用零是 A 的特征值.
⑥ 相反值法:$|A|=-|A|$.

【例 7-14】设 A,B 均为 n 阶非零矩阵,且满足 $AB=0$,证明 $|A|=|B|=0$.

【证法 1】反证法. 若 $|A|\neq 0$,则 A 可逆. 在 $AB=0$ 两边左乘 A^{-1},得 $B=0$,这与已知条件矛盾,故必有 $|A|=0$.

【证法 2】秩法. 由 $AB=0$ 知,$r(A)+r(B)\leqslant n$;由 $B\neq 0$ 知,$r(B)\geqslant 1$. 因而 $r(A)\leqslant n-r(B)\leqslant n-1<n$,所以 $|A|=0$,同理也有 $|B|=0$.

【证法 3】齐次方程组法. 将矩阵 B 按列分块,即 $B=(\beta_1,\beta_2,\cdots,\beta_n)$,则由 $AB=0$ 得 $A\beta_i=0, i=1,2,\cdots,n$. 于是 β_i 为方程组 $AX=0$ 的解. 又 B 为 n 阶非零矩阵,所以至少有一个 $\beta_i\neq 0$,因此方程组 $AX=0$ 有非零解,从而 $|A|=0$. 又由 $AB=0$ 得 $B^T A^T=0$,而 A^T 也是 n 阶非零矩阵,同理可得 $|B^T|=0$. 故 $|B|=|B^T|=0$.

【温馨提示】在考研真题中 $AB=0$ 是经常出现的,应明确其引申含义并灵活运用. 由 $AB=0$ 可得如下结论.
① 第二个矩阵 B 的每列均为以第一个矩阵 A 为系数矩阵构成的齐次方程组 $AX=0$ 的解.
② 第一个矩阵 A 的每行均为以第二个矩阵 B 为系数矩阵构成的齐次方程组 $BY=0$ 的解.

【温馨提示】
③ $r(A)+r(B)\leqslant n$.
④ 若 A,B 均为非零方阵,则必有 $|A|=0$ 和 $|B|=0$. 另外,也注意到任意一个非零矩阵 $A\neq 0 \Leftrightarrow r(A)\geqslant 1$.

【例 7-15】设 $n\leqslant m$,若 $A_{m\times n}X=b$ 有唯一解,则 $A^T A$ 为可逆矩阵.

【分析】矩阵可逆的充要条件是其行列式不等于零或矩阵是满秩的.

【证明】因为 $A_{m\times n}X=b$ 有唯一解,所以 $r(A)=n$,从而 $r(A^T)=r(A)=n$.
又利用结论 $r(A)+r(B)-n\leqslant r(AB)\leqslant \min\{r(A),r(B)\}$ 可得
$$n+n-n=r(A)+r(A^T)-n\leqslant r(A^T A)\leqslant n,$$
从而 $r(A^T A)=n$,进而 $|A^T A|\neq 0$,故 $A^T A$ 为可逆矩阵.

【例 7-16】设 A 为 $m\times n$ 矩阵,B 为 $n\times m$ 矩阵,且 $m>n$,试证 $|AB|=0$.

【分析】行列式是否为零是矩阵可逆的充要条件,问题转化为矩阵是否可逆,而矩阵是否可逆又与矩阵是否满秩相关,最终只要判断 AB 是否满秩即可.

【证明】因为 AB 为 m 阶方阵,且
$$r(AB)\leqslant\min\{r(A),r(B)\}\leqslant\min\{m,n\}.$$
当 $m>n$ 时,由上式可知,$r(AB)\leqslant n<m$,即 AB 不是满秩的,故有行列式 $|AB|=0$.

【例 7-17】(2004 年真题)设 n 阶矩阵 A 与 B 等价,则必有【　　】.
(A) 当 $|A|=a(a\neq 0)$ 时,$|B|=a$.　　(B) 当 $|A|=a(a\neq 0)$ 时,$|B|=-a$.
(C) 当 $|A|\neq 0$ 时,$|B|=0$.　　(D) 当 $|A|=0$ 时,$|B|=0$.

【答案】(D).

【分析】利用矩阵 A 与 B 等价的充要条件 $r(A)=r(B)$ 立即可得.

【解】因为当 $|A|=0$ 时,$r(A)<n$,又 A 与 B 等价,故 $r(B)=r(A)<n$,即 $|B|=0$,故选(D).

【例 7-18】设 n 阶矩阵 A 的主对角线上的元素全为 1,且其特征值非负. 证明:$0\leqslant|A|\leqslant 1$.

【证明】设 A 的 n 个特征值为 $\lambda_1,\lambda_2,\cdots,\lambda_n$,则 $\lambda_i\geqslant 0,i=1,2,\cdots,n$,并且有
$$|A|=\lambda_1\lambda_2\cdots\lambda_n\geqslant 0.$$
又 A 的主对角线上元素 $a_{ii}=1,i=1,2,\cdots,n$,故
$$\lambda_1+\lambda_2+\cdots+\lambda_n=a_{11}+a_{22}+\cdots+a_{nn}=n.$$
再根据"n 个非负数的几何平均值不超过它们的算术平均值",可得
$$\sqrt[n]{\lambda_1\lambda_2\cdots\lambda_n}\leqslant\frac{\lambda_1+\lambda_2+\cdots+\lambda_n}{n}=\frac{n}{n}=1.$$
因此
$$0\leqslant|A|=\lambda_1\lambda_2\cdots\lambda_n\leqslant 1.$$

【例 7-19】若 A,B 均为 n 阶正交矩阵,且 $|A|+|B|=0$. 证明:$|A+B|=0$.

【分析】为用到正交矩阵的题设信息 $AA^{\mathrm{T}}=A^{\mathrm{T}}A=E$ 和另外一个题设条件 $|A|+|B|=0$,应想到从 $|A+B|=|(A+B)^{\mathrm{T}}|=|A^{\mathrm{T}}+B^{\mathrm{T}}|$ 入手.

【证明】由题设,可知
$$AA^{\mathrm{T}}=A^{\mathrm{T}}A=E,BB^{\mathrm{T}}=B^{\mathrm{T}}B=E,$$
$$|A+B|=|(A+B)^{\mathrm{T}}|=|A^{\mathrm{T}}+B^{\mathrm{T}}|.$$
因为
$$|A||A+B|=|A||A^{\mathrm{T}}+B^{\mathrm{T}}|=|A(A^{\mathrm{T}}+B^{\mathrm{T}})|=|AA^{\mathrm{T}}+AB^{\mathrm{T}}|=|E+AB^{\mathrm{T}}|,$$
$$|B||A+B|=|B||A^{\mathrm{T}}+B^{\mathrm{T}}|=|B(A^{\mathrm{T}}+B^{\mathrm{T}})|=|E+BA^{\mathrm{T}}|=|(E+BA^{\mathrm{T}})^{\mathrm{T}}|=|E+AB^{\mathrm{T}}|,$$
$$|A|=-|B|,$$
所以
$$|A||A+B|=|B||A+B|=-|A||A+B|,$$
即
$$|A+B|=0.$$

【考点 6】分块矩阵的行列式

【常考题型】一般为填空题.

> 【方法归纳】利用初等变换将分块矩阵化为(上或下)对角块矩阵,并且使对角块上含有所证信息.

【例 7-20】若 A,B 均为 n 阶矩阵,证明 $\begin{vmatrix} A & B \\ B & A \end{vmatrix} = |A+B||A-B|$.

【分析】对矩阵 $\begin{pmatrix} A & B \\ B & A \end{pmatrix}$ 施行初等变换将其化为(上或下)对角块矩阵,使得对角块上含有 $A+B$ 和 $A-B$.

【证明】对矩阵 $\begin{pmatrix} A & B \\ B & A \end{pmatrix}$ 施行初等变换将其化为(上或下)对角块矩阵,得

$$\begin{pmatrix} A & B \\ B & A \end{pmatrix} \xrightarrow{r_1+r_2} \begin{pmatrix} A+B & A+B \\ B & A \end{pmatrix} \xrightarrow{c_2-c_1} \begin{pmatrix} A+B & 0 \\ B & A-B \end{pmatrix},$$

则

$$\begin{pmatrix} E & E \\ 0 & E \end{pmatrix} \begin{pmatrix} A & B \\ B & A \end{pmatrix} \begin{pmatrix} E & -E \\ 0 & E \end{pmatrix} = \begin{pmatrix} A+B & 0 \\ B & A-B \end{pmatrix},$$

两边取行列式,得

$$\begin{vmatrix} A & B \\ B & A \end{vmatrix} = |A+B||A-B|.$$

> 【温馨提示】此题的结论可用于例 7-1.

第八章 矩阵

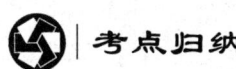 考点归纳

（1）矩阵的基本运算：矩阵的线性运算；矩阵的乘法；矩阵的转置；方阵的乘幂；方阵的行列式．

（2）矩阵的逆：逆矩阵的概念和性质；矩阵可逆的充要条件；逆矩阵的求法．

（3）伴随矩阵、特殊矩阵的运算及其运算性质．

（4）矩阵的初等变换及初等方阵．

（5）矩阵的秩：矩阵的秩的概念、计算，矩阵运算前后秩的变化．

（6）分块矩阵及其运算．

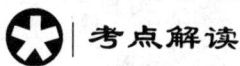 考点解读

★ 命题趋势

矩阵是线性代数的一个最重要的概念．矩阵的运算是线性代数的最基本的内容，例如，关于矩阵的乘法、矩阵的求逆运算，矩阵的初等变换等．每年都会有直接或间接涉及矩阵的运算，应熟练掌握．本章重要题型有：有关矩阵及其转置、逆的计算与证明；矩阵的乘法运算；解矩阵方程；与初等矩阵有关的命题；与伴随矩阵有关的命题；矩阵秩的计算和证明等．这部分命题方式主要为选择题和填空题，或巧妙地揉合在计算题或证明题中．

★ 难点剖析

1. 两个矩阵可乘的条件

前提必须是第一个矩阵的列数和第二个矩阵的行数相等，所得结果是一个与第一个矩阵行数相等与第二个矩阵列数相等的矩阵．特别地，n 个元素的一个行矩阵和一个列矩阵相乘是一个"数"．n 个元素的一个列矩阵和一个行矩阵相乘是一个矩阵．

2. 矩阵乘法不满足交换律和消去律

$$AB \neq BA, AB = AC \not\Rightarrow B = C, AB = 0 \not\Rightarrow A = 0 \text{ 或 } B = 0.$$

3. 解矩阵方程

通常先化简再计算．形如

$$XB - B = X, A^{-1}XA = 6A + XA,$$

$$A^* XA = 2XA - 8E, \quad AX = A + 2X, \quad AX + E = A^2 + X$$

的方程都称为矩阵方程．求未知矩阵 X，都是运用矩阵运算性质把矩阵方程化成如下形式：

$$AXB = C, \text{或 } AX = C, \text{或 } XB = C.$$

若 A,B 都可逆,上述类型的方程都可用求逆方法求出 X. 若 A,B 不可逆,可以令 $X=(x_{ij})$,代入矩阵方程求出 x_{ij} 得到 X.

4. 与初等变换有关的命题

初等变换是线性代数中的最基本的变换,应熟练运用,也是近年出现频率较高的知识点之一. 将初等变换转换为用矩阵乘法形式表示,然后再用矩阵的运算性质进行讨论即可. 记住如下有关结论并灵活运用是有益的.

(1) 矩阵的初等变换:矩阵的初等行变换与初等列变换统称为初等变换.

① 交换变换:交换矩阵的第 i 行(列)与第 j 行(列),也称为第一种初等变换.

② 倍乘变换:矩阵的第 i 行(列)乘以非零常数 k,也称为第二种初等变换.

③ 倍加变换:将矩阵的第 i 行(列)的 k 倍加到第 j 行(列),也称为第三种初等变换.

(2) 三种初等矩阵的定义.

① 第一种初等矩阵:交换单位矩阵的第 i 行(列)与第 j 行(列)得到的矩阵,记为 E_{ij}.

② 第二种初等矩阵:单位矩阵的第 i 行(列)乘以非零常数 k 得到的矩阵,记为 $E_i(k)$.

③ 第三种初等矩阵:将单位矩阵的第 i 行(j 列)的 k 倍加到第 j 行(i 列)得到的矩阵,记为 $E_{ij}(k)$.

(3) 三种初等矩阵的性质.

① 转置:$E_{ij}^T=E_{ij}$,$E_i^T(k)=E_i(k)$,$E_{ij}^T(k)=E_{ji}(k)$.

② 行列式:$|E_{ij}|=-1$,$|E_i(k)|=k$,$|E_{ij}(k)|=1$.

③ 逆:$E_{ij}^{-1}=E_{ij}$,$E_i^{-1}(k)=E_i\left(\dfrac{1}{k}\right)$,$E_{ij}^{-1}(k)=E_{ij}(-k)$.

④ 伴随:$E_{ij}^*=-E_{ij}$,$E_i^*(k)=kE_i\left(\dfrac{1}{k}\right)$,$E_{ij}^*(k)=E_{ij}(-k)$.

(4) 重要结论:每个初等变换都对应一个初等矩阵,并且对矩阵 A 施行一次初等行(列)变换,相当于左(右)乘相应的初等阵.

5. 与伴随矩阵有关的命题

通常与行列式结合起来命题,也可以与矩阵、矩阵的秩、线性方程组的解、特征值与特征向量等多个概念联系起来命题,它是线性代数部分出题最多的知识点之一. 所有与伴随矩阵相关的结论,一般都是通过公式 $AA^*=A^*A=|A|E$ 推导出来的. 以下有关伴随矩阵的结论应该掌握.

(1) $|A^*|=|A|^{n-1}(n\geqslant 2)$,$(A^*)^*=|A|^{n-2}A(n\geqslant 3)$,$(kA)^*=k^{n-1}A^*(n\geqslant 2)$.

(2) 若 A 可逆,则 $A^*=|A|A^{-1}$,将伴随矩阵的计算问题转化为行列式和逆矩阵的计算问题,例如有 $(A^*)^{-1}=\dfrac{1}{|A|}A$.

(3) $r(A^*)=\begin{cases} n, & r(A)=n \\ 1, & r(A)=n-1, \\ 0, & r(A)<n-1. \end{cases}$

6. 矩阵秩的计算与证明

(1) 定义法. 由矩阵秩的定义,可得到如下结论.

① $r(A_{m\times n})\leqslant \min\{m,n\}$.

② $r(A)=0 \Leftrightarrow A=0$.

③ $A \neq 0 \Leftrightarrow r(A) \geq 1$.

④ $r(A) \geq r \Leftrightarrow A$ 中有 r 阶子式不为 0.

⑤ $r(A) \leq r \Leftrightarrow A$ 中所有 $r+1$ 阶子式（如果存在的话）全为 0.

⑥ $r(A_{n \times n}) = n \Leftrightarrow |A| \neq 0$.

⑦ $r(A) = r(A^T)$.

(2) 初等变换法．数字型矩阵秩的一般计算方法：若 $A \xrightarrow{\text{初等行变换}}$ 行阶梯形矩阵 B，则 $r(A) = B$ 的非零行数．

(3) 利用秩的有关结论．矩阵经过运算后秩的变化规律如下．

① $r(A) - r(B) \leq r(A \pm B) \leq r(A) + r(B)$.

② $r(kA) = \begin{cases} r(A), & k \neq 0, \\ 0, & k = 0. \end{cases}$

③ $r(A) + r(B) - n \leq r(AB) \leq \min\{r(A), r(B)\}$.

④ 若 P, Q 为满秩方阵，则 $r(PA) = r(AQ) = r(PAQ) = r(A)$.

⑤ 若 $A \sim B$，则 $r(A) = r(B), r[f(A)] = r[f(B)]$.

⑥ $\max\{r(A), r(B)\} \leq r(A, B) \leq r(A) + r(B)$.

⑦ 若 $A_{m \times n} B_{n \times k} = 0$，则 $r(A) + r(B) \leq n$.

(4) 利用线性方程组的有关结论．

① 利用齐次线性方程组基础解系所含解向量的个数与系数矩阵的秩的关系：$n - r(A)$.

② 利用齐次线性方程组有非零解的充要条件：$r(A) < n \Leftrightarrow AX = 0$ 有非零解．

③ 利用非齐次线性方程组有解的充要条件：$r(A) = r(\overline{A})$.

④ 利用同解方程组的系数矩阵的秩相等．

7. 分块矩阵的运算

熟记下列相关结论并灵活运用是有益的．

(1) 与矩阵的逆有关．

① $\begin{pmatrix} A_1 & & & \\ & A_2 & & \\ & & \ddots & \\ & & & A_n \end{pmatrix}^{-1} = \begin{pmatrix} A_1^{-1} & & & \\ & A_2^{-1} & & \\ & & \ddots & \\ & & & A_n^{-1} \end{pmatrix}$.

② $\begin{pmatrix} & & & A_1 \\ & & A_2 & \\ & \iddots & & \\ A_n & & & \end{pmatrix}^{-1} = \begin{pmatrix} & & & A_n^{-1} \\ & & \iddots & \\ & A_2^{-1} & & \\ A_1^{-1} & & & \end{pmatrix}$.

③ $\begin{pmatrix} A & 0 \\ C & B \end{pmatrix}^{-1} = \begin{pmatrix} A^{-1} & 0 \\ -B^{-1}CA^{-1} & B^{-1} \end{pmatrix}, \begin{pmatrix} A & C \\ 0 & B \end{pmatrix}^{-1} = \begin{pmatrix} A^{-1} & -A^{-1}CB^{-1} \\ 0 & B^{-1} \end{pmatrix}$.

(2) 2 阶矩阵的逆矩阵巧记为"两调一除"原则：

$$\begin{pmatrix} a & b \\ c & d \end{pmatrix}^{-1} = \frac{1}{ad - bc} \begin{pmatrix} d & -b \\ -c & a \end{pmatrix}, ad - bc \neq 0.$$

（3）与矩阵的相似或特征值有关的分块：$A(\alpha_1,\alpha_2,\cdots,\alpha_s)=(A\alpha_1,A\alpha_2,\cdots,A\alpha_s)$，其中 A 为 $m\times n$ 矩阵，$\alpha_j(j=1,2,\cdots,n)$ 为 n 维列向量．

 点击考点+方法归纳

有关逆矩阵的题目

【考点1】 隐含矩阵可逆，求逆矩阵

【常考题型】 填空题．

【方法归纳】
① 按照分块矩阵的结论求逆．这类矩阵的特点：位于角上的块为零块，可以划分为分块对角阵，具有明显的可对角分块特征．
② 按照矩阵可逆的重要推论：若 $AB=E$，则 A（或 B）可逆，且 $A^{-1}=B$（或 $B^{-1}=A$）．这类问题的特点是：所求矩阵满足一个矩阵方程．

【例 8-1】（1991 年真题）设 4 阶方阵 $A=\begin{pmatrix} 5 & 2 & 0 & 0 \\ 2 & 1 & 0 & 0 \\ 0 & 0 & 1 & -2 \\ 0 & 0 & 1 & 1 \end{pmatrix}$，则 A 的逆矩阵 $A^{-1}=$ _____．

【分析】 A 具有明显的可对角分块特征，因此求 A 的逆可转化为求两个 2 阶矩阵的逆．

【解】 将矩阵分块并记为 $A=\begin{pmatrix} A_1 & 0 \\ 0 & B_1 \end{pmatrix}$，其中 $A_1=\begin{pmatrix} 5 & 2 \\ 2 & 1 \end{pmatrix}$，$B_1=\begin{pmatrix} 1 & -2 \\ 1 & 1 \end{pmatrix}$．利用"两调一除"原则，立即可得

$$A_1^{-1}=\begin{pmatrix} 5 & 2 \\ 2 & 1 \end{pmatrix}^{-1}=\frac{1}{1}\begin{pmatrix} 1 & -2 \\ -2 & 5 \end{pmatrix}=\begin{pmatrix} 1 & -2 \\ -2 & 5 \end{pmatrix},$$

$$B_1^{-1}=\begin{pmatrix} 1 & -2 \\ 1 & 1 \end{pmatrix}^{-1}=\frac{1}{3}\begin{pmatrix} 1 & 2 \\ -1 & 1 \end{pmatrix}=\begin{pmatrix} \frac{1}{3} & \frac{2}{3} \\ -\frac{1}{3} & \frac{1}{3} \end{pmatrix},$$

于是有

$$A^{-1}=\begin{pmatrix} A_1^{-1} & 0 \\ 0 & B_1^{-1} \end{pmatrix}=\begin{pmatrix} 1 & -2 & 0 & 0 \\ -2 & 5 & 0 & 0 \\ 0 & 0 & \frac{1}{3} & \frac{2}{3} \\ 0 & 0 & -\frac{1}{3} & \frac{1}{3} \end{pmatrix}.$$

第八章 矩阵

【温馨提示1】本题也可直接用伴随矩阵和初等变换求逆,但计算相对比较复杂. 一般来说,2阶矩阵应记住伴随求逆公式:$\begin{pmatrix} a & b \\ c & d \end{pmatrix}^{-1} = \frac{1}{ad-bc}\begin{pmatrix} d & -b \\ -c & a \end{pmatrix}$.

【温馨提示2】对于3阶矩阵多用初等变换法求逆,而4阶或4阶以上的矩阵求逆应考虑能否分块,再通过分块公式求逆.

【例8-2】(2001年真题)设矩阵 A 满足 $A^2+A-4E=0$,其中 E 为单位矩阵,则 $(A-E)^{-1}$ = _____.

【分析】本题为抽象矩阵求逆. 已知矩阵关系式求抽象矩阵的逆有相对固定的方法,其基本思路是设法从 $A^2+A-4E=0$ 中分离出因子 $A-E$,将其改写为 $(A-E)B=E$ 的形式即可.

【解】由题意,将 $A^2+A-4E=0$ 改写为

$$A^2+A-2E=2E,$$

分解因式得

$$(A-E)(A+2E)=2E,$$

整理得

$$(A-E)\cdot\frac{1}{2}(A+2E)=E,$$

故

$$(A-E)^{-1}=\frac{1}{2}(A+2E).$$

【温馨提示】本题也可用待定系数法进行分解:设 $(A-E)(A+aE)=bE$,再将其与原方程进行对照,即可确定参数 a,b.

【例8-3】(2000年真题)设 $A=\begin{pmatrix} 1 & 0 & 0 & 0 \\ -2 & 3 & 0 & 0 \\ 0 & -4 & 5 & 0 \\ 0 & 0 & -6 & 7 \end{pmatrix}$,$E$ 为4阶单位矩阵,且 $B=(E+A)^{-1}(E-A)$,则 $(E+B)^{-1}$ = _____.

【分析】先利用已知等式 $B=(E+A)^{-1}(E-A)$ 找出所求 $E+B$ 与已知矩阵 A 的关系,再进一步分析.

【解】由 $B=(E+A)^{-1}(E-A)$ 得,$(E+A)B=E-A$,进而 $AB+A+B+E=2E$.
于是,$(A+E)(B+E)=2E$,因此

$$(B+E)^{-1}=\frac{1}{2}(A+E)=\frac{1}{2}\begin{pmatrix} 2 & 0 & 0 & 0 \\ -2 & 4 & 0 & 0 \\ 0 & -4 & 6 & 0 \\ 0 & 0 & -6 & 8 \end{pmatrix}=\begin{pmatrix} 1 & 0 & 0 & 0 \\ -1 & 2 & 0 & 0 \\ 0 & -2 & 3 & 0 \\ 0 & 0 & -3 & 4 \end{pmatrix}.$$

【考点2】判定或证明矩阵可逆

> 【常考题型】选择题、证明题.

> 【方法归纳】
> ① 行列式法:矩阵 A 可逆 $\Leftrightarrow |A| \neq 0$.
> ② 秩法:矩阵 A 可逆 $\Leftrightarrow r(A)=n$,即 A 为满秩矩阵,秩等于其阶数.
> ③ 构造方程组法:矩阵 A 可逆 $\Leftrightarrow AX=0$ 只有零解.
> ④ 线性相关性法:矩阵 A 可逆 $\Leftrightarrow A$ 的行(或列)向量组线性无关.
> ⑤ 特征值法:矩阵 A 可逆 $\Leftrightarrow A$ 没有零特征值.
> ⑥ 按照矩阵可逆的重要推论:若 $AB=E$,则 A(或 B)可逆,且 $A^{-1}=B$(或 $B^{-1}=A$). 这类问题的特点是抽象矩阵满足一个代数方程.
> ⑦ 反证法.

【例 8-4】(2002 年真题)已知 A,B 为 3 阶矩阵,且满足 $2A^{-1}B=B-4E$,其中 E 为 3 阶单位矩阵. 证明矩阵 $A-2E$ 可逆.

【分析】已知 A,B 满足一个矩阵方程 $2A^{-1}B=B-4E$,想到方法⑥. 因而应设法从中分解出因子 $A-2E$,使 $(A-2E)(aB+bE)=cE$.

【证明】等式 $2A^{-1}B=B-4E$ 两边左乘以 A,得 $2B=AB-4A$,移项得 $AB-2B=4A$,整理得 $(A-2E)B=4A-8E+8E=4(A-2E)+8E$,于是,$(A-2E)(B-4E)=8E$,即 $(A-2E)\frac{1}{8}(B-4E)=E$,所以 $A-2E$ 可逆,且 $(A-2E)^{-1}=\frac{1}{8}(B-4E)$.

【例 8-5】(1996 年真题)设 $A=E-\xi\xi^T$,其中 E 是 n 阶单位矩阵,ξ 是 n 维非零列向量,ξ^T 是 ξ 的转置,证明:

(1) $A^2=A$ 的充要条件是 $\xi^T\xi=1$;

(2) $\xi^T\xi=1$ 时,A 是不可逆矩阵.

【分析】对于(1),应直接从 $A^2=A$ 入手,同时在运算 A^2 时应注意到 $\xi^T\xi$ 为数,$\xi\xi^T$ 为 n 阶矩阵,恰当运用矩阵乘法的结合律;对于(2),要求证明矩阵不可逆,有多种考虑方法.

【证明】(1) 由于 $A^2=(E-\xi\xi^T)(E-\xi\xi^T)=E-2\xi\xi^T+\xi(\xi^T\xi)\xi^T=E-(2-\xi^T\xi)\xi\xi^T$,因此 $A^2=A \Leftrightarrow E-(2-\xi^T\xi)\xi\xi^T=E-\xi\xi^T \Leftrightarrow (\xi^T\xi-1)\xi\xi^T=0$.

因为 $\xi\neq 0$,所以 $\xi\xi^T\neq 0$,故 $A^2=A$ 的充要条件是 $\xi^T\xi=1$.

(2) 证法 1:构造方程组法. 当 $\xi^T\xi=1$,由 $A=E-\xi\xi^T$,得 $A\xi=\xi-\xi\xi^T\xi=\xi-\xi=0$,因为 $\xi\neq 0$,故 $AX=0$ 有非零解,因此 $|A|=0$,故 A 不可逆.

证法 2:秩法. 当 $\xi^T\xi=1$ 时,有 $A^2=A \Rightarrow A(E-A)=0$,即 $E-A$ 的每列均为 $AX=0$ 的解,因为 $E-A=\xi\xi^T\neq 0$,说明 $AX=0$ 有非零解,因此 $r(A)<n$,故 A 不可逆.

证法 3:反证法. 假设 A 可逆,当 $\xi^T\xi=1$ 时,有 $A^2=A \Rightarrow A^{-1}A^2=A^{-1}A$,即 $A=E$,这与 $A=E-\xi\xi^T\neq E$ 矛盾,故 A 是不可逆矩阵.

> 【温馨提示】本题有几点值得注意:① $\xi^T\xi$ 为数,$\xi\xi^T$ 为 n 阶矩阵,利用这一点与矩阵乘法的结合律经常可简化计算;② 一个题由多部分构成时,后面的部分应尽可能利用前面部分已有的结论.

【例8-6】设 A 为 n 阶矩阵,证明:存在 n 阶非零矩阵 B,使得 $AB=O$ 的充要条件是 A 不可逆.

【证明】证明必要性. 因为 $AB=A(B_1,B_2,\cdots,B_n)=(AB_1,AB_2,\cdots,AB_n)$,$O=(0,0,\cdots,0)$,所以 $(AB_1,AB_2,\cdots,AB_n)=(0,0,\cdots,0)$. 即

$$AB_1=0, AB_2=0,\cdots, AB_n=0. \qquad (8-1)$$

作齐次方程组 $\qquad AX=0. \qquad (8-2)$

由式(8-1)知,B 的每列都是方程组式(8-2)的解. 又当 $B\neq O$ 时,至少有一个 $B_j\neq 0, 1\leqslant j\leqslant n$,此时 $AX=0$ 必有非零解,于是 $|A|=0$,故 A 不可逆.

证明充分性. 构造方程组 $AX=0$,因为 $|A|=0$,所以 $AX=0$ 有非零解. 设 X_1 是 $AX=0$ 的任意一个非零解,令 $B=(X_1,0,\cdots,0)$,则 $B\neq O$,且 $AB=A(X_1,0,\cdots,0)=(AX_1,0,\cdots,0)=(0,0,\cdots,0)=O$. 故得证.

【温馨提示1】若 $AB=O$,则 B 的每一列都是方程组 $AX=0$ 的解.

【温馨提示2】若 $|A|=0$,则满足 $AB=O$ 的 B 并不唯一,应有无穷多.

有关矩阵的乘法运算

【考点3】可交换矩阵的运算

【常考题型】大多为选择题.

【方法归纳】一般矩阵的乘法运算是不可交换的,若涉及是否可交换的问题,大都通过逆矩阵的定义 $AB=BA=E$ 进行分析讨论.

【例8-7】(2005年真题)设 A,B,C 均为 n 阶矩阵,E 为 n 阶单位矩阵,若 $B=E+AB$,$C=A+CA$,则 $B-C$ 为【 】.

(A) E.　　(B) $-E$.　　(C) A.　　(D) $-A$.

【答案】(A).

【分析】利用矩阵运算进行分析即可.

【解】由 $B=E+AB$,得 $(E-A)B=E$,于是 $E-A$ 与 B 互为逆矩阵,因而有

$$B(E-A)=E.$$

又由 $C=A+CA$,得

$$C(E-A)=A.$$

从而有 $(B-C)(E-A)=E-A$,而 $E-A$ 可逆,故 $B-C=E$,应选(A).

【温馨提示】本题考查矩阵运算性质,注意当 $(E-A)B=E$ 时,表明 $E-A,B$ 均可逆,且互为逆矩阵,从而利用逆矩阵的定义,它们还可互换.

【例8-8】(1991年真题)设 n 阶方阵 A,B,C 满足关系式 $ABC=E$,其中 E 是 n 阶单位矩阵,则必有【 】.

(A) $ACB=E$.　　(B) $CBA=E$.　　(C) $BAC=E$.　　(D) $BCA=E$.

【答案】(D).

【分析】本题四个选项均与矩阵可交换有关,而一般矩阵的乘法运算是不可交换的,若涉及是否可交换的问题,大都通过逆矩阵的定义进行分析讨论.

【解】由已知条件 $ABC=E$ 知,AB 与 C 以及 A 与 BC 均互为可逆矩阵,因此有 $ABC=CBA=BCA=E$,可见正确选项为(D).

【温馨提示】一般地,若 n 个方阵满足 $A_1A_2\cdots A_n=E$,则有 $A_iA_{i+1}\cdots A_nA_1A_2\cdots A_{i-1}=E$.

【考点4】求方阵的幂 A^n

【常考题型】填空题和解答题.

【方法归纳】

① 归纳法:经试算低次幂阵 A^2,A^3,知其有某一规律,再用数学归纳法.

② 分解法:若易知 $r(A)=1$,则 A 可分解为 α^T 与 β 之积,然后利用结合律,求之.

③ 分拆法:若方阵 $A=B+C$,且 B 与 C 不仅可交换,而且 B^n,C^n 易求,则 A^n 可用二项式定理计算.

④ 特征值法:若 A 有 n 个线性无关特征向量,则可通过相似对角化形式求之.

⑤ 分块矩阵法:若 A 显见是由具有多个零块阵构成的(分块)矩阵,宜按分块阵的相关方法计算.

【例 8-9】(1988 年真题)已知 $AP=PB$,其中 $B=\begin{pmatrix} 1 & 0 & 0 \\ 0 & 0 & 0 \\ 0 & 0 & -1 \end{pmatrix}$,$P=\begin{pmatrix} 1 & 0 & 0 \\ 2 & -1 & 0 \\ 2 & 1 & 1 \end{pmatrix}$,求 A,A^5.

【分析】矩阵乘法不满足交换律,但矩阵乘法满足结合律,应充分利用结合律简化计算.

【解】由 $|P|=-1\neq 0$,知 P 为可逆矩阵,于是由 $AP=PB$ 有 $A=PBP^{-1}$. 利用矩阵乘法的结合律,有

$$A^5=(PBP^{-1})^5=(PBP^{-1})(PBP^{-1})(PBP^{-1})(PBP^{-1})(PBP^{-1})$$

$$=PB(P^{-1}P)B(P^{-1}P)B(P^{-1}P)B(P^{-1}P)BP^{-1}=PB^5P^{-1}.$$

由 P 可求出

$$P^{-1}=\begin{pmatrix} 1 & 0 & 0 \\ 2 & -1 & 0 \\ -4 & 1 & 1 \end{pmatrix},\ A=PBP^{-1}=\begin{pmatrix} 1 & 0 & 0 \\ 2 & 0 & 0 \\ 6 & -1 & -1 \end{pmatrix}.$$

又 B 为对角矩阵,于是 $B^5=\begin{pmatrix} 1^5 & 0 & 0 \\ 0 & 0 & 0 \\ 0 & 0 & (-1)^5 \end{pmatrix}=B$,故

$$A^5 = PB^5P^{-1} = PBP^{-1} = A = \begin{pmatrix} 1 & 0 & 0 \\ 2 & 0 & 0 \\ 6 & -1 & -1 \end{pmatrix}.$$

【例 8-10】（2004 年真题）设矩阵 $A = \begin{pmatrix} 0 & -1 & 0 \\ 1 & 0 & 0 \\ 0 & 0 & -1 \end{pmatrix}$，$B = P^{-1}AP$，其中 P 为可逆矩阵，则 $B^{2004} - 2A^2 =$ _____．

【分析】由 $B = P^{-1}AP$ 可知，A 与 B 相似，因此考虑将 B 的幂次转化为 A 的幂次，又注意到 A 的元素特征（元素非 0 即 1），应是易求幂的矩阵．

【解】因为
$$A^2 = \begin{pmatrix} -1 & 0 & 0 \\ 0 & -1 & 0 \\ 0 & 0 & 1 \end{pmatrix}, A^4 = \begin{pmatrix} (-1)^2 & 0 & 0 \\ 0 & (-1)^2 & 0 \\ 0 & 0 & 1^2 \end{pmatrix} = E,$$

故 $$B^{2004} = P^{-1}A^{2004}P = P^{-1}(A^4)^{501}P = P^{-1}EP = E,$$

$$B^{2004} - 2A^2 = E - 2A^2 = \begin{pmatrix} 3 & 0 & 0 \\ 0 & 3 & 0 \\ 0 & 0 & -1 \end{pmatrix}.$$

【例 8-11】（1994 年真题）已知 $\alpha = (1,2,3)$，$\beta = \left(1, \dfrac{1}{2}, \dfrac{1}{3}\right)$，设 $A = \alpha^T\beta$，其中 α^T 是 α 的转置，则 $A^n =$ _____．

【分析】注意到矩阵 A 是一个列矩阵和一个行矩阵的分解式 $\alpha^T\beta$，而 $\beta\alpha^T$ 是数．因此本题的关键是利用矩阵乘法的结合律．

【解】因为 $A^n = (\alpha^T\beta)(\alpha^T\beta)\cdots(\alpha^T\beta) = \alpha^T(\beta\alpha^T)(\beta\alpha^T)\cdots(\beta\alpha^T)\beta$
$= (\beta\alpha^T)^{n-1}\alpha^T\beta = (\beta\alpha^T)^{n-1}A$，

并且 $\beta\alpha^T = \left(1, \dfrac{1}{2}, \dfrac{1}{3}\right)\begin{pmatrix} 1 \\ 2 \\ 3 \end{pmatrix} = 3$，$A = \alpha^T\beta = \begin{pmatrix} 1 & \frac{1}{2} & \frac{1}{3} \\ 2 & 1 & \frac{2}{3} \\ 3 & \frac{3}{2} & 1 \end{pmatrix}$，故 $A^n = 3^{n-1}\begin{pmatrix} 1 & \frac{1}{2} & \frac{1}{3} \\ 2 & 1 & \frac{2}{3} \\ 3 & \frac{3}{2} & 1 \end{pmatrix}$．

【温馨提示】本题若先求出 $A = \alpha^T\beta = \begin{pmatrix} 1 & \frac{1}{2} & \frac{1}{3} \\ 2 & 1 & \frac{2}{3} \\ 3 & \frac{3}{2} & 1 \end{pmatrix}$，再求 $A^2, \cdots, A^n$，将十分困难．

因此充分利用行列向量相乘与列行向量相乘的不同特性简化计算．

【例 8-12】（1999 年真题）设 $A = \begin{pmatrix} 1 & 0 & 1 \\ 0 & 2 & 0 \\ 1 & 0 & 1 \end{pmatrix}$，而 $n \geqslant 2$ 为正整数，则 $A^n - 2A^{n-1} =$ _____．

【分析】注意到矩阵 A 中元素的特征：只有 $0,1,2$ 且 $0,1$ 出现的频率较高，因此可以考虑直接计算 $A^2, A^3, \cdots$，从而归纳得出结果．又由于 $A^n - 2A^{n-1} = A^{n-1}(A-2E) = A^{n-2}A(A-2E)$，也可以先尝试计算 $A(A-2E)$．

【解法1】因为

$$A^2 = \begin{pmatrix} 1 & 0 & 1 \\ 0 & 2 & 0 \\ 1 & 0 & 1 \end{pmatrix} \begin{pmatrix} 1 & 0 & 1 \\ 0 & 2 & 0 \\ 1 & 0 & 1 \end{pmatrix} = \begin{pmatrix} 2 & 0 & 2 \\ 0 & 4 & 0 \\ 2 & 0 & 2 \end{pmatrix} = 2A,$$

于是 $A^3 = A^2 \cdot A = 2A \cdot A = 2A^2 = 2^2 A$．不妨设 $A^{n-1} = 2^{n-2} A$，则

$$A^n = A^{n-1} \cdot A = 2^{n-2} A \cdot A = 2^{n-2} \cdot A^2 = 2^{n-2} \cdot 2A = 2^{n-1} A,$$

故
$$A^n - 2A^{n-1} = 2^{n-1} A - 2 \cdot 2^{n-2} A = 0.$$

【解法2】因为 $A(A-2E) = \begin{pmatrix} 1 & 0 & 1 \\ 0 & 2 & 0 \\ 1 & 0 & 1 \end{pmatrix} \begin{pmatrix} -1 & 0 & 1 \\ 0 & 0 & 0 \\ 1 & 0 & -1 \end{pmatrix} = \begin{pmatrix} 0 & 0 & 0 \\ 0 & 0 & 0 \\ 0 & 0 & 0 \end{pmatrix}$，所以

$$A^n - 2A^{n-1} = A^{n-1}(A-2E) = A^{n-2}, A(A-2E) = 0.$$

【考点5】解矩阵方程

【常考题型】大多为填空题，少数为解答题．

【方法归纳】通常是含有矩阵的转置、逆或伴随的矩阵方程，应先根据相关矩阵的运算性质化简再求．

【例 8-13】(1995 年真题) 设 3 阶矩阵 A, B 满足关系式 $A^{-1}BA = 6A + BA$，且 $A = \begin{pmatrix} \frac{1}{3} & 0 & 0 \\ 0 & \frac{1}{4} & 0 \\ 0 & 0 & \frac{1}{7} \end{pmatrix}$，则 $B = $ _____．

【分析】先简化计算，本题可在等式两边同时右乘 A^{-1} 进行化简．

【解】在已知等式 $A^{-1}BA = 6A + BA$ 两边右乘 A^{-1}，得 $A^{-1}B = 6E + B$，于是有 $(A^{-1} - E)B = 6E$，故

$$B = 6(A^{-1} - E)^{-1} = 6 \begin{pmatrix} 2 & 0 & 0 \\ 0 & 3 & 0 \\ 0 & 0 & 6 \end{pmatrix}^{-1} = 6 \begin{pmatrix} 2^{-1} & 0 & 0 \\ 0 & 3^{-1} & 0 \\ 0 & 0 & 6^{-1} \end{pmatrix} = \begin{pmatrix} 3 & 0 & 0 \\ 0 & 2 & 0 \\ 0 & 0 & 1 \end{pmatrix}.$$

【例 8-14】(1990 年真题) 设 4 阶矩阵

$$B = \begin{pmatrix} 1 & -1 & 0 & 0 \\ 0 & 1 & -1 & 0 \\ 0 & 0 & 1 & -1 \\ 0 & 0 & 0 & 1 \end{pmatrix}, C = \begin{pmatrix} 2 & 1 & 3 & 4 \\ 0 & 2 & 1 & 3 \\ 0 & 0 & 2 & 1 \\ 0 & 0 & 0 & 2 \end{pmatrix},$$

且矩阵 A 满足关系式 $A(E-C^{-1}B)^{\mathrm{T}}C^{\mathrm{T}}=E$,其中 E 为 4 阶单位矩阵,C^{-1} 表示 C 的逆矩阵,C^{T} 表示 C 的转置矩阵,将上述关系式化简并求矩阵 A.

【分析】先利用矩阵的转置性质化简,再进行计算.

【解】因为 $A(E-C^{-1}B)^{\mathrm{T}}C^{\mathrm{T}}=A[C(E-C^{-1}B)]^{\mathrm{T}}=A(C-B)^{\mathrm{T}}$,于是有
$$A(C-B)^{\mathrm{T}}=E,$$
故
$$A=[(C-B)^{\mathrm{T}}]^{-1}.$$

对 $(C-B)^{\mathrm{T}}=\begin{pmatrix}1&0&0&0\\2&1&0&0\\3&2&1&0\\4&3&2&1\end{pmatrix}$,用初等变换法求逆如下:

$$((C-B)^{\mathrm{T}}\;\vdots\;E)=\begin{pmatrix}1&0&0&0&\vdots&1&0&0&0\\2&1&0&0&\vdots&0&1&0&0\\3&2&1&0&\vdots&0&0&1&0\\4&3&2&1&\vdots&0&0&0&1\end{pmatrix}$$

$$\to\begin{pmatrix}1&0&0&0&\vdots&1&0&0&0\\0&1&0&0&\vdots&-2&1&0&0\\0&2&1&0&\vdots&-3&0&1&0\\0&3&2&1&\vdots&-4&0&0&1\end{pmatrix}$$

$$\to\begin{pmatrix}1&0&0&0&\vdots&1&0&0&0\\0&1&0&0&\vdots&-2&1&0&0\\0&0&1&0&\vdots&1&-2&1&0\\0&0&2&1&\vdots&2&-3&0&1\end{pmatrix}$$

$$\to\begin{pmatrix}1&0&0&0&\vdots&1&0&0&0\\0&1&0&0&\vdots&-2&1&0&0\\0&0&1&0&\vdots&1&-2&1&0\\0&0&0&1&\vdots&0&1&-2&1\end{pmatrix},$$

故
$$A=[(C-B)^{\mathrm{T}}]^{-1}=\begin{pmatrix}1&0&0&0\\-2&1&0&0\\1&-2&1&0\\0&1&-2&1\end{pmatrix}.$$

【温馨提示】求逆矩阵 $[(C-B)^{\mathrm{T}}]^{-1}$ 时,可以用初等变换,也可以通过分块矩阵求逆.

【例 8-15】(1999 年真题)设矩阵 $A=\begin{pmatrix}1&1&-1\\-1&1&1\\1&-1&1\end{pmatrix}$,矩阵 X 满足 $A^{*}X=A^{-1}+2X$,其中 A^{*} 为 A 的伴随矩阵,求 X.

【分析】 已知矩阵 A，而矩阵方程中 $A^*X = A^{-1} + 2X$ 含有 A^*，为避免计算 A^*，应先利用 $AA^* = A^*A = |A|E$ 化简，消去 A^*．

【解】 在 $A^*X = A^{-1} + 2X$ 的两边左乘 A，得 $AA^*X = AA^{-1} + 2AX$，即

$$(|A|E - 2A)X = E,$$

于是 $|A|E - 2A$ 可逆，且 $X = (|A|E - 2A)^{-1}$．由于

$$|A| = \begin{vmatrix} 1 & 1 & -1 \\ -1 & 1 & 1 \\ 1 & -1 & 1 \end{vmatrix} = 4, \quad |A|E - 2A = 2\begin{pmatrix} 1 & -1 & 1 \\ 1 & 1 & -1 \\ -1 & 1 & 1 \end{pmatrix},$$

故

$$X = \frac{1}{2}\begin{pmatrix} 1 & -1 & 1 \\ 1 & 1 & -1 \\ -1 & 1 & 1 \end{pmatrix}^{-1}.$$

用初等行变换求逆矩阵．因为

$$\begin{pmatrix} 1 & -1 & 1 & 1 & 0 & 0 \\ 1 & 1 & -1 & 0 & 1 & 0 \\ -1 & 1 & 1 & 0 & 0 & 1 \end{pmatrix} \to \begin{pmatrix} 1 & -1 & 1 & 1 & 0 & 0 \\ 0 & 2 & -2 & -1 & 1 & 0 \\ 0 & 0 & 2 & 1 & 0 & 1 \end{pmatrix}$$

$$\to \begin{pmatrix} 1 & -1 & 1 & 1 & 0 & 0 \\ 0 & 2 & 0 & 0 & 1 & 1 \\ 0 & 0 & 1 & \frac{1}{2} & 0 & \frac{1}{2} \end{pmatrix} \to \begin{pmatrix} 1 & -1 & 1 & 1 & 0 & 0 \\ 0 & 1 & 0 & 0 & \frac{1}{2} & \frac{1}{2} \\ 0 & 0 & 1 & \frac{1}{2} & 0 & \frac{1}{2} \end{pmatrix}$$

$$\to \begin{pmatrix} 1 & 0 & 0 & \frac{1}{2} & \frac{1}{2} & 0 \\ 0 & 1 & 0 & 0 & \frac{1}{2} & \frac{1}{2} \\ 0 & 0 & 1 & \frac{1}{2} & 0 & \frac{1}{2} \end{pmatrix},$$

于是有

$$X = \frac{1}{2}\begin{pmatrix} \frac{1}{2} & \frac{1}{2} & 0 \\ 0 & \frac{1}{2} & \frac{1}{2} \\ \frac{1}{2} & 0 & \frac{1}{2} \end{pmatrix} = \frac{1}{4}\begin{pmatrix} 1 & 1 & 0 \\ 0 & 1 & 1 \\ 1 & 0 & 1 \end{pmatrix}.$$

【例 8-16】（2000 年真题）设矩阵 A 的伴随矩阵 $A^* = \begin{pmatrix} 1 & 0 & 0 & 0 \\ 0 & 1 & 0 & 0 \\ 1 & 0 & 1 & 0 \\ 0 & -3 & 0 & 8 \end{pmatrix}$，且 $ABA^{-1} = BA^{-1} + 3E$，其中 E 为 4 阶单位矩阵，求矩阵 B．

【分析】 已知矩阵 A 的伴随矩阵 A^*，而矩阵方程中 $ABA^{-1} = BA^{-1} + 3E$ 含有 A 和 A^{-1}，

为避免计算 A 和 A^{-1},应先利用 $AA^* = A^*A = |A|E$ 和 $AA^{-1} = A^{-1}A = E$ 化简,消去 A 和 A^{-1}. 为此可在已知等式两边右乘 A,再左乘 A^*.

【解】由 $|A^*| = 8$,并利用 $|A|^{n-1} = |A^*|$,得 $|A| = 2$. 于是 $AA^* = A^*A = |A|E = 2E$. 故在等式 $ABA^{-1} = BA^{-1} + 3E$ 两边先右乘 A,再左乘 A^*,可得

$$(A^*A)B(A^{-1}A) = (A^*B)A^{-1}A + A^*(3E)A,$$

化简得 $2B = A^*B + 6E$,合并得 $(2E - A^*)B = 6E$,于是有

$$B = 6(2E - A^*)^{-1}.$$

其中

$$(2E - A^*) = \begin{pmatrix} 1 & 0 & 0 & 0 \\ 0 & 1 & 0 & 0 \\ -1 & 0 & 1 & 0 \\ 0 & 3 & 0 & -6 \end{pmatrix}.$$

用初等行变换求 $2E - A^*$ 的逆矩阵. 因为

$$(2E - A^* \vdots E) = \begin{pmatrix} 1 & 0 & 0 & 0 & \vdots & 1 & 0 & 0 & 0 \\ 0 & 1 & 0 & 0 & \vdots & 0 & 1 & 0 & 0 \\ -1 & 0 & 1 & 0 & \vdots & 0 & 0 & 1 & 0 \\ 0 & 3 & 0 & -6 & \vdots & 0 & 0 & 0 & 1 \end{pmatrix}$$

$$\rightarrow \begin{pmatrix} 1 & 0 & 0 & 0 & \vdots & 1 & 0 & 0 & 0 \\ 0 & 1 & 0 & 0 & \vdots & 0 & 1 & 0 & 0 \\ 0 & 0 & 1 & 0 & \vdots & 1 & 0 & 1 & 0 \\ 0 & 0 & 0 & -6 & \vdots & 0 & -3 & 0 & 1 \end{pmatrix} \rightarrow \begin{pmatrix} 1 & 0 & 0 & 0 & \vdots & 1 & 0 & 0 & 0 \\ 0 & 1 & 0 & 0 & \vdots & 0 & 1 & 0 & 0 \\ 0 & 0 & 1 & 0 & \vdots & 1 & 0 & 1 & 0 \\ 0 & 0 & 0 & 1 & \vdots & 0 & \frac{1}{2} & 0 & -\frac{1}{6} \end{pmatrix}.$$

所以

$$(2E - A^*)^{-1} = \begin{pmatrix} 1 & 0 & 0 & 0 \\ 0 & 1 & 0 & 0 \\ 1 & 0 & 1 & 0 \\ 0 & \frac{1}{2} & 0 & -\frac{1}{6} \end{pmatrix},$$

故

$$B = 6(2E - A^*)^{-1} = \begin{pmatrix} 6 & 0 & 0 & 0 \\ 0 & 6 & 0 & 0 \\ 6 & 0 & 6 & 0 \\ 0 & 3 & 0 & -1 \end{pmatrix}.$$

【温馨提示】对于题设条件含有 A^* 的情形,一般都应先考虑利用关系式 $AA^* = A^*A = |A|E$ 进行化简.

【例 8-17】(2000 年真题)设 $\alpha=\begin{pmatrix}1\\2\\1\end{pmatrix}, \beta=\begin{pmatrix}1\\ \frac{1}{2}\\0\end{pmatrix}, \gamma=\begin{pmatrix}0\\0\\8\end{pmatrix}, A=\alpha\beta^T, B=\beta^T\alpha$，其中 β^T 为 β 的转置，求解方程 $2B^2A^2X=A^4X+B^4X+\gamma$.

【分析】所给矩阵方程中含有方阵的幂，因此应先计算这些矩阵的幂，化简等式，再解矩阵方程．化简时，应注意到 $A=\alpha\beta^T$ 为 3 阶矩阵，而 $B=\beta^T\alpha$ 为常数．

【解】因为

$$A=\alpha\beta^T=\begin{pmatrix}1\\2\\1\end{pmatrix}\begin{pmatrix}1 & \frac{1}{2} & 0\end{pmatrix}=\begin{pmatrix}1 & \frac{1}{2} & 0\\2 & 1 & 0\\1 & \frac{1}{2} & 0\end{pmatrix}, B=\beta^T\alpha=\begin{pmatrix}1 & \frac{1}{2} & 0\end{pmatrix}\begin{pmatrix}1\\2\\1\end{pmatrix}=2,$$

所以

$$A^2=(\alpha\beta^T)(\alpha\beta^T)=\alpha(\beta^T\alpha)\beta^T=2A, A^4=A^2\cdot A^2=2A\cdot 2A=4A^2=8A.$$

代入原方程，得

$$16AX=8AX+16X+\gamma,$$

即

$$8(A-2E)X=\gamma.$$

又 $8(A-2E)=8\begin{pmatrix}-1 & \frac{1}{2} & 0\\2 & -1 & 0\\1 & \frac{1}{2} & -2\end{pmatrix}, \gamma=\begin{pmatrix}0\\0\\8\end{pmatrix}=8\begin{pmatrix}0\\0\\1\end{pmatrix}$，于是得到关于变量 X 的非齐次线性方程组

$$\begin{pmatrix}-1 & \frac{1}{2} & 0\\2 & -1 & 0\\1 & \frac{1}{2} & -2\end{pmatrix}X=\begin{pmatrix}0\\0\\1\end{pmatrix}.$$

用初等行变换来解此方程组，为此将增广矩阵化为行简化阶梯形：

$$\begin{pmatrix}-1 & \frac{1}{2} & 0 & 0\\2 & -1 & 0 & 0\\1 & \frac{1}{2} & -2 & 1\end{pmatrix}\to\begin{pmatrix}1 & -\frac{1}{2} & 0 & 0\\0 & 0 & 0 & 0\\0 & 1 & -2 & 1\end{pmatrix}\to\begin{pmatrix}1 & 0 & -1 & \frac{1}{2}\\0 & 1 & -2 & 1\\0 & 0 & 0 & 0\end{pmatrix},$$

得到同解方程组

$$\begin{cases}x_1=x_3+\frac{1}{2},\\x_2=2x_3+1,\\x_3=x_3.\end{cases}$$

即

$$X = \begin{pmatrix} x_1 \\ x_2 \\ x_3 \end{pmatrix} = k \begin{pmatrix} 1 \\ 2 \\ 1 \end{pmatrix} + \begin{pmatrix} \frac{1}{2} \\ 1 \\ 0 \end{pmatrix}, 其中 k 是任意常数.$$

有关矩阵的初等变换和初等矩阵的命题

【考点6】 求初等变换中的变换矩阵

【常考题型】 大多为客观题.

【方法归纳】 利用对矩阵 A 施行一次初等行（列）变换，相当于左（右）乘相应的初等矩阵．同时应灵活运用初等矩阵的定义和相关性质．

【例 8-18】（2004年真题）设 A 是3阶方阵，将 A 的第1列与第2列交换得 B，再把 B 的第2列加到第3列得 C，则满足 $AQ=C$ 的可逆矩阵 Q 为【　　】．

(A) $\begin{pmatrix} 0 & 1 & 0 \\ 1 & 0 & 0 \\ 1 & 0 & 1 \end{pmatrix}$． (B) $\begin{pmatrix} 0 & 1 & 0 \\ 1 & 0 & 1 \\ 0 & 0 & 1 \end{pmatrix}$． (C) $\begin{pmatrix} 0 & 1 & 0 \\ 1 & 0 & 0 \\ 0 & 1 & 1 \end{pmatrix}$． (D) $\begin{pmatrix} 0 & 1 & 1 \\ 1 & 0 & 0 \\ 0 & 0 & 1 \end{pmatrix}$．

【答案】（D）．

【分析】 本题考察初等矩阵的概念与性质，对 A 作两次初等列变换，相当于右乘两个相应的初等矩阵，而 Q 即为这两个初等矩阵的乘积．

【解】 由题设，有

$$A \begin{pmatrix} 0 & 1 & 0 \\ 1 & 0 & 0 \\ 0 & 0 & 1 \end{pmatrix} = B, \quad B \begin{pmatrix} 1 & 0 & 0 \\ 0 & 1 & 1 \\ 0 & 0 & 1 \end{pmatrix} = C,$$

故

$$A \begin{pmatrix} 0 & 1 & 0 \\ 1 & 0 & 0 \\ 0 & 0 & 1 \end{pmatrix} \begin{pmatrix} 1 & 0 & 0 \\ 0 & 1 & 1 \\ 0 & 0 & 1 \end{pmatrix} = A \begin{pmatrix} 0 & 1 & 1 \\ 1 & 0 & 0 \\ 0 & 0 & 1 \end{pmatrix} = C.$$

【考点7】 求由初等变换得到的矩阵的有关性质

【常考题型】 大多为客观题，少有证明题或解答题．

【方法归纳】 一般首先利用初等变换的性质定理写出变换前后两个矩阵之间的等式关系，再结合初等矩阵的逆、行列式等相关性质和具体题目要求进行后续的解答．

【例 8-19】（2009年真题）设 A, P 均为3阶矩阵，P^T 为 P 的转置矩阵，且 $P^TAP = \begin{pmatrix} 1 & 0 & 0 \\ 0 & 1 & 0 \\ 0 & 0 & 2 \end{pmatrix}$，若 $P = (\alpha_1, \alpha_2, \alpha_3), Q = (\alpha_1 + \alpha_2, \alpha_2, \alpha_3)$，则 Q^TAQ 为【　　】．

(A) $\begin{pmatrix} 2 & 1 & 0 \\ 1 & 1 & 0 \\ 0 & 0 & 2 \end{pmatrix}$. (B) $\begin{pmatrix} 1 & 1 & 0 \\ 1 & 2 & 0 \\ 0 & 0 & 2 \end{pmatrix}$. (C) $\begin{pmatrix} 2 & 0 & 0 \\ 0 & 1 & 0 \\ 0 & 0 & 2 \end{pmatrix}$. (D) $\begin{pmatrix} 1 & 0 & 0 \\ 0 & 2 & 0 \\ 0 & 0 & 2 \end{pmatrix}$.

【答案】(A).

【分析】本题考察初等变换的概念与初等矩阵的性质. 由题设, $P=(\alpha_1,\alpha_2,\alpha_3)$, $Q=(\alpha_1+\alpha_2,\alpha_2,\alpha_3)$, 应能观察出矩阵 Q 是由 P 经过初等列变换得到的, 因此两者有一个等式关系 $Q=PE_{12}(1)$, 从而将所求的 $Q^T AQ$ 转化为

$$Q^T AQ=[PE_{12}(1)]^T A[PE_{12}(1)]=E_{12}^T(1)(P^T AP)E_{12}(1).$$

【解】$Q=(\alpha_1+\alpha_2,\alpha_2,\alpha_3)=(\alpha_1,\alpha_2,\alpha_3)\begin{pmatrix} 1 & 0 & 0 \\ 1 & 1 & 0 \\ 0 & 0 & 1 \end{pmatrix}=(\alpha_1,\alpha_2,\alpha_3)E_{12}(1)$, 即

$$Q=PE_{12}(1).$$

$$Q^T AQ=[PE_{12}(1)]^T A[PE_{12}(1)]=E_{12}^T(1)(P^T AP)E_{12}(1)=E_{21}^T(1)\begin{pmatrix} 1 & 0 & 0 \\ 0 & 1 & 0 \\ 0 & 0 & 2 \end{pmatrix}E_{12}(1)$$

$$=\begin{pmatrix} 1 & 1 & 0 \\ 0 & 1 & 0 \\ 0 & 0 & 1 \end{pmatrix}\begin{pmatrix} 1 & 0 & 0 \\ 0 & 1 & 0 \\ 0 & 0 & 2 \end{pmatrix}\begin{pmatrix} 1 & 0 & 0 \\ 1 & 1 & 0 \\ 0 & 0 & 1 \end{pmatrix}=\begin{pmatrix} 2 & 1 & 0 \\ 1 & 1 & 0 \\ 0 & 0 & 2 \end{pmatrix}.$$

故应选(A).

【例 8-20】(2005 年真题)设 A 为 $n(n\geqslant 2)$ 阶可逆矩阵, 交换 A 的第 1 行与第 2 行得矩阵 B, A^*, B^* 分别为 A, B 的伴随矩阵, 则必有【　　】.

(A) 交换 A^* 的第 1 列与第 2 列得 B^*.　　(B) 交换 A^* 的第 1 行与第 2 行得 B^*.

(C) 交换 A^* 的第 1 列与第 2 列得 $-B^*$.　　(D) 交换 A^* 的第 1 行与第 2 行得 $-B^*$.

【答案】(C).

【分析】本题考察初等变换的概念与初等矩阵的性质, 只需利用初等矩阵的关系以及伴随矩阵的性质进行分析即可.

【解】由题设知, 存在初等矩阵 E_{12}(交换 n 阶单位矩阵的第 1 行和第 2 行后所得), 使得 $E_{12}A=B$, 于是 $B^*=(E_{12}A)^*=|E_{12}A|(E_{12}A)^{-1}=|E_{12}||A|A^{-1}E_{12}^{-1}=-A^* E_{12}$, 即 $A^* E_{12}=-B^*$, 故应选(C).

> 【温馨提示】充分利用伴随矩阵的运算性质: $AA^*=A^* A=|A|E$, 当 A 可逆时, $A^*=|A|A^{-1}$. 进一步还有 $(AB)^*=B^* A^*$.

【例 8-21】(1997 年真题)设 A 是 n 阶可逆方阵, 将 A 的第 i 行和第 j 行对换后得到的矩阵记为 B.

(1) 证明 B 可逆;

(2) 求 AB^{-1}.

【分析】将 A 的第 i 行和第 j 行对换, 相当于左乘一个初等矩阵, 首先得到矩阵 B 的等式表达; 再利用行列式的性质, 交换两行, 行列式值变号, 其值仍不为零, 从而 B 可逆; 之后利用

初等矩阵的性质,即可求出 AB^{-1}.

【解】(1) 记 E_{ij} 是由 n 阶单位矩阵的第 i 行和第 j 行对换后所得到的初等矩阵,则 $B = E_{ij}A$,于是有 $|B| = |E_{ij}||A| = -|A| \neq 0$,故 B 可逆.

(2) 由 $B = E_{ij}A$,可得 $AB^{-1} = A(E_{ij}A)^{-1} = AA^{-1}E_{ij}^{-1} = E_{ij}$.

与伴随矩阵、转置矩阵等有关的命题

【考点8】利用伴随矩阵万能公式求其逆、行列式等

【常考题型】多为填空题、选择题.

【方法归纳】利用伴随、转置矩阵的运算性质和万能公式 $AA^* = A^*A = E$ 等相关重要公式.

【例 8-22】(1995 年真题)设 $A = \begin{pmatrix} 1 & 0 & 0 \\ 2 & 2 & 0 \\ 3 & 4 & 5 \end{pmatrix}$,$A^*$ 是 A 的伴随矩阵,则 $(A^*)^{-1} = $ _____.

【分析】本题若由矩阵 A 先求出其伴随矩阵 A^*,再求 $(A^*)^{-1}$,虽然可以,但计算量较大. 一般地,若已知矩阵 A,涉及求伴随矩阵的命题,应避免直接计算 A^*,而是利用公式 $A^* = |A|A^{-1}$ 将其转化为矩阵 A 的运算.

【解】由 $|A| = 10 \neq 0$,可知 A 可逆. 于是,$A^* = |A|A^{-1}$.

故 $(A^*)^{-1} = (|A|A^{-1})^{-1} = \dfrac{1}{|A|}A = \dfrac{1}{10}A = \begin{pmatrix} \dfrac{1}{10} & 0 & 0 \\ \dfrac{1}{3} & \dfrac{1}{5} & 0 \\ \dfrac{3}{10} & \dfrac{2}{5} & \dfrac{1}{2} \end{pmatrix}$.

【温馨提示】已知矩阵 A,求其伴随矩阵的逆可以用公式 $(A^*)^{-1} = \dfrac{1}{|A|}A$.

【例 8-23】(1996 年真题)设 n 阶矩阵 A 非奇异($n \geq 2$),A^* 是 A 的伴随矩阵,则【 】.

(A) $(A^*)^* = |A|^{n-1}A$.   (B) $(A^*)^* = |A|^{n+1}A$.
(C) $(A^*)^* = |A|^{n-2}A$.   (D) $(A^*)^* = |A|^{n+2}A$.

【答案】(C).

【分析】凡涉及伴随矩阵 A^* 的计算或证明,应联想到有关的公式.

【解】由于 A 非奇异,于是 $A^* = |A|A^{-1}$. 有

$$(A^*)^* = (|A|A^{-1})^* = ||A|A^{-1}|(|A|A^{-1})^{-1}$$
$$= |A|^n|A^{-1}| \cdot \dfrac{1}{|A|}(A^{-1})^{-1} = |A|^{n-2}A \quad (n \geq 2).$$

故应选(C).

【例 8-24】(2005 年真题)设矩阵 $A=(a_{ij})_{3\times 3}$ 满足 $A^*=A^T$,其中 A^* 是 A 的伴随矩阵,A^T 为 A 的转置矩阵. 若 a_{11},a_{12},a_{13} 为三个相等的正数,则 a_{11} 为【 】.

(A) $\dfrac{\sqrt{3}}{3}$. (B) 3. (C) $\dfrac{1}{3}$. (D) $\sqrt{3}$.

【答案】(A).

【分析】题设条件与 A 的伴随和转置矩阵有关,而所求的是矩阵 A 中元素的数值,因此除了联想到用万能公式 $AA^*=A^*A=|A|E$ 以外,还应联想到伴随和转置矩阵的定义以及行列式的按行(或列)展开定理.

【解】设 A_{ij} 为 a_{ij} 的代数余子式,则由 $A^*=A^T$ 及 $AA^*=A^*A=|A|E$,可得
$$a_{ij}=A_{ij},i,j=1,2,3\Rightarrow a_{1j}=A_{1j},j=1,2,3.$$
且 $AA^T=|A|E\Rightarrow |A|^2=|A|^3\Rightarrow |A|=0$ 或 $|A|=1$.

于是将行列式 $|A|$ 按第 1 行展开,可得
$$|A|=a_{11}A_{11}+a_{12}A_{12}+a_{13}A_{13}=3a_{11}^2\neq 0,$$
因此 $|A|=1$ 且 $a_{11}=\dfrac{\sqrt{3}}{3}$. 故正确选项为(A).

【例 8-25】(2002 年真题)设 A,B 为 n 阶矩阵,A^*,B^* 分别为 A,B 的伴随矩阵. 分块阵 $C=\begin{pmatrix} A & 0 \\ 0 & B \end{pmatrix}$,则 C 的伴随阵 $C^*=$【 】.

(A) $\begin{pmatrix} |A|A^* & 0 \\ 0 & |B|B^* \end{pmatrix}$. (B) $\begin{pmatrix} |B|B^* & 0 \\ 0 & |A|A^* \end{pmatrix}$.

(C) $\begin{pmatrix} |A|B^* & 0 \\ 0 & |B|A^* \end{pmatrix}$. (D) $\begin{pmatrix} |B|A^* & 0 \\ 0 & |A|B^* \end{pmatrix}$.

【答案】(D).

【分析】注意到题设条件并未给出矩阵 A 可逆的信息,因此不能由万能公式得出 $A^*=|A|A^{-1}$. 但本题是选择题,作为考试技巧,可用取特殊值方法或者验证法,对选项作出正确的判断. 因此下面的解法 1 中,假设矩阵 A,B 均可逆,加强了条件,而解法 2 是验证法.

【解法 1】取特殊值方法. 假设 A,B 可逆,则 C 也可逆,于是有
$$C^*=|C|C^{-1}=\begin{vmatrix} A & 0 \\ 0 & B \end{vmatrix}\begin{pmatrix} A & 0 \\ 0 & B \end{pmatrix}^{-1}$$
$$=|A||B|\begin{pmatrix} A^{-1} & 0 \\ 0 & B^{-1} \end{pmatrix}=\begin{pmatrix} |A||B|A^{-1} & 0 \\ 0 & |A||B|B^{-1} \end{pmatrix}=\begin{pmatrix} |B|A^* & 0 \\ 0 & |A|B^* \end{pmatrix}.$$

故本题应选(D).

【解法 2】验证法. C 应满足 $CC^*=|C|E$. 现对 4 个选项所给出的 4 个矩阵逐一验证这一等式是否成立.

对于(A)选项,当 $|A|\neq |B|$ 时,$\begin{pmatrix} A & 0 \\ 0 & B \end{pmatrix}\begin{pmatrix} |A|A^* & 0 \\ 0 & |B|B^* \end{pmatrix}=\begin{pmatrix} |A|AA^* & 0 \\ 0 & |B|BB^* \end{pmatrix}=$

$$\begin{pmatrix} |A|^2 E & 0 \\ 0 & |B|^2 E \end{pmatrix} \neq |C|E.$$

对于（B）选项，当 $AB^* \neq E$ 或 $BA^* \neq E$ 时，$\begin{pmatrix} A & 0 \\ 0 & B \end{pmatrix} \begin{pmatrix} |B|B^* & 0 \\ 0 & |A|A^* \end{pmatrix} =$
$\begin{pmatrix} |B|AB^* & 0 \\ 0 & |A|BA^* \end{pmatrix} \neq |C|E.$

对于（C）选项，当 $AB^* \neq E$ 或 $BA^* \neq E$ 时，$\begin{pmatrix} A & 0 \\ 0 & B \end{pmatrix} \begin{pmatrix} |A|B^* & 0 \\ 0 & |B|A^* \end{pmatrix} =$
$\begin{pmatrix} |A|AB^* & 0 \\ 0 & |B|BA^* \end{pmatrix} \neq |C|E.$

对于(D)选项，$\begin{pmatrix} A & 0 \\ 0 & B \end{pmatrix} \begin{pmatrix} |B|A^* & 0 \\ 0 & |A|B^* \end{pmatrix} = \begin{pmatrix} |B|AA^* & 0 \\ 0 & |A|BB^* \end{pmatrix} = \begin{pmatrix} |B||A|E & 0 \\ 0 & |A||B|E \end{pmatrix}$
$= |A||B| \begin{pmatrix} E & 0 \\ 0 & E \end{pmatrix} = |C|E.$

故本题应选(D).

【例 8-26】已知 n 阶方阵 $A = \begin{pmatrix} 1 & 0 & 0 & \cdots & 0 & 0 \\ 1 & 1 & 0 & \cdots & 0 & 0 \\ 1 & 1 & 1 & \cdots & 0 & 0 \\ \vdots & \vdots & \vdots & \cdots & \vdots & \vdots \\ 1 & 1 & 1 & \cdots & 1 & 0 \\ 1 & 1 & 1 & \cdots & 1 & 1 \end{pmatrix}$，$A_{ij}$ 为矩阵 A 中元素 a_{ij}，$i,j =$
$1,2,\cdots,n$ 的代数余子式,求 $\sum_{i=1}^{n} \sum_{j=1}^{n} A_{ij}$.

【分析】如果利用代数余子式的定义逐一求出 A_{ij} 再相加,势必很复杂. 如果熟悉伴随矩阵的定义,则应该能看出 $\sum_{i=1}^{n} \sum_{j=1}^{n} A_{ij}$ 即是伴随矩阵 A^* 的各元素的和,因此本题关键是求出 A^*.

【解法1】先求矩阵 A 的逆 A^{-1},然后再根据 $A^* = |A|A^{-1}$ 求得 A^*,进而得到 $\sum_{i=1}^{n} \sum_{j=1}^{n} A_{ij}$。为此用初等行变换法求 A^{-1}. 因为

$$(A \mid E) = \begin{pmatrix} 1 & 0 & 0 & \cdots & 0 & 0 & 1 & 0 & 0 & \cdots & 0 & 0 \\ 1 & 1 & 0 & \cdots & 0 & 0 & 0 & 1 & 0 & \cdots & 0 & 0 \\ 1 & 1 & 1 & \cdots & 0 & 0 & 0 & 0 & 1 & \cdots & 0 & 0 \\ \vdots & \vdots & \vdots & \cdots & \vdots & \vdots & \vdots & \vdots & \vdots & \cdots & \vdots & \vdots \\ 1 & 1 & 1 & \cdots & 1 & 0 & 0 & 0 & 0 & \cdots & 1 & 0 \\ 1 & 1 & 1 & \cdots & 1 & 1 & 0 & 0 & 0 & \cdots & 0 & 1 \end{pmatrix}$$

$$\rightarrow \begin{pmatrix} 1 & 0 & 0 & \cdots & 0 & 0 & 1 & 0 & 0 & 0 & 0 & 0 \\ 0 & 1 & 0 & \cdots & 0 & 0 & 0 & 1 & 0 & 0 & 0 & 0 \\ 0 & 0 & 1 & \cdots & 0 & 0 & 0 & -1 & 1 & 0 & 0 & 0 \\ \vdots & \vdots & \vdots & & \vdots & \vdots & \vdots & \vdots & \vdots & \vdots & \vdots & \vdots \\ 0 & 0 & 0 & \cdots & 1 & 0 & 0 & 0 & 0 & -1 & 1 & 0 \\ 0 & 0 & 0 & \cdots & 0 & 1 & 0 & 0 & 0 & 0 & -1 & 1 \end{pmatrix},$$

所以 $A^{-1} = \begin{pmatrix} 1 & 0 & 0 & \cdots & 0 & 0 \\ -1 & 1 & 0 & \cdots & 0 & 0 \\ 0 & -1 & 1 & \cdots & 0 & 0 \\ \vdots & \vdots & \vdots & & \vdots & \vdots \\ 0 & 0 & 0 & \cdots & 1 & 0 \\ 0 & 0 & 0 & \cdots & -1 & 1 \end{pmatrix}$,而 $|A| = 1$,所以 $A^* = |A|A^{-1} = A^{-1}$. 故

$$\sum_{i=1}^{n} \sum_{j=1}^{n} A_{ij} = n \cdot 1 + (n-1) \cdot (-1) + 0 = 1.$$

【解法2】因为 $\sum_{i=1}^{n} \sum_{j=1}^{n} A_{ij} = \sum_{j=1}^{n} A_{1j} + \sum_{j=1}^{n} A_{2j} + \cdots + \sum_{j=1}^{n} A_{n-1,j} + \sum_{j=1}^{n} A_{nj}$,所以本题也可转化求 $\sum_{j=1}^{n} A_{1j}, \sum_{j=1}^{n} A_{2j}, \cdots, \sum_{j=1}^{n} A_{nj}$,下面逐一求出它们. 注意到

$$\sum_{j=1}^{n} A_{1j} = A_{11} + A_{12} + \cdots + A_{1n} = 1 \cdot A_{11} + 1 \cdot A_{12} + \cdots + 1 \cdot A_{1n} = 0,$$

$$\sum_{j=1}^{n} A_{2j} = A_{21} + A_{22} + \cdots + A_{2n} = 1 \cdot A_{21} + 1 \cdot A_{22} + \cdots + 1 \cdot A_{2n} = 0,$$

$$\vdots$$

$$\sum_{j=1}^{n} A_{n-1,j} = A_{n-1,1} + A_{n-1,2} + \cdots + A_{n-1,n} = 1 \cdot A_{n-1,1} + 1 \cdot A_{n-1,2} + \cdots + 1 \cdot A_{n-1,n} = 0,$$

$$\sum_{j=1}^{n} A_{nj} = A_{n1} + A_{n2} + \cdots + A_{nn} = 1 \cdot A_{n1} + 1 \cdot A_{n2} + \cdots + 1 \cdot A_{nn} = |A| = 1.$$

所以 $\sum_{i=1}^{n} \sum_{j=1}^{n} A_{ij} = 0 + 0 + \cdots + 0 + 1 = 1.$

【温馨提示】若一个方阵 A 具有特点:方阵的行列式易求,方阵中某一行(或某一列)元素全部相同均为 a,求这个方阵的所有元素的代数余子式的和,则 $\sum_{i=1}^{n} \sum_{j=1}^{n} A_{ij} = \dfrac{|A|}{a}$.

有关矩阵的秩

【考点9】求元素具体但含参数的矩阵的秩或其反问题

第八章 矩阵

> 【常考题型】大多出现在解答题中或客观题中.

> 【方法归纳】利用初等行变换将矩阵化为行阶梯形,通过讨论阶梯形矩阵中非零行的个数,确定矩阵的秩.反问题常利用结论 $r(A)<n \Leftrightarrow |A|=0$.

【例 8-27】求 $n(n \geqslant 2)$ 阶矩阵 A 的秩,其中 $A=\begin{pmatrix} a & b & \cdots & b \\ b & a & \cdots & b \\ \vdots & \vdots & \cdots & \vdots \\ b & b & \cdots & a \end{pmatrix}$.

【解】对矩阵 A 施以初等变换化为行阶梯形. 由于

$$A=\begin{pmatrix} a & b & \cdots & b \\ b & a & \cdots & b \\ \vdots & \vdots & \cdots & \vdots \\ b & b & \cdots & a \end{pmatrix} \to \begin{pmatrix} a+(n-1)b & b & b & \cdots & b \\ 0 & a-b & 0 & \cdots & 0 \\ 0 & 0 & a-b & \cdots & 0 \\ \vdots & \vdots & \vdots & \cdots & \vdots \\ 0 & 0 & 0 & \cdots & a-b \end{pmatrix},$$

讨论如下:

① 当 $a=b=0$ 时,$r(A)=0$;

② 当 $a=b \neq 0$ 时,$r(A)=1$;

③ 当 $a \neq b$ 且 $a+(n-1)b=0$ 时,$r(A)=n-1$;

④ 当 $a \neq b$ 且 $a+(n-1)b \neq 0$ 时,$r(A)=n$.

【例 8-28】(1998 年真题)设 $n(n \geqslant 3)$ 阶矩阵 $A=\begin{pmatrix} 1 & a & a & \cdots & a \\ a & 1 & a & \cdots & a \\ a & a & 1 & \cdots & a \\ \vdots & \vdots & \vdots & & \vdots \\ a & a & a & \cdots & 1 \end{pmatrix}$,若矩阵 A 的伴随矩阵 A^* 的秩为 1,则 a 必为【　】.

(A) 1.　　(B) $\dfrac{1}{1-n}$.　　(C) -1.　　(D) $\dfrac{1}{n-1}$.

【答案】(B).

【解】已知 $r(A^*)=1$,利用 $r(A^*)=\begin{cases} n, & r(A)=n \\ 1, & r(A)=n-1 \\ 0, & r(A)<n-1 \end{cases}$ 可知,$r(A)=n-1<n$,于是 $|A|=0$. 而

$$|A|=\begin{vmatrix} 1 & a & a & \cdots & a \\ a & 1 & a & \cdots & a \\ a & a & 1 & \cdots & a \\ \vdots & \vdots & \vdots & & \vdots \\ a & a & a & \cdots & 1 \end{vmatrix}=[1+(n-1)a](1-a)^{n-1},$$

所以 $a=1$ 或 $a=\dfrac{1}{1-n}$.

当 $a=1$ 时，$A=\begin{pmatrix} 1 & 1 & 1 & \cdots & 1 \\ 1 & 1 & 1 & \cdots & 1 \\ 1 & 1 & 1 & \cdots & 1 \\ \vdots & \vdots & \vdots & & \vdots \\ 1 & 1 & 1 & \cdots & 1 \end{pmatrix}$，于是在 $n\geqslant 3$ 时 $A^*=0$，从而有 $r(A^*)=0$，与题设矛盾，因而 $a=1$ 不合题意．故正确选项应为(B)．

【考点10】 求抽象矩阵的秩

【常考题型】 填空题和选择题．

【方法归纳】 利用秩的定义和相关结论．

【例 8-29】（1993 年真题）已知 $Q=\begin{pmatrix} 1 & 2 & 3 \\ 2 & 4 & t \\ 3 & 6 & 9 \end{pmatrix}$，$P$ 为 3 阶非零矩阵，且满足 $PQ=0$，则〔 〕．

(A) $t=6$ 时，P 的秩必为 1．　　(B) $t=6$ 时，P 的秩必为 2．
(C) $t\neq 6$ 时，P 的秩必为 1．　　(D) $t\neq 6$ 时，P 的秩必为 2．

【答案】(C)．

【分析】 本题与矩阵的秩有关，因此容易想到秩的有关结论．即由 $PQ=0$ 可得 $r(P)+r(Q)\leqslant 3$．由 P 为 3 阶非零矩阵可得 $r(P)\geqslant 1$．从而将矩阵 P 的秩的问题转化为矩阵 Q 的秩的讨论．

【解】 由于 $P\neq 0\Rightarrow r(P)\geqslant 1$；$PQ=0\Rightarrow r(P)+r(Q)\leqslant 3$，因此
$$1\leqslant r(P)\leqslant 3-r(Q)．$$

又因为
$$Q=\begin{pmatrix} 1 & 2 & 3 \\ 2 & 4 & t \\ 3 & 6 & 9 \end{pmatrix}\rightarrow\begin{pmatrix} 1 & 2 & 3 \\ 0 & 0 & t-6 \\ 0 & 0 & 0 \end{pmatrix}，$$

所以，当 $t=6$ 时，$r(Q)=1$，于是有 $1\leqslant r(P)\leqslant 3-1=2$，此时必有 $r(P)=1$ 或 $r(P)=2$；当 $t\neq 6$ 时，$r(Q)=2$，于是有 $1\leqslant r(P)\leqslant 3-2=1$，此时必有 $r(P)=1$．因此正确选项为(C)．

【温馨提示】 凡涉及与秩有关的题目，若见到 $A_{m\times n}B_{n\times s}=0$，必想到 $r(A)+r(B)\leqslant n$；若见到 $P\neq 0$，必有 $(P)\geqslant 1$．

【例 8-30】 已知矩阵 $A=\begin{pmatrix} 1 & 2 & -1 \\ 3 & -1 & 0 \\ 2 & x & 1 \end{pmatrix}$，$B$ 是 3 阶非零矩阵，若 $AB=0$，求 $r(A)$ 和 $r(B)$ 的值．

【分析】 利用结论 $B\neq 0\Leftrightarrow r(B)\geqslant 1$ 和 $AB=0\Rightarrow r(A)+r(B)\leqslant 3$，或者利用 $AB=0$，$B\neq 0$

⇒齐次线性方程组 $AX=0$ 有非零解 ⇒ $r(A)\leqslant 2$.

【解法 1】由于
$$\begin{cases} B\neq 0 \Rightarrow r(B)\geqslant 1, \\ AB=0 \Rightarrow r(A)+r(B)\leqslant 3, \end{cases}$$
可得
$$\begin{cases} r(A)\leqslant 3-r(B)=3-1=2, \\ 1\leqslant r(B)\leqslant 3-r(A). \end{cases}$$
又由
$$A=\begin{pmatrix} 1 & 2 & -1 \\ 3 & -1 & 0 \\ 2 & x & 1 \end{pmatrix} \rightarrow \begin{pmatrix} 1 & 2 & -1 \\ 0 & -7 & 3 \\ 0 & x-4 & 3 \end{pmatrix},$$
可知 $r(A)\geqslant 2$,于是 $2\leqslant r(A)\leqslant 2$,故 $r(A)=2$. 此时,$1\leqslant r(B)\leqslant 3-r(A)=3-2=1$,故 $r(B)=1$.

【解法 2】在 A 中,存在二阶子式 $\begin{vmatrix} 1 & 2 \\ 3 & -1 \end{vmatrix} \neq 0$,所以 $r(A)\geqslant 2$. 令 $B=(B_1,B_2,B_3)$,则由 $B\neq 0$ 可知,B_1,B_2,B_3 中至少有一个不为零向量;又由 $AB=0$ 得 $AB_i=0, i=1,2,3$,因此 B 的每列都是齐次方程组 $AX=0$ 的解,进而方程组 $AX=0$ 有非零解,从而 $r(A)\leqslant 2$. 故 $r(A)=2$.

因为 B 为 3 阶非零矩阵,所以 $r(B)\geqslant 1$;又 $AB=0$,因此有 $r(A)+r(B)\leqslant 3$. 从而 $1\leqslant r(B)\leqslant 3-2=1$. 故 $r(B)=1$.

【例 8-31】若 4 阶矩阵 A 满足 $A^2=A$,且 $r(A)=1$,则 $r(A-E)=$ _____.

【分析】若已知 n 阶矩阵 A 满足 $(A+kE)(A-lE)=0, k\neq l$,则必有结论 $r(A+kE)+r(A-lE)=n$ 成立. 其证明可参见基础篇第三章例 3-19. 若直接利用例 3-19 的结论,则本题立即得解.

【解】由 $A^2=A$ 得 $A(A-E)=0$,故 $r(A)+r(A-E)=4$,从而
$$r(A-E)=4-r(A)=4-1=3.$$

【例 8-32】(2010 年真题)设 A 为 $m\times n$ 矩阵,B 为 $n\times m$ 矩阵,E 为 m 阶单位矩阵,若 $AB=E$,则【   】.

(A) $r(A)=m, r(B)=m$.   (B) $r(A)=m$,秩 $r(B)=n$.
(C) $r(A)=n, r(B)=m$.   (D) $r(A)=n$,秩 $r(B)=n$.

【答案】(A).

【解】由 $AB=E$,得 $r(AB)=r(E)=m$. 根据 $r(AB)\leqslant \min\{r(A),r(B)\}$,可得
$$m\leqslant \min\{r(A),r(B)\}\leqslant r(A), m\leqslant \min\{r(A),r(B)\}\leqslant r(B). \qquad(8-3)$$
又由 A 为 $m\times n$ 矩阵,B 为 $n\times m$ 矩阵,得
$$r(A)\leqslant \min\{m,n\}\leqslant m, r(B)\leqslant \min\{m,n\}\leqslant n. \qquad(8-4)$$
由式(8-3)和式(8-4)可得,$m\leqslant r(A)\leqslant m, m\leqslant r(B)\leqslant m$. 因此 $r(A)=m, r(B)=m$,故应选(A).

【例 8-33】(2008 年真题)设 3 阶矩阵 A 的特征值互不相同,若行列式 $|A|=0$,则 A 的秩为 _____.

【解】设 3 阶矩阵 A 的 3 个特征值分别为 $\lambda_1,\lambda_2,\lambda_3$. 由于 A 的特征值互不相同,所以 A 必

与对角矩阵 $\Lambda = \begin{pmatrix} \lambda_1 & 0 & 0 \\ 0 & \lambda_2 & 0 \\ 0 & 0 & \lambda_3 \end{pmatrix}$ 相似. 因而 $r(A) = r(\Lambda)$.

又 $|A| = \lambda_1 \lambda_2 \lambda_3 = 0$, A 必有零特征值. 不妨设 $\lambda_3 = 0$. 此时

$$\Lambda = \begin{pmatrix} \lambda_1 & 0 & 0 \\ 0 & \lambda_2 & 0 \\ 0 & 0 & 0 \end{pmatrix}.$$

因为 $\lambda_1, \lambda_2, \lambda_3$ 都不相等,所以 $\lambda_1 \neq \lambda_2 \neq 0$. 于是 $r(\Lambda) = 2$,故 $r(A) = r(\Lambda) = 2$.

【考点 11】矩阵秩的证明

【方法归纳】利用秩的定义和相关结论.

【例 8-34】设 A 是 $m \times n$ 矩阵,试证明:A 的秩 $r(A) \leqslant 1$ 的充要条件是存在 $m \times 1$ 列矩阵 B 和 $1 \times n$ 行矩阵 C,使得 $A = BC$.

【解】若 $A = BC$,则 $r(A) \leqslant \min\{r(B), r(C)\}$. 由于 $r(B) \leqslant 1, r(C) \leqslant 1$,故 $r(A) \leqslant 1$.

反之,若 $r(A) \leqslant 1$,则 $r(A) = 0$ 或 $r(A) = 1$.

当 $r(A) = 0$ 时,必有 $A = 0$,显然存在 $m \times 1$ 列矩阵 $B = \begin{pmatrix} 0 \\ 0 \\ \vdots \\ 0 \end{pmatrix}$ 和 $1 \times n$ 行矩阵 $C = (0, 0, \cdots, 0)$ 使得 $A = BC$.

当 $r(A) = 1$ 时,则存在 m 阶可逆矩阵 P 和 n 阶可逆矩阵 Q,使得

$$PAQ = \begin{pmatrix} 1 & 0 & \cdots & 0 \\ 0 & 0 & \cdots & 0 \\ \vdots & \vdots & \cdots & \vdots \\ 0 & 0 & \cdots & 0 \end{pmatrix}.$$

令 $P^{-1} = (b_{ij})_{m \times m}, Q^{-1} = (c_{ij})_{n \times n}$,则有

$$A = P^{-1} \begin{pmatrix} 1 & 0 & \cdots & 0 \\ 0 & 0 & \cdots & 0 \\ \vdots & \vdots & \cdots & \vdots \\ 0 & 0 & \cdots & 0 \end{pmatrix} Q^{-1} = P^{-1} \begin{pmatrix} 1 & 0 & \cdots & 0 \\ 0 & 0 & \cdots & 0 \\ \vdots & \vdots & \cdots & \vdots \\ 0 & 0 & \cdots & 0 \end{pmatrix} \begin{pmatrix} 1 & 0 & \cdots & 0 \\ 0 & 0 & \cdots & 0 \\ \vdots & \vdots & \cdots & \vdots \\ 0 & 0 & \cdots & 0 \end{pmatrix} Q^{-1}$$

$$= \begin{pmatrix} b_{11} & 0 & \cdots & 0 \\ b_{21} & 0 & \cdots & 0 \\ \vdots & \vdots & \cdots & \vdots \\ b_{m1} & 0 & \cdots & 0 \end{pmatrix} \begin{pmatrix} c_{11} & c_{12} & \cdots & c_{1n} \\ 0 & 0 & \cdots & 0 \\ \vdots & \vdots & \cdots & \vdots \\ 0 & 0 & \cdots & 0 \end{pmatrix} = \begin{pmatrix} b_{11} \\ b_{21} \\ \vdots \\ b_{m1} \end{pmatrix} (c_{11} \quad c_{12} \quad \cdots \quad c_{1n}),$$

记 $\begin{pmatrix} b_{11} \\ b_{21} \\ \vdots \\ b_{m1} \end{pmatrix} = B, (c_{11} \quad c_{12} \quad \cdots \quad c_{1n}) = C$,则有 $m \times 1$ 列矩阵 B 和 $1 \times n$ 行矩阵 C,使得 $A = BC$.

故本题得证.

【例 8-35】(2008 年真题)设 α,β 为 3 维列向量,矩阵 $A=\alpha\alpha^{\mathrm{T}}+\beta\beta^{\mathrm{T}}$,其中 $\alpha^{\mathrm{T}},\beta^{\mathrm{T}}$ 分别是 α,β 得转置. 证明:

(Ⅰ) 秩 $r(A)\leqslant 2$;

(Ⅱ) 若 α,β 线性相关,则秩 $r(A)<2$.

【解】(Ⅰ) 证法 1:利用秩的相关结论证明. 证 $r(A)=r(\alpha\alpha^{\mathrm{T}}+\beta\beta^{\mathrm{T}})\leqslant r(\alpha\alpha^{\mathrm{T}})+r(\beta\beta^{\mathrm{T}})\leqslant r(\alpha)+r(\beta)\leqslant 2$.

证法 2:构造方程组法. 因为 $A=\alpha\alpha^{\mathrm{T}}+\beta\beta^{\mathrm{T}}$,$A$ 为 3×3 矩阵,所以 $r(A)\leqslant 3$. 因为 α,β 为 3 维列向量,所以存在向量 $\xi\neq 0$,使得
$$\alpha^{\mathrm{T}}\xi=0,\beta^{\mathrm{T}}\xi=0$$
故
$$A\xi=\alpha\alpha^{\mathrm{T}}\xi+\beta\beta^{\mathrm{T}}\xi=0$$
所以 $AX=0$ 有非零解,从而 $r(A)\leqslant 2$.

证法 3:因为 $A=\alpha\alpha^{\mathrm{T}}+\beta\beta^{\mathrm{T}}$,所以 A 为 3×3 矩阵. 又因为 $A=\alpha\alpha^{\mathrm{T}}+\beta\beta^{\mathrm{T}}=(\alpha \quad \beta \quad 0)\begin{pmatrix}\alpha^{\mathrm{T}}\\\beta^{\mathrm{T}}\\0\end{pmatrix}$,

所以 $|A|=|\alpha \quad \beta \quad 0|\begin{vmatrix}\alpha^{\mathrm{T}}\\\beta^{\mathrm{T}}\\0\end{vmatrix}=0$.

故 $r(A)\leqslant 2$.

(Ⅱ) 由 α,β 线性相关,不妨设 $\alpha=k\beta$. 于是
$$r(A)=r(\alpha\alpha^{\mathrm{T}}+\beta\beta^{\mathrm{T}})=r[(1+k^2)\beta\beta^{\mathrm{T}}]\leqslant r(\beta)\leqslant 1<2.$$

【例 8-36】(2006 年真题)已知非齐次线性方程组
$$\begin{cases}x_1+x_2+x_3+x_4=-1\\4x_1+3x_2+5x_3-x_4=-1\\ax_1+x_2+3x_3+bx_4=1\end{cases}$$
有 3 个线性无关的解. 证明方程组系数矩阵 A 的秩 $r(A)=2$.

【分析】根据系数矩阵的秩与基础解系的关系证明.

【证明】设 $\alpha_1,\alpha_2,\alpha_3$ 是方程组 $AX=\beta$ 的 3 个线性无关的解,其中
$$A=\begin{pmatrix}1&1&1&1\\4&3&5&-1\\a&1&3&b\end{pmatrix},\beta=\begin{pmatrix}-1\\-1\\1\end{pmatrix}.$$
则有 $A(\alpha_1-\alpha_2)=0,A(\alpha_1-\alpha_3)=0$. 于是 $\alpha_1-\alpha_2,\alpha_1-\alpha_3$ 是对应齐次线性方程组 $AX=0$ 的解(否则,易推出 $\alpha_1,\alpha_2,\alpha_3$ 线性相关,矛盾). 所以 $n-r(A)\geqslant 2$,即 $4-r(A)\geqslant 2\Rightarrow r(A)\leqslant 2$.

又矩阵 A 中有一个二阶子式 $\begin{vmatrix}1&1\\4&3\end{vmatrix}=-1\neq 0$,所以 $r(A)\leqslant 2$.

因此 $r(A)=2$.

【例 8-37】设矩阵 A,B 都是 n 阶矩阵,且 $ABA=B^{-1}$. 证明:$r(E+AB)+r(E-AB)=n$,其中 E 是 n 阶单位矩阵.

【证明】由 $ABA=B^{-1}$ 可得 $(AB)(AB)=E$,于是

$$(E+AB)(E-AB)=E-AB+BA-ABBA=E-E=0,$$
故
$$r(E+AB)+r(E-AB)\leqslant n. \tag{8-5}$$
又有 $(E+AB)+(E-AB)=2E$, 从而
$$r(E+AB)+r(E-AB)\geqslant r(2E)=n. \tag{8-6}$$
综合式(8-5)和式(8-6),可得 $r(E+AB)+r(E-AB)=n$.

【考点12】有关秩为 1 的矩阵

【方法归纳】 由如下例题可以得到秩为 1 的矩阵的常用结论和规律.

【例 8-38】 设 $A=\alpha\beta^T=\begin{pmatrix} a_1b_1 & a_1b_2 & \cdots & a_1b_n \\ a_2b_1 & a_2b_2 & \cdots & a_2b_n \\ \vdots & \vdots & \cdots & \vdots \\ a_nb_1 & a_nb_2 & \cdots & a_nb_n \end{pmatrix}$, 其中 $a_i\neq 0, b_i\neq 0 (i=1,2,\cdots,n)$.

(1) 求矩阵 A 的秩 $r(A)$; (2) 写出 α 和 β; (3) 求 $\alpha^T\beta$ 和 $\beta^T\alpha$ 并指出所得结果和矩阵 A 有何关系; (4) 求 A^k; (5) 求 $A=\alpha\beta^T=\beta\alpha^T$ 的非零特征值.

【解】 (1) 因为 A 的任一二阶子式 $\begin{vmatrix} a_ib_k & a_ib_s \\ a_jb_k & a_jb_s \end{vmatrix}=a_ia_j\begin{vmatrix} b_k & b_s \\ b_k & b_s \end{vmatrix}=0$, 所以 $r(A)\leqslant 1$; 又因为 A 为非零矩阵, 所以 $r(A)\geqslant 1$. 故 $r(A)=1$.

(2) A 可分解为 $A=\begin{pmatrix} 1 \\ \frac{a_2}{a_1} \\ \vdots \\ \frac{a_n}{a_1} \end{pmatrix}(a_1b_1 \quad a_1b_2 \quad \cdots \quad a_1b_n)=\begin{pmatrix} a_1 \\ a_2 \\ \vdots \\ a_n \end{pmatrix}(b_1 \quad b_2 \quad \cdots \quad b_n)$.

因此 $\alpha=\begin{pmatrix} 1 \\ \frac{a_2}{a_1} \\ \vdots \\ \frac{a_n}{a_1} \end{pmatrix}=\left(1,\frac{a_2}{a_1},\cdots,\frac{a_n}{a_1}\right)^T, \beta=\begin{pmatrix} a_1b_1 \\ a_1b_2 \\ \vdots \\ a_1b_n \end{pmatrix}=(a_1b_1,a_1b_2,\cdots,a_1b_n)^T$,

或 $\alpha=\begin{pmatrix} a_1 \\ a_2 \\ \vdots \\ a_n \end{pmatrix}=(a_1,a_2,\cdots,a_n)^T, \beta=\begin{pmatrix} b_1 \\ b_2 \\ \vdots \\ b_n \end{pmatrix}=(b_1,b_2,\cdots,b_n)^T$.

(3) 显然 $\alpha^T\beta=\beta^T\alpha=a_1b_1+a_2b_2+\cdots+a_nb_n=\sum_{i=1}^{n}a_ib_i$. 经观察知, 这个结果恰好是矩阵 A 的对角线元素之和, 因而也是矩阵 A 的迹.

(4) $A^k=(\alpha\beta^T)(\alpha\beta^T)\cdots(\alpha\beta^T)=\alpha(\beta^T\alpha)^{k-1}\beta^T=(\beta^T\alpha)^{k-1}\alpha\beta^T=\left(\sum_{i=1}^{n}a_ib_i\right)^{k-1}A$.

(5) 解法 1: 设 λ 为 A 的任一非零特征值, A 的属于特征值 λ 的特征向量为 X, 则 $AX=$

λX. 于是
$$A^k X = A^{k-1}(AX) = A^{k-1}(\lambda X) = \lambda(A^{k-1}X) = \cdots = \lambda^k X.$$
利用(4)的结论可得
$$A^k X = (\sum_{i=1}^{n} a_i b_i)^{k-1} AX = (\sum_{i=1}^{n} a_i b_i)^{k-1} \lambda X,$$
故
$$\lambda^k X = (\sum_{i=1}^{n} a_i b_i)^{k-1} \lambda X.$$

因为 $X \neq 0$，必有 $\lambda^k = (\sum_{i=1}^{n} a_i b_i)^{k-1} \lambda$，于是，$\lambda = \sum_{i=1}^{n} a_i b_i$.

解法 2：因为 $A\alpha = (\alpha\beta^T)\alpha = \alpha(\beta^T\alpha) = \alpha(\sum_{i=1}^{n} a_i b_i) = (\sum_{i=1}^{n} a_i b_i)\alpha$，所以 $\sum_{i=1}^{n} a_i b_i = \alpha^T\beta = \beta^T\alpha$ 为 A 的一个特征值，对应的特征向量为 α.

【温馨提示】本题的结论在考研真题填空题中屡次出现，倘若理解并记住结论，可迅速得出答案．

【例 8-39】（2003 年真题）设 α 为 3 维列向量，α^T 是 α 的转置．若 $\alpha\alpha^T = \begin{pmatrix} 1 & -1 & 1 \\ -1 & 1 & -1 \\ 1 & -1 & 1 \end{pmatrix}$，则 $\alpha^T\alpha = $ _____ ．

【解】由例 8-38 的结论(3)立即可得 $\alpha^T\alpha = \text{tr}(\alpha\alpha^T) = 1+1+1 = 3$.

【例 8-40】（2009 年数真题）若 3 维列向量 α, β 满足 $\alpha^T\beta = 2$，其中 α^T 为 α 的转置，则矩阵 $\beta\alpha^T$ 的非零特征值为 _____ ．

【解】由例 8-38 的结论(5)立即可得 $\beta\alpha^T$ 的非零特征值为 $\alpha^T\beta = 2$.

【例 8-41】（2009 年真题）设 α, β 为 3 维列向量，β^T 为 β 的转置，若矩阵 $\alpha\beta^T$ 相似于 $\begin{pmatrix} 2 & 0 & 0 \\ 0 & 0 & 0 \\ 0 & 0 & 0 \end{pmatrix}$，则 $\beta^T\alpha = $ _____ ．

【解】因为 $\alpha\beta^T$ 相似于 $\begin{pmatrix} 2 & 0 & 0 \\ 0 & 0 & 0 \\ 0 & 0 & 0 \end{pmatrix}$，根据相似矩阵有相同的特征值，得到 $\alpha\beta^T$ 的特征值是 2，0，0，而 $\beta^T\alpha$ 是一个常数，是矩阵 $\alpha\beta^T$ 的对角元素之和，则 $\beta^T\alpha = 2+0+0 = 2$.

【例 8-42】设 $\alpha = (1, 0, -1)^T$，矩阵 $A = \alpha\alpha^T$，n 为正整数，则 $|kE - A^n| = $ _____ ．

【解】因为 $\alpha^T\alpha = (1 \quad 0 \quad -1)\begin{pmatrix} 1 \\ 0 \\ -1 \end{pmatrix} = 2$，由例 8-38 的结论立即可得，$A$ 的特征值为 $\lambda_1 = \lambda_2 = 0, \lambda_3 = 2$，于是 $kE - A^n$ 的三个特征值为 $k - \lambda_i^n, i = 1, 2, 3$. 即分别为 $k, k, k-2^n$，故 $|kE - A^n| = k \cdot k \cdot (k-2^n) = k^2(k-2^n)$.

第九章 向量

考点归纳

(1) 向量的概念及其线性运算.
(2) 向量的线性表示与线性相(无)关的概念.
(3) 线性相(无)关的判定定理.
(4) 向量组的极大无关组的概念与性质.
(5) 向量组的秩的概念与性质.
(6) 向量组的秩与矩阵的秩的关系,即三秩相等原理:行秩 = 列秩 = 矩阵的秩.
(7) 向量在基下的坐标,两组基之间的过渡矩阵.
(8) 内积,标准正交基,Schmidt 正交化.

考点解读

★ 命题趋势

向量是线性代数的核心之一.有关向量的线性组合和线性表示、线性相关和线性无关几乎是线性代数必考的内容,且经常是以文字题的形式出现的.这部分命题方式主要为选择题和证明题.向量组的秩和极大线性无关组也是非常重要的概念.尽管直接命题不多,但通过秩的概念与其余部分知识可建立有机联系,例如,读者应注意到:利用三秩相等原理,将第二章中有关矩阵秩的计算方法和矩阵秩的结论与对应的向量组的秩联系起来进行分析讨论更为有益.有关向量空间的命题主要围绕某向量在一组基下的坐标计算问题和两组基下的过渡矩阵如何计算来进行考核(只对数学一).对于内积和线性无关向量组的施密特正交化方法,更多是结合化二次型为标准型来考察.

★ 难点剖析

1. 关于向量组的线性相关有如下等价命题

(1) n 维向量组 $\alpha_1, \alpha_2, \cdots, \alpha_s (s \geqslant 2)$ 线性相关.

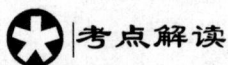 存在不全为零的数 $k_1, k_2, \cdots, k_s$ 使得 $k_1 \alpha_1 + k_2 \alpha_2 + \cdots + k_s \alpha_s = 0$ 成立.

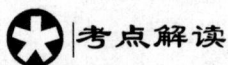 $\alpha_1, \alpha_2, \cdots, \alpha_s$ 中至少有一个向量可以被其余 $s-1$ 个向量线性表示.

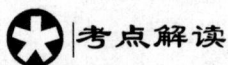 齐次线性方程组 $x_1 \alpha_1 + x_2 \alpha_2 + \cdots x_s \alpha_s = 0$ 有非零解.

 矩阵 $A = (\alpha_1, \alpha_2, \cdots, \alpha_s)$ 的秩 $r(A) < s$.

(2) 特别地,当 $n = s$ 时,$\alpha_1, \alpha_2, \cdots, \alpha_n$ 线性相关 $\Leftrightarrow |\alpha_1, \alpha_2, \cdots, \alpha_n| = 0$.

2. 关于向量组的线性无关有如下等价命题

(1) n 维向量组 $\alpha_1, \alpha_2, \cdots, \alpha_s (s \geqslant 2)$ 线性无关.

 不存在不全为零的数 $k_1, k_2, \cdots, k_s$ 使得 $k_1 \alpha_1 + k_2 \alpha_2 + \cdots + k_s \alpha_s = 0$ 成立.

⇔ 当且仅当系数 $k_1, k_2, \cdots, k_s$ 全为零时 $k_1\alpha_1 + k_2\alpha_2 + \cdots + k_s\alpha_s = 0$ 成立.

⇔ $\alpha_1, \alpha_2, \cdots, \alpha_s$ 中没有一个向量可以被其余 $s-1$ 个向量线性表示.

⇔ 齐次线性方程组 $x_1\alpha_1 + x_2\alpha_2 + \cdots x_s\alpha_s = 0$ 只有零解.

⇔ 矩阵 $A = (\alpha_1, \alpha_2, \cdots, \alpha_s)$ 的秩等于向量组的个数, 即 $r(A) = s$.

(2) 特别地, 当 $n = s$ 时, $\alpha_1, \alpha_2, \cdots, \alpha_n$ 线性无关 ⇔ $|\alpha_1, \alpha_2, \cdots, \alpha_n| \neq 0$.

3. 与向量组个数和维数有关的线性相关性结论

(1) $n+1$ 个 n 维向量必线性相关. 一般地, 向量组所含向量个数大于维数, 则必相关.

(2) 增加向量组中向量的个数, 不改变向量组的线性相关性; 减少向量组中向量的个数, 不改变向量组的线性无关性. 即部分向量组线性相关 ⇒ 全组线性相关; 整体线性无关 ⇒ 部分组线性无关.

(3) 若不改变向量组中向量的个数, 而是增加每个向量的维数, 所得的向量组称为原向量组的延长向量组, 则原向量组线性无关 ⇒ 延长向量组线性无关. 等价地, 延长向量组线性相关 ⇒ 原向量组线性相关.

4. 关于线性表示的有关结论

(1) 向量 β 可由向量组 $\alpha_1, \alpha_2, \cdots, \alpha_s$ 线性表示.

⇔ 存在数 $k_1, k_2, \cdots, k_s$, 使得 $\beta = k_1\alpha_1 + k_2\alpha_2 + \cdots + k_s\alpha_s$ 成立.

⇔ 方程组 $x_1\alpha_1 + x_2\alpha_2 + \cdots x_s\alpha_s = \beta$ 有解(且方程组的一个解就是一个表示系数).

⇔ 矩阵 $A = (\alpha_1, \alpha_2, \cdots, \alpha_s)$ 和矩阵 $B = (\alpha_1, \alpha_2, \cdots, \alpha_s, \beta)$ 有相同的秩.

(2) 设向量组 $\alpha_1, \alpha_2, \cdots, \alpha_s$ 线性无关, 而向量组 $\alpha_1, \alpha_2, \cdots, \alpha_s, \beta$ 线性相关, 则 β 必能由 $\alpha_1, \alpha_2, \cdots, \alpha_s$ 线性表出, 且表示系数唯一.

(3) 如果 n 维向量组 $\beta_1, \beta_2, \cdots, \beta_t$ 可由 $\alpha_1, \alpha_2, \cdots, \alpha_s$ 线性表示, 即存在矩阵 K_{st}, 使得 $(\beta_1, \beta_2, \cdots, \beta_t) = (\alpha_1, \alpha_2, \cdots, \alpha_s)K_{st}$ 成立, 则有以下结论.

① 如果 $t > s$, 则 $\beta_1, \beta_2, \cdots, \beta_t$ 线性相关.

② 如果 $\beta_1, \beta_2, \cdots, \beta_t$ 线性无关, 则 $t \leqslant s$.

③ 如果 $\alpha_1, \alpha_2, \cdots, \alpha_s$ 线性无关, 则 $r(\beta_1, \beta_2, \cdots, \beta_t) = r(K_{st})$.

④ 特别地, 当 $s = t$ 时, 如果 $\alpha_1, \alpha_2, \cdots, \alpha_s$ 线性无关, 则 $|K_{st}| \neq 0 \Rightarrow \beta_1, \beta_2, \cdots, \beta_t$ 线性无关; $|K_{st}| = 0 \Rightarrow \beta_1, \beta_2, \cdots, \beta_t$ 线性无关.

(4) 任一个向量组与它自身的极大无关组是相互等价的, 即它们能互相线性表示.

(5) 同一个向量组的任意两个不同的极大无关组是相互等价的, 即它们能互相线性表示.

5. 关于向量组的秩的有关结论

(1) 如果 n 维向量组 $\beta_1, \beta_2, \cdots, \beta_t$ 可由 $\alpha_1, \alpha_2, \cdots, \alpha_s$ 线性表示, 则有 $r\{\beta_1, \beta_2, \cdots, \beta_t\} \leqslant r\{\alpha_1, \alpha_2, \cdots, \alpha_s\}$.

(2) 列向量组经过初等行变换后, 其秩不变, 且(极大)线性无关组仍变为(极大)线性无关组, 因此, 常用此法将列向量组变成另外一组向量, 这组向量构成阶梯形矩阵, 很易判断其秩和极大线性无关组.

(3) 三秩相等原理: 矩阵 A 的秩 = A 的行向量组的秩 = A 的列向量组的秩.

6. 关于向量组的基或其他

(1) 基与坐标. 例如, 求向量 β 在基 $\alpha_1, \alpha_2, \cdots, \alpha_n$ 下的坐标, 相当于解方程组 $x_1\alpha_1 + x_2\alpha_2 + \cdots + x_n\alpha_n = \beta$.

(2) 两组基下的过渡矩阵. n 维向量空间中,从基 $\alpha_1,\alpha_2,\cdots,\alpha_n$ 到基 $\beta_1,\beta_2,\cdots,\beta_n$ 的过渡矩阵满足 $(\beta_1,\beta_2,\cdots,\beta_n)=(\alpha_1,\alpha_2,\cdots,\alpha_n)P$. 应注意前后顺序.

(3) 正交向量组. 任何线性无关的向量组均可通过 Schmidt 正交化方法化成两两正交且长度均为 1 的向量组,即正交的向量组.

(4) 解空间和标准正交基. 解空间是指齐次线性方程组的所有解向量所构成的向量空间.

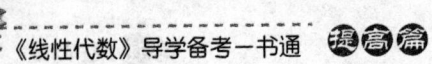

有关向量组的计算题型

【考点 1】 已知向量组间的线性表示关系,确定其中的参数

【常考题型】 填空题和解答题.

【方法归纳】 一般转化为含参数的方程组解的讨论问题,因此有行列式法和初等变化法.

① n 维向量组 $\beta_1,\beta_2,\cdots,\beta_t$ 可以由 n 维向量组 $\alpha_1,\alpha_2,\cdots,\alpha_s$ 线性表示的 $\Leftrightarrow$ 对每个 $i=1,2,\cdots,t$,方程组 $x_1\alpha_1+x_2\alpha_2+\cdots+x_s\alpha_s=\beta_i$ 都有解.

② n 维向量组 $\beta_1,\beta_2,\cdots,\beta_t$ 不能由 n 维向量组 $\alpha_1,\alpha_2,\cdots,\alpha_s$ 线性表示的 $\Leftrightarrow$ 存在某一个 $i,1\leq i\leq t$,使得方程组 $x_1\alpha_1+x_2\alpha_2+\cdots+x_s\alpha_s=\beta_i$ 无解.

③ 若用初等变换法:一般是对 $(\alpha_1,\alpha_2,\cdots,\alpha_s \vdots \beta_1,\beta_2,\cdots,\beta_t)$ 施行初等行变换,化为行阶梯形,从而可判断出对每个 $i=1,2,\cdots,t$,都有 $r(\alpha_1,\alpha_2,\cdots,\alpha_s \vdots \beta_i)=r(\alpha_1,\alpha_2,\cdots,\alpha_s)$ 成立?还是存在某个 i,使得 $r(\alpha_1,\alpha_2,\cdots,\alpha_s \vdots \beta_i)\neq r(\alpha_1,\alpha_2,\cdots,\alpha_s)$ 成立?

④ 若用行列式法:可先计算出行列式 $|\alpha_1,\alpha_2,\cdots,\alpha_s|$ 的值,求出使得该行列式值为零或不为零的参数值,再利用 $r(\alpha_1,\alpha_2,\cdots,\alpha_s)=r(\alpha_1,\alpha_2,\cdots,\alpha_s,\beta_i)$ 逐一讨论参数,进行取舍.

【例 9-1】 (2004 年真题) 设 $\alpha_1=(1,2,0)^T,\alpha_2=(1,a+2,-3a)^T,\alpha_3=(-1,-b-2,a+2b)^T,\beta=(1,3,-3)^T$,试讨论当 a,b 为何值时,

(Ⅰ) β 不能由 $\alpha_1,\alpha_2,\alpha_3$ 线性表示;

(Ⅱ) β 可由 $\alpha_1,\alpha_2,\alpha_3$ 唯一地线性表示,并求出表示式;

(Ⅲ) β 可由 $\alpha_1,\alpha_2,\alpha_3$ 线性表示,但表示式不唯一,并求出表示式.

【分析】 β 能否由 $\alpha_1,\alpha_2,\alpha_3$ 线性表示,取决于是否存在数 k_1,k_2,k_3,使得 $k_1\alpha_1+k_2\alpha_2+k_3\alpha_3=\beta$ 成立,即相当于对应的非齐次线性方程组是否有解,而唯一线性表示,相当于是否有唯一解,因此本题转化为含参数方程组解的讨论问题.

【解】 设有数 k_1,k_2,k_3,使得
$$k_1\alpha_1+k_2\alpha_2+k_3\alpha_3=\beta \qquad (9\text{-}1)$$
成立. 记 $A=(\alpha_1,\alpha_2,\alpha_3)$,并对矩阵 $(A \vdots \beta)$ 施以初等行变换,则有

$$(A \vdots \beta) = \begin{pmatrix} 1 & 1 & -1 & \vdots & 1 \\ 2 & a+2 & -b-2 & \vdots & 3 \\ 0 & -3a & a+2b & \vdots & -3 \end{pmatrix} \to \begin{pmatrix} 1 & 1 & -1 & \vdots & 1 \\ 0 & a & -b & \vdots & 1 \\ 0 & 0 & a-b & \vdots & 0 \end{pmatrix}.$$

（Ⅰ）当 $a = 0$ 时，有

$$(A \vdots \beta) \to \begin{pmatrix} 1 & 1 & -1 & \vdots & 1 \\ 0 & 0 & -b & \vdots & 1 \\ 0 & 0 & -b & \vdots & 0 \end{pmatrix} \to \begin{pmatrix} 1 & 1 & -1 & \vdots & 1 \\ 0 & 0 & -b & \vdots & 1 \\ 0 & 0 & 0 & \vdots & -1 \end{pmatrix},$$

此时，$r(A) \neq r(A, \beta)$，故方程组式(9-1)无解，因而 β 不能由 $\alpha_1, \alpha_2, \alpha_3$ 线性表示.

（Ⅱ）当 $a \neq 0$，且 $a \neq b$ 时，有

$$(A \vdots \beta) \to \begin{pmatrix} 1 & 1 & -1 & \vdots & 1 \\ 0 & a & -b & \vdots & 1 \\ 0 & 0 & a-b & \vdots & 0 \end{pmatrix} \to \begin{pmatrix} 1 & 0 & 0 & \vdots & 1-\dfrac{1}{a} \\ 0 & 1 & 0 & \vdots & \dfrac{1}{a} \\ 0 & 0 & 1 & \vdots & 0 \end{pmatrix},$$

此时 $r(A) = r(A \vdots \beta) = 3$，故方程组式(9-1)有唯一解：$k_1 = 1 - \dfrac{1}{a}, k_2 = \dfrac{1}{a}, k_3 = 0$. 且 β 可由 $\alpha_1, \alpha_2, \alpha_3$ 唯一地线性表示，其表示式为

$$\beta = \left(1 - \dfrac{1}{a}\right)\alpha_1 + \dfrac{1}{a}\alpha_2.$$

（Ⅲ）当 $a = b \neq 0$ 时，有

$$(A \vdots \beta) \to \begin{pmatrix} 1 & 1 & -1 & \vdots & 1 \\ 0 & a & -b & \vdots & 1 \\ 0 & 0 & a-b & \vdots & 0 \end{pmatrix} \to \begin{pmatrix} 1 & 0 & 0 & \vdots & 1-\dfrac{1}{a} \\ 0 & 1 & -1 & \vdots & \dfrac{1}{a} \\ 0 & 0 & 0 & \vdots & 0 \end{pmatrix},$$

此时 $r(A) = r(A, \beta) = 2 < 3$，故方程组式(9-1)有无穷多解，其全部解为 $k_1 = 1 - \dfrac{1}{a}, k_2 = \dfrac{1}{a} + c, k_3 = c$，其中 c 为任意常数. 且 β 可由 $\alpha_1, \alpha_2, \alpha_3$ 线性表示，但表示式不唯一，其表示式为

$$\beta = \left(1 - \dfrac{1}{a}\right)\alpha_1 + \left(\dfrac{1}{a} + c\right)\alpha_2 + c\alpha_3.$$

【例 9-2】（2000 年真题）设向量组 $\beta_1 = (0, 1, -1)^T, \beta_2 = (a, 2, 1)^T, \beta_3 = (b, 1, 0)^T$ 与向量组 $\alpha_1 = (1, 2, -3)^T, \alpha_2 = (3, 0, 1)^T, \alpha_3 = (9, 6, -7)^T$ 具有相同的秩，且 β_3 可由 $\alpha_1, \alpha_2, \alpha_3$ 线性表示，求 a, b 的值.

【分析】观察两个向量组 $\alpha_1, \alpha_2, \alpha_3$ 和 $\beta_1, \beta_2, \beta_3$ 的特征，可知 $\alpha_1, \alpha_2, \alpha_3$ 为常向量组，$\beta_1, \beta_2, \beta_3$ 中含有参数，由两个向量组具有相同的秩，可从求常向量组的秩入手，得下面的解法 1；也可利用 β_3 可由 $\alpha_1, \alpha_2, \alpha_3$ 线性表示，从 $(\alpha_1, \alpha_2, \alpha_3 \vdots \beta_3)$ 入手，得下面的解法 2.

【解法 1】由于

$$(\alpha_1, \alpha_2, \alpha_3) = \begin{pmatrix} 1 & 3 & 9 \\ 2 & 0 & 6 \\ -3 & 1 & -7 \end{pmatrix} \to \begin{pmatrix} 1 & 3 & 9 \\ 0 & -6 & -12 \\ 0 & 10 & 20 \end{pmatrix} \to \begin{pmatrix} 1 & 3 & 9 \\ 0 & 1 & 2 \\ 0 & 0 & 0 \end{pmatrix} \to \begin{pmatrix} 1 & 0 & 3 \\ 0 & 1 & 2 \\ 0 & 0 & 0 \end{pmatrix},$$

可知

$$r(\alpha_1,\alpha_2,\alpha_3)=2,且\ \alpha_3=3\alpha_1+2\alpha_2.$$

再结合题设可知

$$r(\beta_1,\beta_2,\beta_3)=r(\alpha_1,\alpha_2,\alpha_3)=2,且\ \beta_3\ 可由\ \alpha_1,\alpha_2\ 线性表示,$$

从而

$$|\beta_1,\beta_2,\beta_3|=0,且\ |\beta_1,\alpha_2,\alpha_3|=0,$$

即

$$\begin{vmatrix} 0 & a & b \\ 1 & 2 & 1 \\ -1 & 1 & 0 \end{vmatrix}=0,且\ \begin{vmatrix} 1 & 3 & b \\ 2 & 0 & 1 \\ -3 & 1 & 0 \end{vmatrix}=0,$$

解得 $a=3b$,且 $2b-10=0$,故 $a=15,b=-5$.

【解法 2】因 β_3 可由 $\alpha_1,\alpha_2,\alpha_3$ 线性表示,故线性方程组 $x_1\alpha_1+x_2\alpha_2+x_3\alpha_3=\beta_3$ 有解,从而 $r(\alpha_1,\alpha_2,\alpha_3)=r(\alpha_1,\alpha_2,\alpha_3,\beta_3)$.

又因为

$$(\alpha_1,\alpha_2,\alpha_3\ \vdots\ \beta_3)=\begin{pmatrix} 1 & 3 & 9 & b \\ 2 & 0 & 6 & 1 \\ -3 & 1 & -7 & 0 \end{pmatrix} \rightarrow \begin{pmatrix} 1 & 3 & 9 & b \\ 0 & -6 & -12 & 1-2b \\ 0 & 10 & 20 & 3b \end{pmatrix}$$

$$\rightarrow \begin{pmatrix} 1 & 3 & 9 & b \\ 0 & 1 & 2 & \dfrac{2b-1}{6} \\ 0 & 1 & 2 & \dfrac{3b}{10} \end{pmatrix} \rightarrow \begin{pmatrix} 1 & 3 & 9 & b \\ 0 & 1 & 2 & \dfrac{2b-1}{6} \\ 0 & 0 & 0 & \dfrac{3b}{10}-\dfrac{2b-1}{6} \end{pmatrix}.$$

所以必有 $\dfrac{3b}{10}-\dfrac{2b-1}{6}=0$,即 $b=5$. 并且此时, $r(\beta_1,\beta_2,\beta_3)=r(\alpha_1,\alpha_2,\alpha_3)=2$,因而 $|\beta_1,\beta_2,\beta_3|=0$,即 $\begin{vmatrix} 0 & a & b \\ 1 & 2 & 1 \\ -1 & 1 & 0 \end{vmatrix}=0$,解得 $a=15,b=5$.

【例 9-3】(2003 年真题)设有向量组(Ⅰ):$\alpha_1=(1,0,2)^T,\alpha_2=(1,1,3)^T,\alpha_3=(1,-1,a+2)^T$ 和向量组(Ⅱ):$\beta_1=(1,2,a+3)^T,\beta_2=(2,1,a+6)^T,\beta_3=(2,1,a+4)^T$,试问:(1) 当 a 为何值时,向量组(Ⅰ)与(Ⅱ)等价?(2) 当 a 为何值时,向量组(Ⅰ)与(Ⅱ)不等价?

【分析】两个向量组等价即两个向量组可以相互线性表示,而两个向量组不等价,只需其中一组有一个向量不能由另一组线性表示即可. 线性表示问题又可转化为对应非齐次线性方程组是否有解的问题,这可通过化增广矩阵为阶梯形来判断. 另外,一个向量 β_1 是否可由 $\alpha_1,\alpha_2,\alpha_3$ 线性表示,只需用初等行变换化矩阵 $(\alpha_1,\alpha_2,\alpha_3\ \vdots\ \beta_1)$ 为阶梯形讨论,而一组向量 β_1,β_2,β_3 是否可由 $\alpha_1,\alpha_2,\alpha_3$ 线性表示,则可结合起来对矩阵 $(\alpha_1,\alpha_2,\alpha_3\ \vdots\ \beta_1,\beta_2,\beta_3)$ 作初等行变换化阶梯形,然后类似地进行讨论即可.

【解】(1) 先考察向量组 β_1,β_2,β_3 是否可由 $\alpha_1,\alpha_2,\alpha_3$ 线性表示. 为此,对矩阵 $(\alpha_1,\alpha_2,\alpha_3\ \vdots\ \beta_1,\beta_2,\beta_3)$ 作初等行变换,有

$$(\alpha_1,\alpha_2,\alpha_3\ \vdots\ \beta_1,\beta_2,\beta_3)=\begin{pmatrix} 1 & 1 & 1 & 1 & 2 & 2 \\ 0 & 1 & -1 & 2 & 1 & 1 \\ 2 & 3 & a+2 & a+3 & a+6 & a+4 \end{pmatrix}$$

$$\rightarrow \begin{pmatrix} 1 & 0 & 2 & -1 & 1 & 1 \\ 0 & 1 & -1 & 2 & 1 & 1 \\ 0 & 0 & a+1 & a-1 & a+1 & a-1 \end{pmatrix}.$$

当 $a \neq -1$ 时,对每个 $i=1,2,3$,均有
$$r(\alpha_1,\alpha_2,\alpha_3)=r(\alpha_1,\alpha_2,\alpha_3,\beta_i)=3,$$
故线性方程组 $x_1\alpha_1+x_2\alpha_2+x_3\alpha_3=\beta_i(i=1,2,3)$ 均有唯一解,所以,β_1,β_2,β_3 可由向量组(Ⅰ)线性表示.

再考察向量组 $\alpha_1,\alpha_2,\alpha_3$ 是否可由 β_1,β_2,β_3 线性表示.因为行列式
$$|\beta_1,\beta_2,\beta_3|=6\neq 0,$$
故线性方程组 $x_1\beta_1+x_2\beta_2+x_3\beta_3=\alpha_i(i=1,2,3)$ 均有唯一解,所以,$\alpha_1,\alpha_2,\alpha_3$ 可由向量组(Ⅱ)线性表示,因此向量组(Ⅰ)与(Ⅱ)等价.

(2) 由(1)已知
$$(\alpha_1,\alpha_2,\alpha_3 \vdots \beta_1,\beta_2,\beta_3)\to\cdots\to\begin{pmatrix}1 & 0 & 2 & -1 & 1 & 1\\ 0 & 1 & -1 & 2 & 1 & 1\\ 0 & 0 & a+1 & a-1 & a+1 & a-1\end{pmatrix},$$

显然,当 $a=-1$ 时,有
$$(\alpha_1,\alpha_2,\alpha_3 \vdots \beta_1,\beta_2,\beta_3)\to\begin{pmatrix}1 & 0 & 2 & -1 & 1 & 1\\ 0 & 1 & -1 & 2 & 1 & 1\\ 0 & 0 & 0 & -2 & 0 & -2\end{pmatrix}.$$

此时 $r(\alpha_1,\alpha_2,\alpha_3)\neq r(\alpha_1,\alpha_2,\alpha_3 \vdots \beta_1)$,线性方程组 $x_1\alpha_1+x_2\alpha_2+x_3\alpha_3=\beta_1$ 无解,故向量 β_1 不能由 $\alpha_1,\alpha_2,\alpha_3$ 线性表示,因此,向量组(Ⅰ)与(Ⅱ)不等价.

【例 9-4】(2005 年真题)确定常数 a,使向量组 $\alpha_1=(1,1,a)^T,\alpha_2=(1,a,1)^T,\alpha_3=(a,1,1)^T$ 可由向量组 $\beta_1=(1,1,a)^T,\beta_2=(-2,a,4)^T,\beta_3=(-2,a,a)^T$ 线性表示,但向量组 β_1,β_2,β_3 不能由向量组 $\alpha_1,\alpha_2,\alpha_3$ 线性表示.

【分析】若从向量组 β_1,β_2,β_3 不能由向量组 $\alpha_1,\alpha_2,\alpha_3$ 线性表示入手,则必有行列式 $|\alpha_1,\alpha_2,\alpha_3|=0$,由此先求出"可疑的" a,再进一步确定 a 的值,于是可得下面的解法 1;若从向量组 $\alpha_1,\alpha_2,\alpha_3$ 可由向量组 β_1,β_2,β_3 线性表示入手,则必有对每个 $i=1,2,3$,方程组 $\alpha_i=x_1\beta_1+x_2\beta_2+x_3\beta_3$ 均有解,于是 $r(\beta_1,\beta_2,\beta_3)=r(\beta_1,\beta_2,\beta_3 \vdots \alpha_i)(i=1,2,3)$ 均成立,通过初等行变换化为阶梯形讨论即可得到"可疑的" a,再进一步确定 a 的值,从而可得下面的解法 2.

【解法 1】 因为向量组 β_1,β_2,β_3 不能由向量组 $\alpha_1,\alpha_2,\alpha_3$ 线性表示,所以必有
$$|\alpha_1,\alpha_2,\alpha_3|=0.$$

而 $|\alpha_1,\alpha_2,\alpha_3|=\begin{vmatrix}1 & 1 & a\\ 1 & a & 1\\ a & 1 & 1\end{vmatrix}=(2+a)\begin{vmatrix}1 & 1 & 1\\ 1 & a & 1\\ a & 1 & 1\end{vmatrix}=(a+2)\begin{vmatrix}1 & 1 & 1\\ 0 & a-1 & 0\\ a-1 & 0 & 0\end{vmatrix}$
$$=-(a+2)(a-1)^2,$$
于是得 $a=-2,a=1$.

当 $a=-2$ 时,由于
$$(\beta_1,\beta_2,\beta_3 \vdots \alpha_1,\alpha_2,\alpha_3)=\begin{pmatrix}1 & -2 & -2 & 1 & 1 & -2\\ 1 & -2 & -2 & 1 & -2 & 1\\ -2 & 4 & -2 & -2 & 1 & 1\end{pmatrix}$$
$$\to\begin{pmatrix}1 & -2 & -2 & 1 & 1 & -2\\ 0 & 0 & 0 & 0 & -3 & 3\\ 0 & 0 & -6 & 0 & 3 & -3\end{pmatrix}\to\begin{pmatrix}1 & -2 & -2 & 1 & 1 & -2\\ 0 & 0 & -6 & 0 & 3 & -3\\ 0 & 0 & 0 & 0 & -3 & 3\end{pmatrix},$$

可知,存在 $i=2$ 或 3,使得 $r(\beta_1,\beta_2,\beta_3) \neq r(\beta_1,\beta_2,\beta_3 \vdots \alpha_i)$,于是 α_2 或 α_3 不能由 β_1,β_2,β_3 线性表示,因此 $a \neq -2$.

当 $a=1$ 时,由于

$$(\beta_1,\beta_2,\beta_3 \vdots \alpha_1,\alpha_2,\alpha_3) = \begin{pmatrix} 1 & -2 & -2 & 1 & 1 & 1 \\ 1 & 1 & 1 & 1 & 1 & 1 \\ 1 & 4 & 1 & 1 & 1 & 1 \end{pmatrix}$$

$$\rightarrow \begin{pmatrix} 1 & -2 & -2 & 1 & 1 & -2 \\ 0 & 3 & 3 & 0 & 0 & 0 \\ 0 & 6 & 3 & 0 & 0 & 0 \end{pmatrix} \rightarrow \begin{pmatrix} 1 & -2 & -2 & 1 & 1 & -2 \\ 0 & 3 & 3 & 0 & 0 & 0 \\ 0 & 0 & -3 & 0 & 0 & 0 \end{pmatrix},$$

可知,$r(\beta_1,\beta_2,\beta_3) = r(\beta_1,\beta_2,\beta_3 \vdots \alpha_i) = 3, i=1,2,3$,因此 $\alpha_1,\alpha_2,\alpha_3$ 均能由 β_1,β_2,β_3 线性表示.

又当 $a=1$ 时,由于

$$(\alpha_1,\alpha_2,\alpha_3 \vdots \beta_1,\beta_2,\beta_3) = \begin{pmatrix} 1 & 1 & 1 & 1 & -2 & -2 \\ 1 & 1 & 1 & 1 & 1 & 1 \\ 1 & 1 & 1 & 1 & 4 & 1 \end{pmatrix}$$

$$\rightarrow \begin{pmatrix} 1 & 1 & 1 & 1 & 1 & -2 \\ 0 & 0 & 0 & 0 & 3 & 3 \\ 0 & 0 & 0 & 0 & 6 & 3 \end{pmatrix} \rightarrow \begin{pmatrix} 1 & 1 & 1 & 1 & 1 & -2 \\ 0 & 0 & 0 & 0 & 1 & 1 \\ 0 & 0 & 0 & 0 & 0 & 1 \end{pmatrix},$$

显然 β_2 或 β_3 不能由 β_1,β_2,β_3 线性表示.

综上讨论,符合条件的只有 $a=1$.

【解法 2】 因为向量组 $\alpha_1,\alpha_2,\alpha_3$ 可由向量组 β_1,β_2,β_3 线性表示,则必有对每个 $i=1,2,3$,方程组 $\alpha_i = x_1\beta_1 + x_2\beta_2 + x_3\beta_3$ 均有解,于是 $r(\beta_1,\beta_2,\beta_3) = r(\beta_1,\beta_2,\beta_3 \vdots \alpha_i)(i=1,2,3)$ 均成立. 对矩阵 $M = (\beta_1,\beta_2,\beta_3 \vdots \alpha_1,\alpha_2,\alpha_3)$ 作初等行变换,有

$$M = (\beta_1,\beta_2,\beta_3 \vdots \alpha_1,\alpha_2,\alpha_3) = \begin{pmatrix} 1 & -2 & -2 & 1 & 1 & a \\ 1 & a & a & 1 & a & 1 \\ a & 4 & a & a & 1 & 1 \end{pmatrix}$$

$$\rightarrow \begin{pmatrix} 1 & -2 & -2 & 1 & 1 & a \\ 0 & a+2 & a+2 & 0 & a-1 & 1-a \\ 0 & 4+2a & 3a & 0 & 1-a & 1-a^2 \end{pmatrix}$$

$$\rightarrow \begin{pmatrix} 1 & -2 & -2 & 1 & 1 & a \\ 0 & a+2 & a+2 & 0 & a-1 & 1-a \\ 0 & 0 & a-4 & 0 & 3(1-a) & -a^2+2a-1 \end{pmatrix},$$

对 a 讨论如下.

(1) 当 $a \neq -2$ 且 $a \neq 4$ 时,秩 $r(\beta_1,\beta_2,\beta_3) = 3$,此时向量组 $\alpha_1,\alpha_2,\alpha_3$ 可由向量组 β_1,β_2,β_3 线性表示.

(2) 当 $a=-2$ 时,

$$M \rightarrow \begin{pmatrix} 1 & -2 & -2 & 1 & 1 & -2 \\ 0 & 0 & 0 & 0 & -3 & 3 \\ 0 & 0 & -6 & 0 & 3 & -3 \end{pmatrix} \rightarrow \begin{pmatrix} 1 & -2 & -2 & 1 & 1 & -2 \\ 0 & 0 & -6 & 0 & 3 & -3 \\ 0 & 0 & 0 & 0 & -3 & 3 \end{pmatrix},$$

显然 α_2 或 α_3 不能由 β_1,β_2,β_3 线性表示,因此 $a \neq -2$.

(3) 当 $a = 4$ 时,

$$M \to \begin{pmatrix} 1 & -2 & -2 & \vdots & 1 & 1 & 4 \\ 0 & 6 & 6 & \vdots & 0 & 3 & 0 \\ 0 & 0 & 0 & \vdots & 0 & -9 & -3 \end{pmatrix},$$ 显然 α_2, α_3 均不能由 $\beta_1, \beta_2, \beta_3$ 线性表示,因此 $a \neq 4$.

又 $N = (\alpha_1, \alpha_2, \alpha_3 \vdots \beta_1, \beta_2, \beta_3) = \begin{pmatrix} 1 & 1 & a & \vdots & 1 & -2 & -2 \\ 1 & a & 1 & \vdots & 1 & a & a \\ a & 1 & 1 & \vdots & a & 4 & a \end{pmatrix}$

$$\to \begin{pmatrix} 1 & 1 & a & \vdots & 1 & -2 & -2 \\ 0 & a-1 & 1-a & \vdots & 0 & a+2 & a+2 \\ 0 & 1-a & 1-a^2 & \vdots & 0 & 4+2a & 3a \end{pmatrix}$$

$$\to \begin{pmatrix} 1 & 1 & a & \vdots & 1 & -2 & -2 \\ 0 & a-1 & 1-a & \vdots & 0 & a+2 & a+2 \\ 0 & 0 & 2-a-a^2 & \vdots & 0 & 6+3a & 4a+2 \end{pmatrix}.$$

由题设知向量组 $\beta_1, \beta_2, \beta_3$ 不能由向量组 $\alpha_1, \alpha_2, \alpha_3$ 线性表示,此时必有 $a-1=0$ 或 $2-a-a^2=0$,即 $a=1$ 或 $a=-2$.

综上所述,满足题设条件的 a 只能是 $a=1$.

> **【温馨提示】** 本考点常见情形有如下几种情况.
> ① 设一个向量可由另外一个向量组线性表示,确定其中的参数.
> ② 设一个向量组不能由另外一个向量组线性表示,确定其中的参数.
> ③ 设两个向量组可以互相线性表示,确定其中的参数.
> ④ 设两个向量组不等价,确定其中的参数.
> ⑤ 设两个向量组中,其中一个向量组可由另外一个向量组线性表示,但另外一个向量组不能由这个向量组线性表示,确定其中的参数.

【考点2】 已知向量组的线性相关性,确定其中的参数,并求一个极大无关组

【例 9-5】 (1999 年真题) 设向量组 $\alpha_1 = (1,1,1,3)^T$, $\alpha_2 = (-1,-3,5,1)^T$, $\alpha_3 = (3,2,-1,p+2)^T$, $\alpha_4 = (-2,-6,10,p)^T$.

(1) p 为何值时,该向量组线性无关?并在此时将向量 $\alpha = (4,1,6,10)^T$ 用 $\alpha_1, \alpha_2, \alpha_3, \alpha_4$ 线性表出.

(2) p 为何值时,该向量组线性相关?并在此时求出它的秩和一个极大线性无关组.

【分析】 注意到向量组 $\alpha_1, \alpha_2, \alpha_3, \alpha_4$ 的个数和维数相同,欲判断其线性相关性,即可用行列式法:$\alpha_1, \alpha_2, \alpha_3, \alpha_4$ 线性无关 $\Leftrightarrow |\alpha_1, \alpha_2, \alpha_3, \alpha_4| \neq 0$.也可用初等行变换求秩法:$\alpha_1, \alpha_2, \alpha_3, \alpha_4$ 线性无关 $\Leftrightarrow r(\alpha_1, \alpha_2, \alpha_3, \alpha_4) = 4$.又注意到向量组 $\alpha_1, \alpha_2, \alpha_3, \alpha_4$ 中参数的分布较好,尚且本题进而还要将向量 α 用 $\alpha_1, \alpha_2, \alpha_3, \alpha_4$ 线性表出,此等价于解方程组

$$AX = (\alpha_1, \alpha_2, \alpha_3, \alpha_4) \begin{pmatrix} x_1 \\ x_2 \\ x_3 \\ x_4 \end{pmatrix} = \alpha.$$

综上分析本题适宜选用初等变换法求解.

【解】 根据题意,先对对矩阵$(\alpha_1,\alpha_2,\alpha_3,\alpha_4 \vdots \alpha)$施行初等行变换:

$$(\alpha_1,\alpha_2,\alpha_3,\alpha_4 \vdots \alpha) = \begin{pmatrix} 1 & -1 & 3 & -2 & 4 \\ 1 & -3 & 2 & -6 & 1 \\ 1 & 5 & -1 & 10 & 6 \\ 3 & 1 & p+2 & p & 10 \end{pmatrix} \rightarrow \begin{pmatrix} 1 & -1 & 3 & -2 & 4 \\ 0 & -2 & -1 & -4 & -3 \\ 0 & 6 & -4 & 12 & 2 \\ 0 & 4 & p-7 & p-6 & -2 \end{pmatrix}$$

$$\rightarrow \begin{pmatrix} 1 & -1 & 3 & -2 & 4 \\ 0 & -2 & -1 & -4 & -3 \\ 0 & 0 & -7 & 0 & -7 \\ 0 & 0 & p-9 & p-2 & -8 \end{pmatrix} \rightarrow \begin{pmatrix} 1 & -1 & 3 & -2 & 4 \\ 0 & -2 & -1 & -4 & -3 \\ 0 & 0 & 1 & 0 & 1 \\ 0 & 0 & 0 & p-2 & 1-p \end{pmatrix}.$$

当$p \neq 2$时,$r(A)=4$,向量组$\alpha_1,\alpha_2,\alpha_3,\alpha_4$线性无关,为了将向量$\alpha$用$\alpha_1,\alpha_2,\alpha_3,\alpha_4$线性表出,将上述矩阵继续进行初等行变换化为行简化阶梯形:

$$\begin{pmatrix} 1 & -1 & 3 & -2 & 4 \\ 0 & -2 & -1 & -4 & -3 \\ 0 & 0 & 1 & 0 & 1 \\ 0 & 0 & 0 & p-2 & 1-p \end{pmatrix} \rightarrow \begin{pmatrix} 1 & -1 & 3 & -2 & 4 \\ 0 & -2 & -1 & -4 & -3 \\ 0 & 0 & 1 & 0 & 1 \\ 0 & 0 & 0 & 1 & \frac{1-p}{p-2} \end{pmatrix}$$

$$\rightarrow \begin{pmatrix} 1 & -1 & 3 & -2 & 4 \\ 0 & 1 & \frac{1}{2} & 2 & \frac{3}{2} \\ 0 & 0 & 1 & 0 & 1 \\ 0 & 0 & 0 & 1 & \frac{1-p}{p-2} \end{pmatrix} \rightarrow \begin{pmatrix} 1 & 0 & 0 & 0 & 2 \\ 0 & 1 & 0 & 0 & \frac{3p-4}{p-2} \\ 0 & 0 & 1 & 0 & 1 \\ 0 & 0 & 0 & 1 & \frac{1-p}{p-2} \end{pmatrix},$$

所以$(x_1,x_2,x_3,x_4)^{\mathrm{T}} = \left(2,\dfrac{3p-4}{p-2},1,\dfrac{1-p}{p-2}\right)^{\mathrm{T}}$,即

$$\alpha = 2\alpha_1 + \frac{3p-4}{p-2}\alpha_2 + \alpha_3 + \frac{1-p}{p-2}\alpha_4.$$

当$p=2$时,向量组$\alpha_1,\alpha_2,\alpha_3,\alpha_4$线性相关,此时有

$$(\alpha_1,\alpha_2,\alpha_3,\alpha_4 \vdots \alpha) \rightarrow \begin{pmatrix} 1 & -1 & 3 & -2 & 4 \\ 0 & -2 & -1 & -4 & -3 \\ 0 & 0 & 1 & 0 & 1 \\ 0 & 0 & 0 & 0 & -1 \end{pmatrix},$$

$r(\alpha_1,\alpha_2,\alpha_3,\alpha_4)=3$,并且$\alpha_1,\alpha_2,\alpha_3$或$\alpha_1,\alpha_3,\alpha_4$为向量组$\alpha_1,\alpha_2,\alpha_3,\alpha_4$的一个极大无关组.

【例 9-6】 (2006 年真题)设 4 维向量组$\alpha_1=(1+a,1,1,1)^{\mathrm{T}}$,$\alpha_2=(2,2+a,2,2)^{\mathrm{T}}$,$\alpha_3=(3,3,3+a,3)^{\mathrm{T}}$,$\alpha_4=(4,4,4,4+a)^{\mathrm{T}}$,问$a$为何值时$\alpha_1,\alpha_2,\alpha_3,\alpha_4$线性相关?当$\alpha_1,\alpha_2,\alpha_3,\alpha_4$线性相关时,求其一个极大线性无关组,并将其余量用该极大线性无关组线性表出.

【分析】 注意到向量组$\alpha_1,\alpha_2,\alpha_3,\alpha_4$的个数和维数相同,欲判断其线性相关性,即可用行列式法:$\alpha_1,\alpha_2,\alpha_3,\alpha_4$线性相关 $\Leftrightarrow |\alpha_1,\alpha_2,\alpha_3,\alpha_4|=0$.也可用初等行变换秩法:$\alpha_1,\alpha_2,\alpha_3,\alpha_4$线性相关 $\Leftrightarrow r(\alpha_1,\alpha_2,\alpha_3,\alpha_4)<4$.又注意到向量组$\alpha_1,\alpha_2,\alpha_3,\alpha_4$中参数的分布不好,因此选择行列式法求参数$a$,即以向量$\alpha_1,\alpha_2,\alpha_3,\alpha_4$为列向量构成矩阵的行列式为零来确定参数$a$,用初等变换法求极大线性无关组.

【解】 设以 $\alpha_1,\alpha_2,\alpha_3,\alpha_4$ 为列向量的矩阵为 A，则

$$|A| = \begin{vmatrix} 1+a & 2 & 3 & 4 \\ 1 & 2+a & 3 & 4 \\ 1 & 2 & 3+a & 4 \\ 1 & 2 & 3 & 4+a \end{vmatrix} = (10+a)a^3,$$

于是当 $|A|=0$，即 $a=0$ 或 $a=-10$ 时，向量组 $\alpha_1,\alpha_2,\alpha_3,\alpha_4$ 线性相关。

当 $a=0$ 时，

$$A = \begin{pmatrix} 1 & 2 & 3 & 4 \\ 1 & 2 & 3 & 4 \\ 1 & 2 & 3 & 4 \\ 1 & 2 & 3 & 4 \end{pmatrix} \rightarrow \begin{pmatrix} 1 & 2 & 3 & 4 \\ 0 & 0 & 0 & 0 \\ 0 & 0 & 0 & 0 \\ 0 & 0 & 0 & 0 \end{pmatrix},$$

显然 α_1 是一个极大线性无关组，且 $\alpha_2=2\alpha_1, \alpha_3=3\alpha_1, \alpha_4=4\alpha_1$。

当 $a=-10$ 时，

$$A = \begin{pmatrix} -9 & 2 & 3 & 4 \\ 1 & -8 & 3 & 4 \\ 1 & 2 & -7 & 4 \\ 1 & 2 & 3 & -6 \end{pmatrix} \rightarrow \begin{pmatrix} 1 & 2 & 3 & -6 \\ 1 & -8 & 3 & 4 \\ 1 & 2 & -7 & 4 \\ -9 & 2 & 3 & 4 \end{pmatrix} \rightarrow \begin{pmatrix} 1 & 2 & 3 & -6 \\ 0 & -10 & 0 & 10 \\ 0 & 0 & -10 & 10 \\ 0 & 20 & 30 & -50 \end{pmatrix}$$

$$\rightarrow \begin{pmatrix} 1 & 2 & 3 & -6 \\ 0 & 1 & 0 & -1 \\ 0 & 0 & 1 & -1 \\ 0 & 0 & 0 & 0 \end{pmatrix} \rightarrow \begin{pmatrix} 1 & 0 & 0 & -1 \\ 0 & 1 & 0 & -1 \\ 0 & 0 & 1 & -1 \\ 0 & 0 & 0 & 0 \end{pmatrix},$$

所以 $\alpha_1,\alpha_2,\alpha_3$ 为极大线性无关组，且 $\alpha_4=-\alpha_1-\alpha_2-\alpha_3$。

【考点3】 求向量在基下的坐标

【例9-7】 (1987年真题)已知3维向量空间的基底为 $\alpha_1=(1,1,0)^T, \alpha_2=(1,0,1)^T, \alpha_3=(0,1,1)^T$，则向量 $\beta=(2,0,0)^T$ 在此基底下的坐标为_____。

【答案】 $(1,1,-1)^T$。

【解】 向量 $\beta=(2,0,0)^T$ 在此基底下的坐标为 x_1,x_2,x_3，则向量 $\beta=(2,0,0)^T$ 在基底 $\alpha_1=(1,1,0)^T, \alpha_2=(1,0,1)^T, \alpha_3=(0,1,1)^T$ 下的坐标相当于解方程组 $x_1\alpha_1+x_2\alpha_2+x_3\alpha_3=\beta$。

因为

$$(\alpha_1,\alpha_2,\alpha_3 \vdots \beta) = \begin{pmatrix} 1 & 1 & 0 & \vdots & 2 \\ 1 & 0 & 1 & \vdots & 0 \\ 0 & 1 & 1 & \vdots & 0 \end{pmatrix} \rightarrow \begin{pmatrix} 1 & 1 & 0 & \vdots & 2 \\ 0 & -1 & 1 & \vdots & -2 \\ 0 & 1 & 1 & \vdots & 0 \end{pmatrix}$$

$$\rightarrow \begin{pmatrix} 1 & 1 & 0 & \vdots & 2 \\ 0 & 1 & -1 & \vdots & 2 \\ 0 & 0 & 2 & \vdots & -2 \end{pmatrix} \rightarrow \begin{pmatrix} 1 & 0 & 0 & \vdots & 1 \\ 0 & 1 & 0 & \vdots & 1 \\ 0 & 0 & 1 & \vdots & -1 \end{pmatrix},$$

所以

$$(x_1,x_2,x_3)^T = (1,1,-1)^T.$$

【考点4】求两组基之间的过渡矩阵

【例9-8】（2009年真题）设 $\alpha_1,\alpha_2,\alpha_3$ 是3维向量空间 R^3 的一组基，则由基 $\alpha_1,\frac{1}{2}\alpha_2,\frac{1}{3}\alpha_3$ 到基 $\alpha_1+\alpha_2,\alpha_2+\alpha_3,\alpha_3+\alpha_1$ 的过渡矩阵为【   】.

(A) $\begin{pmatrix} 1 & 0 & 1 \\ 2 & 2 & 0 \\ 0 & 3 & 3 \end{pmatrix}$.   (B) $\begin{pmatrix} 1 & 2 & 0 \\ 0 & 2 & 3 \\ 1 & 0 & 3 \end{pmatrix}$.

(C) $\begin{pmatrix} \frac{1}{2} & \frac{1}{4} & -\frac{1}{6} \\ -\frac{1}{2} & \frac{1}{4} & \frac{1}{6} \\ \frac{1}{2} & -\frac{1}{4} & \frac{1}{6} \end{pmatrix}$.   (D) $\begin{pmatrix} \frac{1}{2} & -\frac{1}{2} & \frac{1}{2} \\ \frac{1}{4} & \frac{1}{4} & -\frac{1}{4} \\ -\frac{1}{6} & \frac{1}{6} & \frac{1}{6} \end{pmatrix}$.

【答案】 (A).

【解法1】 因为 $(\alpha_1,\alpha_2,\alpha_3) = \left(\alpha_1,\frac{1}{2}\alpha_2,\frac{1}{3}\alpha_3\right)\begin{pmatrix} 1 & 0 & 0 \\ 0 & 2 & 0 \\ 0 & 0 & 3 \end{pmatrix}$,

所以由基 $\alpha_1,\frac{1}{2}\alpha_2,\frac{1}{3}\alpha_3$ 到基 $\alpha_1,\alpha_2,\alpha_3$ 的过渡矩阵 $P_1 = \begin{pmatrix} 1 & 0 & 0 \\ 0 & 2 & 0 \\ 0 & 0 & 3 \end{pmatrix}$.

又因为

$$(\alpha_1+\alpha_2,\alpha_2+\alpha_3,\alpha_3+\alpha_1) = (\alpha_1,\alpha_2,\alpha_3)\begin{pmatrix} 1 & 0 & 1 \\ 1 & 1 & 0 \\ 0 & 1 & 1 \end{pmatrix},$$

所以由基 $\alpha_1,\alpha_2,\alpha_3$ 到基 $\alpha_1+\alpha_2,\alpha_2+\alpha_3,\alpha_3+\alpha_1$ 的过渡矩阵 $P_2 = \begin{pmatrix} 1 & 0 & 1 \\ 1 & 1 & 0 \\ 0 & 1 & 1 \end{pmatrix}$.

因此

$$(\alpha_1+\alpha_2,\alpha_2+\alpha_3,\alpha_3+\alpha_1) = \left(\alpha_1,\frac{1}{2}\alpha_2,\frac{1}{3}\alpha_3\right)\begin{pmatrix} 1 & 0 & 0 \\ 0 & 2 & 0 \\ 0 & 0 & 3 \end{pmatrix}\begin{pmatrix} 1 & 0 & 1 \\ 1 & 1 & 0 \\ 0 & 1 & 1 \end{pmatrix},$$

于是由基 $\alpha_1,\frac{1}{2}\alpha_2,\frac{1}{3}\alpha_3$ 到基 $\alpha_1+\alpha_2,\alpha_2+\alpha_3,\alpha_3+\alpha_1$ 的过渡矩阵为

$$P_1P_2 = \begin{pmatrix} 1 & 0 & 0 \\ 0 & 2 & 0 \\ 0 & 0 & 3 \end{pmatrix}\begin{pmatrix} 1 & 0 & 1 \\ 1 & 1 & 0 \\ 0 & 1 & 1 \end{pmatrix} = \begin{pmatrix} 1 & 0 & 1 \\ 2 & 2 & 0 \\ 0 & 3 & 3 \end{pmatrix}.$$

故应选(A).

【解法2】 验证法. 将(A),(B),(C),(D)四个选项中的矩阵逐一代入 $(\alpha_1+\alpha_2,\alpha_2+\alpha_3,\alpha_3+\alpha_1) = \left(\alpha_1,\frac{1}{2}\alpha_2,\frac{1}{3}\alpha_3\right)P$ 中进行验证可知，只有(A)中的矩阵满足此等式. 故应选(A).

第九章 向量

【考点5】 求解空间的一组标准正交基

【例9-9】（1997年真题）设 B 是秩为2的 5×4 矩阵，$\alpha_1=(1,1,2,3)^T$，$\alpha_2=(-1,1,4,-1)^T$，$\alpha_3=(5,-1,-8,9)^T$ 是齐次线性方程组 $BX=0$ 的解向量，求 $BX=0$ 的解空间的一个标准正交基.

【分析】 求 $BX=0$ 的解空间的一个标准正交基，应先求出它的一个基，然后再将其用施密特方法标准正交化.

【解】 因为 5×4 矩阵的秩 $r(B)=2$，所以方程组 $BX=0$ 的解空间的维数为 $4-2=2$，又因为 $\alpha_1=(1,1,2,3)^T$，$\alpha_2=(-1,1,4,-1)^T$ 线性无关，故 α_1,α_2 是解空间的基，下面用施密特标准化方法求其标准正交基.

令
$$\beta_1=\alpha_1=(1,1,2,3)^T,$$
$$\beta_2=\alpha_2-\frac{\langle\alpha_2,\beta_1\rangle}{\langle\beta_1,\beta_1\rangle}\beta_1=(-1,1,4,-1)^T-\frac{1}{3}(1,1,2,3)^T=\left(-\frac{4}{3},\frac{2}{3},\frac{10}{3},-2\right)^T,$$

再令
$$\gamma_1=\frac{\beta_1}{\|\beta_1\|}=\frac{1}{\sqrt{15}}(1,1,2,3)^T,\quad \gamma_2=\frac{\beta_2}{\|\beta_2\|}=\frac{1}{39}(-2,1,5,-3)^T,$$

故 γ_1,γ_2 是方程组的解空间的一个标准正交基.

有关向量组的证明题型

【考点6】 判定或证明抽象向量组的线性表示

【方法归纳】

① 利用定义.
② 利用相关定理，即若向量组 $\alpha_1,\alpha_2,\cdots,\alpha_s$ 线性无关，而向量组 $\alpha_1,\alpha_2,\cdots,\alpha_s,\beta$ 线性相关，则 β 可由 $\alpha_1,\alpha_2,\cdots,\alpha_s$ 唯一线性表示.
③ n 维向量空间中任意一个非零向量都可由向量空间的基唯一地线性表示.
④ 利用反证法.

【例9-10】（1992年真题）设向量组 $\alpha_1,\alpha_2,\alpha_3$ 线性相关，向量组 $\alpha_2,\alpha_3,\alpha_4$ 线性无关，问

(1) α_1 能否由 α_2,α_3 线性表出？证明你的结论.
(2) α_4 能否由 $\alpha_1,\alpha_2,\alpha_3$ 线性表出？证明你的结论.

【分析】 对于线性表示问题，主要有两个方法：一是定义，二是定理，即若向量组 $\alpha_1,\alpha_2,\cdots,\alpha_s$ 线性无关，而向量组 $\alpha_1,\alpha_2,\cdots,\alpha_s,\beta$ 线性相关，则 β 可由 $\alpha_1,\alpha_2,\cdots,\alpha_s$ 唯一线性表示.

【解法1】 (1) α_1 能由 α_2,α_3 线性表出. 由向量组 $\alpha_1,\alpha_2,\alpha_3$ 的线性相关知，存在不全为零的 k_1,k_2,k_3，使得
$$k_1\alpha_1+k_2\alpha_2+k_3\alpha_3=0,$$

其中 $k_1\neq 0$，因为若 $k_1=0$，则 k_2,k_3 不全为零，使 $k_2\alpha_2+k_3\alpha_3=0$，于是有 α_2,α_3 线性相关，从而 $\alpha_2,\alpha_3,\alpha_4$ 线性相关，这与已知矛盾，故 $k_1\neq 0$，于是有

$$\alpha_1 = -\frac{k_2}{k_1}\alpha_2 - \frac{k_3}{k_1}\alpha_3 = l_2\alpha_2 + l_3\alpha_3,$$

即 α_1 能由 α_2,α_3 线性表出.

(2) α_4 不能由 $\alpha_1,\alpha_2,\alpha_3$ 线性表出,用反证法.设 α_4 可由 $\alpha_1,\alpha_2,\alpha_3$ 线性表出,即存在 $\lambda_1,\lambda_2,\lambda_3$,使得

$$\alpha_4 = \lambda_1\alpha_1 + \lambda_2\alpha_2 + \lambda_3\alpha_3,$$

由(1)知,$\alpha_1 = l_2\alpha_2 + l_3\alpha_3$,代入上式得

$$\alpha_4 = (\lambda_2 + \lambda_1 l_2)\alpha_2 + (\lambda_3 + \lambda_1 l_3)\alpha_3,$$

即 α_4 可由 α_2,α_3 线性表出,从而 $\alpha_2,\alpha_3,\alpha_4$ 线性相关,这与已知矛盾,故 α_4 不能由 $\alpha_1,\alpha_2,\alpha_3$ 线性表出.

【解法2】(1) 已知 $\alpha_2,\alpha_3,\alpha_4$ 线性无关,于是其部分组 α_2,α_3 线性无关,又题设 $\alpha_1,\alpha_2,\alpha_3$ 线性相关,故 α_1 能由 α_2,α_3 线性表出,并且表示方法是唯一的.

(2) 同解法1.

【例9-11】 设 A,B 是两个 n 阶非零矩阵,满足 $AB = 0, A^* \neq 0$. 若 $\alpha_1,\alpha_2,\cdots,\alpha_k$ 是齐次线性方程组 $BX = 0$ 的一个基础解系,α 是任意一个 n 维列向量,证明 $B\alpha$ 可由 $\alpha_1,\alpha_2,\cdots,\alpha_k,\alpha$ 线性表示,并问何时线性表示是唯一的.

【分析】 注意到 $B\alpha$ 及 $\alpha_1,\alpha_2,\cdots,\alpha_k,\alpha$ 都是 n 维的向量,因此应想到从证明向量组 $\alpha_1,\alpha_2,\cdots,\alpha_k,\alpha$ 是 n 维的向量空间的基入手,该向量组的线性无关性和个数为 n 是证明向量组是基的两个着眼点.

【证明】 若 $B\alpha = 0$,则 $B\alpha = 0$ 显然可由 $\alpha_1,\alpha_2,\cdots,\alpha_k,\alpha$ 线性表示.下证 $B\alpha \neq 0$ 的情形.

设有一组数 $\lambda_1,\lambda_2,\cdots,\lambda_k,\lambda$,使得下式成立:

$$\lambda_1\alpha_1 + \lambda_2\alpha_2 + \cdots + \lambda_k\alpha_k + \lambda\alpha = 0, \tag{9-2}$$

两边左乘 B,得

$$\lambda_1(B\alpha_1) + \lambda_2(B\alpha_2) + \cdots + \lambda_k(B\alpha_k) + \lambda(B\alpha) = 0. \tag{9-3}$$

已知 $\alpha_1,\alpha_2,\cdots,\alpha_k$ 是齐次线性方程组 $BX = 0$ 的一个基础解系,所以 $B\alpha_i = 0 (i = 1,2,\cdots,k)$,且 $\alpha_1,\alpha_2,\cdots,\alpha_k$ 线性无关.于是,式(9-3)为 $\lambda(B\alpha) = 0$.而 $B\alpha \neq 0$ 时,必有 $\lambda = 0$,进而由式(9-2)和 $\alpha_1,\alpha_2,\cdots,\alpha_k$ 的线性无关性,必有

$$\lambda_1 = \lambda_2 = \cdots = \lambda_k = 0.$$

于是 $\alpha_1,\alpha_2,\cdots,\alpha_k,\alpha$ 线性无关.

又令 $B = (B_1,B_2,\cdots,B_n)$,由 $AB = 0$ 得 $AB_i = 0 (i = 1,2,\cdots,n)$.因此 B 的每列是齐次方程组 $AX = 0$ 的解,因而

$$r(B) \leqslant n - r(A).$$

又 $B \neq 0$,B 中至少有一个非零的列向量,因此方程组 $AX = 0$ 有非零解 B_i,从而 $r(A) < n$;由 $A^* \neq 0$ 得 $r(A^*) \geqslant 1$,从而有 $r(A) \geqslant n - 1$.故 $r(A) = n - 1$.于是

$$r(B) \leqslant n - r(A) \leqslant 1.$$

而 B 是非零矩阵,$r(B) \geqslant 1$,故 $r(B) = 1$.从而 $BX = 0$ 的基础解系含有 $n - 1$ 个向量,于是 $k = n - 1$,故有 $\alpha_1,\alpha_2,\cdots,\alpha_{n-1},\alpha$ 线性无关.从而这 n 个 n 维向量可构成 n 维向量空间的一个基,因此 $B\alpha$ 必可由 $\alpha_1,\alpha_2,\cdots,\alpha_k,\alpha$ 线性表示,并且当 $B\alpha \neq 0$ 时,表示是唯一的.

【考点7】 抽象向量组的线性相关性的证明

【方法归纳】

① 所证明的向量组与方程组的解向量有关,先从定义出发再两边左乘以方程组的系数矩阵.

② 所证明的向量组与矩阵的特征向量有关,利用不同特征值对应的特征向量必线性无关.

③ 所证明的向量组与矩阵的列向量组或行向量组有关,转化为比较矩阵的秩和向量的个数大小(等于无关,小于相关).

④ 其他,灵活运用题设信息和相关定理.

【例9-12】 (1998年真题)设 A 是 n 阶矩阵,若存在正整数 k,使线性方程组 $A^k x = 0$ 有解向量 α,且 $A^{k-1}\alpha \neq 0$,证明向量组 $\alpha, A\alpha, \cdots, A^{k-1}\alpha$ 是线性无关的.

【分析】 证明向量组 $\alpha, A\alpha, \cdots, A^{k-1}\alpha$ 是线性无关的,按定义只需证明当 $\lambda_0 \alpha + \lambda_1 A\alpha + \cdots + \lambda_{k-1} A^{k-1}\alpha = 0$ 时,必有 $\lambda_0 = \lambda_1 = \cdots = \lambda_{k-1} = 0$ 成立即可. 根据题设,$A^{k-1}\alpha \neq 0$,$A^k x = 0$,可见当 $m \geqslant k$ 时,均有 $A^m \alpha = 0$,故用 A^{k-1} 同时左乘关系式 $\lambda_0 \alpha + \lambda_1 A\alpha + \cdots + \lambda_{k-1} A^{k-1}\alpha = 0$ 两边,可得 $\lambda_0 = 0$,依次用 $A^{k-2}, A^{k-3}, \cdots, A$ 乘以上述关系式两边,便可证明 $\lambda_1 = 0, \lambda_2 = 0, \cdots, \lambda_{k-2} = 0$,最后由 $\lambda_{k-1} A^{k-1}\alpha = 0$ 知 $\lambda_{k-1} = 0$. 具体证明过程略.

【例9-13】 (1996年真题)设向量组 $\alpha_1, \alpha_2, \cdots, \alpha_t$ 是齐次线性方程组 $AX = 0$ 的一个基础解系,向量 β 不是方程组 $AX = 0$ 的解,即 $A\beta \neq 0$. 试证明向量组 $\beta, \beta + \alpha_1, \beta + \alpha_2, \cdots, \beta + \alpha_t$ 线性无关.

【证明】 设有一组数 $k, k_1, k_2, \cdots, k_t$,使得
$$k\beta + k_1(\beta + \alpha_1) + k_2(\beta + \alpha_2) + \cdots + k_t(\beta + \alpha_t) = 0,$$
整理得
$$(k + k_1 + \cdots + k_t)\beta = -(k_1\alpha_1 + k_2\alpha_2 + \cdots + k_t\alpha_t). \tag{9-4}$$
上式两边同时左乘矩阵 A,有
$$(k + k_1 + \cdots + k_t)A\beta = -(k_1 A\alpha_1 + k_2 A\alpha_2 + \cdots + k_t A\alpha_t),$$
因为 $A\beta \neq 0$,故
$$k + k_1 + \cdots + k_t = 0, \tag{9-5}$$
从而由式(9-4)得
$$k_1\alpha_1 + k_2\alpha_2 + \cdots + k_t\alpha_t = 0. \tag{9-6}$$
由于向量组 $\alpha_1, \alpha_2, \cdots, \alpha_t$ 是齐次线性方程组 $AX = 0$ 的一个基础解系,所以式(9-6)成立的条件是当且仅当 $k_1 = k_2 = \cdots = k_t = 0$,因而由式(9-5)得 $k = 0$. 因此向量组 $\beta, \beta + \alpha_1, \beta + \alpha_2, \cdots, \beta + \alpha_t$ 线性无关.

【例9-14】 (2008年真题)设 A 为3阶矩阵,α_1, α_2 为 A 的分别属于特征值 $-1, 1$ 的特征向量,向量 α_3 满足 $A\alpha_3 = \alpha_2 + \alpha_1$.

(Ⅰ) 证明 $\alpha_1, \alpha_2, \alpha_3$ 线性无关;

(Ⅱ) 令 $P = (\alpha_1, \alpha_2, \alpha_3)$,求 $P^{-1}AP$.

(Ⅰ)**【证明】** 设有一组数 k_1, k_2, k_3,使得 $k\alpha_1 + k_2\alpha_2 + k_3\alpha_3 = 0$.

用 A 左乘上式两边,得 $k_1(A\alpha_1) + k_2(A\alpha_2) + k_3(A\alpha_3) = 0$.

因为 $A\alpha_1 = -\alpha_1, A\alpha_2 = \alpha_2, A\alpha_3 = \alpha_2 + \alpha_1$,

所以 $-k_1\alpha_1 + (k_2 + k_3)\alpha_2 + k_3\alpha_3 = 0$,

又因为 $k_1\alpha_1 + k_2\alpha_2 + k_3\alpha_3 = 0$.

所以式 ① - 式 ② 得 $2k_1\alpha_1 - k_3\alpha_2 = 0$.

因为 α_1,α_2 为不同特征值的特征向量,所以 α_1,α_2 线性无关,因此 $k_1 = k_2 = 0$,从而有 $k_3 = 0$.故 $\alpha_1,\alpha_2,\alpha_3$ 线性无关.

(Ⅱ)【解】由题意,$AP = P\begin{pmatrix} -1 & 0 & 0 \\ 0 & 1 & 1 \\ 0 & 0 & 1 \end{pmatrix}$. 而由(Ⅰ)知,$\alpha_1,\alpha_2,\alpha_3$ 线性无关,从而 $P = (\alpha_1, \alpha_2, \alpha_3)$ 可逆. 故

$$P^{-1}AP = \begin{pmatrix} -1 & 0 & 0 \\ 0 & 1 & 1 \\ 0 & 0 & 1 \end{pmatrix}.$$

【例 9-15】(1993 年真题)设 A 是 $n \times m$ 矩阵,B 是 $m \times n$ 矩阵,其中 $n < m$,E 是 n 阶单位矩阵,若 $AB = E$,证明 B 的列向量组线性无关.

【分析】证明一组向量线性无关,基本方法是用定义,若题设条件已知矩阵关系式,往往也可通过矩阵的秩进行分析.

【解法 1】设 $B = (\beta_1, \beta_2, \cdots, \beta_n)$,其中 $\beta_i (i = 1, 2, \cdots, n)$ 是 B 的列向量.

若 $x_1\beta_1 + x_2\beta_2 + \cdots + x_n\beta_n = 0$,

即 $(\beta_1, \beta_2, \cdots, \beta_n)\begin{pmatrix} x_1 \\ x_2 \\ \vdots \\ x_n \end{pmatrix} = BX = 0.$

上式两边左乘 A,得 $ABX = 0$,即 $EX = X = 0$,$x_1 = x_2 = \cdots = x_n = 0$,根据定义知,$B$ 的列向量组线性无关.

【解法 2】因为 $r(B) \leqslant n$,又 $r(B) \geqslant r(AB) = r(E) = n$,故有 $r(B) = n$,所以 B 的列向量组线性无关.

【考点 8】抽象的向量组的秩的证明

【例 9-16】(1995 年真题)已知向量组(Ⅰ)$\alpha_1, \alpha_2, \alpha_3$,向量组(Ⅱ)$\alpha_1, \alpha_2, \alpha_3, \alpha_4$ 和向量组(Ⅲ)$\alpha_1, \alpha_2, \alpha_3, \alpha_5$. 如果各向量组的秩分别为 $r(Ⅰ) = r(Ⅱ) = 3, r(Ⅲ) = 4$,证明向量组 $\alpha_1, \alpha_2, \alpha_3, \alpha_5 - \alpha_4$ 的秩为 4.

【分析】欲证明抽象向量组的秩等于它所含向量的个数,只要证明这些向量是线性无关的即可.

【证明】设有数 k_1, k_2, k_3, k_4,使得

$$k_1\alpha_1 + k_2\alpha_2 + k_3\alpha_3 + k_4(\alpha_5 - \alpha_4) = 0. \tag{9-7}$$

因为 $r(Ⅰ) = r(Ⅱ) = 3$,所以向量(Ⅰ)$\alpha_1, \alpha_2, \alpha_3$ 线性无关,向量组(Ⅱ)$\alpha_1, \alpha_2, \alpha_3, \alpha_4$ 线性相关,故存在数 $\lambda_1, \lambda_2, \lambda_3$ 使得

$$\alpha_4 = \lambda_1\alpha_1 + \lambda_2\alpha_2 + \lambda_3\alpha_3, \tag{9-8}$$

于是向量组 $\alpha_1,\alpha_2,\alpha_3,\alpha_5$ 与向量组 $\alpha_1,\alpha_2,\alpha_3,\alpha_4,\alpha_5$ 等价，因而 $r(\alpha_1,\alpha_2,\alpha_3,\alpha_5) = r(\alpha_1,\alpha_2,\alpha_3,\alpha_4,\alpha_5) = 4$.

将式(9-8)代入式(9-7)并化简得
$$(k_1 - \lambda_1 k_4)\alpha_1 + (k_2 - \lambda_2 k_4)\alpha_2 + (k_3 - \lambda_3 k_4)\alpha_3 + k_4\alpha_5 = 0,$$
由 $r(\alpha_1,\alpha_2,\alpha_3,\alpha_5) = 4$ 知，$\alpha_1,\alpha_2,\alpha_3,\alpha_5$ 线性无关，于是必有
$$\begin{cases} k_1 - \lambda_1 k_4 = 0, \\ k_2 - \lambda_2 k_4 = 0, \\ k_3 - \lambda_3 k_4 = 0, \\ k_4 = 0. \end{cases}$$
于是得 $k_1 = 0, k_2 = 0, k_3 = 0, k_4 = 0$，故 $\alpha_1,\alpha_2,\alpha_3,\alpha_5 - \alpha_4$ 线性无关，即其秩为 4.

有关向量的客观题型

【考点9】 有关向量组的线性相关性的判定

【方法归纳】 一般可用定义法、行列式法、秩法，也可转化为齐次线性方程组有无非零解进行讨论.

【例9-17】（1996 年真题）设有任意两个 n 维向量组 $\alpha_1,\alpha_2,\cdots,\alpha_m$ 和 $\beta_1,\beta_2,\cdots,\beta_m$，若存在两组不全为零的数 $\lambda_1,\lambda_2,\cdots,\lambda_m$ 和 $k_1,k_2,\cdots,k_m$，使 $(\lambda_1 + k_1)\alpha_1 + \cdots + (\lambda_m + k_m)\alpha_m + (\lambda_1 - k_1)\beta_1 + \cdots + (\lambda_m - k_m)\beta_m = 0$，则【　】正确.

(A) $\alpha_1,\alpha_2,\cdots,\alpha_m$ 和 $\beta_1,\beta_2,\cdots,\beta_m$ 都线性相关.

(B) $\alpha_1,\alpha_2,\cdots,\alpha_m$ 和 $\beta_1,\beta_2,\cdots,\beta_m$ 都线性无关.

(C) $\alpha_1 + \beta_1,\cdots,\alpha_m + \beta_m;\alpha_1 - \beta_1,\cdots,\alpha_m - \beta_m$ 线性无关.

(D) $\alpha_1 + \beta_1,\cdots,\alpha_m + \beta_m;\alpha_1 - \beta_1,\cdots,\alpha_m - \beta_m$ 线性相关.

【分析】 由于已知条件是 $\lambda_1,\lambda_2,\cdots,\lambda_m,k_1,k_2,\cdots,k_m$ 不全为零，故应考虑将已给等式重新整理，使得这 $2m$ 个数成为某些向量的线性组合系数.

【解】 将所给等式重新整理，可得
$$\lambda_1(\alpha_1 + \beta_1) + \cdots + \lambda_m(\alpha_m + \beta_m) + k_1(\alpha_1 - \beta_1) + \cdots + k_m(\alpha_m - \beta_m) = 0.$$
因为 $\lambda_1,\lambda_2,\cdots,\lambda_m,k_1,k_2,\cdots,k_m$ 不全为零，所以根据线性相关性的定义可知，向量组 $\alpha_1 + \beta_1,\cdots,\alpha_m + \beta_m,\alpha_1 - \beta_1,\cdots,\alpha_m - \beta_m$ 线性相关，故选(D).

【例9-18】（2003 年真题）设 $\alpha_1,\alpha_2,\cdots,\alpha_s$ 均为 n 维向量，下列结论不正确的是【　】.

(A) 若对于任意一组不全为零的数 $k_1,k_2,\cdots,k_s$，都有 $k_1\alpha_1 + k_2\alpha_2 + \cdots + k_s\alpha_s \neq 0$，则 $\alpha_1,\alpha_2,\cdots,\alpha_s$ 线性无关.

(B) 若 $\alpha_1,\alpha_2,\cdots,\alpha_s$ 线性相关，则对于任意一组不全为零的数 $k_1,k_2,\cdots,k_s$，都有 $k_1\alpha_1 + k_2\alpha_2 + \cdots + k_s\alpha_s = 0$.

(C) $\alpha_1,\alpha_2,\cdots,\alpha_s$ 线性无关的充要条件是此向量组的秩为 s.

(D) $\alpha_1,\alpha_2,\cdots,\alpha_s$ 线性无关的必要条件是其中任意两个向量线性无关.

【分析】 本题涉及线性相关、线性无关概念的理解，以及线性相关、线性无关的等价表现形式. 应注意要求寻找不正确的命题.

【解】 对于(A)选项，若对于任意一组不全为零的数 $k_1,k_2,\cdots,k_s$，都有 $k_1\alpha_1 + k_2\alpha_2 + \cdots$

$+k_s\alpha_s \neq 0$,则 $\alpha_1,\alpha_2,\cdots,\alpha_s$ 必线性无关,因为若 $\alpha_1,\alpha_2,\cdots,\alpha_s$ 线性相关,则存在一组不全为零的数 $k_1,k_2,\cdots,k_s$,使得 $k_1\alpha_1+k_2\alpha_2+\cdots+k_s\alpha_s=0$,矛盾,可见(A)成立.

对于(B)选项,若 $\alpha_1,\alpha_2,\cdots,\alpha_s$ 线性相关,则存在一组,而不是对任意一组不全为零的数 k_1, $k_2,\cdots,k_s$,都有 $k_1\alpha_1+k_2\alpha_2+\cdots+k_s\alpha_s=0$,可见(B)不成立.

对于(C)选项,$\alpha_1,\alpha_2,\cdots,\alpha_s$ 线性无关,则此向量组的秩为 s;反过来,若向量组 $\alpha_1,\alpha_2,\cdots,\alpha_s$ 的秩为 s,则 $\alpha_1,\alpha_2,\cdots,\alpha_s$ 线性无关,因此(C)成立.

对于(D)选项,$\alpha_1,\alpha_2,\cdots,\alpha_s$ 线性无关,则其任意部分组线性无关,故其中任意两个向量线性无关,可见(D)也成立.

综上所述,应选(B).

【例 9-19】(1988 年真题)n 维向量组 $\alpha_1,\alpha_2,\cdots,\alpha_s(3\leqslant s\leqslant n)$ 线性无关的充要条件是【   】.

(A) 存在一组不全为零的数 $k_1,k_2,\cdots,k_s$,使得 $k_1\alpha_1+k_2\alpha_2+\cdots+k_s\alpha_s\neq 0$.

(B) $\alpha_1,\alpha_2,\cdots,\alpha_s$ 中任意两个向量均线性无关.

(C) $\alpha_1,\alpha_2,\cdots,\alpha_s$ 中存在一个向量不能用其余向量线性表示.

(D) $\alpha_1,\alpha_2,\cdots,\alpha_s$ 中任意一个向量都不能用其余向量线性表示.

【答案】 (D).

【分析】 本题考察一组向量线性无关的等价形式,既可直接选出答案,也可通过反例用排除法得到正确选项.

【解】(A)选项只是存在一组不全为零的数 $k_1,k_2,\cdots,k_s$,使 $k_1\alpha_1+k_2\alpha_2+\cdots+k_s\alpha_s\neq 0$,事实上,只要 $\alpha_1,\alpha_2,\cdots,\alpha_s(3\leqslant s\leqslant n)$ 有一个不为零(例如 $\alpha_1\neq 0$),则必存在一组数 $1,0,0,\cdots$, 0,使 $1\cdot\alpha_1+0\cdot\alpha_2+\cdots+0\cdot\alpha_s\neq 0$,但不能保证 $\alpha_1,\alpha_2,\cdots,\alpha_s$ 线性无关,因此排除(A).设 $\alpha_1=\begin{pmatrix}1\\1\end{pmatrix}$,$\alpha_2=\begin{pmatrix}1\\0\end{pmatrix}$,$\alpha_3=\begin{pmatrix}0\\1\end{pmatrix}$,则 $\alpha_1+\alpha_2+\alpha_3\neq 0$ 且两两线性无关,但 $\alpha_1,\alpha_2,\alpha_3$ 线性相关,可排除(B);又如 $\alpha_1=\begin{pmatrix}1\\1\\1\end{pmatrix}$,$\alpha_2=\begin{pmatrix}1\\0\\0\end{pmatrix}$,$\alpha_3=\begin{pmatrix}2\\0\\0\end{pmatrix}$,则 α_1 不能由 α_2,α_3 线性表示,但同样 $\alpha_1,\alpha_2,\alpha_3$ 线性相关,进一步可排除(C).事实上,(A),(B),(C)三个选项均是 $\alpha_1,\alpha_2,\cdots,\alpha_s$ 线性无关的必要条件,而非充分条件,因此正确选项为(D).

【温馨提示 1】 对于线性代数中的一些常见反例,平时应当有意识地积累,这对于解答选择题往往是非常有益的.

【温馨提示 2】 一组向量 $\alpha_1,\alpha_2,\cdots,\alpha_s$ 线性无关 $\Leftrightarrow$ 对任意一组不全为零的数 k_1,k_2, $\cdots,k_s$,总有 $k_1\alpha_1+k_2\alpha_2+\cdots+k_s\alpha_s\neq 0\Leftrightarrow\alpha_1,\alpha_2,\cdots,\alpha_s$ 中任意一个向量均不能用其余向量线性表示.

【例 9-20】(1994 年真题)已知向量组 $\alpha_1,\alpha_2,\alpha_3,\alpha_4$ 线性无关,则向量组【   】.

(A) $\alpha_1+\alpha_2,\alpha_2+\alpha_3,\alpha_3+\alpha_4,\alpha_4+\alpha_1$ 线性无关.

(B) $\alpha_1-\alpha_2,\alpha_2-\alpha_3,\alpha_3-\alpha_4,\alpha_4-\alpha_1$ 线性无关.

(C) $\alpha_1+\alpha_2,\alpha_2+\alpha_3,\alpha_3+\alpha_4,\alpha_4-\alpha_1$ 线性无关.

(D) $\alpha_1+\alpha_2,\alpha_2+\alpha_3,\alpha_3-\alpha_4,\alpha_4-\alpha_1$ 线性无关.

【答案】 (C).

【分析】 判断一组向量是否线性无关,基本方法是用定义,对于此类单选题,一般有 $2\sim 3$ 组通过观察即可很快排除,如果无法全部排除,就要用定义判断.

【解】 因为(A)选项中 4 个向量有关系:$(\alpha_1+\alpha_2)-(\alpha_2+\alpha_3)+(\alpha_3+\alpha_4)-(\alpha_4+\alpha_1)=0$;(B)选项中 4 个向量有关系:$(\alpha_1-\alpha_2)+(\alpha_2-\alpha_3)+(\alpha_3-\alpha_4)+(\alpha_4-\alpha_1)=0$;(D)选项中 4 个向量有关系:$(\alpha_1+\alpha_2)-(\alpha_2+\alpha_3)+(\alpha_3-\alpha_4)+(\alpha_4-\alpha_1)=0$;因此由向量组线性相关的定义知,(A),(B),(D)选项中 4 个向量均线性相关,故(C)为正确选项.事实上,因为

$$(\alpha_1+\alpha_2,\alpha_2+\alpha_3,\alpha_3+\alpha_4,\alpha_4-\alpha_1)=(\alpha_1,\alpha_2,\alpha_3,\alpha_4)\begin{pmatrix}1&0&0&-1\\1&1&0&0\\0&1&1&0\\0&0&1&1\end{pmatrix},$$

而 $\begin{vmatrix}1&0&0&-1\\1&1&0&0\\0&1&1&0\\0&0&1&1\end{vmatrix}=2\neq 0$,向量组 $\alpha_1,\alpha_2,\alpha_3,\alpha_4$ 线性无关,因而 $\alpha_1+\alpha_2,\alpha_2+\alpha_3,\alpha_3+\alpha_4,\alpha_4-\alpha_1$ 线性无关,故(C)为正确选项.

【例 9-21】 (1997 年真题)设向量组 $\alpha_1,\alpha_2,\alpha_3$ 线性无关,则下列向量组中,线性无关的是【 】.

(A) $\alpha_1+\alpha_2,\alpha_2+\alpha_3,\alpha_3-\alpha_1$.
(B) $\alpha_1+\alpha_2,\alpha_2+\alpha_3,\alpha_1+2\alpha_2+\alpha_3$.
(C) $\alpha_1+2\alpha_2,2\alpha_2+3\alpha_3,3\alpha_3+\alpha_1$.
(D) $\alpha_1+2\alpha_2+\alpha_3,2\alpha_1-3\alpha_2+2\alpha_3,3\alpha_1+5\alpha_2-5\alpha_3$.

【分析】 先用观察法寻找所给向量组的等于零的线性组合,从而断定其线性相关性,若无法通过观察得出这种线性组合,则另行判定,如可用定义法.

【解】 经观察知,对于(A)选项,$(\alpha_1+\alpha_2)-(\alpha_2+\alpha_3)+(\alpha_3-\alpha_1)=0$,故线性相关;对于(B)选项,$(\alpha_1+\alpha_2)+(\alpha_2+\alpha_3)-(\alpha_1+2\alpha_2+\alpha_3)=0$,故线性相关.对于(C)和(D)选项不易观察,用定义法判别.由于 $\alpha_1,\alpha_2,\alpha_3$ 线性无关,且关系矩阵 $\begin{vmatrix}1&0&1\\2&2&0\\0&3&3\end{vmatrix}=12\neq 0$,故(C)选项向量组线性无关;由于 $\alpha_1,\alpha_2,\alpha_3$ 线性无关,且关系矩阵 $\begin{vmatrix}1&2&3\\2&-3&5\\1&2&-5\end{vmatrix}=0$,故(D)选项向量组线性相关.故本题应选(C).

【例 9-22】 (2006 年真题)设 $\alpha_1,\alpha_2,\cdots,\alpha_s$ 均为 n 维列向量,A 为 $m\times n$ 矩阵,下列选项正确的是【 】.

(A) 若 $\alpha_1,\alpha_2,\cdots,\alpha_s$ 线性相关,则 $A\alpha_1,A\alpha_2,\cdots,A\alpha_s$ 线性相关.
(B) 若 $\alpha_1,\alpha_2,\cdots,\alpha_s$ 线性相关,则 $A\alpha_1,A\alpha_2,\cdots,A\alpha_s$ 线性无关.
(C) 若 $\alpha_1,\alpha_2,\cdots,\alpha_s$ 线性无关,则 $A\alpha_1,A\alpha_2,\cdots,A\alpha_s$ 线性相关.
(D) 若 $\alpha_1,\alpha_2,\cdots,\alpha_s$ 线性无关,则 $A\alpha_1,A\alpha_2,\cdots,A\alpha_s$ 线性无关.

【答案】 (A).

【分析】 本题考查向量组的线性相关性问题,利用定义或性质进行判定.

【解法 1】 记 $B=(\alpha_1,\alpha_2,\cdots,\alpha_s)$,则 $(A\alpha_1,A\alpha_2,\cdots,A\alpha_s)=AB$. 所以,若向量组 $\alpha_1,\alpha_2,\cdots,\alpha_s$ 线性相关,则 $r(B)<s$,从而 $r(AB)\leqslant r(B)<s$,向量组 $A\alpha_1,A\alpha_2,\cdots,A\alpha_s$ 也线性相关,故应选(A).

【解法 2】 取特殊值方法. 取 $A=E$,则 $A\alpha_1,A\alpha_2,\cdots,A\alpha_s$ 成为 $\alpha_1,\alpha_2,\cdots,\alpha_s$,两者具有相同的线性相关性,由此排除(B)和(C). 取 $A=0$,则 $A\alpha_1,A\alpha_2,\cdots,A\alpha_s$ 成为零向量组,因而是线性相关的向量组,由此可排除(D). 故应选(A).

【解法 3】 定义法,略.

【温馨提示】 本考点常见情形如下.
① 已知一个向量组线性无关,判断由它构造的新的向量组的相关性.
② 两个不同的向量组之间相关性判别.
③ 与矩阵有关的行向量组或列向量组的相关性的判别.

【考点 10】 与矩阵有关的向量组的相关性的判定

【方法归纳】 一般可用定义法、行列式法、秩法,也可转化为齐次线性方程组有无非零解进行讨论.

【例 9-23】 (1995 年真题)设矩阵 $A_{m\times n}$ 的秩为 $r(A)=m<n$,I_m 为 m 阶单位矩阵,下述结论成立的是【   】.

(A) A 的任意 m 个列向量必线性无关.

(B) A 的任一个 m 阶子式不等于零.

(C) 若矩阵 B 满足 $BA=0$,则 $B=0$.

(D) A 通过初等行变换,必可化为 $(I_m,0)$ 的形式.

【答案】 (C).

【解】 对于(A)选项,由 $r(A_{m\times n})=m<n$ 可知,A 的列向量组的秩为 m,根据向量组秩的定义,(A) 中的"任意"应改为"存在".

对于(B)选项,由于 $r(A_{m\times n})=m<n$,根据矩阵秩的定义,(B) 中的"任意"应改为"存在".

对于(D)选项,秩等于行数的矩阵仅用初等行变换未必能化成 $(I_m,0)$ 的形式,例如矩阵 $\begin{pmatrix}1 & 0 & 0\\0 & 0 & 1\end{pmatrix}$ 就是如此.

这样即可排除(A),(B),(D),只剩下(C)可选. 事实上,对于(C)选项,由 $BA=0$ 得 $A^TB^T=0$,这表明 B^T 的每个列向量都是方程组 $A^TX=0$ 的解,但 $r(A^T)=r(A)=m=A$ 的行数 $=A^T$ 的列数.

因而 $A^TX=0$ 只有零解,于是 B^T 的每列都是零向量,即 $B=0$,故(C)是正确的.

【例 9-24】 (1989 年真题)设 A 是 n 阶矩阵,且 A 的行列式 $|A|=0$,则 A 中【   】.

(A) 必有一列元素全为 0.

(B) 必有两列元素对应成比例.

(C) 必有一列向量是其余列向量的线性组合.

(D) 任一列向量是其余列向量的线性组合.

【答案】(C).

【分析】注意本题是寻找行列式$|A|=0$的必要条件,而非充分条件,四个选项均为行列式$|A|=0$的充分条件,但只有一个是必要条件.

【解】由题设$|A|=0$知,A的行(列)向量组均于选项相关,根据一组向量线性相关的充要条件是必有一行(列)向量是其余行(列)向量的线性组合$\Leftrightarrow r(A)<n \Leftrightarrow Ax=0$有非零解$\Leftrightarrow A$有零特征值.

【例9-25】(1992年真题)设A为$m\times n$矩阵,齐次线性方程组$AX=0$仅有零解的充要条件是【   】.

(A) A的列向量组线性无关.   (B) A的列向量组线性相关.

(C) A的行向量组线性无关.   (D) A的行向量组线性相关.

【答案】(A).

【分析】由有解判定定理知$AX=0$仅有零解$\Leftrightarrow r(A)=n$,即A的n个列向量线性无关,故选(A).

【温馨提示】当A的行向量组线性无关,而行数m小于列数n时,$r(A)=m<n$,$AX=0$有非零解.

【例9-26】(2004年真题)设A,B为满足$AB=0$的任意两个非零矩阵,则必有【   】.

(A) A的列向量组线性相关,B的行向量组线性相关.

(B) A的列向量组线性相关,B的列向量组线性相关.

(C) A的行向量组线性相关,B的行向量组线性相关.

(D) A的行向量组线性相关,B的列向量组线性相关.

【答案】(A).

【分析】A,B的行、列向量组是否线性相关,可从A,B是否行(或列)满秩或$AX=0$和$BX=0$是否有非零解进行分析讨论.

【解法1】设A为$m\times n$矩阵,B为$n\times s$矩阵,则由$AB=0$知
$$r(A)+r(B)\leqslant n.$$
又A,B为非零矩阵,必有$r(A)>0,r(B)>0$,于是$r(A)<n,r(B)<n$,即A的列向量组线性相关,B的行向量组线性相关,故应选(A).

【解法2】由$AB=0$知,B的每列均为$AX=0$的解,而B为非零矩阵,即$AX=0$存在非零解,可见A的列向量组线性相关.同理,由$AB=0$知,$B^TA^T=0$,于是有B^T的列向量组线性相关,从而B的行向量组线性相关,故应选(A).

【例9-27】(2005年真题)设λ_1,λ_2是矩阵A的两个不同的特征值,对应的特征向量分别为α_1,α_2,则$\alpha_1,A(\alpha_1+\alpha_2)$线性无关的充要条件是【   】.

(A) $\lambda_1\neq 0$.   (B) $\lambda_2\neq 0$.   (C) $\lambda_1=0$.   (D) $\lambda_2=0$.

【答案】(B).

【分析】讨论一组抽象向量的线性无关性,可用定义或转化为求其秩即可.

【解法1】由题意,$A\alpha_1=\lambda_1\alpha_1,A\alpha_2=\lambda_2\alpha_2$.设有一组数$k_1,k_2$,使得$k_1\alpha_1+k_2A(\alpha_1+\alpha_2)=0$成立,则$k_1\alpha_1+k_2\lambda_1\alpha_1+k_2\lambda_2\alpha_2=0$,即

$$(k_1+k_2\lambda_1)\alpha_1+k_2\lambda_2\alpha_2=0.$$

由于 $\lambda_1\neq\lambda_2$，所以 α_1,α_2 线性无关，于是有
$$\begin{cases}k_1+k_2\lambda_1=0,\\ k_2\lambda_2=0.\end{cases}$$

当 $\lambda_2\neq 0$ 时，显然有 $k_1=0,k_2=0$，此时 $\alpha_1,A(\alpha_1+\alpha_2)$ 线性无关；反过来，若 $\alpha_1,A(\alpha_1+\alpha_2)$ 线性无关，则必然有 $\lambda_2\neq 0$[否则，α_1 与 $A(\alpha_1+\alpha_2)=\lambda_1\alpha_1$ 线性相关]，故应选(B).

【解法2】 因为 λ_1,λ_2 是矩阵 A 的两个不同的特征值，因此对应的特征向量 α_1,α_2 必线性无关，又由于 $(\alpha_1,A(\alpha_1+\alpha_2))=(\alpha_1,\lambda_1\alpha_1+\lambda_2\alpha_2)=(\alpha_1,\alpha_2)\begin{pmatrix}1&\lambda_1\\0&\lambda_2\end{pmatrix}$，因此 $\alpha_1,A(\alpha_1+\alpha_2)$ 线性无关的充要条件是 $\begin{vmatrix}1&\lambda_1\\0&\lambda_2\end{vmatrix}=\lambda_2\neq 0$，故应选(B).

【温馨提示】 本题综合考查了特征值、特征向量和线性相关与线性无关的概念.

【考点11】 与线性表示有关的线性相关性的判定

【例9-28】（2002年真题）设向量组 $\alpha_1,\alpha_2,\alpha_3$ 线性无关，向量 β_1 可由向量组 $\alpha_1,\alpha_2,\alpha_3$ 线性表示，而向量组 β_2 不能由 $\alpha_1,\alpha_2,\alpha_3$ 线性表示，则对于任意常数 k，必有【   】.

(A) $\alpha_1,\alpha_2,\alpha_3,k\beta_1+\beta_2$ 线性无关.

(B) $\alpha_1,\alpha_2,\alpha_3,k\beta_1+\beta_2$ 线性相关.

(C) $\alpha_1,\alpha_2,\alpha_3,\beta_1+k\beta_2$ 线性无关.

(D) $\alpha_1,\alpha_2,\alpha_3,\beta_1+k\beta_2$ 线性相关.

【答案】 (A).

【解法1】 由于向量 β_1 可由向量组 $\alpha_1,\alpha_2,\alpha_3$ 线性表示，β_2 不能由 $\alpha_1,\alpha_2,\alpha_3$ 线性表示，故对下列矩阵作初等列变换，可得
$$A=(\alpha_1,\alpha_2,\alpha_3,k\beta_1+\beta_2)\to(\alpha_1,\alpha_2,\alpha_3,\beta_2),$$
$$B=(\alpha_1,\alpha_2,\alpha_3,\beta_1+k\beta_2)\to(\alpha_1,\alpha_2,\alpha_3,k\beta_2).$$

于是由 $r(A)=r(\alpha_1,\alpha_2,\alpha_3,\beta_2)=4$，得 $\alpha_1,\alpha_2,\alpha_3,k\beta_1+\beta_2$ 线性无关，故(A)成立，(B)不成立.

由 $r(B)=r(\alpha_1,\alpha_2,\alpha_3,k\beta_2)=\begin{cases}4,k\neq 0\\3,k=0\end{cases}$，可得 $\alpha_1,\alpha_2,\alpha_3,\beta_1+k\beta_2$ 在 $k\neq 0$ 时线性无关，在 $k=0$ 时线性相关，故(C)和(D)不成立.

【解法2】 也可先用取特殊值方法进行排除，缩小选择范围，若取 $k=0$，则由于向量 β_1 可由向量组 $\alpha_1,\alpha_2,\alpha_3$ 线性表示，所以 $\alpha_1,\alpha_2,\alpha_3,\beta_1$ 线性相关，于是(C)不成立，被排除. 由于 β_2 不能由 $\alpha_1,\alpha_2,\alpha_3$ 线性表示，且 $\alpha_1,\alpha_2,\alpha_3$ 线性无关，所以 $\alpha_1,\alpha_2,\alpha_3,\beta_2$ 线性无关，于是(B)不成立，被排除，以下同解法1.

【例9-29】（1999年真题）设向量 β 可由向量组 $\alpha_1,\alpha_2,\cdots,\alpha_m$ 线性表示，但不能由向量组（Ⅰ）：$\alpha_1,\alpha_2,\cdots,\alpha_{m-1}$ 线性表示，记向量组（Ⅱ）：$\alpha_1,\alpha_2,\cdots,\alpha_{m-1},\beta$，则下列正确的是【   】.

(A) α_m 不能由（Ⅰ）线性表示，也不能由（Ⅱ）线性表示.

(B) α_m 不能由（Ⅰ）线性表示，但能由（Ⅱ）线性表示.

(C) α_m 能由（Ⅰ）线性表示，也能由（Ⅱ）线性表示.

(D) α_m 能由(Ⅰ)线性表示,但不能由(Ⅱ)线性表示.

【答案】(B).

【解】 由题意,存在数 $k_1, k_2, \cdots, k_m$,使得
$$\beta = k_1\alpha_1 + k_2\alpha_2 + \cdots + k_m\alpha_m, \tag{9-9}$$

上式中必有 $k_m \neq 0$,否则若 $k_m = 0$,则 β 可由向量组(Ⅰ):$\alpha_1, \alpha_2, \cdots, \alpha_{m-1}$ 线性表示,与题设矛盾,因此
$$\alpha_m = \frac{1}{k_m}\beta - \frac{k_1}{k_m}\alpha_1 - \cdots - \frac{k_{m-1}}{k_m}\alpha_{m-1},$$

即 α_m 可能由向量组(Ⅱ)线性表示,由此可排除(A)和(D).

若 α_m 能由(Ⅰ)线性表示,即存在数 $\lambda_1, \lambda_2, \cdots, \lambda_{m-1}$,使得
$$\alpha_m = \lambda_1\alpha_1 + \pi_2\alpha_2 + \cdots + \lambda_{m-1}\alpha_{m-1}. \tag{9-10}$$

将式(9-10)代入式(9-9),得
$$\beta = k_1\alpha_1 + k_2\alpha_2 + \cdots + k_m(\lambda_1\alpha_1 + \pi_2\alpha_2 + \cdots + \lambda_{m-1}\alpha_{m-1})$$
$$= (k_1 + k_m\lambda_1)\alpha_1 + (k_2 + k_m\lambda_2)\alpha_2 + \cdots + (k_{m-1} + k_m\lambda_{m-1})\alpha_{m-1},$$

这与 β 不能由向量组(Ⅰ)线性表示矛盾,据此又排除(C),故正确选项应为(B).

【例 9-30】(2003 年真题)设向量组Ⅰ:$\alpha_1, \alpha_2, \cdots, \alpha_r$ 可由向量组Ⅱ:$\beta_1, \beta_2, \cdots, \beta_s$ 线性表示,则下列正确的是【 】.

(A) 当 $r < s$ 时,向量组Ⅱ必线性相关.

(B) 当 $r > s$ 时,向量组Ⅱ必线性相关.

(C) 当 $r < s$ 时,向量组Ⅰ必线性相关.

(D) 当 $r > s$ 时,向量组Ⅰ必线性相关.

【答案】(D).

【分析】 本题为一般教材上均有的比较两组向量个数的定理,若向量组Ⅰ:$\alpha_1, \alpha_2, \cdots, \alpha_r$ 可由向量组Ⅱ:$\beta_1, \beta_2, \cdots, \beta_s$ 线性表示,则当 $r > s$ 时,向量组Ⅰ必线性相关.或其逆否命题:若向量组Ⅰ:$\alpha_1, \alpha_2, \cdots, \alpha_r$ 可由向量组Ⅱ:$\beta_1, \beta_2, \cdots, \beta_s$ 线性表示,且向量组Ⅰ线性无关,则必有 $r \leq s$.可见正确选项为(D).本题也可通过举反例用排除法找到答案.

【解】 用排除法.如 $\alpha_1 = \begin{pmatrix} 0 \\ 0 \end{pmatrix}, \beta_1 = \begin{pmatrix} 1 \\ 0 \end{pmatrix}, \beta_2 = \begin{pmatrix} 0 \\ 1 \end{pmatrix}$,则 $\alpha_1 = 0 \cdot \beta_1 + 0 \cdot \beta_2$,但 β_1, β_2 线性无关,排除(A);$\alpha_1 = \begin{pmatrix} 0 \\ 0 \end{pmatrix}, \alpha_2 = \begin{pmatrix} 1 \\ 0 \end{pmatrix}, \beta_1 = \begin{pmatrix} 1 \\ 0 \end{pmatrix}$,则 α_1, α_2 可由 β_1 线性表示,但 β_1 线性无关,排除(B);$\alpha_1 = \begin{pmatrix} 1 \\ 0 \end{pmatrix}, \beta_1 = \begin{pmatrix} 1 \\ 0 \end{pmatrix}, \beta_2 = \begin{pmatrix} 0 \\ 1 \end{pmatrix}$,$\alpha_1$ 可由 β_1, β_2 线性表示,但 α_1 线性无关,排除(C).故正确选项为(D).

【例 9-31】(2000 年真题)设 n 维列向量组 $\alpha_1, \alpha_2, \cdots, \alpha_m (m < n)$ 线性无关,则 n 维列向量组 $\beta_1, \beta_2, \cdots, \beta_m$ 线性无关的充要条件为【 】.

(A) 向量组 $\alpha_1, \alpha_2, \cdots, \alpha_m$ 可由向量组 $\beta_1, \beta_2, \cdots, \beta_m$ 线性表示.

(B) 向量组 $\beta_1, \beta_2, \cdots, \beta_m$ 可由向量组 $\alpha_1, \alpha_2, \cdots, \alpha_m$ 线性表示.

(C) 向量组 $\alpha_1, \alpha_2, \cdots, \alpha_m$ 与向量组 $\beta_1, \beta_2, \cdots, \beta_m$ 等价.

(D) 矩阵 $A = (\alpha_1, \alpha_2, \cdots, \alpha_m)$ 与矩阵 $B = (\beta_1, \beta_2, \cdots, \beta_m)$ 等价.

【答案】(D).

【解】(A)选项是向量组 $\beta_1,\beta_2,\cdots,\beta_m$ 线性无关的充分条件,但不是必要条件;(B)选项与向量组 $\beta_1,\beta_2,\cdots,\beta_m$ 线性无关是无关条件;(C)选项是向量组 $\beta_1,\beta_2,\cdots,\beta_m$ 线性无关的充分条件,但不是必要条件;(D)选项是向量组 $\beta_1,\beta_2,\cdots,\beta_m$ 线性无关的既充分又必要的条件,这时因为经过初等变换矩阵 $A=(\alpha_1,\alpha_2,\cdots,\alpha_m)$ 可化为标准形,$B=(\beta_1,\beta_2,\cdots,\beta_m)$ 也可化为标准形,即

$$A \xrightarrow{\text{初等变换}} \begin{pmatrix} E_m \\ 0 \end{pmatrix}, B \xrightarrow{\text{初等变换}} \begin{pmatrix} E_m \\ 0 \end{pmatrix},$$

而矩阵 A 与 B 等价的充要条件是它们经初等变换后的标准形相同.

【考点12】已知数字向量组线性相关,确定其中的参数

【方法归纳】一般将向量组 $\alpha_1,\alpha_2,\cdots,\alpha_s$ 按列排成矩阵 $A=(\alpha_1,\alpha_2,\cdots,\alpha_s)$,则

① $n=s$ 时,$\alpha_1,\alpha_2,\cdots,\alpha_n$ 线性相关 $\Leftrightarrow |A|=0$.

② 特别地,两个向量线性相关的充要条件是对应的分量成比例.

【例9-32】(2005年真题)设行向量组 $(2,1,1,1),(2,1,a,a),(3,2,1,a),(4,3,2,1)$ 线性相关,且 $a \neq 1$,则 $a=$ _____.

【分析】四个4维向量线性相关,必有其对应行列式为零,由此即可确定 a.

【解】由题设,有

$$\begin{vmatrix} 2 & 1 & 1 & 1 \\ 2 & 1 & a & a \\ 3 & 2 & 1 & a \\ 4 & 3 & 2 & 1 \end{vmatrix} = (a-1)(2a-1)=0,$$

得 $a=1, a=\dfrac{1}{2}$,但题设 $a \neq 1$,故 $a=\dfrac{1}{2}$.

【温馨提示】当向量的个数小于维数时,一般通过初等变换化阶梯形讨论其线性相关性.

【例9-33】(2002年真题)设 $A=\begin{pmatrix} 1 & 2 & -2 \\ 2 & 1 & 2 \\ 3 & 0 & 4 \end{pmatrix}$ 和 $\alpha=\begin{pmatrix} a \\ 1 \\ 1 \end{pmatrix}$,已知 $A\alpha$ 与 α 线性相关,则 $a=$ _____.

【解】$A\alpha = \begin{pmatrix} 1 & 2 & -2 \\ 2 & 1 & 2 \\ 3 & 0 & 4 \end{pmatrix}\begin{pmatrix} a \\ 1 \\ 1 \end{pmatrix} = \begin{pmatrix} a \\ 2a+3 \\ 3a+4 \end{pmatrix}$,由 $A\alpha$ 与 α 线性相关,得

$$\frac{a}{a} = \frac{2a+3}{1} = \frac{3a+4}{1},$$

于是 $a=-1$.

第十章 线性方程组

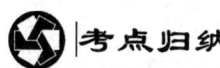考点归纳

(1)线性方程组解的性质:齐次线性方程组解的性质及基础解系;非齐次线性方程组解的性质及结构.

(2)线性方程组解的判定:齐次线性方程组是否有非零解和非齐次线性方程组有解和无解的充要条件.

(3)线性方程组的求解:克莱姆法则;消元法与初等变换.

(4)讨论两个方程组解的关系:是否有公共解;如何求其公共解.

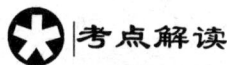考点解读

★ 命题趋势

线性方程组的理论是线性代数中一个非常重要的基础理论.有关齐次与非齐次线性方程组解的判定、性质与解的结构、求解,构成本章的基础部分,应熟练掌握,所涉及的知识点与前面章节密切联系,综合性较强,也是每年命题的重要组成部分.有关题型可分类为:抽象方程组的求解;含参数的方程组的讨论或求解;两个方程组解之间的关系;有关基础解系的命题;有关 $AB=0$ 的命题.这部分命题方式主要为解答题.

★ 难点剖析

1. n 元线性方程组的三种等价的表达形式

(1)一般形式:
$$\begin{cases} a_{11}x_1 + a_{12}x_2 + \cdots + a_{1n}x_n = b_1, \\ a_{21}x_1 + a_{22}x_2 + \cdots + a_{2n}x_n = b_2, \\ \quad\quad\quad\quad\quad\quad\vdots \\ a_{m1}x_1 + a_{m2}x_2 + \cdots + a_{mn}x_n = b_m. \end{cases}$$

(2)矩阵形式:
$$AX = \beta.$$

(3)向量形式:
$$x_1\alpha_1 + x_2\alpha_2 + \cdots + x_n\alpha_n = \beta.$$

其中

$$A = \begin{pmatrix} a_{11} & a_{12} & \cdots & a_{1n} \\ a_{21} & a_{22} & \cdots & a_{2n} \\ \vdots & \vdots & \cdots & \vdots \\ a_{m1} & a_{m2} & \cdots & a_{mn} \end{pmatrix} = (\alpha_1, \alpha_2, \cdots, \alpha_n), X = \begin{pmatrix} x_1 \\ x_2 \\ \vdots \\ x_n \end{pmatrix}, \beta = \begin{pmatrix} b_1 \\ b_2 \\ \vdots \\ b_m \end{pmatrix}.$$

因此只要向量 $X = \begin{pmatrix} x_1 \\ x_2 \\ \vdots \\ x_n \end{pmatrix}$ 满足上述任何一种形式,它就是方程组的一个解.

2. 线性方程组解的性质

(1) 齐次线性方程组的任意 k 个解的线性组合仍是方程组本身的解. 其通解由基础解系的线性组合构成. 基础解系所含向量个数为未知量的个数减去系数矩阵的秩.

(2) 非齐次线性方程组的任意两个解的差是与其对应的齐次方程组的解;任意 k 个解的算术平均值仍是方程组本身的解;任意 k 个解的线性组合,当 k 个表示系数的和为 1 时仍是方程组的解. 其通解由对应的齐次方程组的通解和本身的一个特解两部分构成.

3. m 个方程 n 个未知量的齐线性方程组解的判定

齐次线性方程组 $AX = 0$ 总是有解的,它的解有两种可能情形:零解或非零解.

(1) 一般地,

方程组只有零解 $\Leftrightarrow r(A) = n$;方程组有非零解 $\Leftrightarrow r(A) < n$.

(2) 特别地,当 $m = n$(即方程个数与未知量个数相等)时,

方程组只有零解 $\Leftrightarrow |A| \neq 0$;方程组有非零解 $\Leftrightarrow |A| = 0$.

(3) 当方程个数 m 小于未知量个数 n 时,方程组必有非零解,反之不然.

4. m 个方程 n 个未知量的非齐线性方程组解的判定

非齐次线性方程组 $AX = \beta$ 的解有三种可能情形:无解,有唯一解,有无穷多解.

(1) 一般地,方程组无解 $\Leftrightarrow r(A) \neq r(A \vdots \beta)$;方程组有唯一解 $\Leftrightarrow r(A) = r(A \vdots \beta) = n$;方程组有无穷多解 $\Leftrightarrow r(A) = (A \vdots \beta) < n$.

(2) 特别地,当 $m = n$(即方程个数与未知量个数相等)时,方程组有唯一解 $\Leftrightarrow |A| \neq 0$;当 $|A| = 0$ 时,方程组可能无解,也可能有解.

5. 对含参数的线性方程组,一般有以下两种题型

(1) 讨论参数的取值,使得齐次方程组只有零解或非零解;使得非齐次方程组有唯一解、无解或无穷多解. 一般有以下两种方法.

① 行列式法:适用于方程个数等于未知量个数的方程组. 通常先计算 $|A|$,当参数满足 $|A| \neq 0$ 时,方程组有唯一解(对 $AX = 0$,则只有零解);然后再逐个讨论参数满足 $|A| = 0$ 的情况.

② 初等变换法:当未知量个数与方程组个数不一样时,用初等行变换将矩阵化为行阶梯形,直接对参数分类讨论解的情况. 特别地,当增广矩阵 $\overline{A} = (A \vdots \beta)$ 是方阵,且 $|\overline{A}| \neq 0$ 时,可得 $r(A) < r(\overline{A})$,此时方程组无解.

(2) 已知方程组解的情况,反求其中的参数,然后再求解. 一般有以下两种情形.

① 代入法:若已知具体的解,将解代入方程组,确定参数的值或找到参数间的依赖关系.

② 找秩确定参数法:若已知抽象的解,先用 $r(A) = n -$ 基础解系的个数,确定方程组系数矩阵的秩,再对系数矩阵作初等行变换,从而由秩确定其中的参数.

6. 对抽象方程组的求解

一般需用解的定义、解的性质、解的结构、解的判定等相关定理,有时还要结合矩阵及行列式的某些共同的知识和结论.

7. 寻找或证明向量组是某方程组的基础解系的 3 个关键点

每个向量是解向量,向量组是线性无关的,向量组所含向量个数等于未知量个数减去系数矩阵列数(或该方程组任意解向量可被其线性表示).

8. 两个线性方程组解(都是齐次方程组或都是非齐次方程组)之间的关系

设方程组(Ⅰ)的解集合用 X 表示,方程组(Ⅱ)的解集合用 Y 表示,X 与 Y 之间的关系有下列两种情况:$X = Y$ 表示方程组(Ⅰ)与(Ⅱ)同解;$X \cap Y$ 称为方程组(Ⅰ)与(Ⅱ)的公共解. 若 $X \cap Y = X \neq Y$,则方程组(Ⅰ)的所有解是方程组(Ⅱ)解的一部分,即 $X \subset Y$;若 $X \cap Y = Y \neq X$,则方程组(Ⅱ)的所有解是方程组(Ⅰ)解的一部分,即 $Y \subset X$.

9. 求方程组(Ⅰ)$A_{m \times n} X = \alpha$ 和方程组(Ⅱ)$B_{t \times n} X = \beta$ 的公共解的一般方法

(1)两方程联立法. 将方程组(Ⅰ)与(Ⅱ)联立得新的方程组 $\begin{pmatrix} A \\ B \end{pmatrix} X = \begin{pmatrix} \alpha \\ \beta \end{pmatrix}$,则讨论两方程组有公共解的问题就转化为新的方程组是否有解的问题. 新方程组的解就是两方程组的公共解.

(2)两通解代入法. 求出方程组(Ⅰ)或(Ⅱ)的通解,将其代入到另一个方程组中(寻找有关常数所满足的关系式),以求得其公共解. 此法尤其适合给出一个方程组与另一个方程组的通解的情形.

(3)两通解相等法. 求出方程组(Ⅰ)与(Ⅱ)的通解,然后令其相等,探寻两通解应满足的关系式,以求得公共解. 此法特别适合已给出两方程组基础解系的情形.

点击考点 + 方法归纳

$$\boxed{\text{有关抽象方程组的求解}}$$

【考点1】 抽象方程组的求解

【常考题型】 填空题和解答题.

【方法归纳】
① 利用解的定义,注意结合方程组的三种等价形式.
② 利用解的性质和结构.
③ 利用克莱姆法则.
④ 利用解矩阵方程.

【例 10-1】 设 n 阶矩阵 A 的各行元素之和均为零,且 A 的秩均为 $n-1$,则线性方程组 $AX = 0$ 的通解为_____.

【解】 设 $A = (a_{ij})_n, i, j = 1, 2, \cdots, n$. 由题设条件有

$$\begin{cases} a_{11} + a_{12} + \cdots + a_{1n} = 0, \\ a_{21} + a_{22} + \cdots + a_{2n} = 0, \\ \qquad \vdots \\ a_{n1} + a_{n2} + \cdots + a_{nn} = 0. \end{cases}$$

即 $\begin{cases} a_{11} \cdot 1 + a_{12} \cdot 1 + \cdots + a_{1n} \cdot 1 = 0, \\ a_{21} \cdot 1 + a_{22} \cdot 1 + \cdots + a_{2n} \cdot 1 = 0, \\ \vdots \\ a_{n1} \cdot 1 + a_{n2} \cdot 1 + \cdots + a_{nn} \cdot 1 = 0. \end{cases}$ 或 $A\begin{pmatrix} 1 \\ 1 \\ \vdots \\ 1 \end{pmatrix} = \begin{pmatrix} 0 \\ 0 \\ \vdots \\ 0 \end{pmatrix}.$

所以向量 $\begin{pmatrix} 1 \\ 1 \\ \vdots \\ 1 \end{pmatrix} = (1,1,\cdots,1)^T$ 是方程组 $AX = 0$ 的解. 又因为 $r(A) = n-1$, 所以 $AX = 0$ 的基础解系所含向量的个数为 $n-(n-1) = 1$, 所以方程组 $AX = 0$ 的通解为 $k(1,1,\cdots,1)^T$. 故本题应填 $k(1,1,\cdots,1)^T$.

【例 10-2】 设 $\alpha_1, \alpha_2, \alpha_3$ 是四元非齐次线性方程组 $AX = \beta$ 的三个解向量, 且秩 $r(A) = 3$, $\alpha_1 + \alpha_2 = (2,-2,0,6)^T, \alpha_2 + \alpha_3 = (1,0,1,3)^T$, 求线性方程组 $AX = \beta$ 的通解.

【分析】 根据非齐次方程组解的结构, 求线性方程组 $AX = \beta$ 的通解, 需要解决两件事: 第一, 寻求对应的齐次方程组的基础解系; 第二, 寻求非齐次方程组本身的一个特解. 为此, 首先需判断齐次方程组基础解系所含向量的个数 $n-r(A)$, 显然 $n-r(A) = 4-3 = 1$, 然后再寻求齐次方程组的一个非零解作为基础解系即可. 结合已知条件和方程组解的性质, 想到这个非零解需要由非齐次的两个解的差得到, 可取 $\alpha_3 - \alpha_1 = (\alpha_2 + \alpha_3) - (\alpha_1 + \alpha_2)$. 另外, 可取非齐次线性方程组 $AX = \beta$ 的一个特解为 $\dfrac{\alpha_1 + \alpha_2}{2} = (1,-1,0,3)^T$.

【解】 因为 $n = 4, r(A) = 3$, 所以对应的齐次线性方程组 $AX = 0$ 的基础解系含有 $4-3 = 1$ 个向量. 因为 α_1, α_3 为方程组 $AX = \beta$ 的解, 可得
$$\alpha_3 - \alpha_1 = (\alpha_2 + \alpha_3) - (\alpha_1 + \alpha_2) = (-1,2,1,-3).$$

所得的即为对应的齐次方程组的解向量, 因而为其一个基础解系. 又 α_1, α_2 是方程组 $AX = \beta$ 的解, 即
$$A(\alpha_1 + \alpha_2) = A\alpha_1 + A\alpha_2 = \beta + \beta = 2\beta,$$
故
$$A\left(\dfrac{\alpha_1 + \alpha_2}{2}\right) = \beta,$$

所以 $\dfrac{\alpha_1 + \alpha_2}{2} = (1,-1,0,3)^T$ 是 $AX = \beta$ 的一个特解. 根据非齐次线性方程组解的结构定理, 得 $AX = \beta$ 的通解是 $\dfrac{\alpha_1 + \alpha_2}{2} + k(\alpha_3 - \alpha_1) = (-1,-1,0,3)^T + k(-1,2,1,-3)^T, k$ 为任意常数.

【例 10-3】 已知 4 阶方阵 $A = (\alpha_1, \alpha_2, \alpha_3, \alpha_4), \alpha_1, \alpha_2, \alpha_3, \alpha_4$ 均为 4 维列向量, 其中 $\alpha_2, \alpha_3, \alpha_4$ 线性无关, $\alpha_1 = 2\alpha_2 - \alpha_3$, 如果 $\beta = \alpha_1 + \alpha_2 + \alpha_3 + \alpha_4$, 求线性方程组 $AX = \beta$ 的通解.

【分析】 根据非齐次方程组解的结构, 求线性方程组 $AX = \beta$ 的通解, 需要寻求对应的齐次方程组的基础解系和非齐次方程组本身的一个特解. 可首先判断齐次方程组基础解系所含向量的个数 $n-r(A)$. 因为方程组未知量的个数即是系数矩阵 A 的列数, 立即可知 $n = 4$. 又根据已知 $\alpha_2, \alpha_3, \alpha_4$ 线性无关, $\alpha_1 = 2\alpha_2 - \alpha_3$ 蕴含着向量组 $\alpha_1, \alpha_2, \alpha_3, \alpha_4$ 线性相关的条件, 从而可得 $r(A) = 3$. 另外注意到 $\alpha_1 = 2\alpha_2 - \alpha_3$ 可写为 $1 \cdot \alpha_1 + (-2)\alpha_2 + 1 \cdot \alpha_3 + 0 \cdot \alpha_4 = 0$, 这是方程组的向量形式, 因而组合系数组成的向量 $(1,-2,1,0)^T$ 必是齐次方程组的一个解. 同理由 $\beta = \alpha_1 + \alpha_2 + \alpha_3 + \alpha_4$ 可知 $(1,1,1,1)^T$ 是非齐次方程组的一个特解.

【解】 由 $\alpha_1 = 2\alpha_2 - \alpha_3$ 可知, 向量组 $\alpha_1, \alpha_2, \alpha_3, \alpha_4$ 线性相关. 又已知 $\alpha_2, \alpha_3, \alpha_4$ 线性无关, 因此

$r(A) = r(\alpha_1, \alpha_2, \alpha_3, \alpha_4) = 3$,于是可得 $r(A) = 3$. 因而齐次方程组 $AX = \beta$ 的基础解系所含向量的个数 $n - r(A) = 4 - 3 = 1$ 个.

又根据 $\alpha_1 = 2\alpha_2 - \alpha_3$ 可得,$1 \cdot \alpha_1 + (-2) \cdot \alpha_2 + 1 \cdot \alpha_3 + 0 \cdot \alpha_4 = 0$,将其写成矩阵形式为

$$(\alpha_1, \alpha_2, \alpha_3, \alpha_4)\begin{pmatrix} 1 \\ -2 \\ 1 \\ 0 \end{pmatrix} = \begin{pmatrix} 0 \\ 0 \\ 0 \\ 0 \end{pmatrix},\text{即 } A\begin{pmatrix} 1 \\ -2 \\ 1 \\ 0 \end{pmatrix} = \begin{pmatrix} 0 \\ 0 \\ 0 \\ 0 \end{pmatrix},\text{所以 }\begin{pmatrix} 1 \\ -2 \\ 1 \\ 0 \end{pmatrix} = (1, -2, 1, 0)^T \text{ 是齐次方程组}$$

$AX = 0$ 的一个解.

因而齐次方程组 $AX = 0$ 的通解为 $k(1, -2, 1, 0)^T$,其中 k 为任意常数.

又由 $\beta = \alpha_1 + \alpha_2 + \alpha_3 + \alpha_4$ 可得,$1 \cdot \alpha_1 + 1 \cdot \alpha_2 + 1 \cdot \alpha_3 + 1 \cdot \alpha_4 = \beta$,所以向量 $(1, 1, 1, 1)^T$ 是方程组 $AX = \beta$ 的一个解.

于是线性方程组 $AX = \beta$ 的通解为 $k(1, -2, 1, 0)^T + (1, 1, 1, 1)^T$,其中 k 为任意常数.

【例 10-4】 设 $\alpha_1, \alpha_2, \alpha_3, \alpha_4, \beta$ 均为 4 维列向量,$A = (\alpha_1, \alpha_2, \alpha_3, \alpha_4)$. 又已知向量 $\gamma_0 = (2, 1, -2, 1)^T$ 是方程组 $AX = \beta$ 的一个特解,向量 $\gamma_1 = (1, -2, 1, 0)^T, \gamma_2 = (-1, 1, 0, -1)^T$ 是方程组 $AX = 0$ 的一组基础解系,令 $B = (\alpha_3, \alpha_2, \alpha_1)$,求方程组 $BX = \beta$ 的通解.

【分析】 为求方程组 $BX = \beta$ 的通解,应先求对应的齐次方程组 $BX = 0$ 的基础解系所含向量的个数 $n - r(B)$. 显然,这里 $n = 3$,而 $r(B)$ 取决于向量组 $\alpha_3, \alpha_2, \alpha_1$ 的秩. 这个向量组恰是组成矩阵 A 的部分向量组,因而想到利用关于方程组 $AX = \beta$ 和 $AX = 0$ 的解的已知条件. 其次是求出 $BX = 0$ 的基础解系和 $BX = \beta$ 的一个特解,也需从方程组 $AX = \beta$ 和 $AX = 0$ 的解的已知条件入手.

【解】 由向量 $\gamma_1 = (1, -2, 1, 0)^T, \gamma_2 = (-1, 1, 0, -1)^T$ 是方程组 $AX = 0$ 的一组基础解系,可得

$$\begin{cases} r(A) = 4 - 2, \\ A\gamma_1 = 0, \\ A\gamma_2 = 0. \end{cases}$$

即

$$\begin{cases} r(A) = 2, & (10\text{-}1) \\ \alpha_1 - 2\alpha_2 + \alpha_3 = 0, & (10\text{-}2) \\ -\alpha_1 + \alpha_2 - \alpha_4 = 0. & (10\text{-}3) \end{cases}$$

由式(10-2)可知,$\alpha_3 = 2\alpha_2 - \alpha_1$ 可由 α_1, α_2 线性表示;由式(10-3)可知,$\alpha_4 = \alpha_1 - \alpha_2$ 可由 α_1, α_2 线性表示. 因而向量组 α_1, α_2 与向量组 $\alpha_1, \alpha_2, \alpha_3, \alpha_4$ 等价. 故

$$r(\alpha_1, \alpha_2) = r(\alpha_1, \alpha_2, \alpha_3, \alpha_4) = r(A) = 2.$$

于是 α_1, α_2 线性无关. 又由式(10-2)可知,向量组 $\alpha_1, \alpha_2, \alpha_3$ 线性相关,所以

$$r(B) = r(\alpha_3, \alpha_2, \alpha_1) = r(\alpha_1, \alpha_2) = 2.$$

所以方程组 $BX = 0$ 的基础解系所含向量的个数为 $3 - 2 = 1$ 个. 将式(10-2)改写为

$$1 \cdot \alpha_3 + (-2)\alpha_2 + 1 \cdot \alpha_1 = 2,$$

立即可得向量 $(1, -2, 1)^T$ 是方程组 $BX = 0$ 的一个解,于是其基础解系为 $k(1, -2, 1)^T$,其中 k 为任意常数.

又已知向量 $\gamma_0 = (2, 1, -2, 1)^T$ 是方程组 $AX = \beta$ 的一个特解,于是可得

$$A\gamma_0 = \beta$$

即

$$2\alpha_1 + \alpha_2 - 2\alpha_3 + \alpha_4 = \beta. \quad (10\text{-}4)$$

将 $\alpha_4 = \alpha_1 - \alpha_2$ 代入式(10-4),得 $3\alpha_1 - 2\alpha_3 = \beta$,即 $-2 \cdot \alpha_3 + 0 \cdot \alpha_2 + 3 \cdot \alpha_1 = \beta$,于是可得 $(-2,0,3)^T$ 是非齐次线性方程组 $BX = \beta$ 的一个特解.

综上所述,$BX = \beta$ 的通解为 $k(1,-2,1)^T + (-2,0,3)^T$,其中 k 为任意常数.

【例 10-5】 已知 $A = (\alpha_1, \alpha_2, \alpha_3, \alpha_4)$ 是 4 阶方阵,$\alpha_1, \alpha_2, \alpha_3, \alpha_4$ 的 4 维列向量,若 $AX = \beta$ 的通解是 $(1,2,2,1)^T + k(1,-2,4,0)^T$,$B = (\alpha_3, \alpha_2, \alpha_1, \beta - \alpha_4)$,求方程组 $BX = \alpha_1 - \alpha_2$ 的通解.

【分析】 为求方程组 $BX = \alpha_1 - \alpha_2$ 的通解,应先求对应的齐次方程组 $BX = 0$ 的基础解系所含向量的个数 $n - r(B)$. 显然,这里 $n = 4$,而 $r(B)$ 取决于 B 的列向量组 $\alpha_3, \alpha_2, \alpha_1, \beta - \alpha_4$ 的秩. 这个向量组与方程组 $AX = \beta$ 有密切关系,其次是求出 $BX = 0$ 的基础解系和 $BX = \beta$ 的一个特解,也需从方程组 $AX = \beta$ 和 $AX = 0$ 的解的已知条件入手.

【解】 由方程组 $AX = \beta$ 的解的结构知,$r(A) = 3$,且

$$\beta = \alpha_1 + 2\alpha_2 + 2\alpha_3 + \alpha_4, \alpha_1 - 2\alpha_2 + 4\alpha_3 = 0. \tag{10-5}$$

因为 $B = (\alpha_3, \alpha_2, \alpha_1, \beta - \alpha_4) = (\alpha_1, \alpha_2, \alpha_3, \alpha_1 + 2\alpha_2 + 2\alpha_3)$,而 $\alpha_1, \alpha_2, \alpha_3$ 线性相关,所以

$$r(B) = 2.$$

因此 $BX = 0$ 的基础解系所含向量个数为 2.

设 $x_1\alpha_3 + x_2\alpha_2 + x_3\alpha_1 + x_4(\alpha_1 + 2\alpha_2 + 2\alpha_3) = 0$,整理得

$$(x_3 + x_4)\alpha_1 + (x_2 + 2x_4)\alpha_2 + (x_1 + 2x_4)\alpha_3 = 0 \tag{10-6}$$

比较式(10-5)和式(10-6),得方程组

$$\begin{cases} x_3 + x_4 = 1, \\ x_2 + 2x_4 = -2, \\ x_1 + 2x_4 = 4. \end{cases}$$

选取两组解 $(x_1, x_2, x_3, x_4)^T = (4,-2,1,0)^T$,$(x_1, x_2, x_3, x_4)^T = (2,4,0,1)^T$,它们是线性无关的,因而构成方程组 $BX = 0$ 的基础解系.

又由 $B(0,-1,1,0)^T = (\alpha_3, \alpha_2, \alpha_1, \beta - \alpha_4)(0,-1,1,0)^T = \alpha_1 - \alpha_2$ 知 $(0,-1,1,0)^T$ 是 $BX = \alpha_1 - \alpha_2$ 的一个特解. 故 $BX = \alpha_1 - \alpha_2$ 的通解为

$$k_1(4,-2,1,0)^T + k_2(2,-4,0,1)^T + (0,-1,1,0)^T.$$

【例 10-6】 设 $A = (a_{ij})_{3 \times 3}$ 是实正交矩阵,且 $a_{11} = 1, \beta = (1,0,0)^T$,则线性方程组 $AX = \beta$ 的解是_____.

【分析】 利用求解矩阵方程的方法并结合正交矩阵的性质即可得到结果.

【解】 因为 $A = (a_{ij})_{3 \times 3}$ 是实正交矩阵,所以 $A^T = A^{-1}$,且 A 的每个行(列)向量均为单位向量. 又 $a_{11} = 1$,所以 $\begin{pmatrix} a_{11} \\ a_{12} \\ a_{13} \end{pmatrix} = \begin{pmatrix} 1 \\ 0 \\ 0 \end{pmatrix}$. 因此线性方程组 $AX = \beta$ 的解是 $X = A^{-1}\beta = A^T \begin{pmatrix} 1 \\ 0 \\ 0 \end{pmatrix} = \begin{pmatrix} a_{11} \\ a_{12} \\ a_{13} \end{pmatrix} = \begin{pmatrix} 1 \\ 0 \\ 0 \end{pmatrix}$.

【例 10-7】 (1998 年真题) 已知线性方程组

$$(\text{I}) \begin{cases} a_{11}x_1 + a_{12}x_2 + \cdots + a_{12n}x_{2n} = 0 \\ a_{21}x_1 + a_{22}x_2 + \cdots + a_{22n}x_{2n} = 0 \\ \vdots \\ a_{n1}x_1 + a_{n2}x_2 + \cdots + a_{n2n}x_{2n} = 0 \end{cases}$$
的一个基础解系为 $(b_{11}, b_{12}, \cdots, b_{12n})^T, (b_{21}, b_{22}, \cdots,$

$b_{22n})^T, \cdots, (b_{n1}, b_{n2}, \cdots, b_{n2n})^T$,试写出线性方程组

$$(\mathrm{II}) \begin{cases} b_{11}y_1 + b_{12}y_2 + \cdots + b_{12n}y_{2n} = 0 \\ b_{21}y_1 + b_{22}y_2 + \cdots + b_{22n}y_{2n} = 0 \\ \vdots \\ b_{n1}y_1 + b_{n2}y_2 + \cdots + b_{n2n}y_{2n} = 0 \end{cases}$$ 的通解,并说明理由.

【分析】 求方程组(Ⅱ)的通解,应先确定基础解系所含向量的个数 $2n - r(B)$. 这里 $2n$ 已是方程组中未知量的个数,关键是确定系数矩阵的秩 $r(B)$,然后找出 $2n - r(B)$ 个线性无关的解向量,这由 $AB^T = 0$ 取转置 $BA^T = 0$ 可得,这里 A, B 分别为方程组(Ⅰ)和方程组(Ⅱ)的系数矩阵.

【解】 为方便,先写出已给方程组的矩阵形式,为此记

$$A = \begin{pmatrix} a_{11} & a_{12} & \cdots & a_{1,2n} \\ a_{21} & a_{22} & \cdots & a_{2,2n} \\ \vdots & \vdots & \cdots & \vdots \\ a_{n1} & a_{n2} & \cdots & a_{n,2n} \end{pmatrix}, B = \begin{pmatrix} b_{11} & b_{12} & \cdots & b_{1,2n} \\ b_{21} & b_{22} & \cdots & b_{2,2n} \\ \vdots & \vdots & \cdots & \vdots \\ b_{n1} & b_{n2} & \cdots & b_{n,2n} \end{pmatrix}, X = \begin{pmatrix} x_1 \\ x_2 \\ \vdots \\ x_n \end{pmatrix}, Y = \begin{pmatrix} y_1 \\ y_2 \\ \vdots \\ y_n \end{pmatrix},$$ 则方程组

(Ⅰ),方程组(Ⅱ)可写为矩阵形式 $AX = 0$ 和 $BY = 0$.

若记

$$\beta_1 = (b_{11}, b_{12}, \cdots, b_{1,2n})^T, \beta_2 = (b_{21}, b_{22}, \cdots, b_{2,2n})^T, \cdots, \beta_n = (b_{n1}, b_{n2}, \cdots, b_{n,2n})^T,$$
根据已知条件,$\beta_1, \beta_2, \cdots, \beta_n$ 是方程组(Ⅰ)的基础解系,因而有

$$\begin{cases} A\beta_1 = 0, A\beta_2 = 0, \cdots, A\beta_n = 0; & (10\text{-}7) \\ \beta_1, \beta_2, \cdots, \beta_n \text{ 线性无关}; & (10\text{-}8) \\ 2n - r(A) = n. & (10\text{-}9) \end{cases}$$

下面首先求方程组(Ⅱ)的基础解系所含向量的个数. 注意到 $\beta_1^T, \beta_2^T, \cdots, \beta_n^T$ 构成矩阵 B 的

行向量组,即 $B = \begin{pmatrix} b_{11} & b_{12} & \cdots & b_{1,2n} \\ b_{21} & b_{22} & \cdots & b_{2,2n} \\ \vdots & \vdots & \cdots & \vdots \\ b_{n1} & b_{n2} & \cdots & b_{n,2n} \end{pmatrix} = \begin{pmatrix} \beta_1^T \\ \beta_2^T \\ \vdots \\ \beta_n^T \end{pmatrix}$. 根据三秩相等原理,必有

$$r(B) = r(\beta_1^T, \beta_2^T, \cdots, \beta_n^T). \quad (10\text{-}10)$$

于是由式(10-8)和式(10-10)可知,$r(B) = n$. 而方程组(Ⅱ)的未知量的个数为 $2n$,所以方程组(Ⅱ)的基础解系中所含向量的个数为 $2n - r(B) = 2n - n = n$. 故只需找到方程组(Ⅱ)的 n 个线性无关的解向量即可. 由式(10-7)可得

$$A(\beta_1, \beta_2, \cdots, \beta_n) = (0, 0, \cdots, 0), \text{即 } AB^T = 0.$$

故

$$BA^T = (AB^T)^T = 0. \quad (10\text{-}11)$$

若记 $A^T = (\alpha_1, \alpha_2, \cdots, \alpha_n)$,其中 $\alpha_i = \begin{pmatrix} a_{i1} \\ a_{i2} \\ \vdots \\ a_{i,2n} \end{pmatrix}, i = 1, 2, \cdots, n$,则式(10-11)可写为 $B(\alpha_1,$

$\alpha_2, \cdots, \alpha_n) = (B\alpha_1, B\alpha_2, \cdots, B\alpha_n) = (0, 0, \cdots, 0)$,即

$$B\alpha_1 = 0, B\alpha_2 = 0, \cdots, B\alpha_n = 0.$$

这说明 $\alpha_1, \alpha_2, \cdots, \alpha_n$ 是方程组(Ⅱ)的 n 个解. 由式(10-9)可知,$r(A) = n$,因而 A 的 n 个行向量

线性无关,故 $\alpha_1, \alpha_2, \cdots, \alpha_n$ 为方程组(Ⅱ)的基础解系,于是方程组(Ⅱ)的通解为

$$y = k_1\alpha_1 + k_2\alpha_2 + \cdots + k_n\alpha_n$$

$$= k_1 \begin{pmatrix} a_{11} \\ a_{12} \\ \vdots \\ a_{1,2n} \end{pmatrix} + k_2 \begin{pmatrix} a_{21} \\ a_{22} \\ \vdots \\ a_{2,2n} \end{pmatrix} + \cdots + k_n \begin{pmatrix} a_{n1} \\ a_{n2} \\ \vdots \\ a_{n,2n} \end{pmatrix}, \text{其中 } k_1, k_2, \cdots, k_n \text{ 为任意常数.}$$

【温馨提示】若 $AB=0$,应立刻联想到 B 的每列均为 $AX=0$ 的解,这是线性代数中常用的推理过程.

有关含参数的方程组的讨论或求解

【考点2】讨论齐次方程组中的参数,使得方程组只有零解或有非零解,并在有非零解时,求其通解.

【常考题型】解答题.

【方法归纳】挑选如下方法,利用齐次方程组解的性质和解的判定定理对参数进行讨论.
① 系数矩阵的行列式法.
② 系数矩阵的初等变换法.

【例10-8】(2003年真题)已知齐次线性方程组

$$\begin{cases} (a_1+b)x_1 + a_2 x_2 + a_3 x_3 + \cdots + a_n x_n = 0, \\ a_1 x_1 + (a_2+b)x_2 + a_3 x_3 + \cdots + a_n x_n = 0, \\ a_1 x_1 + a_2 x_2 + (a_3+b)x_3 + \cdots + a_n x_n = 0, \\ \quad \vdots \\ a_1 x_1 + a_2 x_2 + a_3 x_3 + \cdots + (a_n+b)x_n = 0, \end{cases}$$

其中 $\sum_{i=1}^{n} a_i \neq 0$. 试讨论 $a_1, a_2, \cdots, a_n$ 和 b 满足何种关系时,

(1) 方程组仅有零解;

(2) 方程组有非零解,在有非零解时,求此方程组的一个基础解系.

【分析】此题为求含参数的齐次线性方程组解的讨论. 注意到系数矩阵 A 具有两个特征,一是方阵,二是"行和值相等". 对这种特点的矩阵,不论是行列式 $|A|$ 的计算,还是对 A 施行初等行变换化为行阶梯的讨论,都具有固定的运算模式,所以两种方法都适用.

【解法1】选行列式法. 因为方程组的系数行列式

$$|A| = \begin{vmatrix} a_1+b & a_2 & a_3 & \cdots & a_n \\ a_1 & a_2+b & a_3 & \cdots & a_n \\ a_1 & a_2 & a_3+b & \cdots & a_n \\ \vdots & \vdots & \vdots & & \vdots \\ a_1 & a_2 & a_3 & \cdots & a_n+b \end{vmatrix} = b^{n-1}\left(b + \sum_{i=1}^{n} a_i\right).$$

根据齐次方程组解的判定定理讨论如下.

(1) 当 $|A| = b^{n-1}(b + \sum_{i=1}^{n} a_i) \neq 0$,即 $b \neq 0$ 时且 $b + \sum_{i=1}^{n} a_i \neq 0$ 时,方程组仅有零解.

(2) 当 $|A| = b^{n-1}(b + \sum_{i=1}^{n} a_i) = 0$,即 $b = 0$ 或 $b + \sum_{i=1}^{n} a_i = 0$ 时,方程组有非零解.

① 当 $b = 0$ 时,原方程组的同解方程组为
$$a_1 x_1 + a_2 x_2 + \cdots + a_n x_n = 0.$$

由 $\sum_{i=1}^{n} a_i \neq 0$ 可知,$a_i (i = 1, 2, \cdots, n)$ 不全为零. 不妨设 $a_1 \neq 0$,得原方程组的一个基础解系为
$$\xi_1 = \left(-\frac{a_2}{a_1}, 1, 0, \cdots, 0\right)^T, \xi_2 = \left(-\frac{a_3}{a_1}, 0, 1, \cdots, 0\right)^T, \cdots, \xi_{n-1} = \left(-\frac{a_n}{a_1}, 0, 0, \cdots, 1\right)^T.$$

② 当 $b = -\sum_{i=1}^{n} a_i$ 时,有 $b \neq 0$,原方程组的系数矩阵可化为

$$\begin{pmatrix} a_1 - \sum_{i=1}^{n} a_i & a_2 & a_3 & \cdots & a_n \\ a_1 & a_2 - \sum_{i=1}^{n} a_i & a_3 & \cdots & a_n \\ a_1 & a_2 & a_3 - \sum_{i=1}^{n} a_i & \cdots & a_n \\ \vdots & \vdots & \vdots & \cdots & \vdots \\ a_1 & a_2 & a_3 & \cdots & a_n - \sum_{i=1}^{n} a_i \end{pmatrix}$$

$\xrightarrow{r_i + (-1) \cdot r_1, i = 2, 3, \cdots, n}$
$$\begin{pmatrix} a_1 - \sum_{i=1}^{n} a_i & a_2 & a_3 & \cdots & a_n \\ \sum_{i=1}^{n} a_i & -\sum_{i=1}^{n} a_i & 0 & \cdots & 0 \\ \sum_{i=1}^{n} a_i & 0 & -\sum_{i=1}^{n} a_i & \cdots & 0 \\ \vdots & \vdots & \vdots & \cdots & \vdots \\ \sum_{i=1}^{n} a_i & 0 & 0 & \cdots & -\sum_{i=1}^{n} a_i \end{pmatrix}$$

$\xrightarrow{\left(-\frac{1}{\sum_{i=1}^{n} a_i}\right) \cdot r_i, i = 2, 3, \cdots, n}$
$$\begin{pmatrix} a_1 - \sum_{i=1}^{n} a_i & a_2 & a_3 & \cdots & a_n \\ -1 & 1 & 0 & \cdots & 0 \\ -1 & 0 & 1 & \cdots & 0 \\ \vdots & \vdots & \vdots & \cdots & \vdots \\ -1 & 0 & 0 & \cdots & 1 \end{pmatrix}$$

$$\xrightarrow{r_1+(-a_i)\cdot r_i, i=2,3,\cdots,n} \begin{pmatrix} 0 & 0 & 0 & \cdots & 0 \\ -1 & 1 & 0 & \cdots & 0 \\ -1 & 0 & 1 & \cdots & 0 \\ \vdots & \vdots & \vdots & \cdots & \vdots \\ -1 & 0 & 0 & \cdots & 1 \end{pmatrix}.$$

由此得原方程组的同解方程组为

$$\begin{cases} x_2 = x_1, \\ x_3 = x_1, \\ \vdots \\ x_n = x_1. \end{cases}$$

原方程组的一个基础解系为 $\xi = (1,1,\cdots,1)^T$.

【解法 2】 选初等变换法. 对方程组的系数矩阵施行初等行变换,得

$$A = \begin{pmatrix} a_1+b & a_2 & a_3 & \cdots & a_n \\ a_1 & a_2+b & a_3 & \cdots & a_n \\ a_1 & a_2 & a_3+b & \cdots & a_n \\ \vdots & \vdots & \vdots & \cdots & \vdots \\ a_1 & a_2 & a_3 & \cdots & a_n+b \end{pmatrix} \xrightarrow{r_i+(-1)r_1, i=2,3,\cdots,n} \begin{pmatrix} a_1+b & a_2 & a_3 & \cdots & a_n \\ -b & b & 0 & \cdots & 0 \\ -b & 0 & b & \cdots & 0 \\ \vdots & \vdots & \vdots & \cdots & \vdots \\ -b & 0 & 0 & \cdots & b \end{pmatrix}.$$

根据齐次方程组解的判定定理,对参数讨论如下.

① 当 $b = 0$ 时,原方程组的同解方程组为

$$a_1 x_1 + a_2 x_2 + \cdots + a_n x_n = 0.$$

由 $\sum_{i=1}^{n} a_i \neq 0$ 可知,$a_i(i=1,2,\cdots,n)$ 不全为零. 不妨设 $a_1 \neq 0$,得原方程组的一个基础解系为

$$\xi_1 = \left(-\frac{a_2}{a_1}, 1, 0, \cdots, 0\right)^T, \xi_2 = \left(-\frac{a_3}{a_1}, 0, 1, \cdots, 0\right)^T, \cdots, \xi_{n-1} = \left(-\frac{a_n}{a_1}, 0, 0, \cdots, 1\right)^T.$$

② 当 $b \neq 0$ 时,原方程组的系数矩阵可化为

$$A \xrightarrow{\left(\frac{1}{b}\right)\cdot r_i, i=2,3,\cdots,n} \begin{pmatrix} a_1+b & a_2 & a_3 & \cdots & a_n \\ -1 & 1 & 0 & \cdots & 0 \\ -1 & 0 & 1 & \cdots & 0 \\ \vdots & \vdots & \vdots & \cdots & \vdots \\ -1 & 0 & 0 & \cdots & 1 \end{pmatrix}$$

$$\xrightarrow{r_1+(-a_i)\cdot r_i, i=2,3,\cdots,n} \begin{pmatrix} b+\sum_{i=1}^{n}a_i & 0 & 0 & \cdots & 0 \\ -1 & 1 & 0 & \cdots & 0 \\ -1 & 0 & 1 & \cdots & 0 \\ \vdots & \vdots & \vdots & \cdots & \vdots \\ -1 & 0 & 0 & \cdots & 1 \end{pmatrix}.$$

当 $b = -\sum_{i=1}^{n} a_i$ 时,$r(A) = n-1 < n$,原方程组有非零解,同解方程组为

$$\begin{cases} x_2 = x_1, \\ x_3 = x_1, \\ \vdots \\ x_n = x_1. \end{cases}$$

原方程组的一个基础解系为 $\xi = (1,1,\cdots,1)^T$.

【例 10-9】（2004 年真题）设有齐次线性方程组

$$\begin{cases} (1+a)x_1 + x_2 + \cdots + x_n = 0, \\ 2x_1 + (2+a)x_2 + \cdots + 2x_n = 0, \\ \vdots \\ nx_1 + nx_2 + \cdots + (n+a)x_n = 0, \end{cases} \quad (n \geq 2).$$

试问 a 取何值时，该方程组有非零解，并求出其通解.

【分析】 此题为求含参数的齐次线性方程组解的讨论. 注意到系数矩阵 A 具有两个特征，一是方阵，二是"列和值相等"。对这种特点的矩阵，不论是行列式 $|A|$ 的计算，还是对 A 施行初等行变换化为行阶梯的讨论，都具有固定的运算模式，所以两种方法都适用.

【解法 1】 选行列式法. 因为方程组的系数行列式

$$|A| = \begin{vmatrix} 1+a & 1 & 1 & \cdots & 1 \\ 2 & 2+a & 2 & \cdots & 2 \\ \vdots & \vdots & \vdots & \cdots & \vdots \\ n & n & n & \cdots & n+a \end{vmatrix} = \left[a + \frac{n(n+1)}{2}\right]a^{n-1},$$

根据齐次方程组解的判定定理可知，当 $|A| = 0$，即 $a = 0$ 或 $a = -\frac{n(n+1)}{2}$ 时，方程组有非零解. 下面对参数的取值分别讨论如下.

(1) 当 $a = 0$ 时，对系数矩阵 A 施行初等行变换，有

$$A = \begin{pmatrix} 1 & 1 & 1 & \cdots & 1 \\ 2 & 2 & 2 & \cdots & 2 \\ \vdots & \vdots & \vdots & \cdots & \vdots \\ n & n & n & \cdots & n \end{pmatrix} \rightarrow \begin{pmatrix} 1 & 1 & 1 & \cdots & 1 \\ 0 & 0 & 0 & \cdots & 0 \\ \vdots & \vdots & \vdots & \cdots & \vdots \\ 0 & 0 & 0 & \cdots & 0 \end{pmatrix},$$

故方程组的同解方程组为

$$x_1 + x_2 + \cdots + x_n = 0,$$

由此得基础解系为

$$\xi_1 = (-1,1,0,\cdots,0)^T, \xi_2 = (-1,0,1,\cdots,0)^T, \cdots, \xi_{n-1} = (-1,0,0,\cdots,1)^T,$$

于是方程组的通解为

$$x = k_1\xi_1 + \cdots + k_{n-1}\xi_{n-1}, \text{其中 } k_1,\cdots,k_{n-1} \text{ 为任意常数}.$$

(2) 当 $a = -\frac{n(n+1)}{2}$ 时，有 $a \neq 0$，原方程组的系数矩阵可化为

$$A = \begin{pmatrix} 1+a & 1 & 1 & \cdots & 1 \\ 2 & 2+a & 2 & \cdots & 2 \\ \vdots & \vdots & \vdots & \cdots & \vdots \\ n & n & n & \cdots & n+a \end{pmatrix} \xrightarrow{r_i + (-i)r_1, i=2,3,\cdots,n} \begin{pmatrix} 1+a & 1 & 1 & \cdots & 1 \\ -2a & a & 0 & \cdots & 0 \\ \vdots & \vdots & \vdots & \cdots & \vdots \\ -na & 0 & 0 & \cdots & a \end{pmatrix}$$

$$\xrightarrow{\left(\frac{1}{a}\right)\cdot r_i,\, i=2,3,\cdots,n} \begin{pmatrix} 1+a & 1 & 1 & \cdots & 1 \\ -2 & 1 & 0 & \cdots & 0 \\ \vdots & \vdots & \vdots & \cdots & \vdots \\ -n & 0 & 0 & \cdots & 1 \end{pmatrix}$$

$$\xrightarrow{r_1+(-1)\cdot r_i,\, i=2,3,\cdots,n} \begin{pmatrix} 0 & 0 & 0 & \cdots & 0 \\ -2 & 1 & 0 & \cdots & 0 \\ \vdots & \vdots & \vdots & \cdots & \vdots \\ -n & 0 & 0 & \cdots & 1 \end{pmatrix},$$

故方程组的同解方程组为

$$\begin{cases} -2x_1 + x_2 = 0, \\ -3x_1 + x_3 = 0, \\ \quad\vdots \\ -nx_1 + x_n = 0, \end{cases}$$

由此得基础解系为 $\xi = (1,2,\cdots,n)^T$,于是方程组的通解为 $x = k\xi$,其中 k 为任意常数.

【解法 2】 初等变换法. 对方程组的系数矩阵 A 施行初等行变换,有

$$A = \begin{pmatrix} 1+a & 1 & 1 & \cdots & 1 \\ 2 & 2+a & 2 & \cdots & 2 \\ \vdots & \vdots & \vdots & \cdots & \vdots \\ n & n & n & \cdots & n+a \end{pmatrix} \xrightarrow{r_i+(-i)r_1,\, i=2,3,\cdots,n} \begin{pmatrix} 1+a & 1 & 1 & \cdots & 1 \\ -2a & a & 0 & \cdots & 0 \\ \vdots & \vdots & \vdots & \cdots & \vdots \\ -na & 0 & 0 & \cdots & a \end{pmatrix}.$$

根据齐次方程组解的判定定理,对参数讨论如下.

(1) 当 $a = 0$ 时,$r(A) = 1 < n$,故方程组有非零解,其同解方程组为

$$x_1 + x_2 + \cdots + x_n = 0,$$

由此得基础解系为

$$\xi_1 = (-1,1,0,\cdots,0)^T,\ \xi_2 = (-1,0,1,\cdots,0)^T,\cdots,\xi_{n-1} = (-1,0,0,\cdots,1)^T,$$

于是方程组的通解为

$$x = k_1\xi_1 + \cdots + k_{n-1}\xi_{n-1},\text{ 其中 }k_1,\cdots,k_{n-1}\text{ 为任意常数}.$$

(2) 当 $a \neq 0$ 时,原方程组的系数矩阵可化为

$$A \xrightarrow{\left(\frac{1}{a}\right)\cdot r_i,\, i=2,3,\cdots,n} \begin{pmatrix} 1+a & 1 & 1 & \cdots & 1 \\ -2 & 1 & 0 & \cdots & 0 \\ \vdots & \vdots & \vdots & \cdots & \vdots \\ -n & 0 & 0 & \cdots & 1 \end{pmatrix}$$

$$\xrightarrow{r_1+(-1)\cdot r_i,\, i=2,3,\cdots,n} \begin{pmatrix} a+\dfrac{n(n+1)}{2} & 0 & 0 & \cdots & 0 \\ -2 & 1 & 0 & \cdots & 0 \\ \vdots & \vdots & \vdots & \cdots & \vdots \\ -n & 0 & 0 & \cdots & 1 \end{pmatrix}.$$

当 $a = -\dfrac{n(n+1)}{2}$ 时,$r(A) = n-1 < n$,原方程组有非零解,同解方程组为

$$\begin{cases} -2x_1 + x_2 = 0, \\ -3x_1 + x_3 = 0, \\ \vdots \\ -nx_1 + x_n = 0, \end{cases}$$

由此得基础解系为 $\xi = (1,2,\cdots,n)^T$，于是方程组的通解为 $x = k\xi$，其中 k 为任意常数.

【例 10-10】（2002 年真题）设齐次线性方程组

$$\begin{cases} ax_1 + bx_2 + bx_3 + \cdots + bx_n = 0, \\ bx_1 + ax_2 + bx_3 + \cdots + bx_n = 0, \\ \vdots \\ bx_1 + bx_2 + bx_3 + \cdots + ax_n = 0. \end{cases}$$

其中 $ab \neq 0, n \geq 2$，试讨论 a,b 为何值时，方程组仅有零解、有无穷多组解？在有无穷多组解时，求出全部解，并用基础解系表示全部解.

【分析】 此题为求含参数的齐次线性方程组解的讨论. 注意到系数矩阵 A 具有两个特征，一是方阵，二是"行和值相等"（或"列和值相等"）. 对这种特点的矩阵，不论是行列式 $|A|$ 的计算，还是对 A 施行初等行变换化为行阶梯的讨论，都具有固定的运算模式，所以两种方法都适用.

【解法 1】 行列式法. 方程组的系数行列式

$$|A| = \begin{vmatrix} a & b & b & \cdots & b \\ b & a & b & \cdots & b \\ b & b & a & \cdots & b \\ \vdots & \vdots & \vdots & \cdots & \vdots \\ b & b & b & \cdots & a \end{vmatrix} = (a-b)^{n-1}[a+(n-1)b].$$

根据齐次方程组解的判定定理，讨论如下.

(1) 当 $|A| = (a-b)^{n-1}[a+(n-1)b] \neq 0$，即 $a \neq b$ 时且 $a \neq (1-n)b$ 时，方程组仅有零解.

(2) 当 $|A| = (a-b)^{n-1}[a+(n-1)b] = 0$，即 $a = b$ 或 $a = (1-n)b$ 时，方程组有非零解.

① 当 $a = b$ 时，对系数矩阵 A 施行初等行变换，并注意到 $ab \neq 0$，得

$$A = \begin{pmatrix} a & a & \cdots & a \\ a & a & \cdots & a \\ \vdots & \vdots & \cdots & \vdots \\ a & a & \cdots & a \end{pmatrix} \rightarrow \begin{pmatrix} 1 & 1 & \cdots & 1 \\ 0 & 0 & \cdots & 0 \\ \vdots & \vdots & \cdots & \vdots \\ 0 & 0 & \cdots & 0 \end{pmatrix}.$$

此时，$r(A) = 1 < n$，故方程组有非零解，其同解方程组为

$$x_1 + x_2 + \cdots + x_n = 0,$$

由此得基础解系为

$$\xi_1 = (-1,1,0,\cdots,0)^T, \xi_2 = (-1,0,1,\cdots,0)^T, \cdots, \xi_{n-1} = (-1,0,0,\cdots,1)^T,$$

于是方程组的通解为

$$x = k_1\xi_1 + \cdots + k_{n-1}\xi_{n-1}, \text{ 其中 } k_1,\cdots,k_{n-1} \text{ 为任意常数}.$$

② 当 $a = (1-n)b$ 时，对系数矩阵 A 施行初等行变换，并注意到 $ab \neq 0$，得原方程组的系数矩阵可化为

$$A = \begin{pmatrix} (1-n)b & b & b & \cdots & b & b \\ b & (1-n)b & b & \cdots & b & b \\ b & b & (1-n)b & \cdots & b & b \\ \vdots & \vdots & \vdots & \cdots & \vdots & \vdots \\ b & b & b & \cdots & (1-n)b & b \\ b & b & b & \cdots & b & (1-n)b \end{pmatrix}$$

$$\xrightarrow{\left(\frac{1}{b}\right)\cdot r_i,\, i=1,2,\cdots,n} \begin{pmatrix} 1-n & 1 & 1 & \cdots & 1 & 1 \\ 1 & 1-n & 1 & \cdots & 1 & 1 \\ 1 & 1 & 1-n & \cdots & 1 & 1 \\ \vdots & \vdots & \vdots & \cdots & \vdots & \vdots \\ 1 & 1 & 1 & \cdots & 1-n & 1 \\ 1 & 1 & 1 & \cdots & 1 & 1-n \end{pmatrix}$$

$$\xrightarrow{r_i+(-1)\cdot r_1,\, i=2,3,\cdots,n} \begin{pmatrix} 1-n & 1 & 1 & \cdots & 1 & 1 \\ n & -n & 0 & \cdots & 0 & 0 \\ n & 0 & -n & \cdots & 0 & 0 \\ \vdots & \vdots & \vdots & \cdots & \vdots & \vdots \\ n & 0 & 0 & \cdots & -n & 0 \\ n & 0 & 0 & \cdots & 0 & -n \end{pmatrix}$$

$$\xrightarrow{\left(-\frac{1}{n}\right)\cdot r_i,\, i=2,3,\cdots,n} \begin{pmatrix} 1-n & 1 & 1 & \cdots & 1 & 1 \\ -1 & 1 & 0 & \cdots & 0 & 0 \\ -1 & 0 & 1 & \cdots & 0 & 0 \\ \vdots & \vdots & \vdots & \cdots & \vdots & \vdots \\ -1 & 0 & 0 & \cdots & 1 & 0 \\ -1 & 0 & 0 & \cdots & 0 & 1 \end{pmatrix}$$

$$\xrightarrow{r_1+(-1)\cdot r_i,\, i=2,3,\cdots,n} \begin{pmatrix} 0 & 0 & 0 & \cdots & 0 & 0 \\ -1 & 1 & 0 & \cdots & 0 & 0 \\ -1 & 0 & 1 & \cdots & 0 & 0 \\ \vdots & \vdots & \vdots & \cdots & \vdots & \vdots \\ -1 & 0 & 0 & \cdots & 1 & 0 \\ -1 & 0 & 0 & \cdots & 0 & 1 \end{pmatrix}.$$

此时,$r(A) = n-1 < n$,原方程组有非零解,同解方程组为

$$\begin{cases} x_2 = x_1, \\ x_3 = x_1, \\ \vdots \\ x_n = x_1. \end{cases}$$

其基础解系为 $\xi = (1,1,\cdots,1)^T$. 方程组的全部解是 $k\xi = k(1,1,\cdots,1)^T$, 其中 k 为任意常数.

【解法2】 初等变换法. 对方程组的系数矩阵 A 施行初等行变换, 有

$$A = \begin{pmatrix} a & b & b & \cdots & b \\ b & a & b & \cdots & b \\ b & b & a & \cdots & b \\ \vdots & \vdots & \vdots & \cdots & \vdots \\ b & b & b & \cdots & a \end{pmatrix} \xrightarrow{r_i + (-1)r_1, i=2,3,\cdots,n} \begin{pmatrix} a & b & b & \cdots & b \\ b-a & a-b & 0 & \cdots & 0 \\ b-a & 0 & a-b & \cdots & 0 \\ \vdots & \vdots & \vdots & \cdots & \vdots \\ b-a & 0 & 0 & \cdots & a-b \end{pmatrix}.$$

根据齐次方程组解的判定定理, 并注意到 $ab \neq 0$, 对参数讨论如下.

(1) 当 $a = b \neq 0$ 时, 得

$$A = \begin{pmatrix} a & a & \cdots & a \\ a & a & \cdots & a \\ \vdots & \vdots & \cdots & \vdots \\ a & a & \cdots & a \end{pmatrix} \rightarrow \begin{pmatrix} 1 & 1 & \cdots & 1 \\ 0 & 0 & \cdots & 0 \\ \vdots & \vdots & \cdots & \vdots \\ 0 & 0 & \cdots & 0 \end{pmatrix},$$

此时 $r(A) = 1 < n$, 故方程组有非零解, 其同解方程组为

$$x_1 + x_2 + \cdots + x_n = 0,$$

由此得基础解系为

$$\xi_1 = (-1,1,0,\cdots,0)^T, \xi_2 = (-1,0,1,\cdots,0)^T, \cdots, \xi_{n-1} = (-1,0,0,\cdots,1)^T,$$

于是方程组的通解为

$$x = k_1\xi_1 + \cdots + k_{n-1}\xi_{n-1}, \text{其中 } k_1,\cdots,k_{n-1} \text{ 为任意常数}.$$

(2) 当 $a \neq b$ 时, 原方程组的系数矩阵可化为

$$A \xrightarrow{\left(\frac{1}{b-a}\right) \cdot r_i, i=2,3,\cdots,n} \begin{pmatrix} a & b & b & \cdots & b \\ -1 & 1 & 0 & \cdots & 0 \\ -1 & 0 & 1 & \cdots & 0 \\ \vdots & \vdots & \vdots & \cdots & \vdots \\ -1 & 0 & 0 & \cdots & 1 \end{pmatrix}$$

$$\xrightarrow{r_1 + (-b) \cdot r_i, i=2,3,\cdots,n} \begin{pmatrix} a+(n-1)b & 0 & 0 & \cdots & 0 \\ -1 & 1 & 0 & \cdots & 0 \\ -1 & 0 & 1 & \cdots & 0 \\ \vdots & \vdots & \vdots & \cdots & \vdots \\ -1 & 0 & 0 & \cdots & 1 \end{pmatrix}.$$

当 $a = (1-n)b$ 时, $r(A) = n-1 < n$, 原方程组有非零解, 同解方程组为

$$\begin{cases} x_2 = x_1, \\ x_3 = x_1, \\ \quad \vdots \\ x_n = x_1. \end{cases}$$

由此得基础解系为 $\xi = (1,1,\cdots,1)^T$, 于是方程组的通解为 $x = k\xi$, 其中 k 为任意常数.

【温馨提示】例 10-8～例 10-10 求解过程中涉及的难点是利用初等行变换将含有参数的 n 阶矩阵化为行最简阶梯形的参数讨论过程，不过这个 n 阶矩阵具有一定的特点：任意两行元素除了主对角线元素以外成比例．一般方法是，先化为“箭形”，再化为“下三角形”，结合方程组解的判定定理，分类讨论参数，直到“行最简阶梯形”，写出同解方程组，希望读者体会并熟练掌握将这类矩阵化为阶梯形的参数讨论求解过程．只要深刻领悟“初等变换法求解方程组”的真谛，就能运用自如．

【例 10-11】（2004 年真题）设有齐次线性方程组

$$\begin{cases}(1+a)x_1+x_2+x_3+x_4=0,\\2x_1+(2+a)x_2+2x_3+2x_4=0,\\3x_1+3x_2+(3+a)x_3+3x_4=0,\\4x_1+4x_2+4x_3+(4+a)x_4=0,\end{cases}$$

试问 a 取何值时，该方程组有非零解，并求出其通解．

【分析】本题是例 10-9 在 $n=4$ 时的特殊情况．请读者自行解答．

【考点 3】讨论非齐次方程组中的参数，使得方程组无解或有解，并在有解时求其通解

【常考题型】解答题．

【方法归纳】挑选如下方法，利用非齐次方程组解的性质和解的判定定理对参数进行讨论．

① 系数矩阵的行列式法．

② 增广矩阵的初等变换法．

③ 增广矩阵的行列式法．

【例 10-12】（1993 年真题）k 为何值时，线性方程组

$$\begin{cases}x_1+x_2+kx_3=4\\-x_1+kx_2+x_3=k^2\\x_1-x_2+4x_3=-4\end{cases}$$

有唯一解、无解、有无穷多组解？在有解情况下，求出全部解．

【分析】本题是含参数的方程组解的讨论．观察知，方程的个数和未知量的个数相等，系数矩阵是方阵，既可选用系数矩阵的行列式法，也可选用增广矩阵的初等变换法．再次观察知，参数的“分布良好”，因此，选用初等变换法．

【解】对增广矩阵进行初等行变换，使成为行阶梯形：

$$(\overline{A})=\left(\begin{array}{ccc:c}1&1&k&4\\-1&k&1&k^2\\1&-1&4&-4\end{array}\right)\to\left(\begin{array}{ccc:c}1&1&k&4\\0&k+1&k+1&k^2+4\\0&-2&4-k&-8\end{array}\right)$$

$$\to\left(\begin{array}{ccc:c}1&1&k&4\\0&k+1&k+1&k^2+4\\0&0&2+k&0\end{array}\right).$$

分情况讨论如下.

(1) 当 $k \neq -1$ 且 $k \neq 4$ 时,对上式最后的矩阵继续施行初等行变换：

$$(\overline{A}) \rightarrow \begin{pmatrix} 1 & 1 & k & \vdots & 4 \\ 0 & 1 & \dfrac{k-2}{2} & \vdots & 4 \\ 0 & 0 & 1 & \vdots & -\dfrac{2}{1+k} \end{pmatrix} \rightarrow \begin{pmatrix} 1 & 0 & 0 & \vdots & \dfrac{k^2+2k}{1+k} \\ 0 & 1 & 0 & \vdots & \dfrac{k^2+2k+4}{1+k} \\ 0 & 0 & 1 & \vdots & \dfrac{-2k}{1+k} \end{pmatrix}.$$

这时方程组有唯一解：$x_1 = \dfrac{k^2+2k}{1+k}, x_2 = \dfrac{k^2+2k+4}{1+k}, x_3 = \dfrac{-2k}{1+k}$.

(2) 当 $k = -1$ 时,$r(A) = 2 < r(\overline{A}) = 3$,方程组无解.

(3) 当 $k = 4$ 时,有

$$(\overline{A}) \rightarrow \begin{pmatrix} 1 & 1 & 4 & \vdots & 4 \\ 0 & 1 & 1 & \vdots & 4 \\ 0 & 0 & 0 & \vdots & 0 \end{pmatrix} \rightarrow \begin{pmatrix} 1 & 0 & 3 & \vdots & 0 \\ 0 & 1 & 1 & \vdots & 4 \\ 0 & 0 & 0 & \vdots & 0 \end{pmatrix},$$

$r(A) = r(\overline{A}) = 2 < n = 3$,故方程组有无穷多组解.这时,得同解方程组：

$$\begin{cases} x_1 = -3x_3, \\ x_2 = -x_3 + 4, \\ x_3 = x_3, \end{cases}$$

即 $\begin{pmatrix} x_1 \\ x_2 \\ x_3 \end{pmatrix} = \begin{pmatrix} -3 \\ -1 \\ 1 \end{pmatrix} k_1 + \begin{pmatrix} 0 \\ 4 \\ 0 \end{pmatrix}$,其中 k_1 为任意的常数.

【例 10-13】（1994 年真题）设有线性方程组

$$\begin{cases} x_1 + a_1 x_2 + a_1^2 x_3 = a_1^3, \\ x_1 + a_2 x_2 + a_2^2 x_3 = a_2^3, \\ x_1 + a_3 x_2 + a_3^2 x_3 = a_3^3, \\ x_1 + a_4 x_2 + a_4^2 x_3 = a_4^3. \end{cases}$$

证明：若 a_1, a_2, a_3, a_4 两两不相等,则此线性方程组无解.

【分析】 根据非齐次方程组解的判定定理,要证明非齐次方程组无解,就等价于证明系数矩阵的秩和增广矩阵的秩不相等,但问题的关键是如何确定这两个矩阵的秩,是用增广矩阵的初等变换法求出这两个矩阵的秩,还是另有好的方法呢？通过观察所给的方程组可发现,增广矩阵含参数较多,用一般的初等变换法求出这两个矩阵的秩肯定会很复杂,且有一定的困难.但同时也可发现增广矩阵是一个 4 阶的方阵,其行列式构成我们熟知的范德蒙行列式,而系数矩阵是一个 4×3 的矩阵,利用秩的有关结论,立即可以确定两者的秩是不相等的.

【证明】 因为方程组的系数矩阵 A 为 4×3 的矩阵,所以 $r(A) \leqslant 3$.又由于方程组的增广矩阵的行列式 $|\overline{A}|$ 是范德蒙行列式,且 a_1, a_2, a_3, a_4 两两不相等,故

$$|\overline{A}| = \begin{vmatrix} 1 & a_1 & a_1^2 & a_1^3 \\ 1 & a_2 & a_2^2 & a_2^3 \\ 1 & a_3 & a_3^2 & a_3^3 \\ 1 & a_4 & a_4^2 & a_4^3 \end{vmatrix} = \prod_{1 \leqslant j < i \leqslant 4} (a_i - a_j) \neq 0.$$

所以 $|\overline{A}| \neq 0$,因此 $r(\overline{A}) = 4 \neq r(A)$,故方程组无解.

> **【温馨提示】** 此例说明了非齐次线性方程组的增广矩阵是方阵且可逆时,则系数矩阵的秩必然小于增广矩阵的秩,从而该方程组无解.

【例10-14】（2010年真题）设 $A = \begin{pmatrix} \lambda & 1 & 1 \\ 0 & \lambda-1 & 0 \\ 1 & 1 & \lambda \end{pmatrix}, \beta = \begin{pmatrix} a \\ 1 \\ 1 \end{pmatrix}$. 已知线性方程组 $AX = \beta$ 存在两个不同的解,

（Ⅰ）求 λ, a;

（Ⅱ）求方程组 $AX = \beta$ 的通解.

【分析】 本题是含参数的方程组解的讨论. 观察知,方程的个数和未知量的个数相等,系数矩阵是方阵,即可选用系数矩阵的行列式法,也可选用增广矩阵的初等变换法. 再次观察知,参数的"分布良好",且要求方程组的通解,因此,选用初等变换法.

【解】（Ⅰ）对增广矩阵进行初等行变换,使成为行阶梯形:

$$(A \mid \beta) = \begin{pmatrix} \lambda & 1 & 1 & a \\ 0 & \lambda-1 & 0 & 1 \\ 1 & 1 & \lambda & 1 \end{pmatrix} \to \begin{pmatrix} 1 & 1 & \lambda & 1 \\ 0 & \lambda-1 & 0 & 1 \\ \lambda & 1 & 1 & a \end{pmatrix}$$

$$\to \begin{pmatrix} 1 & 1 & \lambda & 1 \\ 0 & \lambda-1 & 0 & 1 \\ 0 & 1-\lambda & 1-\lambda^2 & a-\lambda \end{pmatrix}$$

$$\to \begin{pmatrix} 1 & 1 & \lambda & 1 \\ 0 & \lambda-1 & 0 & 1 \\ 0 & 0 & 1-\lambda^2 & a+1-\lambda \end{pmatrix}.$$

由于 $AX = \beta$ 存在两个不同的解,可知,$r(A \mid \beta) = r(A) < 3$,所以

$$\begin{cases} 1-\lambda^2 = 0, \\ a+1-\lambda = 0. \end{cases}$$

故 $\begin{cases} \lambda = 1, \\ a = \lambda - 1, \end{cases}$ 或 $\begin{cases} \lambda = -1, \\ a = \lambda - 1. \end{cases}$

当 $\lambda = 1$ 时,$r(A) = 1 < r(A \mid \beta) = 2$,方程组无解,所以 $\begin{cases} \lambda = -1, \\ a = -2. \end{cases}$

（Ⅱ）由（Ⅰ）知,$r(A \mid \beta) \to \begin{pmatrix} 1 & 1 & -1 & 1 \\ 0 & -2 & 0 & 1 \\ 0 & 0 & 0 & 0 \end{pmatrix} \to \begin{pmatrix} 1 & 0 & -1 & \frac{3}{2} \\ 0 & 1 & 0 & -\frac{1}{2} \\ 0 & 0 & 0 & 0 \end{pmatrix},$

故原方程组的同解方程组为

$$\begin{cases} x_1 = x_3 + \frac{3}{2}, \\ x_2 = -\frac{1}{2}, \\ x_3 = x_3. \end{cases}$$

故所求方程组的通解为

$$\begin{pmatrix} x_1 \\ x_2 \\ x_3 \end{pmatrix} = k \begin{pmatrix} 1 \\ 0 \\ 1 \end{pmatrix} + \begin{pmatrix} \dfrac{3}{2} \\ -\dfrac{1}{2} \\ 0 \end{pmatrix}, 其中 k 为任意常数.$$

【考点 4】 已知方程组的解的情况,反求其中的参数并求解

【常考题型】 解答题.

【方法归纳】
① 已知具体的解,用代入法.
② 已知抽象的解,用找秩确定参数法.

【例 10-15】(2004 年真题)设线性方程组

$$\begin{cases} x_1 & + \lambda x_2 & + \mu x_3 & + x_4 = 0, \\ 2x_1 & + x_2 & + x_3 & + 2x_4 = 0, \\ 3x_1 & + (2+\lambda)x_2 & + (4+\mu)x_3 & + 4x_4 = 1. \end{cases}$$

已知 $(1,-1,1,-1)^T$ 是该方程组的一个解,试求:

(Ⅰ)方程组的全部解,并用对应的齐次线性方程组的基础解系表示全部解;

(Ⅱ)该方程组满足 $x_2 = x_3$ 的全部解.

【分析】 含未知参数的线性方程组的求解,当系数矩阵为非方阵时一般用初等行变换法化增广矩阵为阶梯形,然后对参数进行讨论.由于本题已知了方程组的一个解,于是可先由它来(部分)确定未知参数.

【解】(Ⅰ)将 $(1,-1,1,-1)^T$ 代入方程组,得 $\lambda = \mu$. 对方程组的增广矩阵 $\overline{A}$ 施以初等行变换,得

$$\overline{A} = \begin{pmatrix} 1 & \lambda & \lambda & 1 & \vdots & 0 \\ 2 & 1 & 1 & 2 & \vdots & 0 \\ 3 & 2+\lambda & 2+\lambda & 4 & \vdots & 1 \end{pmatrix} \rightarrow \begin{pmatrix} 1 & 0 & -2\lambda & 1-\lambda & \vdots & -\lambda \\ 0 & 1 & 3 & 1 & \vdots & 1 \\ 0 & 0 & 2(2\lambda-1) & 2\lambda-1 & \vdots & 2\lambda-1 \end{pmatrix},$$

对 λ 讨论如下.

(1)当 $\lambda \neq \dfrac{1}{2}$ 时,有

$$\overline{A} \rightarrow \begin{pmatrix} 1 & 0 & 0 & 1 & \vdots & 0 \\ 0 & 1 & 0 & -\dfrac{1}{2} & \vdots & -\dfrac{1}{2} \\ 0 & 0 & 1 & \dfrac{1}{2} & \vdots & \dfrac{1}{2} \end{pmatrix},$$

$r(A) = r(\overline{A}) = 3 < 4$,故方程组有无穷多解,且 $\xi_0 = \left(0, -\dfrac{1}{2}, \dfrac{1}{2}, 0\right)^T$ 为其一个特解,对应的齐次线性方程组的基础解系为 $\eta = (-2, 1, -1, 2)^T$,故方程组的全部解为

$$\xi = \xi_0 + k\eta = \left(0, -\frac{1}{2}, \frac{1}{2}, 0\right)^{\mathrm{T}} + k(-2, 1, -1, 2)^{\mathrm{T}}, \quad k \text{ 为任意常数}.$$

(2) 当 $\lambda = \frac{1}{2}$ 时,有

$$\overline{A} \to \begin{pmatrix} 1 & 0 & -1 & \frac{1}{2} & -\frac{1}{2} \\ 0 & 1 & 3 & 1 & 1 \\ 0 & 0 & 0 & 0 & 0 \end{pmatrix},$$

$r(A) = r(\overline{A}) = 2 < 4$,故方程组有无穷多解,且 $\xi_0 = \left(-\frac{1}{2}, 1, 0, 0\right)^{\mathrm{T}}$ 为其一个特解,对应的齐次线性方程组的基础解系为 $\eta_1 = (1, -3, 1, 0)^{\mathrm{T}}, \eta_2 = (-1, -2, 0, 2)^{\mathrm{T}}$,故方程组的全部解为

$$\xi = \xi_0 + k_1\eta_1 + k_2\eta_2 = \left(-\frac{1}{2}, 1, 0, 0\right)^{\mathrm{T}} + k_1(1, -3, 1, 0)^{\mathrm{T}} +$$

$$k_2(-1, -2, 0, 2)^{\mathrm{T}}, k_1, k_2 \text{ 为任意常数}.$$

(Ⅱ) 需讨论两种情形.

(1) 当 $\lambda \neq \frac{1}{2}$ 时,由于 $x_2 = x_3$,即 $-\frac{1}{2} + k = \frac{1}{2} - k$ 时,解得 $k = \frac{1}{2}$,故方程组的解为

$$\xi = (1, -\frac{1}{2}, \frac{1}{2}, 0)^{\mathrm{T}} + \frac{1}{2}(-2, 1, -1, 2)^{\mathrm{T}} = (-1, 0, 0, 1)^{\mathrm{T}}.$$

(2) 当 $\lambda = \frac{1}{2}$ 时,由于 $x_2 = x_3$,即 $1 - 3k_1 - 2k_2 = k_1$,解得 $k_1 = \frac{1}{4} - \frac{1}{2}k_2$,故方程组的全部解为

$$\xi = \left(-\frac{1}{2}, 1, 0, 0\right)^{\mathrm{T}} + \left(\frac{1}{4} - \frac{1}{2}k_2\right)(1, -3, 1, 0)^{\mathrm{T}} + k_2(-1, -2, 0, 2)^{\mathrm{T}}$$

$$= \left(-\frac{1}{4}, \frac{1}{4}, \frac{1}{4}, 0\right)^{\mathrm{T}} + k_2\left(-\frac{3}{2}, -\frac{1}{2}, -\frac{1}{2}, 2\right)^{\mathrm{T}}, k_2 \text{ 为任意常数}.$$

> 【温馨提示】 对于问题(Ⅱ),实际上就是在原来方程组中增加一个方程,此时新的方程组当 $\lambda \neq \frac{1}{2}$ 时有唯一解,当 $\lambda = \frac{1}{2}$ 时有无穷多解,当 $\lambda = \frac{1}{2}$ 时,解得 $k_2 = \frac{1}{2} - 2k_1$,方程组的全部解也可以表示为 $\xi = (-1, 0, 0, 1)^{\mathrm{T}} + k_1(3, 1, 1, -4)^{\mathrm{T}}, k_1$ 为任意常数.

【例 10-16】 (2006 年真题) 已知非齐次线性方程组

$$\begin{cases} x_1 + x_2 + x_3 + x_4 = -1, \\ 4x_1 + 3x_2 + 5x_3 - x_4 = -1, \\ ax_1 + x_2 + 3x_3 + bx_4 = 1, \end{cases}$$

有 3 个线性无关的解.

(Ⅰ) 证明方程组系数矩阵 A 的秩 $r(A) = 2$;

(Ⅱ) 求 a, b 的值及方程组的通解.

【分析】 问题(Ⅰ)根据系数矩阵的秩与基础解系的关系证明;问题(Ⅱ)利用初等变换求矩阵 A 的秩确定参数 a, b,然后解方程组.

【解】 (Ⅰ) 设 $\alpha_1, \alpha_2, \alpha_3$ 是方程组 $AX = \beta$ 的 3 个线性无关的解,其中

$$A = \begin{pmatrix} 1 & 1 & 1 & 1 \\ 4 & 3 & 5 & -1 \\ a & 1 & 3 & b \end{pmatrix}, \beta = \begin{pmatrix} -1 \\ -1 \\ 1 \end{pmatrix}.$$

则
$$A(\alpha_1 - \alpha_2) = 0, A(\alpha_1 - \alpha_3) = 0.$$

故 $\alpha_1 - \alpha_2, \alpha_1 - \alpha_3$ 是对应齐次线性方程组 $AX = 0$ 的解，且线性无关（否则，易推出 $\alpha_1, \alpha_2, \alpha_3$ 线性相关，矛盾）. 所以 $n - r(A) \geq 2$，即 $4 - r(A) \geq 2 \Rightarrow r(A) \leq 2$. 又矩阵 A 中有一个 2 阶子式 $\begin{vmatrix} 1 & 1 \\ 4 & 3 \end{vmatrix} = -1 \neq 0$，所以 $r(A) \leq 2$. 因此 $r(A) = 2$.

（Ⅱ）因为
$$A = \begin{pmatrix} 1 & 1 & 1 & 1 \\ 4 & 3 & 5 & -1 \\ a & 1 & 3 & b \end{pmatrix} \rightarrow \begin{pmatrix} 1 & 1 & 1 & 1 \\ 0 & -1 & 1 & -5 \\ 0 & 1-a & 3-a & b-a \end{pmatrix} \rightarrow \begin{pmatrix} 1 & 1 & 1 & 1 \\ 0 & -1 & 1 & -5 \\ 0 & 0 & 4-2a & b+4a-5 \end{pmatrix}.$$

又 $r(A) = 2$，则
$$\begin{cases} 4 - 2a = 0, \\ b + 4a - 5 = 0. \end{cases} \Rightarrow \begin{cases} a = 2, \\ b = -3. \end{cases}$$

对原方程组的增广矩阵 $\overline{A}$ 施行初等行变换：
$$\overline{A} = \begin{pmatrix} 1 & 1 & 1 & 1 & \vdots & -1 \\ 4 & 3 & 5 & -1 & \vdots & -1 \\ 2 & 1 & 3 & -3 & \vdots & 1 \end{pmatrix} \rightarrow \begin{pmatrix} 1 & 0 & 2 & -4 & \vdots & 2 \\ 0 & 1 & -1 & 5 & \vdots & -3 \\ 0 & 0 & 0 & 0 & \vdots & 0 \end{pmatrix},$$

故原方程组与下面的方程组同解：
$$\begin{cases} x_1 = -2x_3 + 4x_4 + 2, \\ x_2 = x_3 - 5x_4 - 3. \end{cases}$$

选 x_3, x_4 为自由变量，则
$$\begin{cases} x_1 = -2x_3 + 4x_4 + 2, \\ x_2 = x_3 - 5x_4 - 3, \\ x_3 = x_3, \\ x_4 = x_4. \end{cases}$$

故所求通解为
$$x = k_1 \begin{pmatrix} -2 \\ 1 \\ 1 \\ 0 \end{pmatrix} + k_2 \begin{pmatrix} 4 \\ -5 \\ 0 \\ 1 \end{pmatrix} + \begin{pmatrix} 2 \\ -3 \\ 0 \\ 0 \end{pmatrix}, k_1, k_2 \text{ 为任意常数}.$$

有关两个方程组解之间的关系

【考点5】 有关两方程组（Ⅰ）$A_{m \times n} X = \alpha$ 和（Ⅱ）$B_{t \times n} X = \beta$ 的公共解问题

【常考题型】 解答题.

【方法归纳】

① 两方程联立法. 将（Ⅰ）与（Ⅱ）联立得新的方程组 $\begin{pmatrix} A \\ B \end{pmatrix} X = \begin{pmatrix} \alpha \\ \beta \end{pmatrix}$，则讨论两方程组是否有公共解的问题就转化为新的方程组是否有解的问题. 新方程组的解就是两方程组的公共解.

② 两通解代入法. 求出（Ⅰ）或（Ⅱ）的通解，将其代入另一个方程组中（寻找有关常数所满足的关系式），以求得其公共解. 此法尤其适合给出一个方程组与另一个方程组的通解的情形.

③ 两通解相等法. 求出（Ⅰ）与（Ⅱ）的通解，然后令其相等，探寻两通解应满足的关系式，以求得公共解. 此法特别适合已给出两方程组基础解系的情形.

【例 10-17】（1994 年真题）设四元线性齐次方程组（Ⅰ）为 $\begin{cases} x_1 + x_2 = 0, \\ x_2 - x_4 = 0, \end{cases}$ 又已知某齐次线性方程组（Ⅱ）的通解为 $k_1(0,1,1,0)^T + k_2(-1,2,2,1)^T$.

(1) 求线性方程组（Ⅰ）的基础解系；

(2) 问线性方程组（Ⅰ）和（Ⅱ）是否有非零公共解？若有，则求出所有的非零公共解. 若没有，则说明理由.

【分析】 本题的关键是如何理解（Ⅰ）和（Ⅱ）是否有非零公共解；一是由（Ⅰ）和（Ⅱ）的通解表达式是否相等确定；二是将（Ⅱ）的通解带入（Ⅰ），看是否存在非零的数 k_1, k_2 满足方程，从而确定（Ⅰ）和（Ⅱ）有无公共解.

【解】（1）由题设，（Ⅰ）的系数矩阵为 $\begin{pmatrix} 1 & 1 & 0 & 0 \\ 0 & 1 & 0 & -1 \end{pmatrix}$. 容易求得基础解系为 $(0,0,1,0)$，$(-1,1,0,1)$，其通解为 $k_3(0,0,1,0)^T + k_4(-1,1,0,1)^T$.

(2) 令 $k_1(0,1,1,0)^T + k_2(-1,2,2,1)^T = k_3(0,0,1,0)^T + k_4(-1,1,0,1)^T$，解得 $k_1 = -k, k_2 = k_3 = k_4 = k$，故其非零公共解为

$-k(0,1,1,0)^T + k(-1,2,2,1)^T = k(-1,1,1,1)^T, k \neq 0$ 为任意常数.

【温馨提示】 也可将（Ⅱ）的通解代入（Ⅰ）求解.

【例 10-18】（2007 年真题）设线性方程组（Ⅰ）$\begin{cases} x_1 + x_2 + x_3 = 0, \\ x_1 + 2x_2 + ax_3 = 0, \\ x_1 + 4x_2 + a^2 x_3 = 0, \end{cases}$ 与方程（Ⅱ）$x_1 + 2x_2 + x_3 = a - 1$ 有公共解，求 a 的值及所有公共解.

【分析】 两个方程有公共解就是（Ⅰ）与（Ⅱ）联立所得的非齐次线性方程组有解.

【解法 1】 将（Ⅰ）与（Ⅱ）联立得非齐次线性方程组：

$$\begin{cases} x_1 + x_2 + x_3 = 0, \\ x_1 + 2x_2 + ax_3 = 0, \\ x_1 + 4x_2 + a^2 x_3 = 0, \\ x_1 + 2x_2 + x_3 = a - 1, \end{cases}$$

记为（Ⅲ），若此非齐次线性方程组有解，则（Ⅰ）与（Ⅱ）有公共解，且（Ⅲ）的解即为所求全部公

共解. 对(Ⅲ)的增广矩阵$\overline{A}$作初等行变换,得

$$\overline{A} = \begin{pmatrix} 1 & 1 & 1 & \vdots & 0 \\ 1 & 2 & a & \vdots & 0 \\ 1 & 4 & a^2 & \vdots & 0 \\ 1 & 2 & 1 & \vdots & a-1 \end{pmatrix} \rightarrow \begin{pmatrix} 1 & 1 & 1 & \vdots & 0 \\ 0 & 1 & a-1 & \vdots & 0 \\ 0 & 0 & (a-2)(a-1) & \vdots & 0 \\ 0 & 0 & 1-a & \vdots & a-1 \end{pmatrix}.$$

(1) 当 $a=1$ 时,有 $r(A) = r(\overline{A}) = 2 < 3$,方程组(Ⅲ)有解,即(Ⅰ)与(Ⅱ)有公共解,其全部公共解即为(Ⅲ)的通解,此时

$$\overline{A} \rightarrow \begin{pmatrix} 1 & 0 & 1 & 0 \\ 0 & 1 & 0 & 0 \\ 0 & 0 & 0 & 0 \\ 0 & 0 & 0 & 0 \end{pmatrix},$$

此时方程组(Ⅲ)为齐次线性方程组,其基础解系为 $\begin{pmatrix} -1 \\ 0 \\ 1 \end{pmatrix}$,所以(Ⅰ)与(Ⅱ)的全部公共解为

$k\begin{pmatrix} -1 \\ 0 \\ 1 \end{pmatrix}$,$k$ 为任意常数.

(2) 当 $a=2$ 时,有 $r(A) = r(\overline{A}) = 3$,方程组(Ⅲ)有唯一解,此时

$$\overline{A} \rightarrow \begin{pmatrix} 1 & 0 & 0 & \vdots & 0 \\ 0 & 1 & 0 & \vdots & 1 \\ 0 & 0 & 1 & \vdots & -1 \\ 0 & 0 & 0 & \vdots & 0 \end{pmatrix},$$

故方程组(Ⅲ)的解为 $\begin{pmatrix} 0 \\ 1 \\ -1 \end{pmatrix}$,即(Ⅰ)与(Ⅱ)有唯一公共解:$x = \begin{pmatrix} x_1 \\ x_2 \\ x_3 \end{pmatrix} = \begin{pmatrix} 0 \\ 1 \\ -1 \end{pmatrix}$.

【解法 2】 先讨论方程组(Ⅰ)的解的情况,若记它的系数行列式为 A,则

$$|A| = \begin{vmatrix} 1 & 1 & 1 \\ 1 & 2 & a \\ 1 & 4 & a^2 \end{vmatrix} = \begin{vmatrix} 1 & 1 & 1 \\ 0 & 1 & a-1 \\ 0 & 3 & a^2-1 \end{vmatrix} = (a-1)(a-2).$$

分类讨论如下.

(1) 当 $a \neq 1$ 且 $a \neq 2$ 时,(Ⅰ)只有唯一零解,但它不是(Ⅱ)的解.

(2) 当 $a=1$ 时,方程组(Ⅰ)的系数矩阵

$$A = \begin{pmatrix} 1 & 1 & 1 \\ 1 & 2 & 1 \\ 1 & 4 & 1 \end{pmatrix} \rightarrow \begin{pmatrix} 1 & 0 & 1 \\ 0 & 1 & 0 \\ 0 & 0 & 0 \end{pmatrix},$$

故(Ⅰ)的解为 $k\begin{pmatrix} -1 \\ 0 \\ 1 \end{pmatrix}$,$k$ 为任意常数.

而当 $a=1$ 时,方程(Ⅱ)为

$$x_1 + 2x_2 + x_3 = 1 - 1.$$

显然 $k\begin{pmatrix}-1\\0\\1\end{pmatrix}$ 也是(Ⅱ)的解.所以(Ⅰ)与(Ⅱ)的全部公共解为 $k\begin{pmatrix}-1\\0\\1\end{pmatrix}$,$k$ 为任意常数.

(3) 当 $a=2$ 时,方程组(Ⅰ)的系数矩阵

$$A=\begin{pmatrix}1&1&1\\1&2&2\\1&4&4\end{pmatrix}\rightarrow\begin{pmatrix}1&0&0\\0&1&1\\0&0&0\end{pmatrix},$$

故(Ⅰ)的解为 $k\begin{pmatrix}0\\-1\\1\end{pmatrix}$,$k$ 为任意常数.

而当 $a=2$ 时,方程(Ⅱ)为

$$x_1+2x_2+x_3=2-1.$$

将(Ⅰ)的解 $k\begin{pmatrix}0\\-1\\1\end{pmatrix}$ 代入上式,得 $k=-1$.即(Ⅰ)与(Ⅱ)有唯一公共解 $x=\begin{pmatrix}x_1\\x_2\\x_3\end{pmatrix}=\begin{pmatrix}0\\1\\-1\end{pmatrix}$.

【例 10-19】 设 n 阶矩阵 A,B 满足 $r(A)+r(B)<n$,证明 A 与 B 有公共的特征值,有公共的特征向量.

【分析】 由题设可知,A,B 有公共特征值 0,而 A,B 对应于特征值 0 的特征向量分别是 $AX=0,BX=0$ 的非零解,因此 A,B 有公共特征向量的问题转化为方程组 $AX=0,BX=0$ 有非零公共解的问题.

【证明】 由题设 $r(A)+r(B)<n$ 可知,$r(A)<n,r(B)<n$,故 $|A|=|B|=0$.于是 A,B 都有特征值 0,从而 A 与 B 有公共的特征值.

又由于 A,B 对应于特征值 0 的特征向量分别是 $AX=0,BX=0$ 的非零解,因此,只需证明 $AX=0,BX=0$ 有公共解即可说明 A 与 B 有公共的特征向量.考虑齐次线性方程组

$$\begin{pmatrix}A\\B\end{pmatrix}X=0.$$

因为 $r\begin{pmatrix}A\\B\end{pmatrix}\leqslant r(A)+r(B)<n$,故上方程组有非零解,此非零解使 $AX=0$,也使 $BX=0$,即是 A 与 B 对应于公共特征值 0 的公共特征向量.从而得证 A 与 B 有公共的特征向量.

> 【考点 6】 已知两方程组同解,反求其中的参数

> 【常考题型】 解答题.

> 【方法归纳】 通常先分析出其中一个方程组解的情况,因为两方程组同解,从而可知另外一个方程组解的情况,然后根据解的性质和判定定理进行求解.

【例 10-20】(2005 年真题)已知齐次线性方程组

(Ⅰ) $\begin{cases}x_1+2x_2+3x_3=0,\\2x_1+3x_2+5x_3=0,\\x_1+x_2+ax_3=0,\end{cases}$

$(\mathrm{II})\begin{cases} x_1 + bx_2 + cx_3 = 0, \\ 2x_1 + b^2 x_2 + (c+1)x_3 = 0, \end{cases}$

同解，求 a,b,c 的值.

【分析】 观察两个方程组，方程组（Ⅱ）中方程的个数小于未知量的个数，因而有无穷多组解，于是方程组（Ⅰ）也有无穷多组解，从而可确定 a. 这样方程组（Ⅰ）的通解就可求出，再将其代入方程组（Ⅱ），就可确定 b,c.

【解法1】 方程组（Ⅱ）的方程的个数小于未知量的个数，故方程组（Ⅱ）有无穷多解. 因为方程组（Ⅰ）与（Ⅱ）同解，所以方程组（Ⅰ）的系数矩阵 A 的秩小于 3. 对方程组（Ⅰ）的系数矩阵施以初等行变换：

$$A = \begin{pmatrix} 1 & 2 & 3 \\ 2 & 3 & 5 \\ 1 & 1 & a \end{pmatrix} \rightarrow \begin{pmatrix} 1 & 2 & 3 \\ 0 & -1 & -1 \\ 0 & -1 & a-3 \end{pmatrix} \rightarrow \begin{pmatrix} 1 & 0 & 1 \\ 0 & 1 & 1 \\ 0 & 0 & a-2 \end{pmatrix},$$

从而 $a = 2$. 此时，方程组（Ⅰ）的系数矩阵可化为

$$A = \begin{pmatrix} 1 & 2 & 3 \\ 2 & 3 & 5 \\ 1 & 1 & 2 \end{pmatrix} \rightarrow \begin{pmatrix} 1 & 0 & 1 \\ 0 & 1 & 1 \\ 0 & 0 & 0 \end{pmatrix}.$$

于是方程组（Ⅰ）的同解方程组为

$$\begin{cases} x_1 = -x_3, \\ x_2 = -x_3, \\ x_3 = x_3. \end{cases}$$

故 $\xi = (-1,-1,1)^\mathrm{T}$ 是方程组（Ⅰ）的一个基础解系.

将 $\xi = (-1,-1,1)^\mathrm{T}$ 代入方程组（Ⅱ），得

$$\begin{cases} -1 - b + c = 0, \\ -2 - b^2 + (c+1) = 0. \end{cases}$$

解得 $\begin{cases} b = 1, \\ c = 2, \end{cases}$ 和 $\begin{cases} b = 0, \\ c = 1. \end{cases}$

当 $b = 1, c = 2$ 时，对方程组（Ⅱ）的系数矩阵 B 施以初等行变换，有

$$B = \begin{pmatrix} 1 & 1 & 2 \\ 2 & 1 & 3 \end{pmatrix} \rightarrow \begin{pmatrix} 1 & 0 & 1 \\ 0 & 1 & 1 \end{pmatrix},$$

显然此时方程组（Ⅰ）与（Ⅱ）同解.

当 $b = 0, c = 1$ 时，对方程组（Ⅱ）的系数矩阵 B 施以初等行变换，有

$$B = \begin{pmatrix} 1 & 0 & 1 \\ 2 & 0 & 2 \end{pmatrix} \rightarrow \begin{pmatrix} 1 & 0 & 1 \\ 0 & 0 & 0 \end{pmatrix},$$

显然此时方程组（Ⅰ）与（Ⅱ）的解不相同.

综上所述，当 $a = 2, b = 1, c = 2$ 时，方程组（Ⅰ）与（Ⅱ）同解.

【解法2】 方程组（Ⅱ）的方程的个数小于未知量的个数，故方程组（Ⅱ）有无穷多解. 因为方程组（Ⅰ）与（Ⅱ）同解，所以方程组（Ⅰ）的系数矩阵 A 的秩小于 3，从而必有

$$|A| = \begin{vmatrix} 1 & 2 & 3 \\ 2 & 3 & 5 \\ 1 & 1 & a \end{vmatrix} = \begin{vmatrix} 1 & 2 & 3 \\ 0 & -1 & -1 \\ 0 & -1 & a-3 \end{vmatrix} = -a + 3 - 1 = 0.$$

故 $a = 2$. 以下同解法 1.

【解法 3】 将两个方程联立,得新的方程组:

$$\begin{cases} x_1 + 2x_2 + 3x_3 = 0, \\ 2x_1 + 3x_2 + 5x_3 = 0, \\ x_1 + x_2 + ax_3 = 0, \\ x_1 + bx_2 + cx_3 = 0, \\ 2x_1 + b^2x_2 + (c+1)x_3 = 0. \end{cases}$$

则该方程组必存在无穷多组解. 记它的系数矩阵为 C, 则必有 $r(C) < 3$. 对 C 施以初等行变换, 化为行阶梯形, 得

$$C = \begin{pmatrix} 1 & 2 & 3 \\ 2 & 3 & 5 \\ 1 & 1 & a \\ 1 & b & c \\ 2 & b & c+1 \end{pmatrix} \to \begin{pmatrix} 1 & 2 & 3 \\ 0 & -1 & -1 \\ 0 & -1 & a-3 \\ 0 & b-2 & c-3 \\ 0 & b-4 & c-5 \end{pmatrix} \to \begin{pmatrix} 1 & 2 & 3 \\ 0 & -1 & -1 \\ 0 & 0 & a-2 \\ 0 & 0 & c-b-1 \\ 0 & 0 & c-b-1 \end{pmatrix} \to \begin{pmatrix} 1 & 2 & 3 \\ 0 & 1 & 1 \\ 0 & 0 & a-2 \\ 0 & 0 & c-b-1 \\ 0 & 0 & 0 \end{pmatrix},$$

故必有 $\begin{cases} a - 2 = 0, \\ c - b - 1 = 0. \end{cases}$ 即 $\begin{cases} a = 2, \\ c = b + 1. \end{cases}$

故 $a = 2$. 以下同解法 1.

【例 10-21】 已知非齐次方程组(Ⅰ)的通解为 $x = k(1,1,2,1)^T + (-2,-4,-5,0)^T$, k 为任意常数. 方程组(Ⅱ)为 $\begin{cases} x_1 + mx_2 - x_3 - x_4 = -5, \\ nx_2 - x_3 - 2x_4 = -11, \\ x_3 - 2x_4 = 1 - t. \end{cases}$ 试问:当(Ⅱ)中的参数 m, n, t 为何值时,方程组(Ⅰ)与(Ⅱ)同解?

【解】 在(Ⅰ)的通解 $x = k(1,1,2,1)^T + (-2,-4,-5,0)^T$ 中,取 $k = 0$,得 $x = (-2, -4, -5, 0)^T$. 将其代入方程组(Ⅱ),得 $m = 2, n = 4, t = 6$. 即当 $m = 2, n = 4, t = 6$ 时,方程组(Ⅰ)的全部解都是方程组(Ⅱ)的解,这时方程组化为

$$\begin{cases} x_1 + 2x_2 - x_3 - x_4 = -5, \\ 4x_2 - x_3 - 2x_4 = -11, \\ x_3 - 2x_4 = -5. \end{cases}$$

对其增广矩阵进行初等变换,得

$$\begin{pmatrix} 1 & 2 & -1 & -1 & \vdots & -5 \\ 0 & 4 & -1 & -2 & \vdots & -11 \\ 0 & 0 & 1 & -2 & \vdots & -5 \end{pmatrix} \to \begin{pmatrix} 1 & 0 & 0 & -1 & \vdots & -2 \\ 0 & 1 & 0 & -1 & \vdots & -4 \\ 0 & 0 & 1 & -2 & \vdots & -5 \end{pmatrix}.$$

因此,方程组(Ⅱ)的通解为

$$x = k(1,1,2,1)^T + (-2,-4,-5,0)^T, k \text{ 为任意常数}.$$

显然,方程组(Ⅰ)和(Ⅱ)的解完全相同,即方程组(Ⅰ)和(Ⅱ)同解.

> 【考点7】 判断两个抽象的矩阵方程解之间的关系

> 【常考题型】 选择题.

> 【方法归纳】 利用解的性质和判定定理并结合已有线性代数的知识解题.

【例10-22】(2000年真题)设 A 为 n 阶矩阵，A^T 是 A 的转置矩阵，则对于线性方程组 (Ⅰ) $AX=0$ 和 (Ⅱ) $A^TAX=0$ 必有【　　】.

(A) (Ⅱ) 的解是 (Ⅰ) 的解，(Ⅰ) 的解也是 (Ⅱ) 的解.

(B) (Ⅱ) 的解是 (Ⅰ) 的解，但 (Ⅰ) 的解不是 (Ⅱ) 的解.

(C) (Ⅰ) 的解不是 (Ⅱ) 的解，(Ⅱ) 的解也不是 (Ⅰ) 的解.

(D) (Ⅰ) 的解是 (Ⅱ) 的解，但 (Ⅱ) 的解不是 (Ⅰ) 的解.

【答案】 (A).

【解】 由于 (Ⅰ) $AX=0$ 和 (Ⅱ) $A^TAX=0$ 都有零解，立即可断定 (B), (C), (D) 所述都错，因而应选 (A).

事实上，若 $AX=0$，则 $A^TAX=0$，因此 (Ⅰ) 的解必是 (Ⅱ) 的解.

若 $A^TAX=0$，则 $X^TA^TAX=0$，此即 $(AX)^T(AX)=0$. 若设 $AX=(b_1,b_2,\cdots,b_n)^T$，则 $(AX)^T(AX)=\sum_{i=1}^n b_i^2=0$，于是 $b_1=b_2=\cdots=b_n=0$，即 $AX=0$，即 (Ⅱ) 的解也是 (Ⅰ) 的解.

【例10-23】 若非齐次线性方程组 $AX=b$ 有解，其中 $A=(a_{ij})_{m\times n}$，$X=(x_1,x_2,\cdots,x_n)^T$，$b=(b_1,b_2,\cdots,b_m)^T$，则齐次线性方程组 $A^TX=0$ 的解全是齐次线性方程组 $b^TX=0$ 的解.

【解】 设 Y 是方程组 $A^TX=0$ 的任一解，即 $A^TY=0$. 由题设方程组 $AX=b$ 有解知，$(AX)^T=b^T$，即 $X^TA^T=b^T$，于是 $b^TY=X^TA^TY=0$，即 Y 是方程组 $b^TX=0$ 的解.

【例10-24】(2003年真题)设有齐次线性方程组 $AX=0$ 和 $BX=0$，其中 A,B 均为 $m\times n$ 矩阵，现有 4 个命题：

(1) 若 $AX=0$ 的解均是 $BX=0$ 的解，则 $r(A)\geqslant r(B)$.

(2) 若 $r(A)\geqslant r(B)$，则 $AX=0$ 的解均是 $BX=0$ 的解.

(3) 若 $AX=0$ 与 $BX=0$ 同解，则 $r(A)=r(B)$.

(4) 若 $r(A)=r(B)$，则 $AX=0$ 与 $BX=0$ 同解.

以上命题正确的是【　　】.

(A)(1)(2).　　(B)(1)(3).　　(C)(2)(4).　　(D)(3)(4).

【答案】 (B).

【分析】 本题也可找反例用排除法进行分析，但 (1) 和 (2) 两个命题的反例比较复杂一些，关键是抓住 (3) 和 (4) 两个命题，迅速排除不正确的选项.

【解】 若 $AX=0$ 与 $BX=0$ 同解，则 $n-r(A)=n-r(B)$，即 $r(A)=r(B)$，命题 (3) 成立，可排除 (A) 和 (C); 但反过来，若 $r(A)=r(B)$，则不能推出 $AX=0$ 与 $BX=0$ 同解，如 $A=\begin{pmatrix}1&0\\0&0\end{pmatrix}$, $B=\begin{pmatrix}0&0\\0&1\end{pmatrix}$，则 $r(A)=r(B)=1$，但 $AX=0$ 与 $BX=0$ 不同解，可见命题 (4)

不成立,排除(D),故正确选项为(B).

有关基础解系的命题

【考点8】 已知一组向量已是基础解系,证明或判断其线性组合构成的另一组向量也是基础解系.

【常考题型】 解答题.

【方法归纳】 基础解系有三个关键点:一是解向量;二是线性无关的;三是所含向量个数等于未知量个数减去系数矩阵列数(或该方程组任意解向量可被这组向量线性表示).此类型的题目重要环节在第二个关键点.

【例 10-25】(2001年真题)设 $\alpha_1,\alpha_2,\cdots,\alpha_s$ 为线性方程组 $AX=0$ 的一个基础解系,$\beta_1=t_1\alpha_1+t_2\alpha_2,\beta_2=t_1\alpha_2+t_2\alpha_3,\cdots,\beta_s=t_1\alpha_s+t_2\alpha_1$,其中 t_1,t_2 为实常数.试问 t_1,t_2 满足什么关系时,$\beta_1,\beta_2,\cdots,\beta_s$ 也为 $AX=0$ 的一个基础解系.

【解】 由于 $\beta_i(i=1,2,\cdots,s)$ 为 $\alpha_1,\alpha_2,\cdots,\alpha_s$ 的线性组合,所以 $\beta_i(i=1,2,\cdots,s)$ 均为 $AX=0$ 的解.设

$$k_1\beta_1+k_2\beta_2+\cdots+k_s\beta_s=0 \tag{10-12}$$

将 β 的表达式代入式(10-12)并化简,得

$$(t_1k_1+t_2k_s)\alpha_1+(t_2k_1+t_1k_2)\alpha_2+\cdots+(t_2k_{s-1}+t_1k_s)\alpha_s=0.$$

由于 $\alpha_1,\alpha_2,\cdots,\alpha_s$ 线性无关,因此有

$$\begin{cases} t_1k_1+t_2k_s=0, \\ t_2k_1+t_1k_2=0, \\ \quad\vdots \\ t_2k_{s-1}+t_1k_s=0. \end{cases} \tag{10-13}$$

方程组式(10-13)的系数行列式为

$$D=\begin{vmatrix} t_1 & 0 & 0 & \cdots & 0 & t_2 \\ t_2 & t_1 & 0 & \cdots & 0 & 0 \\ 0 & t_2 & t_1 & \cdots & 0 & 0 \\ \vdots & \vdots & \vdots & & \vdots & \vdots \\ 0 & 0 & 0 & \cdots & t_2 & t_1 \end{vmatrix}=t_1\cdot t_1^{s-1}+(-1)^{1+s}t_2\cdot t_2^{s-1}=t_1^s+(-1)^{1+s}t_2^s.$$

由于 $\beta_1,\beta_2,\cdots,\beta_s$ 为 $AX=0$ 的一个基础解系的充要条件是 $\beta_1,\beta_2,\cdots,\beta_s$ 线性无关;而 $\beta_1,\beta_2,\cdots,\beta_s$ 线性无关的充要条件是方程组式(10-13)只有零解 $k_1=k_2=\cdots=k_s=0$.又方程组式(10-13)只有零解的充要条件是 $D\neq 0$,即当 s 为偶数时,$t_1\neq\pm t_2$;当 s 为奇数时,$t_1\neq -t_2$.此即为所求 t_1,t_2 应满足的条件.

【例 10-26】 设向量组 $\alpha_1,\alpha_2,\cdots,\alpha_r$ 是齐次线性方程组的基础解系,且向量组 $\beta_1,\beta_2,\cdots,\beta_r$ 满足 $\beta_i=a_{i1}\alpha_1+a_{i2}\alpha_2+\cdots+a_{ir}\alpha_r(i=1,2,\cdots,r)$.令 $A=(a_{ij})_{r\times r}$,证明当 $|A|\neq 0$ 时,$\beta_1,\beta_2,\cdots,\beta_r$ 也是该齐次线性方程组的基础解系.

【解】 将 $\beta_i=a_{i1}\alpha_1+a_{i2}\alpha_2+\cdots+a_{ir}\alpha_r(i=1,2,\cdots,r)$ 改写为

$$\beta_i = (\alpha_1, \alpha_2, \cdots, \alpha_r) \begin{pmatrix} a_{i1} \\ a_{i2} \\ \vdots \\ a_{ir} \end{pmatrix}, i = 1, 2, \cdots, r,$$

则
$$(\beta_1, \beta_2, \cdots, \beta_r) = (\alpha_1, \alpha_2, \cdots, \alpha_r) \begin{pmatrix} a_{11} & a_{21} & \cdots & a_{r1} \\ a_{12} & a_{22} & \cdots & a_{r2} \\ \vdots & \vdots & \cdots & \vdots \\ a_{1r} & a_{2r} & \cdots & a_{rr} \end{pmatrix},$$

即
$$(\beta_1, \beta_2, \cdots, \beta_r) = (\alpha_1, \alpha_2, \cdots, \alpha_r) A^{\mathrm{T}}.$$

当 $|A| \neq 0$ 时，$|A^{\mathrm{T}}| \neq 0$，于是有
$$(\alpha_1, \alpha_2, \cdots, \alpha_r) = (\beta_1, \beta_2, \cdots, \beta_r)(A^{\mathrm{T}})^{-1}.$$

由此可知，向量组 $\alpha_1, \alpha_2, \cdots, \alpha_r$ 中每个向量都可表示成 $\beta_1, \beta_2, \cdots, \beta_r$ 的线性组合，从而两向量组等价. 又因为两向量组所含向量个数相同，均为 r，于是由题设 $\alpha_1, \alpha_2, \cdots, \alpha_r$ 是齐次线性方程组的基础解系可知，$\beta_1, \beta_2, \cdots, \beta_r$ 也是该齐次线性方程组的基础解系.

【考点9】已知非齐次方程组解的情况，寻求对应齐次方程组的基础解系

【常考题型】选择题和解答题.

【方法归纳】利用非齐次线性方程组解的信息寻求系数矩阵的秩，从而确定基础解系的个数，并利用非齐次方程的任何两个解的差是对应齐次方程组的解等有关性质.

【例10-27】设 A 为 $m \times n$ 矩阵，非齐次线性方程组 $AX = b$ 有无穷多解，且 $r(A) = r < n$，则该方程组的解空间中所含线性无关的解向量的个数为【　　】.

(A) $n - r$.　　(B) r.　　(C) $n - r + 1$.　　(D) $r + 1$.

【答案】(C).

【解】因为 $r(A) = r$，所以对应的齐次线性方程组 $AX = 0$ 的基础解系中含有 $n - r(A)$ 个解向量，记为 $\xi_1, \xi_2, \cdots, \xi_{n-r}$.

设 η 是非齐次线性方程组 $AX = \beta$ 的解向量，η^* 为方程组 $AX = \beta$ 的特解，即 $A\eta^* = \beta$，则根据解的结构定理知 $AX = \beta$ 的通解为
$$\eta = k_1\xi_1 + k_2\xi_2 + \cdots + k_{n-r}\xi_{n-r} + \eta^*,$$
而 $\xi_1, \xi_2, \cdots, \xi_{n-r}, \eta^*$ 是线性无关的. 事实上，若存在 $k_1, k_2, \cdots, k_{n-r}, k$ 使得
$$k_1\xi_1 + k_2\xi_2 + \cdots + k_{n-r}\xi_{n-r} + k\eta^* = 0,$$
等式两端左乘矩阵 A，有
$$k_1 A\xi_1 + k_2 A\xi_2 + \cdots + k_{n-r} A\xi_{n-r} + k A\eta^* = 0.$$
即
$$k_1 \cdot 0 + k_2 \cdot 0 + \cdots + k_{n-r} \cdot 0 + k\beta = 0.$$
又因为 $\beta \neq 0$，所以 $k = 0$，所以有
$$k_1\xi_1 + k_2\xi_2 + \cdots + k_{n-r}\xi_{n-r} = 0.$$
又因为 $\xi_1, \xi_2, \cdots, \xi_{n-r}$ 是 $AX = 0$ 的基础解系，所以它们线性无关. 所以 $k_1 = k_2 = \cdots = k_{n-r} = 0$，即 $\xi_1, \xi_2, \cdots, \xi_{n-r}, \eta^*$ 线性无关. 所以方程组 $AX = \beta$ 的任一解向量 η 均可由一组线性无关向

量组 $\xi_1,\xi_2,\cdots,\xi_{n-r},\eta^*$ 线性表示,故它的基础解系所含向量的个数为 $n-r+1$. 故本题应选(C).

【例 10-28】(2004 年真题)设 n 阶矩阵 A 的伴随矩阵 $A^* \neq 0$,若 ξ_1,ξ_2,ξ_3,ξ_4 是非齐次线性方程组 $AX=\beta$ 的互不相等的解,则对应的齐次线性方程组 $AX=0$ 的基础解系【 】.

(A) 不存在.
(B) 仅含一个非零解向量.
(C) 含有两个线性无关的解向量.
(D) 含有三个线性无关的解向量.

【答案】(B).

【分析】要确定基础解系含向量的个数,实际上只要确定未知数的个数和系数矩阵的秩即可.

【解】因为基础解系含向量的个数 $= n - r(A)$,而且

$$r(A^*) = \begin{cases} n, & r(A) = n, \\ 1, & r(A) = n-1, \\ 0, & r(A) < n-1. \end{cases}$$

根据已知条件 $A^* \neq 0$,于是 $r(A)$ 等于 n 或 $n-1$. 又 $Ax=b$ 有互不相等的解,即解不唯一,故 $r(A)=n-1$. 从而基础解系仅含一个解向量,即选(B).

【例 10-29】设 $A = \begin{pmatrix} 1 & -2 & -3 \\ -3 & 8-a & 10 \\ 2 & -4 & a-4 \end{pmatrix}$, A^* 是 A 的伴随矩阵,则 $a=2$ 是方程组 $A^*X=0$ 的基础解系中有两个线性无关解的【 】.

(A) 充要条件.
(B) 必要而非充分条件.
(C) 充分而非必要条件.
(D) 既不充分也不必要条件.

【答案】(C).

【分析】先将基础解系所含向量的个数问题转化为系数矩阵的秩,确定参数值,再进一步判断.

【解】方程组 $A^*X=0$ 的基础解中有两个线性无关解的充要条件是 $r(A^*)=3-2=1$. 而 $r(A^*)=1 \Leftrightarrow r(A)=2$. 对矩阵 A 施行初等行变换,可得

$$A = \begin{pmatrix} 1 & -2 & -3 \\ -3 & 8-a & 10 \\ 2 & -4 & a-4 \end{pmatrix} \to \begin{pmatrix} 1 & -2 & -3 \\ 0 & 2-a & 1 \\ 0 & 0 & a+2 \end{pmatrix}.$$

当 $a=2$ 时,必有 $r(A)=2$;反之,当 $r(A)=2$ 时,$a=2$ 或 $a=-2$. 因此 $a=2$ 是方程组 $A^*X=0$ 的基础解中有两个线性无关解的充分而非必要条件.

有关 $AB=0$ 的命题

【考点 10】已知 $AB=0$,确定 A 或 B 中的参数

【常考题型】填空题和解答题.

> 【方法归纳】
> ① 对 B 进列分块,将 $AB=0$ 转化为齐次方程组的形式 $AB_i=0, i=1,2,\cdots,n$,再结合解的判定定理.
> ② 转换 A,B 的角色,由 $AB=0 \Rightarrow B^T A^T=0$,再按上面的方法解题.

【例 10-30】(1997年真题)设 $A=\begin{pmatrix} 1 & 2 & -2 \\ 4 & t & 3 \\ 3 & -1 & 1 \end{pmatrix}$, B 为 3 阶非零矩阵,且 $AB=0$,则 $t=$ _____.

【分析】令 $B=(B_1,B_2,B_3)$,由 $AB=0$ 得, $AB_i=0, i=1,2,3$. 因此 B 的每列是齐次方程组 $AX=0$ 的解. 而 $B\neq 0$,说明方程组 $AX=0$ 有非零解,从而 $|A|=0$,由此可求出 t.

【解】令 $B=(B_1,B_2,B_3)$,由 $AB=0$ 得, $AB_i=0, i=1,2,3$. 因此 B 的每列是齐次方程组 $AX=0$ 的解. 而 $B\neq 0$, B 中至少有一个非零的列向量,因此方程组 $AX=0$ 有非零解,从而有系数行列式 $|A|=0$. 而

$$|A|=\begin{vmatrix} 1 & 2 & -2 \\ 4 & t & 3 \\ 3 & -1 & 1 \end{vmatrix}=\begin{vmatrix} 1 & 2 & -2 \\ 0 & t-8 & 11 \\ 0 & -7 & 7 \end{vmatrix}=7(t+3)=0,$$

所以 $t=-3$.

【例 10-31】已知 $A=\begin{pmatrix} 1 & 4 & -2 \\ 0 & a & -2 \\ 1 & 1 & b \\ 1 & 0 & 2 \end{pmatrix}$, B 为 3 阶非零矩阵,且 $AB=0$,则 $ab=$ _____.

【分析】令 $B=(B_1,B_2,B_3)$,由 $AB=0$ 得, $AB_i=0, i=1,2,3$. 因此 B 的每列是齐次方程组 $AX=0$ 的解. 而 $B\neq 0$,说明方程组 $AX=0$ 有非零解,从而 $r(A)<3$,由此可求出 ab.

【解】令 $B=(B_1,B_2,B_3)$,由 $AB=0$ 得, $AB_i=0, i=1,2,3$. 因此 B 的每列是齐次方程组 $AX=0$ 的解. 而 $B\neq 0$,说明方程组 $AX=0$ 有非零解,从而 $r(A)<3$.

因为

$$A=\begin{pmatrix} 1 & 4 & -2 \\ 0 & a & -2 \\ 1 & 1 & b \\ 1 & 0 & 2 \end{pmatrix} \to \begin{pmatrix} 1 & 0 & 2 \\ 1 & 1 & b \\ 1 & 4 & -2 \\ 0 & a & -2 \end{pmatrix} \to \begin{pmatrix} 1 & 0 & 2 \\ 0 & 1 & b-2 \\ 0 & 4 & -4 \\ 0 & a & -2 \end{pmatrix}$$

$$\to \begin{pmatrix} 1 & 0 & 2 \\ 0 & 1 & -1 \\ 0 & 1 & b-2 \\ 0 & a & -2 \end{pmatrix} \to \begin{pmatrix} 1 & 0 & 2 \\ 0 & 1 & -1 \\ 0 & 0 & b-1 \\ 0 & 0 & -2+a \end{pmatrix},$$

所以必有 $\begin{cases} b-1=0, \\ -2+a=0, \end{cases}$ 即 $\begin{cases} a=2, \\ b=1. \end{cases}$ 故 $ab=2$.

【考点 11】已知 $AB = 0$，确定矩阵 A 或 B 的秩

【常考题型】 填空题和选择题.

【方法归纳】
① 利用 $AB = 0 \Rightarrow r(A) + r(B) \leqslant n$，其中 n 是矩阵 A 的列数或 B 的行数.
② $A \neq 0$ 或 $B \neq 0 \Rightarrow$ 则 $r(A) \geqslant 1$ 或 $r(B) \geqslant 1$.
③ $AB = 0, B \neq 0 \Rightarrow$ 方程组 $AX = 0$ 有非零解 $\Rightarrow r(A) < A$ 的列数.

【例 10-32】（1993 年真题）已知 $Q = \begin{pmatrix} 1 & 2 & 3 \\ 2 & 4 & t \\ 3 & 6 & 9 \end{pmatrix}$，$P$ 为 3 阶非零矩阵，且满足 $PQ = 0$，则 [ ].

(A) $t = 6$ 时，P 的秩必为 1.　　　(B) $t = 6$ 时，P 的秩必为 2.
(C) $t \neq 6$ 时，P 的秩必为 1.　　　(D) $t \neq 6$ 时，P 的秩必为 2.

【答案】（C）.

【分析】 本题与矩阵的秩有关，因此容易想到秩的有关结论. 即由 $PQ = 0$ 可得 $r(P) + r(Q) \leqslant 3$. 由 P 为 3 阶非零矩阵，可得 $r(P) \geqslant 1$. 从而将矩阵 P 的秩的问题转化为矩阵 Q 的秩的讨论.

【解】 因为 P 为 3 阶非零矩阵，所以 $r(P) \geqslant 1$，又 $PQ = 0$，因此有 $r(P) + r(Q) \leqslant 3$，从而有 $1 \leqslant r(P) \leqslant 3 - r(Q)$. 而

$$Q = \begin{pmatrix} 1 & 2 & 3 \\ 2 & 4 & t \\ 3 & 6 & 9 \end{pmatrix} \rightarrow \begin{pmatrix} 1 & 2 & 3 \\ 0 & 0 & t-6 \\ 0 & 0 & 0 \end{pmatrix},$$

所以当 $t = 6$ 时，$r(Q) = 1$，于是有 $1 \leqslant r(P) \leqslant 2$；当 $t \neq 6$ 时，$r(Q) = 2$，于是有 $1 \leqslant r(P) \leqslant 3 - 2 = 1$，即必有 $r(P) = 1$.

因此正确选项为（C）.

【温馨提示】 设 A 为 $m \times n$ 矩阵，B 为 $n \times s$ 矩阵，若 $AB = 0$，则 $r(A) + r(B) \leqslant n$.

【例 10-33】（2005 年真题）已知 3 阶矩阵 A 的第 1 行是 (a, b, c)，a, b, c 不全为零，矩阵 $B = \begin{pmatrix} 1 & 2 & 3 \\ 2 & 4 & 6 \\ 3 & 6 & k \end{pmatrix}$，$k$ 为常数，且 $AB = 0$，求线性方程组 $AX = 0$ 的通解.

【分析】 $AB = 0$，相当于 B 的每列均为 $AX = 0$ 的解，关键问题是 $AX = 0$ 的基础解系所含解向量的个数为多少，而这又转化为确定系数矩阵 A 的秩.

【解】 由 $AB = 0$ 知，B 的每列均为 $AX = 0$ 的解，且 $r(A) + r(B) \leqslant 3$.

(1) 若 $k \neq 9$，则 $r(B) = 2$，于是 $r(A) \leqslant 1$，显然 $r(A) \geqslant 1$，故 $r(A) = 1$. 可见此时 $AX = 0$ 的基础解系所含解向量的个数为 $3 - r(A) = 2$，矩阵 B 的第 1、3 列线性无关，可作为其基础解系，故 $AX = 0$ 的通解为

第十章 线性方程组

$$x = k_1\begin{pmatrix}1\\2\\3\end{pmatrix} + k_2\begin{pmatrix}3\\6\\k\end{pmatrix}, k_1, k_2 \text{ 为任意常数}.$$

(2) 若 $k = 9$,则 $r(B) = 1$,从而 $1 \leqslant r(A) \leqslant 2$.

① 若 $r(A) = 2$,则 $AX = 0$ 的通解为

$$x = k_1\begin{pmatrix}1\\2\\3\end{pmatrix}, k_1 \text{ 为任意常数}.$$

② 若 $r(A) = 1$,则 $AX = 0$ 的同解方程组为 $ax_1 + bx_2 + cx_3 = 0$,不妨设 $a \neq 0$,则其通解为

$$x = k_1\begin{pmatrix}-\dfrac{b}{a}\\1\\0\end{pmatrix} + k_2\begin{pmatrix}-\dfrac{c}{a}\\0\\1\end{pmatrix}, k_1, k_2 \text{ 为任意常数}.$$

【考点12】已知 $AB = 0$,确定 A 或 B 的行列式值是否为零.

【常考题型】选择题和解答题.

【方法归纳】
① $AB = 0$ 蕴含着 B 的每列是齐次方程组 $AX = 0$ 的解. 再若 $B \neq 0$,则说明方程组 $AX = 0$ 有非零解,从而 $r(A) <$ 未知量的个数或 $|A| = 0$.
② 由 $AB = 0$ 可得 $r(A) + r(B) \leqslant n$,其中 n 是矩阵 A 的列数或 B 的行数.

【例 10-34】(1992 年数三的解答题,1998 年数三的选择题)齐次线性方程组

$$\begin{cases}\lambda x_1 + x_2 + \lambda^2 x_3 = 0\\ x_1 + \lambda x_2 + x_3 = 0\\ x_1 + x_2 + \lambda x_3 = 0\end{cases}$$

的系数矩阵记为 A. 若存在 3 阶矩阵 $B \neq 0$ 使得 $AB = 0$.

(1) 求 λ 的值;

(2) 证明 $|B| = 0$.

【分析】对于(1) $AB = 0$ 蕴含着 B 的每列是齐次方程组 $AX = 0$ 的解. 而 $B \neq 0$,说明方程组 $AX = 0$ 有非零解,从而 $|A| = 0$,由此可求出 λ. 对于(2),有几种不同的证明方法.

(1)【解】 由 $AB = 0$ 可知,B 的每列是齐次方程组 $AX = 0$ 的解. 而由 $B \neq 0$ 可知,B 中至少有一个非零的列向量,因此方程组 $AX = 0$ 有非零解,从而有系数行列式

$$|A| = \begin{vmatrix}\lambda & 1 & \lambda^2\\ 1 & \lambda & 1\\ 1 & 1 & \lambda\end{vmatrix} = 0.$$

因

$$|A| = \begin{vmatrix}\lambda & 1 & \lambda^2\\ 1 & \lambda & 1\\ 1 & 1 & \lambda\end{vmatrix} = \begin{vmatrix}0 & 1-\lambda & 0\\ 0 & \lambda-1 & 1-\lambda\\ 1 & 1 & \lambda\end{vmatrix} = (1-\lambda)^2,$$

故 $\lambda = 1$.

(2)【证法 1】 由 $AB = 0$ 得 $B^T A^T = 0$,这表明 A^T 的每列是齐次方程组 $B^T X = 0$ 的解. 而 $A \neq 0$,说明方程组 $B^T X = 0$ 有非零解,从而 $|B^T| = 0$,因此 $|B| = |B^T| = 0$.

【证法 2】 反证法. 假设 $|B| \neq 0$,则 B 可逆,在 $AB = 0$ 两边右乘 B^{-1} 得 $A = 0$,这与已知条件矛盾,故必有 $|B| = 0$.

【例 10-35】 已知 A, B, C 分别为 $m \times n, n \times p, p \times s$ 矩阵,$r(A) = n, r(C) = p$,且 $ABC = 0$,证明 $B = 0$.

【证明】 由 $ABC = 0$ 得 $A(BC) = 0$,故 $r(A) + r(BC) \leqslant n$. 再由 $r(A) = n$ 得 $r(BC) \leqslant n - r(A) = n - n = 0$,而 $r(BC) \geqslant 0$,所以 $r(BC) = 0$,从而 $BC = 0$. 故 $r(B) + r(C) \leqslant p$. 又已知 $r(C) = p$,所以 $r(B) \leqslant p - r(C) = p - p = 0$,从而 $B = 0$.

【温馨提示】 在考研真题中 $AB = 0$ 是经常出现的,应明确其引申含义并灵活运用. 具体有以下结论.

① 第二个矩阵 B 的每列均为以第一个矩阵 A 为系数矩阵构成的齐次方程组 $AX = 0$ 的解,从而 $r(A) <$ 矩阵 A 的列数,特别地,当 A 是方阵时,$|A| = 0$.

② 第一个矩阵 A 的每行均为以第二个矩阵的转置 B^T 为系数矩阵构成的齐次方程组 $B^T Y = 0$ 的解,从而 $r(B) = r(B^T) <$ 矩阵 B 的行数,特别地,当 B 是方阵时,$|B| = 0$.

③ $r(A) + r(B) \leqslant n$.

【考点 13】 已知 $AB = 0$,确定 A 或 B 的行向量组或列向量组的相关性

【常考题型】 选择题.

【方法归纳】

① $AB = 0, B \neq 0 \Rightarrow$ 方程组 $AX = 0$ 有非零解 $\Rightarrow A$ 的列秩 $= r(A) < A$ 的列数 $\Rightarrow A$ 的列向量组线性相关.

② $AB = 0, A \neq 0 \Rightarrow B^T A^T = 0, A^T \neq 0 \Rightarrow$ 方程组 $B^T X = 0$ 有非零解 $\Rightarrow B$ 的行秩 $= B^T$ 的列秩 $= r(B^T) < B^T$ 的列数 $= B$ 的行数 $\Rightarrow B$ 的行向量组线性相关.

【例 10-36】 (2004 年真题) 设 A, B 为满足 $AB = 0$ 的任意两个非零矩阵,则必有【   】.

(A) A 的列向量组线性相关,B 的行向量组线性相关.

(B) A 的列向量组线性相关,B 的列向量组线性相关.

(C) A 的行向量组线性相关,B 的行向量组线性相关.

(D) A 的行向量组线性相关,B 的列向量组线性相关.

【答案】 (A).

【分析】 用秩与相关性的结论判断,也可用向量组相关性的定义判定:将 A 写成行矩阵,可讨论 A 列向量组的线性相关性;将 B 写成列矩阵,可讨论 B 行向量组的线性相关性.

【解法 1】 不妨设 A, B 均为 $m \times n$ 矩阵. 令 $B = (B_1, B_2, \cdots, B_n)$,由 $AB = 0$ 得,$AB_i = 0$,$i = 1, 2, \cdots, n$. 因此 B 的每列是齐次方程组 $AX = 0$ 的解. 而 $B \neq 0$,B 中至少有一个非零列

向量,因此方程组 $AX=0$ 有非零解,从而有 A 的列向量组的秩 $=r(A)<n$,于是 A 的列向量组线性相关. 又由 $AB=0 \Rightarrow B^T A^T=0$,因此 B^T 的列向量组的秩 $=r(B^T)<n$,于是 B^T 的列向量组线性相关,故 B 的行向量组线性相关. 故本题应选(A).

【解法 2】 设 $A=(a_{ij})_{l\times m}, B=(b_{ij})_{m\times n}$,记 $A=(A_1,A_2,\cdots,A_m)$,则由 $AB=0$ 得

$$(A_1,A_2,\cdots,A_m)\begin{pmatrix} b_{11} & b_{12} & \cdots & b_{1n} \\ b_{21} & b_{22} & \cdots & b_{2n} \\ \vdots & \vdots & \cdots & \vdots \\ b_{m1} & b_{m2} & \cdots & b_{mn} \end{pmatrix}$$

$$=(b_{11}A_1+\cdots+b_{m1}A_m \;\cdots\; b_{1n}A_1+\cdots+b_{mn}A_m)=0,$$

即 $\qquad b_{1j}A_1+b_{2j}A_2+\cdots+b_{ij}A_i+\cdots+b_{mj}A_m=0, 1\leqslant j\leqslant n.$

由于 $B\neq 0$,所以至少有一个 $b_{ij}\neq 0 (1\leqslant i\leqslant m, 1\leqslant j\leqslant n)$,从而存在不全为零的数,使得上式成立,于是 $A_1,A_2,\cdots,A_m$ 线性相关.

又记 $B=\begin{pmatrix} B_1 \\ B_2 \\ \vdots \\ B_m \end{pmatrix}$,则由 $AB=0$ 得

$$\begin{pmatrix} a_{11} & a_{12} & \cdots & a_{1m} \\ a_{21} & a_{22} & \cdots & a_{2m} \\ \vdots & \vdots & \cdots & \vdots \\ a_{l1} & a_{l2} & \cdots & a_{lm} \end{pmatrix}\begin{pmatrix} B_1 \\ B_2 \\ \vdots \\ B_m \end{pmatrix}=\begin{pmatrix} a_{11}B_1+a_{12}B_2+\cdots+a_{1m}B_m \\ a_{21}B_1+a_{22}B_2+\cdots+a_{2m}B_m \\ \vdots \\ a_{l1}B_1+a_{l2}B_2+\cdots+a_{lm}B_m \end{pmatrix}=\begin{pmatrix} 0 \\ 0 \\ \vdots \\ 0 \end{pmatrix}.$$

由于 $A\neq 0$,则至少存在一个 $a_{ij}\neq 0 (1\leqslant i\leqslant l, 1\leqslant j\leqslant m)$,使

$$a_{i1}B_1+a_{i2}B_2+a_{ij}B_j+\cdots+a_{im}B_m=0,$$

从而 $B_1,B_2,\cdots,B_m$ 线性相关.

故本题应选(A).

第十一章 特征值与矩阵的相似对角化

考点归纳

(1) 特征值和特征向量的定义、性质及计算.
(2) 相似矩阵的定义、性质及判别.
(3) 实对称矩阵的特征值和特征向量的性质.
(4) 矩阵的相似对角化与正交相似对角化.

考点解读

★ 命题趋势

矩阵的特征值问题一直是考研数学的热门话题,有关特征值和特征向量的定义、性质及计算,读者应予以充分的重视.矩阵的相似对角化更是重点,要掌握能对角化的条件,注意一般矩阵与实对称矩阵在对角化方面的联系与区别.这部分命题方式主要为填空题和解答题.

★ 难点剖析

1. 求矩阵 A 的特征值和特征向量的一般方法

(1) 利用定义 $AX=\lambda X$. 主要适用于抽象矩阵的情形,一般是 A 满足某一矩阵等式的情形.

(2) 求解特征方程 $|\lambda E-A|=0$ 和相应的方程组 $(\lambda E-A)X=0$ 的非零解. 主要适用于矩阵元素已知的情形.

应注意以下三点.

① 计算含 λ 的行列式.计算时,一般应考虑能否化某行(列)为只有一个非零元素外,或化某行(列)元素相同,以利于降阶.

② 求特征多项式的根.应注意因式分解,在此给出有关整系数多项式根的一个结论:若整系数首一(最高次项系数为 1 的多项式)存在有理根,则此根必为整数且为多项式常数项的系数.

③ 对特征值 λ_i,为求相应的特征向量,需解方程组 $(\lambda_i E-A)X=0$,在此注意说明方程组通解表达式中的组合系数不能全为零,因为特征向量应为非零向量.而在一般齐次方程组中,只要说明组合系数为任意常数即可.

2. 有关的重要结论

(1) 若矩阵 A 满足 $|aE+bA|=0$,则 A 有特征值 $\lambda=-\dfrac{a}{b}$;特别地 $|A|=0$,则 A 有零特征值 $\lambda=0$.

(2) 若 n 阶矩阵 A 的秩为 1，则一定有 $A = \begin{pmatrix} a_1 \\ a_2 \\ \vdots \\ a_n \end{pmatrix}(b_1, b_2, \cdots, b_n)$，则有
$$A^2 = (a_1 b_1 + a_2 b_2 + \cdots + a_n b_n)A,$$
于是 A 的特征值为 $\lambda_1 = \cdots = \lambda_{n-1} = 0, \lambda_n = a_1 b_1 + a_2 b_2 + \cdots + a_n b_n$。

(3) 若 n 阶矩阵 A 的各行元素之和为 a，则 a 是矩阵 A 的一个特征值，对应的特征向量为 $(1, 1, \cdots, 1)^T$。

(4) 矩阵的不同特征值对应的特征向量必线性无关。

(5) 矩阵的每个特征值对应的线性无关的特征向量的最大个数不超过该特征值的重数。

(6) $|A| = \lambda_1 \lambda_2 \cdots \lambda_n$。

(7) $\operatorname{tr}(A) = \lambda_1 + \lambda_2 + \cdots \lambda_n = a_{11} + a_{22} + \cdots a_{nn}$。

3. 求与 A 相关矩阵的特征值和特征向量

若 A 的特征值为 λ，对应的特征向量为 X，则有以下结论成立。

(1) A 的转置、逆、伴随、多项式等的特征值分别为 $\lambda, \frac{1}{\lambda}(\lambda \neq 0), \frac{|A|}{\lambda}(\lambda \neq 0), f(\lambda)$，且 X 是相应的特征向量（转置矩阵除外）。

(2) 若 B 与 A 相似，即存在可逆矩阵 P，使得 $B = P^{-1}AP$，则 B 的特征值为 λ，相对应的特征向量为 $P^{-1}X$。

(3) 若 $f(A) = 0$，则 $f(\lambda) = 0$。

4. 两矩阵相似的必要条件

① 相似矩阵具有相同的特征多项式，相同的特征值，相同的行列式，相同的秩，相同的迹。

② 两相似矩阵的多项式也是相似的。

5. 证明或判断矩阵相似及其逆问题

(1) 证明矩阵相似主要有两种方法。

① 用定义证明。

② 证明与同一个矩阵相似。

(2) 判断两矩阵不相似，主要有两种方法。

① 利用相似矩阵的必要条件。例如，两矩阵的行列式不同，则这两个矩阵一定不相似。

② 利用矩阵可对角化的充要条件。例如，两矩阵 A, B 的特征值和重数完全相同，但存在一个特征值 λ_i，使得 $r(\lambda_i E - A) \neq n - n_i$，则 A 与 B 一定不相似，其中 n_i 为 λ_i 的重数。

6. 可对角化的判定及其逆问题

(1) 一般地，一个矩阵可否对角化有两个充要条件和一个充分条件，具体如下。

① n 阶矩阵 A 可对角化的充要条件是存在 n 个线性无关的特征向量。

② n 阶矩阵 A 可对角化的充要条件是 A 的任一特征值 $\lambda_i, i = 1, 2, \cdots, n$，均有
$$n - n_i = r(\lambda_i E - A),$$
其中 n_i 为 λ_i 的重数。

③ n 阶矩阵 A 可对角化的充分条件是 A 有 n 个互不相同的特征值。

(2) 若一个矩阵 A 可对角化，则必存在可逆矩阵 $P = (p_1, p_2, \cdots, p_n)$，使得 $P^{-1}AP = \Lambda =$

$\begin{pmatrix} \lambda_1 & & \\ & \ddots & \\ & & \lambda_n \end{pmatrix}$ 为对角矩阵,其中 $\lambda_i, i=1,2,\cdots,n$ 为矩阵 A 的 n 个特征值,$p_1,p_2,\cdots,p_n$ 分别为对应于特征值 $\lambda_i, i=1,2,\cdots,n$ 的特征向量.

7. 实对称矩阵的主要性质

(1) 实对称矩阵的特征值均为实数,相应的特征向量为实向量.

(2) 实对称矩阵的不同特征值对应的特征向量必正交(注意区分一般矩阵的不同特征值性质).这条性质经常用来根据一部分特征向量求另一部分特征向量.

(3) 实对称矩阵必可对角化,且存在正交矩阵 Q,使得 $Q^TAQ=Q^{-1}AQ=\Lambda$ 为对角矩阵.

① 这其中蕴含着:对实对称矩阵 A 的任一特征值 $\lambda_i, i=1,2,\cdots,n$,均有 $n-n_i=r(\lambda_i E-A)$,其中 n_i 为 λ_i 的重数.

② 对于正交矩阵 Q,一般是先求出 A 的 n 个线性无关的特征向量,然后将相同的特征值的特征向量正交化.

③ 按施密特正交化方法,将所有的特征向量单位化,以此为列构成的矩阵即为所求的正交矩阵.

 点击考点+方法归纳

有关特征值和特征向量的计算

【考点1】求具体矩阵的特征值和特征向量

【常考题型】填空题和解答题.

【方法归纳】求解特征方程 $|\lambda E-A|=0$ 和相应的方程组 $(\lambda E-A)X=0$ 的非零解.常见情形:明显给出矩阵 A;隐含给出矩阵 A.

【例 11-1】(2004 年真题)求 n 阶矩阵 $A=\begin{pmatrix} 1 & b & \cdots & b \\ b & 1 & \cdots & b \\ \vdots & \vdots & \cdots & \vdots \\ b & b & \cdots & 1 \end{pmatrix}$ 的特征值和特征向量.

【分析】这是具体矩阵的特征值和特征向量的计算问题,通常可由求解特征方程 $|\lambda E-A|=0$ 和齐次线性方程组 $(\lambda E-A)X=0$ 来解决.

【解】因为

$$|\lambda E-A|=\begin{vmatrix} \lambda-1 & -b & \cdots & -b \\ -b & \lambda-1 & \cdots & -b \\ \vdots & \vdots & \cdots & \vdots \\ -b & -b & \cdots & \lambda-1 \end{vmatrix}$$

$$=[\lambda-1-(n-1)b][\lambda-(1-b)]^{n-1},$$

得 A 的特征值为 $\lambda_1=1+(n-1)b, \lambda_2=\cdots=\lambda_n=1-b$. 讨论如下:

(1) 当 $b=0$ 时，特征值为 $\lambda_1 = \cdots = \lambda_n = 1$，任意非零列向量均为特征向量．

(2) 当 $b \neq 0$ 时，$\lambda_1 \neq \lambda_2 = \cdots \lambda_n$．对 $\lambda_1 = 1+(n-1)b$，因为

$$\lambda_1 E - A = \begin{pmatrix} (n-1)b & -b & \cdots & -b \\ -b & (n-1)b & \cdots & -b \\ \vdots & \vdots & \cdots & \vdots \\ -b & -b & \cdots & (n-1)b \end{pmatrix} \rightarrow \begin{pmatrix} n-1 & -1 & \cdots & -1 \\ -1 & n-1 & \cdots & -1 \\ \vdots & \vdots & \cdots & \vdots \\ -1 & -1 & \cdots & n-1 \end{pmatrix}$$

$$\rightarrow \begin{pmatrix} n-1 & -1 & \cdots & -1 & -1 \\ -1 & n-1 & \cdots & -1 & -1 \\ \vdots & \vdots & \cdots & \vdots & \vdots \\ -1 & -1 & \cdots & n-1 & -1 \\ 0 & 0 & \cdots & 0 & 0 \end{pmatrix} \rightarrow \begin{pmatrix} 1 & 1 & \cdots & 1 & 1-n \\ -1 & n-1 & \cdots & -1 & -1 \\ \vdots & \vdots & \cdots & \vdots & \vdots \\ -1 & -1 & \cdots & n-1 & -1 \\ 0 & 0 & \cdots & 0 & 0 \end{pmatrix}$$

$$\rightarrow \begin{pmatrix} 1 & 1 & \cdots & 1 & 1-n \\ 0 & n & \cdots & 0 & -n \\ \vdots & \vdots & \cdots & \vdots & \vdots \\ 0 & 0 & \cdots & n & -n \\ 0 & 0 & \cdots & 0 & 0 \end{pmatrix} \rightarrow \begin{pmatrix} 1 & 0 & \cdots & 0 & -1 \\ 0 & 1 & \cdots & 0 & -1 \\ \vdots & \vdots & \cdots & \vdots & \vdots \\ 0 & 0 & \cdots & 1 & -1 \\ 0 & 0 & \cdots & 0 & 0 \end{pmatrix},$$

解得 $\xi_1 = (1,1,1,\cdots,1)^T$，所以 A 的属于 λ_1 的全部特征向量为

$$k\xi_1 = k(1,1,1,\cdots,1)^T \quad (k \text{ 为任意不为零的常数}).$$

对 $\lambda_2 = 1-b$，

$$\lambda_2 E - A = \begin{pmatrix} -b & -b & \cdots & -b \\ -b & -b & \cdots & -b \\ \vdots & \vdots & \cdots & \vdots \\ -b & -b & \cdots & -b \end{pmatrix} \rightarrow \begin{pmatrix} 1 & 1 & \cdots & 1 \\ 0 & 0 & \cdots & 0 \\ \vdots & \vdots & \cdots & \vdots \\ 0 & 0 & \cdots & 0 \end{pmatrix},$$

得基础解系为

$$\xi_2 = (1,-1,0,\cdots,0)^T, \xi_3 = (1,0,-1,\cdots,0)^T, \cdots, \xi_n = (1,0,0,\cdots,-1)^T.$$

故 A 的属于 λ_2 的全部特征向量为

$$k_2\xi_2 + k_3\xi_3 + \cdots + k_n\xi_n \quad (k_2, k_3, \cdots, k_n \text{ 是不全为零的常数}).$$

【例 11-2】（2003 年真题）设矩阵 $A = \begin{pmatrix} 3 & 2 & 2 \\ 2 & 3 & 2 \\ 2 & 2 & 3 \end{pmatrix}$，$P = \begin{pmatrix} 0 & 1 & 0 \\ 1 & 0 & 1 \\ 0 & 0 & 1 \end{pmatrix}$，$B = P^{-1}A^*P$，求 $B + 2E$ 的特征值与特征向量，其中 A^* 为 A 的伴随矩阵，E 为 3 阶单位矩阵．

【分析】考虑直接法，即根据已知条件先求出 $B+2E$，再按通常方法确定其特征值和特征向量．也可考虑间接法，这个方法需要对所涉及的概念和性质了如指掌，判断出 $B+2E$ 与 A^*+2E 的相似性，从而不需要求出矩阵 $B+2E$，而是先求出 A 的特征值与特征向量，再相应地确定 A^* 的特征值与特征向量，进而确定 $B+2E$ 与 A^*+2E 的特征值和特征向量．

【解法 1】经计算可得

$$A^* = \begin{pmatrix} 5 & -2 & -2 \\ -2 & 5 & -2 \\ -2 & -2 & 5 \end{pmatrix}, P^{-1} = \begin{pmatrix} 0 & 1 & -1 \\ 1 & 0 & 0 \\ 0 & 0 & 1 \end{pmatrix}, B = P^{-1}A^*P = \begin{pmatrix} 7 & 0 & 0 \\ -2 & 5 & -4 \\ -2 & -2 & 3 \end{pmatrix}.$$

从而

$$B+2E=\begin{pmatrix} 9 & 0 & 0 \\ -2 & 7 & -4 \\ -2 & -2 & 5 \end{pmatrix},$$

$$|\lambda E-(B+2E)|=\begin{vmatrix} \lambda-9 & 0 & 0 \\ 2 & \lambda-7 & 4 \\ 2 & 2 & \lambda-5 \end{vmatrix}=(\lambda-9)^2(\lambda-3),$$

故 $B+2E$ 的特征值为 $\lambda_1=\lambda_2=9,\lambda_3=3$.

当 $\lambda_1=\lambda_2=9$ 时,解方程 $[9E-(B+2E)]X=0$. 因为

$$9E-(B+2E)=\begin{pmatrix} 9-9 & 0 & 0 \\ 2 & 9-7 & 4 \\ 2 & 2 & 9-5 \end{pmatrix} \rightarrow \begin{pmatrix} 2 & 2 & 4 \\ 2 & 2 & 4 \\ 0 & 0 & 0 \end{pmatrix} \rightarrow \begin{pmatrix} 1 & 1 & 2 \\ 0 & 0 & 0 \\ 0 & 0 & 0 \end{pmatrix},$$

所以得线性无关的特征向量为

$$\eta_1=\begin{pmatrix} -1 \\ 1 \\ 0 \end{pmatrix},\eta_2=\begin{pmatrix} -2 \\ 0 \\ 1 \end{pmatrix}.$$

所以属于特征值 $\lambda_1=\lambda_2=9$ 的所有特征向量为

$$k_1\eta_1+k_2\eta_2=k_1\begin{pmatrix} -1 \\ 1 \\ 0 \end{pmatrix}+k_2\begin{pmatrix} -2 \\ 0 \\ 1 \end{pmatrix},\text{其中 } k_1,k_2 \text{ 是不全为零的任意常数}.$$

当 $\lambda_3=3$ 时,解 $[3E-(B+2E)]X=0$. 因为

$$3E-(B+2E)=\begin{pmatrix} 3-9 & 0 & 0 \\ 2 & 3-7 & 4 \\ 2 & 2 & 3-5 \end{pmatrix} \rightarrow \begin{pmatrix} 1 & 0 & 0 \\ 1 & -2 & 2 \\ 1 & 1 & -1 \end{pmatrix} \rightarrow \begin{pmatrix} 1 & 0 & 0 \\ 0 & 1 & -1 \\ 0 & 0 & 0 \end{pmatrix},$$

得线性无关的特征向量为

$$\eta_3=\begin{pmatrix} 0 \\ 1 \\ 1 \end{pmatrix}.$$

所以属于特征值 $\lambda_3=3$ 的所有特征向量为 $k_3\eta_3=k_3\begin{pmatrix} 0 \\ 1 \\ 1 \end{pmatrix}$,其中 k_3 是不为零的任意常数.

【解法2】 设 A 的特征值为 λ,对应的特征向量为 η,即 $A\eta=\lambda\eta$. 由于 $|A|=7\neq0$,所以 $\lambda\neq0$. 又因 $A^*A=|A|E$,故有

$$A^*\eta=\frac{|A|}{\lambda}\eta.$$

又由 $B=P^{-1}A^*P$ 得,$A^*=PBP^{-1}$. 将其代入上式,得

$$(PBP^{-1})\eta=\frac{|A|}{\lambda}\eta,$$

于是 $B(P^{-1}\eta)=\frac{|A|}{\lambda}(P^{-1}\eta)$,从而

$$(B+2E)P^{-1}\eta=\left(\frac{|A|}{\lambda}+2\right)P^{-1}\eta.$$

因此,$\frac{|A|}{\lambda}+2$ 为 $B+2E$ 的特征值,对应的特征向量为 $P^{-1}\eta$.

由于 $|\lambda E-A|=\begin{vmatrix} \lambda-3 & -2 & -2 \\ -2 & \lambda-3 & -2 \\ -2 & -2 & \lambda-3 \end{vmatrix}=(\lambda-1)^2(\lambda-7)$,

故 A 的特征值为 $\lambda_1=\lambda_2=1, \lambda_3=7$.

当 $\lambda_1=\lambda_2=1$ 时,因为

$$1\cdot E-A=\begin{pmatrix} 1-3 & -2 & -2 \\ -2 & 1-3 & -2 \\ -2 & -2 & 1-3 \end{pmatrix}\to\begin{pmatrix} 1 & 1 & 1 \\ 0 & 0 & 0 \\ 0 & 0 & 0 \end{pmatrix},$$

所以对应的线性无关特征向量可取为

$$\eta_1=\begin{pmatrix} -1 \\ 1 \\ 0 \end{pmatrix}, \eta_2=\begin{pmatrix} -1 \\ 0 \\ 1 \end{pmatrix}.$$

当 $\lambda_3=7$ 时,因为

$$7\cdot E-A=\begin{pmatrix} 7-3 & -2 & -2 \\ -2 & 7-3 & -2 \\ -2 & -2 & 7-3 \end{pmatrix}\to\begin{pmatrix} 1 & 1 & -2 \\ 1 & -2 & 1 \\ 2 & -1 & -1 \end{pmatrix}\to\begin{pmatrix} 1 & 1 & -2 \\ 0 & 1 & -1 \\ 0 & 0 & 0 \end{pmatrix}\to\begin{pmatrix} 1 & 0 & -1 \\ 0 & 1 & -1 \\ 0 & 0 & 0 \end{pmatrix},$$

所以对应的一个特征向量为

$$\eta_3=\begin{pmatrix} 1 \\ 1 \\ 1 \end{pmatrix}.$$

又由 $P^{-1}=\begin{pmatrix} 0 & 1 & -1 \\ 1 & 0 & 0 \\ 0 & 0 & 1 \end{pmatrix}$,得

$$P^{-1}\eta_1=\begin{pmatrix} 1 \\ -1 \\ 0 \end{pmatrix}, P^{-1}\eta_2=\begin{pmatrix} -1 \\ -1 \\ 1 \end{pmatrix}, P^{-1}\eta_3=\begin{pmatrix} 0 \\ 1 \\ 1 \end{pmatrix}.$$

因此,$B+2E$ 的三个特征值分别为 $9, 9, 3$.

对应于特征值 9 的全部特征向量为

$k_1 P^{-1}\eta_1+k_2 P^{-1}\eta_2=k_1\begin{pmatrix} 1 \\ -1 \\ 0 \end{pmatrix}+k_2\begin{pmatrix} -1 \\ -1 \\ 1 \end{pmatrix}$,其中 k_1, k_2 是不全为零的任意常数.

对应于特征值 3 的全部特征向量为

$k_3 P^{-1}\eta_3=k_3\begin{pmatrix} 0 \\ 1 \\ 1 \end{pmatrix}$,其中 k_3 是不为零的任意常数.

【温馨提示】设 $B=P^{-1}AP$,若 λ 是 A 的特征值,对应的特征向量为 η,则 B 与 A 有相同的特征值,但对应的特征向量不同,B 对应特征值 λ 的特征向量为 $P^{-1}\eta$.

【考点2】 求抽象矩阵的特征值

【常考题型】 填空题和解答题.

【方法归纳】 涉及题目较为灵活,常见方法如下.

① 按照定义 $AX = \lambda X$.

② 按照 $|aE + bA| = 0 \Rightarrow \lambda = -\dfrac{a}{b}$.

③ 按照矩阵 A 的特征值的性质以及与 A 相关的矩阵如转置、逆、伴随、相似等的特征值的关系.

④ 按照 $f(A) = 0 \Leftrightarrow f(\lambda) = 0$.

⑤ 若 $|A| = 0$,则 A 必有一个零特征值.

⑥ 若 n 阶矩阵 A 的秩 $r(A) < n$,则 A 必有一个零特征值.

⑦ 若 n 阶矩阵 A 的秩 $r(A) = 1$,则 A 的一个非零特征值必为其主对角线元素之和或迹.

⑧ 齐次方程组 $AX = 0$ 有非零解,则 A 必有一个零特征值.

⑨ 若 n 阶矩阵 A 的各行元素之和为 a,则 a 是矩阵 A 的一个特征值.

【例 11-3】 已知 n 阶矩阵 A 的秩 $r(A) = 1$,求 A 的特征值.

【解】 由 $r(A) = 1$,得 $|A| = 0$,于是 A 有零特征值,设其重数为 k,则 $k \geq n - r(A) = n - 1$. 又因 A 的所有特征值的重数为 n,故 A 最多还有一个特征值 λ,因此所有特征值之和等于矩阵对角线元素之和,有

$$0 + 0 + \cdots + 0 + \lambda = a_{11} + a_{22} + \cdots + a_{nn},$$

即 $\lambda = a_{11} + a_{22} + \cdots + a_{nn}$,其中 $a_{11}, a_{22}, \cdots, a_{nn}$ 为矩阵 A 的对角线元素. 故当 $a_{11} + a_{22} + \cdots + a_{nn} = 0$ 时,A 只有一个特征值为 0,重数为 n;当 $a_{11} + a_{22} + \cdots + a_{nn} \neq 0$ 时,A 有两个特征值:0(重数为 $n-1$)和 $a_{11} + a_{22} + \cdots + a_{nn}$(重数为 1).

【温馨提示】 秩为 1 的矩阵的非零特征值为其主对角线元素之和或迹.

【例 11-4】 设 4 阶方阵 A,满足 $AA^T = 3E$,$|A| < 0$,且 $6A + E$ 不可逆,则 A^* 必有一个特征值为_____.

【解】 因 $AA^T = 3E$,即 $|A|^2 = |3E| = 3^4 = 81$,而 $|A| < 0$,故 $|A| = -9$.

由 $6A + E$ 不可逆,知 $|A + 6E| = 0$. 而

$$|6A + E| = \left|(-6)\left(-A - \dfrac{1}{6}E\right)\right| = (-6)^4 \left|-\dfrac{1}{6}E - A\right| = 0.$$

于是 $\left|-\dfrac{1}{6}E - A\right| = 0$,因此 $-\dfrac{1}{6}$ 是 A 的一个特征值. 故 A^* 必有一个特征值为 $\dfrac{|A|}{\lambda} = \dfrac{-9}{-\dfrac{1}{6}} = 54$.

【例 11-5】 (2008 年真题) 设 A 为 2 阶矩阵,α_1, α_2 为线性无关的 2 维列向量,$A\alpha_1 = 0$,$A\alpha_2 = 2\alpha_1 + \alpha_2$,则 A 的非零特征值为_____.

【解】根据题设条件,得 $A(\alpha_1,\alpha_2)=(A\alpha_1,A\alpha_2)=(0,2\alpha_1+\alpha_2)=(\alpha_1,\alpha_2)\begin{pmatrix}0&2\\0&1\end{pmatrix}$.

记 $P=(\alpha_1,\alpha_2)$,因 α_1,α_2 线性无关,故 $P=(\alpha_1,\alpha_2)$ 是可逆矩阵.因此 $AP=P\begin{pmatrix}0&2\\0&1\end{pmatrix}$,从而 $P^{-1}AP=\begin{pmatrix}0&2\\0&1\end{pmatrix}$.记 $B=\begin{pmatrix}0&2\\0&1\end{pmatrix}$,则 A 与 B 相似,从而有相同的特征值.

因为 $|\lambda E-B|=\begin{vmatrix}\lambda&-2\\0&\lambda-1\end{vmatrix}=\lambda(\lambda-1),\lambda=0,\lambda=1$.故 A 的非零特征值为 1.

【例 11-6】设 A,B 为 4 阶对称阵,且存在可逆矩阵 P,使得 $AP=PB$.又 A 满足 $A^2+3A=0,r(B)=2$,求矩阵 B 的特征值.

【解】设 λ 为 A 的任一特征值,则由
$$A^2+3A=0$$
可得
$$\lambda^2+3\lambda=0,\text{即}\quad\lambda(\lambda+3)=0,$$
因此 A 有特征值为 $0,3$.

由 $AP=PB$ 且 P 可逆,可知 B 与 A 相似,因而 B 与 A 具有相同的特征值,即特征值为 $0,3$.又 $r(B)=2$,所以,B 的非零特征值只能有 2 个,因此 B 的全部特征值为 $2,2,0,0$.

【例 11-7】设矩阵 A 满足 $A^3-6A^2+11A-6E=0$,其中 E 为与 A 同阶的单位矩阵,求 A^T 的特征值.

【分析】注意运用两点:矩阵 A 与它的转置矩阵 A^T 具有相同的特征值 λ;由 A 的多项式 $f(A)=0 \Rightarrow f(\lambda)=0$.

【解】设 λ 是 A^T 的特征值,则它也是 A 的特征值.由 $A^3-6A^2+11A-6E=0$,必有 $\lambda^3-6\lambda^2+11\lambda-6=0$,即 $(\lambda-1)(\lambda-2)(\lambda-3)=0$.因此 A 的特征值可能为除了 $1,2,3$ 以外的数,从而 A^T 的特征值可能为除了 $1,2,3$ 以外的数.

【考点 3】求抽象矩阵的特征向量

【常考题型】选择题.

【方法归纳】 根据已知条件和已知的定义式 $AX=\lambda X$,凑定义式 $BX=\lambda X$.

【例 11-8】(2002 年真题)设 A 是 n 阶实对称矩阵,P 是 n 阶可逆矩阵.已知 n 维列向量 α 是 A 的属于特征值 λ 的特征向量,则矩阵 $(P^{-1}AP)^T$ 属于特征值 λ 的特征向量是【　　】.

(A)$P^{-1}\alpha$.　(B)$P^T\alpha$.　(C)$P\alpha$.　(D)$(P^{-1})^T\alpha$.

【答案】(B).

【解】由题意:$\begin{cases}A=A^T,\\ A\alpha=\lambda\alpha,\end{cases}$ 而 $(P^{-1}AP)^T=P^TA^T(P^{-1})^T$,于是

$A\alpha=\lambda\alpha \Rightarrow P^T[A(P^{-1})^TP^T]\alpha=P^T(\lambda\alpha) \Rightarrow [P^TA(P^{-1})^T]P^T\alpha=\lambda(P^T\alpha)$,

$\Rightarrow (P^{-1}AP)^T(P^T\alpha)=\lambda(P^T\alpha)$,最后的等式表明 $P^T\alpha$ 是 $(P^{-1}AP)^T$ 的属于特征值 λ 的特征向量,即选(B).

与特征值、特征向量有关的逆的问题

【考点 4】 已知矩阵的特征值、特征向量,反求其中的参数

【常考题型】 解答题.

【方法归纳】

① 若已知或间接已知矩阵 A 的特征值,确定其中的参数:通常利用 $|\lambda E - A| = 0$, $\text{tr}(A) = a_{11} + a_{22} + \cdots + a_{nn} = \lambda_1 + \lambda_2 + \cdots + \lambda_n$, $|A| = \lambda_1 \lambda_2 \cdots \lambda_n$ 等相关结论.

② 若已知或间接已知矩阵 A 的一个特征向量 α,则可利用 $A\alpha = \lambda\alpha$ 求之. 例如,若已知矩阵 A 的伴随矩阵的 A^* 的一个特征向量 α,则应注意到 $A^*\alpha = \lambda\alpha \Rightarrow |A|A^{-1}\alpha = \lambda\alpha \Rightarrow \frac{|A|}{\lambda}\alpha = A\alpha$.

【例 11-9】 (2003 年真题) 设矩阵 $A = \begin{pmatrix} 2 & 1 & 1 \\ 1 & 2 & 1 \\ 1 & 1 & a \end{pmatrix}$ 可逆,向量 $\alpha = \begin{pmatrix} 1 \\ b \\ 1 \end{pmatrix}$ 是矩阵 A^* 的一个特征向量,λ 是 α 对应的特征值,其中 A^* 是矩阵 A 的伴随矩阵,试求 a, b 和 λ 的值.

【分析】 题设已知特征向量,应想到利用定义:$A^*\alpha = \lambda\alpha$. 而该题又是与伴随矩阵 A^* 相关的问题,应利用 $AA^* = |A|E$ 进行化简.

【解】 设 λ 为矩阵 A^* 对应于特征向量 α 的特征值,由于矩阵 A 可逆,故 A^* 可逆. 于是 $\lambda \neq 0$, $|A| \neq 0$,且 $A^*\alpha = \lambda\alpha$. 两边同时左乘矩阵 A,得

$$(AA^*)\alpha = \lambda(A\alpha),$$

得

$$A\alpha = \frac{|A|}{\lambda}\alpha.$$

因 $|A| = \begin{vmatrix} 2 & 1 & 1 \\ 1 & 2 & 1 \\ 1 & 1 & a \end{vmatrix} = 3a - 1$,所以 $A\alpha = \frac{3a-1}{\lambda}\alpha$,

即

$$\begin{pmatrix} 2 & 1 & 1 \\ 1 & 2 & 1 \\ 1 & 1 & a \end{pmatrix} \begin{pmatrix} 1 \\ b \\ 1 \end{pmatrix} = \frac{3a-1}{\lambda} \begin{pmatrix} 1 \\ b \\ 1 \end{pmatrix}.$$

由此,得方程组

$$\begin{cases} (3+b)\lambda = 3a - 1, \\ (2+2b)\lambda = (3a-1)b, \\ (a+b+1)\lambda = 3a - 1. \end{cases}$$

解得

$$\begin{cases} a = 2, \\ b = 1, \\ \lambda = 1, \end{cases} \quad 或 \quad \begin{cases} a = 2, \\ b = -2, \\ \lambda = 4. \end{cases}$$

【例 11-10】 (1999 年真题) 设矩阵 $A = \begin{pmatrix} a & -1 & c \\ 5 & b & 3 \\ 1-c & 0 & -a \end{pmatrix}$,其行列式 $|A| = -1$,又 A 的伴

随矩阵 A^* 有一个特征值 λ_0,属于 λ_0 的一个特征向量为 $\alpha=(-1,-1,1)^T$,求 a,b,c 和 λ_0 的值.

【分析】题设已知特征向量,应想到利用定义:$A^*\alpha=\lambda\alpha$. 而该题又是与伴随矩阵 A^* 相关的问题,应利用 $AA^*=|A|E$. 由此导出参数所满足的方程.

【解】由题意,$A^*\alpha=\lambda_0\alpha$,两边左乘 A,得
$$AA^*\alpha=A\lambda_0\alpha=\lambda A\alpha.$$
注意到 $|A|=-1$,再利用 $AA^*=|A|E=-E$,得
$$-\alpha=\lambda_0 A\alpha,$$
或
$$\lambda_0\begin{pmatrix} a & -1 & c \\ 5 & b & 3 \\ 1-c & 0 & -a \end{pmatrix}\begin{pmatrix} -1 \\ -1 \\ 1 \end{pmatrix}=-\begin{pmatrix} -1 \\ -1 \\ 1 \end{pmatrix}.$$
由此可得
$$\begin{cases} \lambda_0(-a+1+c)=1, \\ \lambda_0(-5-b+3)=1, \\ \lambda_0(-1+c-a)=-1. \end{cases}$$
解得
$$\begin{cases} \lambda_0=1, \\ b=-3, \\ a=c. \end{cases}$$
因
$$|A|=\begin{vmatrix} a & -1 & a \\ 5 & -3 & 3 \\ 1-a & 0 & -a \end{vmatrix}=a-3=-1,$$
故 $a=c=2$. 因此 $a=2,b=-3,c=2,\lambda_0=1$.

【考点5】已知矩阵的特征值、特征向量,反求矩阵

【常考题型】解答题.

【方法归纳】通常有如下三种情形.

① 已知全部特征值与特征向量,反求原矩阵,其做法是利用公式 $A=P\Lambda P^{-1}$,其中 $P=(\alpha_1,\alpha_2,\cdots,\alpha_n),\Lambda=\mathrm{diag}(\lambda_1,\lambda_2,\cdots,\lambda_n)$.

② 已知含有参数的部分特征值与特征向量,求矩阵,这类问题实属确定参数问题. 一般是根据特征值、特征向量的定义 $AX=\lambda X$. 例题见考点9.

③ 已知实对称矩阵的全部特征值和部分特征向量,需先求出其他的特征向量,这需根据实对称矩阵不同的特征值所对应的特征向量正交的性质.

【例 11-11】(2004 年真题)设 3 阶实对称矩阵 A 的秩为 $2,\lambda_1=\lambda_2=6$ 是 A 的二重特征值. 若 $\alpha_1=(1,1,0)^T,\alpha_2=(2,1,1)^T,\alpha_3=(-1,2,-3)^T$ 都是 A 的属于特征值 6 的特征向量.

(1) 求 A 的另一特征值和对应的特征向量;

(2) 求矩阵 A.

【分析】 由矩阵 A 的秩为 2 立即可得 A 的行列式为零,从而 A 有一特征值为零.再由实对称矩阵不同特征值所对应的特征向量正交可得相应的特征向量,此时矩阵 A 也立即可得.

【解】 (1) 因为 $\lambda_1 = \lambda_2 = 6$ 是 A 的二重特征值,故 A 的属于特征值 6 的线性无关的特征向量有 2 个.由题设知 $\alpha_1 = (1,1,0)^T, \alpha_2 = (2,1,1)^T$ 为 A 的属于特征值 6 的线性无关特征向量. 又 A 的秩为 2,于是 $|A| = 0$,所以 A 的另一特征值 $\lambda_3 = 0$. 设 $\lambda_3 = 0$ 所对应的特征向量为 $\alpha = (x_1, x_2, x_3)^T$,则有 $\alpha_1^T \alpha = 0, \alpha_2^T \alpha = 0$,即

$$\begin{cases} x_1 + x_2 = 0, \\ 2x_1 + x_2 + x_3 = 0. \end{cases}$$

因为

$$\begin{pmatrix} 1 & 1 & 0 \\ 2 & 1 & 1 \end{pmatrix} \to \begin{pmatrix} 1 & 1 & 0 \\ 0 & -1 & 1 \end{pmatrix} \to \begin{pmatrix} 1 & 0 & 1 \\ 0 & 1 & -1 \end{pmatrix},$$

故

$$\begin{cases} x_1 = -x_3, \\ x_2 = x_3, \\ x_3 = x_3. \end{cases}$$

从而得基础解系为 $\alpha = (-1,1,1)^T$,故 A 的属于特征值 $\lambda_3 = 0$ 全部特征向量为
$$k\alpha = k(-1,1,1)^T, k 为任意不为零的常数.$$

(2) 令矩阵 $P = (\alpha_1, \alpha_2, \alpha)$,则

$$P^{-1}AP = \begin{pmatrix} 6 & & \\ & 6 & \\ & & 0 \end{pmatrix},$$

所以

$$A = P \begin{pmatrix} 6 & & \\ & 6 & \\ & & 0 \end{pmatrix} P^{-1} = \begin{pmatrix} 1 & 2 & -1 \\ 1 & 1 & 1 \\ 0 & 1 & 1 \end{pmatrix} \begin{pmatrix} 6 & & \\ & 6 & \\ & & 0 \end{pmatrix} \begin{pmatrix} 0 & 1 & -1 \\ \frac{1}{3} & -\frac{1}{3} & \frac{2}{3} \\ -\frac{1}{3} & \frac{1}{3} & \frac{1}{3} \end{pmatrix}$$

$$= \begin{pmatrix} 4 & 2 & 2 \\ 2 & 4 & -2 \\ 2 & -2 & 4 \end{pmatrix}.$$

有关两矩阵的相似问题

【考点 6】 两具体的矩阵相似,确定其中的参数

【常考题型】 解答题.

【方法归纳】 利用两矩阵 A, B 相似,则 $|\lambda E - A| = |\lambda E - B|$. 通过比较两端同次幂的系数,可求得参数.

【例 11-12】 (1992 年真题)已知矩阵 $A = \begin{pmatrix} -2 & 0 & 0 \\ 2 & x & 2 \\ 3 & 1 & 1 \end{pmatrix}$ 与 $B = \begin{pmatrix} -1 & 0 & 0 \\ 0 & 2 & 0 \\ 0 & 0 & y \end{pmatrix}$ 相似.

(1) 求 x 与 y 的值;

(2) 求可逆矩阵 P, 使得 $P^{-1}AP = B$.

【分析】因两矩阵 A, B 相似, 则 $|\lambda E - A| = |\lambda E - B|$. 通过比较两端同次幂的系数, 可求得参数.

【解】(1) 因为 $A \sim B$, 故其特征值相同, 即 $|\lambda E - A| = |\lambda E - B|$.

因为

$$|\lambda E - A| = \begin{vmatrix} \lambda+2 & 0 & 0 \\ -2 & \lambda-x & -2 \\ -3 & -1 & \lambda-x \end{vmatrix} = (\lambda+2)[\lambda^2 - (x+1)\lambda + (x-2)],$$

$$|\lambda E - B| = (\lambda+1)(\lambda-2)(\lambda-y).$$

所以

$$(\lambda+2)[\lambda^2 - (x+1)\lambda + (x-2)] = (\lambda+1)(\lambda-2)(\lambda-y).$$

令 $\lambda = -1$, 得

$$1 + (x+1) + (x-2) = 0.$$

令 $\lambda = 0$, 得

$$2(x-2) = 2y.$$

从而解得 $x = 0, y = -2$.

(2) 由(1)知, A 的 3 个特征值分别为 $\lambda_1 = 2, \lambda_2 = -1, \lambda_3 = -2$.

对 $\lambda_1 = 1, 2E - A = \begin{pmatrix} 4 & 0 & 0 \\ -2 & 2 & -2 \\ -3 & -1 & 1 \end{pmatrix} \to \cdots \to \begin{pmatrix} 1 & 0 & 0 \\ 0 & 1 & -1 \\ 0 & 0 & 0 \end{pmatrix}$, 得特征向量 $\xi_1 = (0, 1, 1)^T$.

对 $\lambda_2 = -1, -1 \cdot E - A = \begin{pmatrix} 1 & 0 & 0 \\ -2 & -1 & -2 \\ -3 & -1 & -2 \end{pmatrix} \to \cdots \to \begin{pmatrix} 1 & 0 & 0 \\ 0 & 1 & 2 \\ 0 & 0 & 0 \end{pmatrix}$, 得特征向量 $\xi_2 = (0, -2, 1)^T$.

对 $\lambda_3 = -2, -2E - A = \begin{pmatrix} 0 & 0 & 0 \\ -2 & -2 & -2 \\ -3 & -1 & -3 \end{pmatrix} \to \cdots \to \begin{pmatrix} 1 & 0 & 1 \\ 0 & 1 & 0 \\ 0 & 0 & 0 \end{pmatrix}$, 得特征向量 $\xi_3 = (-1, 0, 1)^T$.

令 $P = (\xi_1, \xi_2, \xi_3) = \begin{pmatrix} 0 & 0 & -1 \\ 1 & -2 & 0 \\ 1 & 1 & 1 \end{pmatrix}$, 则 P 可逆且满足 $P^{-1}AP = B$.

【考点7】已知抽象矩阵和一个向量组之间的关系, 求其相似对角矩阵等

【常考题型】解答题.

【方法归纳】通过抽象矩阵和向量组之间的关系, 从 $A(\alpha_1, \alpha_2, \cdots, \alpha_s) = (A\alpha_1, A\alpha_2, \cdots, A\alpha_s) = (\alpha_1, \alpha_2, \cdots, \alpha_s)B$ 出发, 寻求 A 的相似矩阵 B, 将问题转化为对具体矩阵 B 进行分析讨论.

【例 11-13】(2005 年真题)设 A 为 3 阶矩阵, $\alpha_1, \alpha_2, \alpha_3$ 是线性无关的三维列向量, 且满足 $A\alpha_1 = \alpha_1 + \alpha_2 + \alpha_3, A\alpha_2 = 2\alpha_2 + \alpha_3, A\alpha_3 = 2\alpha_2 + 3\alpha_3$.

(1) 求矩阵 B，使得 $A(\alpha_1,\alpha_2,\alpha_3)=(\alpha_1,\alpha_2,\alpha_3)B$；

(2) 求矩阵 A 的特征值；

(3) 求可逆矩阵 P，使得 $P^{-1}AP$ 为对角阵．

【分析】利用(1)的结果相当于确定了 A 的相似矩阵，求矩阵 A 的特征值转化为求 A 的相似矩阵的特征值．

【解】(1) $A(\alpha_1,\alpha_2,\alpha_3)=(\alpha_1,\alpha_2,\alpha_3)\begin{pmatrix}1&0&0\\1&2&2\\1&1&3\end{pmatrix}$，

得

$$B=\begin{pmatrix}1&0&0\\1&2&2\\1&1&3\end{pmatrix}.$$

(2) 因为 $\alpha_1,\alpha_2,\alpha_3$ 是线性无关的三维列向量，可知矩阵 $C=(\alpha_1,\alpha_2,\alpha_3)$ 可逆，所以 $C^{-1}AC=B$，即矩阵 A 与 B 相似，由此可得矩阵 A 与 B 有相同的特征值．

由

$$|\lambda E-B|=\begin{vmatrix}\lambda-1&0&0\\-1&\lambda-2&-2\\-1&-1&\lambda-3\end{vmatrix}=(\lambda-1)^2(\lambda-4)=0,$$

得矩阵 B 的特征值，即矩阵 A 的特征值为

$$\lambda_1=\lambda_2=1,\lambda_3=4.$$

(3) 对应于 $\lambda_1=\lambda_2=1$，解齐次线性方程组 $(E-B)X=0$，得基础解系为

$$\xi_1=(-1,1,0)^T,\xi_2=(-2,0,1)^T;$$

对应于 $\lambda_3=4$，解齐次线性方程组 $(4E-B)X=0$，得基础解系为

$$\xi_3=(0,1,1)^T.$$

令矩阵

$$Q=(\xi_1,\xi_2,\xi_3)=\begin{pmatrix}-1&-2&0\\1&0&1\\0&1&1\end{pmatrix},$$

则

$$Q^{-1}BQ=\begin{pmatrix}1&0&0\\0&1&0\\0&0&4\end{pmatrix}.$$

因 $Q^{-1}BQ=Q^{-1}C^{-1}ACQ=(CQ)^{-1}A(CQ)$，记矩阵

$$P=CQ=(\alpha_1,\alpha_2,\alpha_3)\begin{pmatrix}-1&-2&0\\1&0&1\\0&1&1\end{pmatrix}$$

$$=(-\alpha_1+\alpha_2,-2\alpha_1+\alpha_3,\alpha_2+\alpha_3).$$

故 P 即为所求的可逆矩阵．

【温馨提示】本题未知矩阵 A 的具体形式求其特征值及相似对角形，问题的关键是转化为 A 的相似矩阵进行分析讨论．

【例 11-14】(2001 年真题)已知 3 阶矩阵 A 与三维向量 X,AX,A^2X 线性无关，且满足

$A^3X = 3AX - 2A^2X.$

(1) 记 $P = (X, AX, A^2X)$，求 3 阶矩阵 B，使 $A = P^{-1}BP$；

(2) 计算行列式 $|A+E|$.

【分析】(1) 该问题实际上是求 A 的相似矩阵，但这里 X, AX, A^2X 不一定是特征向量，所以并不是通常的相似对角化问题，但仍可采用相似对角化的思想，即将 $A = PBP^{-1}$ 改写为 $AP = PB$，从而确定 B；(2) 求出 B 后，由 A 与 B 相似，知 $A+E$ 与 $B+E$ 也相似，而相似矩阵有相同的行列式，于是根据 $|A+E| = |B+E|$ 可求出所需的行列式.

【解】(1) 方法 1：因为
$$AX = AX,$$
$$A(AX) = A^2X,$$
$$A(A^2X) = A^3X = 3AX - 2A^2X.$$

综合上述三式有
$$A(X, AX, A^2X) = (AX, A^2X, A^3X) = (AX, A^2X, 3AX - 2A^2X)$$
$$= (X, AX, A^2X)\begin{pmatrix} 0 & 0 & 0 \\ 1 & 0 & 3 \\ 0 & 1 & -2 \end{pmatrix},$$

即 $AP = P\begin{pmatrix} 0 & 0 & 0 \\ 1 & 0 & 3 \\ 0 & 1 & -2 \end{pmatrix}$, $A = PBP^{-1}$，其中 $B = \begin{pmatrix} 0 & 0 & 0 \\ 1 & 0 & 3 \\ 0 & 1 & -2 \end{pmatrix}$.

方法 2：设 $B = \begin{pmatrix} a_1 & a_2 & a_3 \\ b_1 & b_2 & b_3 \\ c_1 & c_2 & c_3 \end{pmatrix}$，则由 $AP = PB$ 得

$$(AX, A^2X, A^3X) = (X, AX, A^2X)\begin{pmatrix} a_1 & a_2 & a_3 \\ b_1 & b_2 & b_3 \\ c_1 & c_2 & c_3 \end{pmatrix}.$$

上式可写成
$$\begin{cases} AX = a_1 X + b_1 AX + c_1 A^2X, & (11\text{-}1) \\ A^2X = a_2 X + b_2 AX + c_2 A^2X, & (11\text{-}2) \\ A^3X = a_3 X + b_3 AX + c_3 A^2X. & (11\text{-}3) \end{cases}$$

将 $A^3X = 3AX - 2A^2X$ 代入式 (11-3) 得
$$3AX - 2A^2X = a_3 X + b_3 AX + c_3 A^2X. \qquad (11\text{-}4)$$

由于 X, AX, A^2X 线性无关，故由式 (11-1) 可得 $a_1 = c_1 = 0, b_1 = 1$；由式 (11-2) 可得 $a_2 = b_2 = 0, c_2 = 1$；由式 (11-4) 可得 $a_3 = 0, b_3 = 3, c_3 = -2$. 故

$$B = \begin{pmatrix} 0 & 0 & 0 \\ 1 & 0 & 3 \\ 0 & 1 & -2 \end{pmatrix}.$$

方法 3：将 $A^3X = 3AX - 2A^2X$ 改写成 $A(A^2X - AX) = -3(A^2X - AX)$，故 $\lambda_1 = -3$ 为 A 的特征值，$A^2X - AX$ 为属于 $\lambda_1 = -3$ 的特征向量. 同理可得 $\lambda_2 = 1$ 也是 A 的特征值，$A^2X + 3AX$ 为属于 $\lambda_2 = 1$ 的特征向量. $\lambda_3 = 0$ 也是 A 的特征值，$A^2X + 2AX - 3X$ 为属于 $\lambda_3 = 0$ 的特征向量.

令 $Q=(X,AX,A^2X)\begin{pmatrix} 0 & 0 & -3 \\ -1 & 3 & 2 \\ 1 & 1 & 1 \end{pmatrix}=P\begin{pmatrix} 0 & 0 & -3 \\ -1 & 3 & 2 \\ 1 & 1 & 1 \end{pmatrix}$,

则 $Q^{-1}AQ=\begin{pmatrix} 0 & 0 & -3 \\ -1 & 3 & 2 \\ 1 & 1 & 1 \end{pmatrix}^{-1} P^{-1}AP \begin{pmatrix} 0 & 0 & -3 \\ -1 & 3 & 2 \\ 1 & 1 & 1 \end{pmatrix}$

$=\begin{pmatrix} 0 & 0 & -3 \\ -1 & 3 & 2 \\ 1 & 1 & 1 \end{pmatrix}^{-1} B \begin{pmatrix} 0 & 0 & -3 \\ -1 & 3 & 2 \\ 1 & 1 & 1 \end{pmatrix}$.

但另一方面,Q 为由特征向量组成的矩阵,所以 $Q^{-1}AQ$ 为由对应的特征值组成的对角矩阵,且 $Q^{-1}AQ=\begin{pmatrix} -3 & 0 & 0 \\ 0 & 1 & 0 \\ 0 & 0 & 0 \end{pmatrix}$,所以

$B=\begin{pmatrix} 0 & 0 & -3 \\ -1 & 3 & 2 \\ 1 & 1 & 1 \end{pmatrix}\begin{pmatrix} -3 & 0 & 0 \\ 0 & 1 & 0 \\ 0 & 0 & 0 \end{pmatrix}\begin{pmatrix} 0 & 0 & -3 \\ -1 & 3 & 2 \\ 1 & 1 & 1 \end{pmatrix}^{-1}=\begin{pmatrix} 0 & 0 & 0 \\ 1 & 0 & 3 \\ 0 & 1 & -2 \end{pmatrix}$.

(2)由(1)知 A 与 B 相似,故 $A+E$ 与 $B+E$ 也相似,于是有

$$|A+E|=|B+E|=\begin{vmatrix} 1 & 0 & 0 \\ 1 & 1 & 3 \\ 0 & 1 & -1 \end{vmatrix}.$$

【温馨提示】本题 A 的具体元素没有给出,直接计算与 A 有关的行列式较难,但可以将 A 的问题转化为其相似矩阵的问题.类似地,若要计算与 A 有关的特征值的问题,也可借助本题的思想,将 A 转化为 A 的相似矩阵进行分析,这种处理技巧值得注意.

有关矩阵的对角化的题目

【考点8】确定参数的值,使得有关矩阵可对角化,并求相应的可逆矩阵和对角矩阵

【常考题型】解答题.

【方法归纳】

① 若题设条件直接告知 A 可对角化,则先利用 $|\lambda E-A|=0$,求出特征值,再对重特征值 λ_i,求出矩阵 $\lambda_i E-A$ 的秩,使 $r(\lambda_i E-A)=n-n_i$,从而可求出其中的参数.最后,再求 A 的特征向量,得到所求可逆矩阵.

② 若已知 λ_i 是矩阵 A 的重特征值,则一般无须利用 $|\lambda E-A|=0$ 求其他特征值,而是利用 $\text{tr}(A)=a_{11}+a_{22}+\cdots+a_{nn}=\lambda_1+\lambda_2+\cdots+\lambda_n$ 或其他相关信息求出其余的特征值.若题设中隐含可对角化信息,再利用 $r(\lambda_i E-A)=n-n_i$ 确定其中的参数.最后,再求 A 的特征向量,得到所求可逆矩阵.

【例 11-15】（2003 年真题）若矩阵 $A = \begin{pmatrix} 2 & 2 & 0 \\ 8 & 2 & a \\ 0 & 0 & 6 \end{pmatrix}$ 相似于对角矩阵 Λ，试确定常数 a 的值，并求可逆矩阵 P，使得 $P^{-1}AP = \Lambda$。

【分析】 已知 A 相似于对角矩阵，应先求出 A 的特征值，再根据特征值的重数与线性无关特征向量的个数相同，转化为求特征矩阵的秩，进而确定参数 a。至于求 P，则是常识问题。

【解】 矩阵 A 的特征多项式为

$$|\lambda E - A| = \begin{vmatrix} \lambda-2 & -2 & 0 \\ -8 & \lambda-2 & -a \\ 0 & 0 & \lambda-6 \end{vmatrix} = (\lambda-6)[(\lambda-2)^2 - 16]$$

$$= (\lambda-6)^2(\lambda+2),$$

故 A 的特征值为 $\lambda_1 = \lambda_2 = 6, \lambda_3 = -2$。

由于 A 相似于对角矩阵 Λ，故对应于 $\lambda_1 = \lambda_2 = 6$ 应有两个线性无关的特征向量，即

$$r(6E - A) = 3 - 2 = 1.$$

由

$$6E - A = \begin{pmatrix} 4 & -2 & 0 \\ -8 & 4 & -a \\ 0 & 0 & 0 \end{pmatrix} \rightarrow \begin{pmatrix} 2 & -1 & 0 \\ 0 & 0 & a \\ 0 & 0 & 0 \end{pmatrix},$$

知 $a = 0$。于是对应于 $\lambda_1 = \lambda_2 = 6$ 的两个线性无关的特征向量可取为

$$\xi_1 = \begin{pmatrix} 0 \\ 0 \\ 1 \end{pmatrix}, \quad \xi_2 = \begin{pmatrix} 1 \\ 2 \\ 0 \end{pmatrix}.$$

当 $\lambda_3 = -2$ 时，由于

$$-2E - A = \begin{pmatrix} -4 & -2 & 0 \\ -8 & -4 & 0 \\ 0 & 0 & -8 \end{pmatrix} \rightarrow \begin{pmatrix} 2 & 1 & 0 \\ 0 & 0 & 1 \\ 0 & 0 & 0 \end{pmatrix} \rightarrow \begin{pmatrix} 1 & \frac{1}{2} & 0 \\ 0 & 0 & 1 \\ 0 & 0 & 0 \end{pmatrix},$$

同解方程组为 $\begin{cases} x_1 = -\frac{1}{2}x_2, \\ x_2 = x_2, \\ x_3 = 0. \end{cases}$ 令 $x_2 = -2$，得 $\begin{cases} x_1 = -1, \\ x_2 = -2, \\ x_3 = 0. \end{cases}$

因此对应于 $\lambda_3 = -2$ 的特征向量 $\xi_3 = \begin{pmatrix} 1 \\ -2 \\ 0 \end{pmatrix}$。

令 $P = (\xi_1, \xi_2, \xi_3) = \begin{pmatrix} 0 & 1 & 1 \\ 0 & 2 & -2 \\ 1 & 0 & 0 \end{pmatrix}$，则 P 可逆，并有 $P^{-1}AP = \Lambda$。

【例 11-16】 设矩阵 $A = \begin{pmatrix} 1 & -1 & 1 \\ x & 4 & y \\ -3 & -3 & 5 \end{pmatrix}$，已知 A 有 3 个线性无关的特征向量，$\lambda = 2$ 是 A

的二重特征值. 试求可逆矩阵 P, 使得 $P^{-1}AP$ 为对角矩阵.

【分析】已知 3 阶矩阵 A 的二重特征值 $\lambda=2$, 要求出它的第三个特征值, 若按解特征方程 $|\lambda E-A|=0$ 求, 显然不妥. 观察到 A 的主对角线元素不含参数, 因此, 可根据 $\mathrm{tr}(A)=a_{11}+a_{22}+\cdots+a_{nn}=\lambda_1+\lambda_2+\cdots+\lambda_n$ 求出 λ_3. 又题设中已知 A 有 3 个线性无关的特征向量, 蕴含着 A 可以对角化的信息. 从而对重特征值, 必有 $r(\lambda_i E-A)=n-n_i$. 从而可由矩阵的秩确定其中的参数. 其余的问题则迎刃而解.

【解】根据题意, A 有 3 个线性无关的特征向量, 因而 A 必可对角化, 于是对二重特征值 $\lambda=2$, 必有 $r(2E-A)=3-2=1$.

因 $2E-A=\begin{pmatrix} 1 & 1 & -1 \\ -x & -2 & -y \\ 3 & 3 & -3 \end{pmatrix} \to \begin{pmatrix} 1 & 1 & -1 \\ 0 & x-2 & -x-y \\ 0 & 0 & 0 \end{pmatrix}$,

所以有

$$\begin{cases} x-2=0, \\ -x-y=0, \end{cases} \quad \text{故} \quad \begin{cases} x=2, \\ y=-2. \end{cases}$$

此时

$$A=\begin{pmatrix} 1 & -1 & 1 \\ 2 & 4 & -2 \\ -3 & -3 & 5 \end{pmatrix}.$$

根据 $\mathrm{tr}(A)=a_{11}+a_{22}+a_{33}=\lambda_1+\lambda_2+\lambda_3$, 得 $1+4+5=2+2+\lambda_3$, 故 $\lambda_3=6$.

对 $\lambda_1=\lambda_2=2$, 由于

$$2E-A \to \begin{pmatrix} 1 & 1 & -1 \\ 0 & 0 & 0 \\ 0 & 0 & 0 \end{pmatrix},$$

所以, 同解方程组为 $\begin{cases} x_1=-x_2+x_3, \\ x_2=x_2, \\ x_3=x_3, \end{cases}$ 即 $\begin{pmatrix} x_1 \\ x_2 \\ x_3 \end{pmatrix}=\begin{pmatrix} -1 \\ 1 \\ 0 \end{pmatrix}k_1+\begin{pmatrix} 1 \\ 0 \\ 1 \end{pmatrix}k_2$, 其中 k_1,k_2 为任意常数.

取 $\xi_1=\begin{pmatrix} -1 \\ 1 \\ 0 \end{pmatrix}, \xi_2=\begin{pmatrix} 1 \\ 0 \\ 1 \end{pmatrix}$, 则 ξ_1,ξ_2 为对应于 $\lambda_1=\lambda_2=2$ 的两个线性无关的特征向量.

对 $\lambda_3=6$, 由于

$$6E-A=\begin{pmatrix} 5 & 1 & -1 \\ -2 & 2 & 2 \\ 3 & 3 & 1 \end{pmatrix} \to \begin{pmatrix} 1 & -1 & -1 \\ 3 & 3 & 1 \\ 0 & 0 & 0 \end{pmatrix} \to \begin{pmatrix} 1 & -1 & -1 \\ 0 & 1 & \frac{2}{3} \\ 0 & 0 & 0 \end{pmatrix} \to \begin{pmatrix} 1 & 0 & -\frac{1}{3} \\ 0 & 1 & \frac{2}{3} \\ 0 & 0 & 0 \end{pmatrix},$$

所以, 同解方程组为 $\begin{cases} x_1=\frac{1}{3}x_3, \\ x_2=-\frac{2}{3}x_3, \\ x_3=x_3, \end{cases}$ 即 $\begin{pmatrix} x_1 \\ x_2 \\ x_3 \end{pmatrix}=\begin{pmatrix} \frac{1}{3} \\ -\frac{2}{3} \\ 1 \end{pmatrix}x_3=\begin{pmatrix} 1 \\ -2 \\ 3 \end{pmatrix}k_3$, 其中 $k_3=\frac{1}{3}x_3$ 为任意常数.

取 $\xi_3 = \begin{pmatrix} 1 \\ -2 \\ 3 \end{pmatrix}$,则 ξ_3 为对应于 $\lambda_3 = 6$ 的特征向量.

令 $P = (\xi_1, \xi_2, \xi_3) = \begin{pmatrix} 1 & 1 & 1 \\ -1 & 0 & -2 \\ 0 & 1 & 3 \end{pmatrix}$,则 $P^{-1}AP = \begin{pmatrix} 2 & 0 & 0 \\ 0 & 2 & 0 \\ 0 & 0 & 6 \end{pmatrix}$.

【考点9】确定参数的值后,讨论矩阵是否可对角化

【常考题型】解答题.

【方法归纳】
① 若已知 A 的特征向量的信息,则根据 $A\xi = \lambda\xi$ 先确定常数.再利用 $|\lambda E - A| = 0$ 求出特征值.再利用可对角化的判定方法判定.
② 若已知 A 的特征值的信息,则利用 $|\lambda E - A| = 0$ 求出特征值.再利用可对角化的判定方法.

【例 11-17】(1997 年真题)已知向量 $\xi = \begin{pmatrix} 1 \\ 1 \\ -1 \end{pmatrix}$ 是矩阵 $A = \begin{pmatrix} 2 & -1 & 1 \\ 5 & a & 3 \\ -1 & b & -2 \end{pmatrix}$ 的一个特征向量.

(Ⅰ)确定参数 a, b 及特征向量 ξ 所对应的特征值 λ;

(Ⅱ)问 A 能否对角化?请说明理由.

【分析】题设已知特征向量,应想到利用定义 $A\xi = \lambda\xi$ 来确定 A 中参数及特征值 λ,注意将 $A\xi = \lambda\xi$ 按分量写出即得关于 a, b 及 λ 的方程组.无论用充分条件(方阵只有单特征值),还是用充要条件来判定方阵能否相似于对角矩阵,一般都需先求出方阵的特征值.

【解】(Ⅰ)由题设条件有矩阵 $A\xi = \lambda\xi$,即

$$\begin{pmatrix} 2 & -1 & 2 \\ 5 & a & 3 \\ -1 & b & -2 \end{pmatrix} \begin{pmatrix} 1 \\ 1 \\ -1 \end{pmatrix} = \lambda \begin{pmatrix} 1 \\ 1 \\ -1 \end{pmatrix} \quad \text{或} \quad \begin{cases} 2-1-2 = \lambda, \\ 5+a-3 = \lambda, \\ -1+b+2 = -\lambda. \end{cases}$$

解得 $\lambda = -1, a = -3, b = 0$.故矩阵 $A = \begin{pmatrix} 2 & -1 & 1 \\ 5 & -3 & 3 \\ -1 & 0 & -2 \end{pmatrix}$.

(Ⅱ)由 A 的特征方程

$$|\lambda E - A| = \begin{vmatrix} \lambda-2 & 1 & -2 \\ -5 & \lambda+3 & -3 \\ 1 & 0 & \lambda+2 \end{vmatrix} = (\lambda+1)^3,$$

得 A 的全部特征值为 $\lambda_1 = \lambda_2 = \lambda_3 = -1$.但矩阵 $-E - A = \begin{pmatrix} -3 & 1 & -2 \\ -5 & 2 & -3 \\ 1 & 0 & 1 \end{pmatrix}$ 的秩为 2,故 A 的对应于三重特征值 -1 的线性无关的特征向量只有一个,所以 A 不能相似于对角矩阵.

【例 11-18】(2004 年真题)设矩阵 $A = \begin{pmatrix} 1 & 2 & -3 \\ -1 & 4 & -3 \\ 1 & a & 5 \end{pmatrix}$ 的特征方程有一个二重根,求 a 的值,并讨论 A 是否可相似对角化.

【分析】由矩阵特征值的定义确定 a 的值,由线性无关特征向量的个数与 $\lambda E - A$ 的秩之间的关系确定 A 是否可对角化.

【解】A 的特征多项式为

$$\begin{vmatrix} \lambda-1 & -2 & 3 \\ 1 & \lambda-4 & 3 \\ -1 & -a & \lambda-5 \end{vmatrix} = \begin{vmatrix} \lambda-2 & 2-\lambda & 0 \\ 1 & \lambda-4 & 3 \\ -1 & -a & \lambda-5 \end{vmatrix}$$

$$= (\lambda-2) \begin{vmatrix} 1 & -1 & 0 \\ 1 & \lambda-4 & 3 \\ -1 & -a & \lambda-5 \end{vmatrix} = (\lambda-2) \begin{vmatrix} 1 & 0 & 0 \\ 1 & \lambda-3 & 3 \\ -1 & -a-1 & \lambda-5 \end{vmatrix}$$

$$= (\lambda-2)(\lambda^2 - 8\lambda + 18 + 3a).$$

若 $\lambda = 2$ 是特征方程的二重根,则有 $2^2 - 16 + 18 + 3a = 0$,解得 $a = -2$.

当 $a = -2$ 时,A 的特征值为 $2, 2, 6$,矩阵 $2E - A = \begin{pmatrix} 1 & -2 & 3 \\ 1 & -2 & 3 \\ -1 & 2 & -3 \end{pmatrix}$ 的秩为 1,故 $\lambda = 2$ 对应的线性无关的特征向量有两个,从而 A 可相似对角化.

若 $\lambda = 2$ 不是特征方程的二重根,则 $\lambda^2 - 8\lambda + 18 + 3a$ 为完全平方式,从而 $18 + 3a = 16$,解得 $a = -\dfrac{2}{3}$.

当 $a = -\dfrac{2}{3}$ 时,A 的特征值为 $2, 4, 4$,矩阵 $2E - A = \begin{pmatrix} 3 & -2 & 3 \\ 1 & 0 & 3 \\ -1 & \dfrac{2}{3} & -1 \end{pmatrix}$ 的秩为 2,故 $\lambda = 4$ 对应的线性无关的特征向量只有一个,从而 A 不可相似对角化.

有关实对称矩阵的题目

【考点 10】已知实对称矩阵的全部特征值和部分特征向量,反求矩阵 A

【常考题型】解答题.

【方法归纳】先利用实对称矩阵不同的特征值对应的特征向量是正交的求出其余特征向量.然后利用 $A = P \Lambda P^{-1}$ 或 $A = Q \Lambda Q^T$ 求 A,这里 P 是由 A 的 n 个线性无关的特征向量排成的可逆矩阵,Q 是由 A 的 n 个线性无关的特征向量经施密特正交化方法正交化后排成的正交矩阵,Λ 是由 A 的 n 个特征值排成的对角矩阵.

【例 11-19】(1995 年真题)设 3 阶实对称矩阵 A 的特征值为 $\lambda_1 = -1, \lambda_2 = \lambda_3 = 1$,对应于

λ_1 的特征向量为 $\xi_1=(0,1,1)^T$,求 A.

【分析】先利用实对称矩阵不同的特征值对应的特征向量是正交的求出其余特征向量,然后利用 $A=P\Lambda P^{-1}$ 或 $A=Q\Lambda Q^T$ 求 A.

【解】设 A 的对应于特征值 1 的特征向量为 $\xi=(x_1,x_2,x_3)^T$,则因为 A 是实对称矩阵,且 $\lambda_1=-1\neq\lambda_2=\lambda_3=1$,所以 ξ 与 ξ_1 必正交,即 $0\cdot x_1+1\cdot x_2+1\cdot x_3=0$,即
$$x_2+x_3=0.$$
求解得它的基础解系为 $(1,0,0)^T,(0,-1,1)^T$. 取 $(1,0,0)^T=\xi_2$ 和 $(0,-1,1)^T=\xi_3$ 为 A 的对应于特征值为 $\lambda_2=\lambda_3=1$ 的两个线性无关的特征向量,并令
$$P=(\xi_1,\xi_2,\xi_3)=\begin{pmatrix}0&1&0\\1&0&-1\\1&0&1\end{pmatrix},$$
则 P 可逆,使得 $P^{-1}AP=\Lambda=\begin{pmatrix}-1&&\\&1&\\&&1\end{pmatrix}$,从而
$$A=P\Lambda P^{-1}=\begin{pmatrix}0&1&0\\1&0&-1\\1&0&1\end{pmatrix}\begin{pmatrix}-1&&\\&1&\\&&1\end{pmatrix}\begin{pmatrix}0&1&0\\1&0&-1\\1&0&1\end{pmatrix}^{-1}=\begin{pmatrix}1&0&0\\0&0&-1\\0&-1&0\end{pmatrix}.$$

【例 11-20】(2007 年真题)设 3 阶对称矩阵 A 的特征值为 $\lambda_1=1,\lambda_2=2,\lambda_3=-2$,$\alpha_1=(1,-1,1)^T$ 是 A 得属于 λ_1 的一个特征向量,记 $B=A^5-4A^3+E$,其中 E 为 3 阶单位矩阵.

(Ⅰ)验证 α_1 是矩阵 B 的特征向量,并求 B 的全部特征值和特征向量;

(Ⅱ)求矩阵 B.

【分析】根据特征值的性质可立即得 B 的特征值,然后由 B 也是对称矩阵可求出其另外两个线性无关的特征向量.

【解】(Ⅰ)由 $A\alpha_1=1\cdot\alpha_1=\alpha_1$ 得
$$A^2\alpha_1=A\alpha_1=\alpha_1,\quad A^3\alpha_1=\alpha_1,\quad A^5\alpha_1=\alpha_1,$$
故
$$\begin{aligned}B\alpha_1&=(A^5-4A^3+E)\alpha_1\\&=A^5\alpha_1-4A^3\alpha_1+\alpha_1\\&=\alpha_1-4\alpha_1+\alpha_1\\&=-2\alpha_1,\end{aligned}$$
从而 α_1 是矩阵 B 的属于特征值 -2 的特征向量.

由 $B=A^5-4A^3+E$,A 的 3 个特征值 $\lambda_1=1,\lambda_2=2,\lambda_3=-2$,得 B 的 3 个特征值为 $\mu_1=-2$,$\mu_2=1,\mu_3=1$.

设 α_2,α_3 为 B 的属于 $\mu_2=\mu_3=1$ 的两个线性无关的特征向量,又因 A 为对称矩阵,得 B 也是对称矩阵,因此 α_1 与 α_2,α_3 正交,即
$$\alpha_1^T\alpha_2=0,\quad \alpha_1^T\alpha_3=0$$
所以 α_2,α_3 可取为下列齐次线性方程组两个线性无关的解:
$$(1,-1,1)\begin{pmatrix}x_1\\x_2\\x_3\end{pmatrix}=0,$$

其基础解系为 $\begin{pmatrix}1\\1\\0\end{pmatrix}, \begin{pmatrix}-1\\0\\1\end{pmatrix}$，故可取 $\alpha_2=\begin{pmatrix}1\\1\\0\end{pmatrix}, \alpha_3=\begin{pmatrix}-1\\0\\1\end{pmatrix}$.

故 B 的全部特征值的特征向量为 $k_1\begin{pmatrix}1\\-1\\1\end{pmatrix}, k_2\begin{pmatrix}1\\1\\0\end{pmatrix}+k_3\begin{pmatrix}-1\\0\\1\end{pmatrix}$，其中 k_1 是不为零的任意常数，k_2, k_3 是不同时为零的任意常数.

（Ⅱ）方法 1：令 $P=(\alpha_1,\alpha_2,\alpha_3)=\begin{pmatrix}1 & 1 & -1\\-1 & 1 & 0\\1 & 0 & 1\end{pmatrix}$，则 $P^{-1}BP=\begin{pmatrix}-2 & & \\ & 1 & \\ & & 1\end{pmatrix}$，

得 $B=P\begin{pmatrix}-2 & & \\ & 1 & \\ & & 1\end{pmatrix}P^{-1}=\begin{pmatrix}1 & 1 & -1\\-1 & 1 & 0\\1 & 0 & 1\end{pmatrix}\begin{pmatrix}-2 & & \\ & 1 & \\ & & 1\end{pmatrix}\dfrac{1}{3}\begin{pmatrix}1 & -1 & 1\\1 & 2 & 1\\-1 & 1 & 2\end{pmatrix}$

$=\begin{pmatrix}-2 & 1 & -1\\2 & 1 & 0\\-2 & 0 & 1\end{pmatrix}\dfrac{1}{3}\begin{pmatrix}1 & -1 & 1\\1 & 2 & 1\\-1 & 1 & 2\end{pmatrix}=\begin{pmatrix}0 & 1 & -1\\1 & 0 & 1\\-1 & 1 & 0\end{pmatrix}$.

方法 2：将 α_2, α_3 正交化，得

$$\beta_2=\alpha_2=\begin{pmatrix}1\\1\\0\end{pmatrix}, \beta_3=\alpha_3-\dfrac{(\alpha_3,\beta_2)}{(\beta_2,\beta_2)}\beta_2=\dfrac{1}{2}\begin{pmatrix}-1\\1\\2\end{pmatrix},$$

将 $\alpha_1, \beta_2, \beta_3$ 单位化得

$$\gamma_1=\dfrac{1}{\sqrt{3}}\begin{pmatrix}1\\-1\\1\end{pmatrix}, \gamma_2=\dfrac{1}{\sqrt{2}}\begin{pmatrix}1\\1\\0\end{pmatrix}, \gamma_3=\dfrac{1}{\sqrt{6}}\begin{pmatrix}-1\\1\\2\end{pmatrix}.$$

令 $P=(\gamma_1,\gamma_2,\gamma_3)=\begin{pmatrix}\dfrac{1}{\sqrt{3}} & \dfrac{1}{\sqrt{2}} & -\dfrac{1}{\sqrt{6}}\\[4pt] -\dfrac{1}{\sqrt{3}} & \dfrac{1}{\sqrt{2}} & \dfrac{1}{\sqrt{6}}\\[4pt] \dfrac{1}{\sqrt{3}} & 0 & \dfrac{2}{\sqrt{6}}\end{pmatrix}$，

则 $P^{-1}BP=P^{\mathrm{T}}BP=\begin{pmatrix}-2 & & \\ & 1 & \\ & & 1\end{pmatrix}$，

故 $B=P\begin{pmatrix}-2 & & \\ & 1 & \\ & & 1\end{pmatrix}P^{\mathrm{T}}$

$$= \begin{pmatrix} \frac{1}{\sqrt{3}} & \frac{1}{\sqrt{2}} & -\frac{1}{\sqrt{6}} \\ -\frac{1}{\sqrt{3}} & \frac{1}{\sqrt{2}} & \frac{1}{\sqrt{6}} \\ \frac{1}{\sqrt{3}} & 0 & \frac{2}{\sqrt{6}} \end{pmatrix} \begin{pmatrix} -2 & & \\ & 1 & \\ & & 1 \end{pmatrix} \begin{pmatrix} \frac{1}{\sqrt{3}} & -\frac{1}{\sqrt{3}} & \frac{1}{\sqrt{3}} \\ \frac{1}{\sqrt{2}} & \frac{1}{\sqrt{2}} & 0 \\ -\frac{1}{\sqrt{6}} & \frac{1}{\sqrt{6}} & \frac{2}{\sqrt{6}} \end{pmatrix}$$

$$= \begin{pmatrix} -\frac{2}{\sqrt{3}} & \frac{1}{\sqrt{2}} & -\frac{1}{\sqrt{6}} \\ \frac{2}{\sqrt{3}} & \frac{1}{\sqrt{2}} & \frac{1}{\sqrt{6}} \\ -\frac{2}{\sqrt{3}} & 0 & \frac{2}{\sqrt{6}} \end{pmatrix} \begin{pmatrix} \frac{1}{\sqrt{3}} & -\frac{1}{\sqrt{3}} & \frac{1}{\sqrt{3}} \\ \frac{1}{\sqrt{2}} & \frac{1}{\sqrt{2}} & 0 \\ -\frac{1}{\sqrt{6}} & \frac{1}{\sqrt{6}} & \frac{2}{\sqrt{6}} \end{pmatrix}$$

$$= \begin{pmatrix} 0 & 1 & -1 \\ 1 & 0 & 1 \\ -1 & 1 & 0 \end{pmatrix}$$

【考点11】 求正交矩阵,化实对称矩阵 A 为对角矩阵

【常考题型】 解答题.

【方法归纳】 常见情形是题设条件间接给出实对称矩阵 A 的信息.关键点是先根据题设条件求出矩阵 A 的特征值和特征向量,然后将重特征值对应的特征向量正交化,再将所有特征向量单位化,即可得到正交矩阵和对角矩阵,从而 $Q^TAQ=\Lambda$.

【例 11-21】(2006 年真题)设 3 阶实对称矩阵 A 的各行元素之和均为 3,向量 $\alpha_1=(-1,2,-1)^T$, $\alpha_2=(0,-1,1)^T$ 是线性方程组 $AX=0$ 的两个解.

(1) 求 A 的特征值与特征向量;

(2) 求正交矩阵 Q 和对角矩阵 Λ,使得 $Q^TAQ=\Lambda$;

(3) 求 A 及 $\left(A-\dfrac{3}{2}E\right)^6$,其中 E 为 3 阶单位阵.

【分析】 由矩阵 A 的各行元素之和均为 3 及矩阵乘法可得矩阵 A 的一个特征值和对应的特征向量;由齐次线性方程组 $AX=0$ 有非零解可知 A 必有零特征值,其非零解是零特征值所对应的特征向量.将 A 的线性无关的特征向量正交化可得正交矩阵 Q;由 $Q^TAQ=\Lambda$ 可得到 A 和 $\left(A-\dfrac{3}{2}E\right)^6$.

【解】(1)因为矩阵 A 的各行元素之和均为 3,所以

$$A\begin{pmatrix}1\\1\\1\end{pmatrix}=\begin{pmatrix}3\\3\\3\end{pmatrix}=3\begin{pmatrix}1\\1\\1\end{pmatrix},$$

则由特征值和特征向量的定义知,$\lambda=3$ 是矩阵 A 的特征值,$\alpha=(1,1,1)^T$ 是对应的特征向量. 对应于 $\lambda=3$ 的全部特征向量为 $k\alpha$,其中 k 是不为零的常数.

又由题设知 $A\alpha_1=0, A\alpha_2=0$，即 $A\alpha_1=0\cdot\alpha_1, A\alpha_2=0\cdot\alpha_2$，而且 α_1,α_2 线性无关，所以 $\lambda=0$ 是矩阵 A 的二重特征值，α_1,α_2 是其对应的特征向量，对应于 $\lambda=0$ 的全部特征向量为 $k_1\alpha_1+k_2\alpha_2$，其中 k_1,k_2 是不全为零的常数.

（2）因为 A 是实对称矩阵，所以 α 与 α_1,α_2 正交，所以只需将 α_1,α_2 正交.

取 $\beta_1=\alpha_1$，

$$\beta_2=\alpha_2-\frac{(\alpha_2,\beta_1)}{(\beta_1,\beta_1)}\beta_1=\begin{pmatrix}0\\-1\\1\end{pmatrix}-\frac{-3}{6}\begin{pmatrix}-1\\2\\-1\end{pmatrix}=\begin{pmatrix}-\frac{1}{2}\\0\\\frac{1}{2}\end{pmatrix}.$$

再将 α,β_1,β_2 单位化，得

$$\eta_1=\frac{\alpha}{|\alpha|}=\begin{pmatrix}\frac{1}{\sqrt{3}}\\\frac{1}{\sqrt{3}}\\\frac{1}{\sqrt{3}}\end{pmatrix},\eta_2=\frac{\beta_1}{|\beta_1|}=\begin{pmatrix}-\frac{1}{\sqrt{6}}\\\frac{2}{\sqrt{6}}\\-\frac{1}{\sqrt{6}}\end{pmatrix},\eta_3=\frac{\beta_2}{|\beta_2|}=\begin{pmatrix}-\frac{1}{\sqrt{2}}\\0\\\frac{1}{\sqrt{2}}\end{pmatrix},$$

令 $Q=(\eta_1,\eta_2,\eta_3)$，则 $Q^{-1}=Q^T$，根据 A 是实对称矩阵必可相似对角化，得

$$Q^T AQ=\begin{pmatrix}3&&\\&0&\\&&0\end{pmatrix}=\Lambda.$$

（3）由（2）知

$$A=Q\Lambda Q^T=\begin{pmatrix}\frac{1}{\sqrt{3}}&-\frac{1}{\sqrt{6}}&-\frac{1}{\sqrt{2}}\\\frac{1}{\sqrt{3}}&\frac{2}{\sqrt{6}}&0\\\frac{1}{\sqrt{3}}&-\frac{1}{\sqrt{6}}&\frac{1}{\sqrt{2}}\end{pmatrix}\begin{pmatrix}3&&\\&0&\\&&0\end{pmatrix}\begin{pmatrix}\frac{1}{\sqrt{3}}&\frac{1}{\sqrt{3}}&\frac{1}{\sqrt{3}}\\-\frac{1}{\sqrt{6}}&\frac{2}{\sqrt{6}}&-\frac{1}{\sqrt{6}}\\-\frac{1}{\sqrt{2}}&0&\frac{1}{\sqrt{2}}\end{pmatrix}=\begin{pmatrix}1&1&1\\1&1&1\\1&1&1\end{pmatrix}.$$

故 $Q^T\left(A-\frac{3}{2}E\right)^6 Q=\left[Q^T\left(A-\frac{3}{2}E\right)Q\right]^6=\left(Q^T AQ-\frac{3}{2}E\right)^6$

$$=\left[\begin{pmatrix}3&&\\&0&\\&&0\end{pmatrix}-\begin{pmatrix}\frac{3}{2}&&\\&\frac{3}{2}&\\&&\frac{3}{2}\end{pmatrix}\right]^6=\begin{pmatrix}\left(\frac{3}{2}\right)^6&&\\&\left(\frac{3}{2}\right)^6&\\&&\left(\frac{3}{2}\right)^6\end{pmatrix}=\left(\frac{3}{2}\right)^6 E,$$

故 $\left(A-\frac{3}{2}E\right)^6=Q\left(\frac{3}{2}\right)^6 EQ^T=\left(\frac{3}{2}\right)^6 E.$

【例 11-22】已知 3 阶实对称矩阵 A 的各行元素之和为 3，又设 $B=\begin{pmatrix} -2 & 1 \\ 1 & 0 \\ 1 & -1 \end{pmatrix}$，且 $AB=0$．

(1) 求 A 的特征值与特征向量；

(2) 求正交矩阵 Q，使 $Q^{\mathrm{T}}AQ=\Lambda$，Λ 为对角矩阵．

【分析】由矩阵 A 的各行元素之和均为 3 及矩阵乘法可得矩阵 A 的一个特征值和对应的特征向量；由 $AB=0$ 和 B 的信息，可知 A 有二重零特征值和相应的线性无关的特征向量．将 A 的线性无关的特征向量正交化可得正交矩阵 Q．

【解】(1) 因为矩阵 A 的各行元素之和均为 3，所以

$$A\begin{pmatrix} 1 \\ 1 \\ 1 \end{pmatrix}=\begin{pmatrix} 3 \\ 3 \\ 3 \end{pmatrix}=3\begin{pmatrix} 1 \\ 1 \\ 1 \end{pmatrix},$$

则由特征值和特征向量的定义知，$\lambda_1=3$ 是矩阵 A 的特征值，$\alpha_1=(1,1,1)^{\mathrm{T}}$ 是对应的特征向量．

记 $B=(\alpha_2,\alpha_3)$，其中 $\alpha_2=\begin{pmatrix} -2 \\ 1 \\ 1 \end{pmatrix}$，$\alpha_3=\begin{pmatrix} 1 \\ 0 \\ -1 \end{pmatrix}$，显然 α_2,α_3 线性无关．

(2) 由 $AB=0$，得

$$A\alpha_1=0=0\cdot\alpha_1,$$
$$A\alpha_2=0=0\cdot\alpha_2.$$

因此 $\lambda_2=\lambda_3=0$ 是 A 的二重特征值，对应的两个线性无关的特征向量为 α_2,α_3．因为 A 是实对称矩阵，所以 α_1 与 α_2,α_3 正交，所以只需先将 α_2,α_3 正交化．

取 $\beta_2=\alpha_2$，

$$\beta_3=\alpha_3-\frac{(\alpha_3,\beta_2)}{(\beta_2,\beta_2)}\beta_2=\begin{pmatrix} 1 \\ 0 \\ -1 \end{pmatrix}-\frac{-3}{6}\begin{pmatrix} -2 \\ 1 \\ 1 \end{pmatrix}=\begin{pmatrix} 0 \\ \frac{1}{2} \\ -\frac{1}{2} \end{pmatrix}.$$

再将 α_1,β_2,β_3 单位化，得

$$\eta_1=\frac{\alpha_1}{|\alpha_1|}=\begin{pmatrix} \frac{1}{\sqrt{3}} \\ \frac{1}{\sqrt{3}} \\ \frac{1}{\sqrt{3}} \end{pmatrix},\ \eta_2=\frac{\beta_2}{|\beta_2|}=\begin{pmatrix} -\frac{2}{\sqrt{6}} \\ \frac{1}{\sqrt{6}} \\ \frac{1}{\sqrt{6}} \end{pmatrix},\ \eta_3=\frac{\beta_3}{|\beta_3|}=\begin{pmatrix} 0 \\ \frac{1}{\sqrt{2}} \\ -\frac{1}{\sqrt{2}} \end{pmatrix},$$

令 $Q=(\eta_1,\eta_2,\eta_3)=\begin{pmatrix} \frac{1}{\sqrt{3}} & -\frac{2}{\sqrt{6}} & 0 \\ \frac{1}{\sqrt{3}} & \frac{1}{\sqrt{6}} & \frac{1}{\sqrt{2}} \\ \frac{1}{\sqrt{3}} & \frac{1}{\sqrt{6}} & -\frac{1}{\sqrt{2}} \end{pmatrix}$，则 $Q^{-1}=Q^{\mathrm{T}}$，根据 A 是实对称矩阵必可相似对

角化,得

$$Q^{\mathrm{T}}AQ = \begin{pmatrix} 3 & & \\ & 0 & \\ & & 0 \end{pmatrix} = \Lambda.$$

【例11-23】(2001年真题)设 $A = \begin{pmatrix} 1 & 1 & a \\ 1 & a & 1 \\ a & 1 & 1 \end{pmatrix}, \beta = \begin{pmatrix} 1 \\ 1 \\ -2 \end{pmatrix}$. 方程组 $AX = \beta$ 有解但不唯一,试求:

(1) a 的值;

(2) 正交矩阵 Q,使 $Q^{\mathrm{T}}AQ$ 为对角矩阵.

【分析】先利用方程组 $AX = \beta$ 有解而不唯一确定参数 a 的值,再按照求正交矩阵 Q 使 $Q^{\mathrm{T}}AQ$ 为对角矩阵的方法求解.

【解法1】(1) 因为方程组 $AX = \beta$ 有解但不唯一,所以

$$|A| = \begin{vmatrix} 1 & 1 & a \\ 1 & a & 1 \\ a & 1 & 1 \end{vmatrix} = -(a-1)^2(a+2) = 0.$$

当 $a = 1$ 时,$r(A) = 1 \neq r(A \vdots \beta) = 2$,此时方程组无解;当 $a = -2$ 时,$r(A) = r(A \vdots \beta) = 2 < 3$,此时方程组有解不唯一. 于是 $a = -2$.

(2) 将 $a = -2$ 代入 A,得 $A = \begin{pmatrix} 1 & 1 & -2 \\ 1 & -2 & 1 \\ -2 & 1 & 1 \end{pmatrix}$. 先求 A 的特征值和特征向量. 由

$$|\lambda E - A| = \begin{vmatrix} \lambda - 1 & -1 & 2 \\ -1 & \lambda + 2 & -1 \\ 2 & -1 & \lambda - 1 \end{vmatrix} = \lambda(\lambda - 3)(\lambda + 3) = 0, \text{得 } A \text{ 得特征值为}$$

$$\lambda_1 = 3, \lambda_2 = -3, \lambda_3 = 0.$$

解方程组 $(3 \cdot E - A)X = 0$ 得,对应于特征值 $\lambda_1 = 3$ 的特征向量为 $\alpha_1 = (1, 0, -1)^{\mathrm{T}}$. 解方程组 $(-3 \cdot E - A)X = 0$ 得,对应于特征值 $\lambda_2 = -3$ 的特征向量为 $\alpha_2 = (1, -2, 1)^{\mathrm{T}}$. 解方程组 $(0 \cdot E - A)X = 0$ 得,对应于特征值 $\lambda_3 = 0$ 的特征向量为 $\alpha_3 = (1, 1, 1)^{\mathrm{T}}$.

将 $\alpha_1, \alpha_2, \alpha_3$ 单位化,得

$$\beta_1 = \left(\frac{1}{\sqrt{2}}, 0, -\frac{1}{\sqrt{2}}\right)^{\mathrm{T}}, \beta_2 = \left(\frac{1}{\sqrt{6}}, -\frac{2}{\sqrt{6}}, \frac{1}{\sqrt{6}}\right)^{\mathrm{T}}, \beta_3 = \left(\frac{1}{\sqrt{3}}, \frac{1}{\sqrt{3}}, \frac{1}{\sqrt{3}}\right)^{\mathrm{T}}.$$

取

$$Q = \begin{pmatrix} \frac{1}{\sqrt{2}} & \frac{1}{\sqrt{6}} & \frac{1}{\sqrt{3}} \\ 0 & -\frac{2}{\sqrt{2}} & \frac{1}{\sqrt{3}} \\ -\frac{1}{\sqrt{2}} & \frac{1}{\sqrt{6}} & \frac{1}{\sqrt{3}} \end{pmatrix},$$

则有 $Q^{\mathrm{T}}AQ = \begin{pmatrix} 3 & 0 & 0 \\ 0 & -3 & 0 \\ 0 & 0 & 0 \end{pmatrix}$.

【解法 2】(1) 对线性方程组 $AX=\beta$ 的增广矩阵作初等行变换,有

$$(A \vdots \beta) = \begin{pmatrix} 1 & 1 & a & \vdots & 1 \\ 1 & a & 1 & \vdots & 1 \\ a & 1 & 1 & \vdots & -2 \end{pmatrix} \to \begin{pmatrix} 1 & 1 & a & \vdots & 1 \\ 0 & a-1 & 1-a & \vdots & 0 \\ 0 & 0 & (a-1)(a+2) & \vdots & a+2 \end{pmatrix}.$$

因为方程组 $AX=\beta$ 有解不唯一,所以 $r(A)=r(A \vdots \beta)<3$,故 $a=-2$.

(2) 同解法 1.

【例 11-24】(1996 年真题)设矩阵 $A = \begin{pmatrix} 0 & 1 & 0 & 0 \\ 1 & 0 & 0 & 0 \\ 0 & 0 & y & 1 \\ 0 & 0 & 1 & 2 \end{pmatrix}$.

(1) 已知 A 的特征值为 3,试求 y;

(2) 求矩阵 P,使得 $(AP)^T(AP)$ 为对角矩阵.

【分析】利用 $|3E-A|=0$ 可确定参数 y 的值. 注意到 $(AP)^T(AP)=P^TA^TAP=P^TA^2P$,而 A^2 为实对称矩阵,因此求 P,使得 $(AP)^T(AP)$ 为对角矩阵,相当于寻求线性变换 $X=PY$,化二次型 X^TA^2X 为标准形,这可以用配方法,也可以用正交变换.

【解】(1) 由题意,$|3E-A|=0$. 因为

$$|\lambda E-A| = \begin{vmatrix} \lambda & -1 & 0 & 0 \\ -1 & \lambda & 0 & 0 \\ 0 & 0 & \lambda-y & -1 \\ 0 & 0 & -1 & \lambda-2 \end{vmatrix} = (\lambda^2-1)[\lambda^2-(y+2)\lambda+2y-1],$$

所以

$$(3^2-1)[3^2-(y+2)3+2y-1]=0,$$

于是 $y=2$.

(2) 将 $y=2$ 代入矩阵 A,得

$$A = \begin{pmatrix} 0 & 1 & 0 & 0 \\ 1 & 0 & 0 & 0 \\ 0 & 0 & 2 & 1 \\ 0 & 0 & 1 & 2 \end{pmatrix}.$$

因为 $A=A^T$,所以 $(AP)^T(AP)=P^TA^TAP=P^TA^2P$. 下面给出两种求解方法.

方法 1:对于 $A^2 = \begin{pmatrix} 1 & 0 & 0 & 0 \\ 0 & 1 & 0 & 0 \\ 0 & 0 & 5 & 4 \\ 0 & 0 & 4 & 5 \end{pmatrix}$,先求它的特征值和特征向量.

由 $|\lambda E-A^2| = \begin{vmatrix} \lambda-1 & 0 & 0 & 0 \\ 0 & \lambda-1 & 0 & 0 \\ 0 & 0 & \lambda-5 & -4 \\ 0 & 0 & -4 & \lambda-5 \end{vmatrix} = (\lambda-1)^3(\lambda-9)=0$,得 A^2 的特征值 $\lambda_1 = \lambda_2 = \lambda_3 = 1, \lambda_4 = 9$.

求解 $(1 \cdot E-A^2)X=0$ 得,对应于 $\lambda_1=\lambda_2=\lambda_3=1$ 的特征向量为

$$\alpha_1=(1,0,0,0)^T, \alpha_2=(0,1,0,0)^T, \alpha_3=(0,0,-1,1)^T.$$

经正交标准化后,得向量组
$$\beta_1=(1,0,0,0)^T, \beta_2=(0,1,0,0)^T, \beta_3=\left(0,0,-\frac{1}{\sqrt{2}},\frac{1}{\sqrt{2}}\right)^T.$$

求解 $(9 \cdot E - A^2)X = 0$ 得,对应于 $\lambda_4 = 9$ 的特征向量为
$$\alpha_4 = (0,0,1,1)^T.$$

将 α_4 单位化,得 $\beta_4 = \left(0,0,\frac{1}{\sqrt{2}},\frac{1}{\sqrt{2}}\right)^T$. 令

$$P = (\beta_1, \beta_2, \beta_3, \beta_4) = \begin{pmatrix} 1 & 0 & 0 & 0 \\ 0 & 1 & 0 & 0 \\ 0 & 0 & -\frac{1}{\sqrt{2}} & \frac{1}{\sqrt{2}} \\ 0 & 0 & \frac{1}{\sqrt{2}} & \frac{1}{\sqrt{2}} \end{pmatrix},$$

则
$$(AP)^T(AP) = P^T A^2 P = \begin{pmatrix} 1 & 0 & 0 & 0 \\ 0 & 1 & 0 & 0 \\ 0 & 0 & 1 & 0 \\ 0 & 0 & 0 & 9 \end{pmatrix}.$$

方法 2:对于 $A^2 = \begin{pmatrix} 1 & 0 & 0 & 0 \\ 0 & 1 & 0 & 0 \\ 0 & 0 & 5 & 4 \\ 0 & 0 & 4 & 5 \end{pmatrix}$,考虑它的二次型

$$X^T A^2 X = x_1^2 + x_2^2 + 5x_3^2 + 5x_4^2 + 8x_3 x_4 = x_1^2 + x_2^2 + 5\left(x_3 + \frac{4}{5}x_4\right)^2 + \frac{9}{5}x_4^2,$$

令
$$\begin{cases} y_1 = x_1, \\ y_2 = x_2, \\ y_3 = x_3 + \frac{4}{5}x_4, \\ y_4 = x_4. \end{cases}$$

得
$$\begin{pmatrix} x_1 \\ x_2 \\ x_3 \\ x_4 \end{pmatrix} = \begin{pmatrix} 1 & 0 & 0 & 0 \\ 0 & 1 & 0 & 0 \\ 0 & 0 & 1 & -\frac{4}{5} \\ 0 & 0 & 0 & 1 \end{pmatrix} \begin{pmatrix} y_1 \\ y_2 \\ y_3 \\ y_4 \end{pmatrix}.$$

取
$$P = \begin{pmatrix} 1 & 0 & 0 & 0 \\ 0 & 1 & 0 & 0 \\ 0 & 0 & 1 & -\frac{4}{5} \\ 0 & 0 & 0 & 1 \end{pmatrix},$$

则
$$(AP)^T(AP) = \begin{pmatrix} 1 & 0 & 0 & 0 \\ 0 & 1 & 0 & 0 \\ 0 & 0 & 5 & 0 \\ 0 & 0 & 0 & \frac{9}{5} \end{pmatrix}.$$

> 【考点 12】特征值、特征向量的性质及其应用

> 【常考题型】解答题.

> 【方法归纳】
> ① 利用特征值和特征向量的定义 $AX=\lambda X$.
> ② 利用矩阵的相似对角化 $AP=P\Lambda$ 及 $A^k=P\Lambda^k P^{-1}$.

【例 11-25】(1992 年真题) 设 3 阶矩阵 A 的特征值为 $\lambda_1=1,\lambda_2=2,\lambda_3=3$, 对应的特征向量依次为 $\xi_1=(1,1,1)^T,\xi_2=(1,2,4)^T,\xi_3=(1,3,9)^T$, 又向量 $\beta=(1,1,3)^T$.

(1) 将 β 用 ξ_1,ξ_2,ξ_3 线性表出;

(2) 求 $A^n\beta$ (n 为自然数).

【分析】(1) 属于基本题型. 对于(2), 有两种思路:一是利用(1)的结果 $\beta=k_1\xi_1+k_2\xi_2+k_3\xi_3$ 将 $A^n\beta$ 转化并运用 $A^n\xi_i=\lambda_i^n\xi_i(i=1,2,3)$ 求解;二是注意到 3 阶矩阵 A 的特征值互异 $\Rightarrow A$ 必可对角化 $\Rightarrow P^{-1}AP=\begin{pmatrix}1 & & \\ & 2 & \\ & & 3\end{pmatrix}$, 其中 $P=(\xi_1,\xi_2,\xi_3)$, 从而可求出 A^n, 进一步求出 $A^n\beta$.

【解法 1】(1) 设 $\beta=x_1\xi_1+x_2\xi_2+x_3\xi_3=(\xi_1,\xi_2,\xi_3)\begin{pmatrix}x_1\\x_2\\x_3\end{pmatrix}$.

对此非齐次线性方程组的增广矩阵施行初等行变换, 得

$$(\xi_1,\quad \xi_2,\quad \xi_3 \vdots \beta)=\begin{pmatrix}1 & 1 & 1 & \vdots & 1\\ 1 & 2 & 3 & \vdots & 1\\ 1 & 4 & 9 & \vdots & 3\end{pmatrix}\rightarrow\begin{pmatrix}1 & 1 & 1 & \vdots & 1\\ 0 & 1 & 2 & \vdots & 0\\ 0 & 0 & 1 & \vdots & 1\end{pmatrix}\rightarrow\begin{pmatrix}1 & 0 & 0 & \vdots & 2\\ 0 & 1 & 0 & \vdots & -2\\ 0 & 0 & 1 & \vdots & 1\end{pmatrix},$$

于是有解 $x_1=2,x_2=-2,x_3=1$, 故

$$\beta_1=2\xi_1-2\xi_2+\xi_3.$$

(2) 由于 $A\xi_i=\lambda_i\xi_i$, 故 $A^n\xi_i=\lambda_i^n\xi_i(i=1,2,3)$. 于是

$$A^n\beta=A^n(2\xi_1-2\xi_2+\xi_3)=2A^n\xi_1-2A^n\xi_2+A^n\xi_3$$
$$=2\lambda_1^n\xi_1-2\lambda_2^n\xi_2+\lambda_3^n\xi_3=2\xi_1-2^{n+1}\xi_2+3^n\xi_3$$
$$=\begin{pmatrix}2-2^{n+1}+3^n\\2-2^{n+2}+3^{n+1}\\2-2^{n+3}+3^{n+2}\end{pmatrix}.$$

【解法 2】(1) 同解法 1.

(2) 记 $P=(\xi_1,\xi_2,\xi_3)$, 则有

$$P^{-1}AP=\begin{pmatrix}1 & & \\ & 2 & \\ & & 3\end{pmatrix} \text{ 或 } A=P\begin{pmatrix}1 & & \\ & 2 & \\ & & 3\end{pmatrix}P^{-1},$$

于是

$$A^n\beta = P\begin{pmatrix} 1 & & \\ & 2 & \\ & & 3 \end{pmatrix}P^{-1}\beta = \begin{pmatrix} 1 & 1 & 1 \\ 1 & 2 & 3 \\ 1 & 4 & 9 \end{pmatrix}\begin{pmatrix} 1 & & \\ & 2^n & \\ & & 3^n \end{pmatrix}\begin{pmatrix} 3 & -\frac{5}{2} & \frac{1}{2} \\ -3 & 4 & -1 \\ 1 & -\frac{3}{2} & \frac{1}{2} \end{pmatrix}\begin{pmatrix} 1 \\ 1 \\ 3 \end{pmatrix}$$

$$= \begin{pmatrix} 2 - 2^{n+1} + 3^n \\ 2 - 2^{n+2} + 3^{n+1} \\ 2 - 2^{n+3} + 3^{n+2} \end{pmatrix}.$$

【例 11-26】(2000 年真题)某试验性生产线每年一月份进行熟练工与非熟练工的人数统计,然后将 1/6 的熟练工支援其他生产部门,其缺额由招收新的非熟练工补齐.新、老非熟练工经过培训及实践至年终考核有 2/5 成为熟练工.设第 n 年一月份统计的熟练工和非熟练工所占百分比分别为 x_n 和 y_n,记成向量 $\begin{pmatrix} x_n \\ y_n \end{pmatrix}$.

(1) 求 $\begin{pmatrix} x_{n+1} \\ y_{n+1} \end{pmatrix}$ 与 $\begin{pmatrix} x_n \\ y_n \end{pmatrix}$ 的关系式并写成矩阵形式:$\begin{pmatrix} x_{n+1} \\ y_{n+1} \end{pmatrix} = A\begin{pmatrix} x_n \\ y_n \end{pmatrix}$;

(2) 验证 $\eta_1 = \begin{pmatrix} 4 \\ 1 \end{pmatrix}, \eta_2 = \begin{pmatrix} -1 \\ 1 \end{pmatrix}$ 是 A 的两个线性无关的特征向量,并求相应的特征值;

(3) 当 $\begin{pmatrix} x_1 \\ y_1 \end{pmatrix} = \begin{pmatrix} \frac{1}{2} \\ \frac{1}{2} \end{pmatrix}$ 时,求 $\begin{pmatrix} x_{n+1} \\ y_{n+1} \end{pmatrix}$.

【解】(1) $\begin{cases} x_{n+1} = \frac{5}{6}x_n + \frac{2}{5}\left(\frac{1}{6}x_n + y_n\right), \\ y_{n+1} = \frac{3}{5}\left(\frac{1}{6}x_n + y_n\right). \end{cases}$

化简得

$$\begin{cases} x_{n+1} = \frac{9}{10}x_n + \frac{2}{5}y_n, \\ y_{n+1} = \frac{1}{10}x_n + \frac{3}{5}y_n. \end{cases}$$

即 $\begin{pmatrix} x_{n+1} \\ y_{n+1} \end{pmatrix} = \begin{pmatrix} \frac{9}{10} & \frac{2}{5} \\ \frac{1}{10} & \frac{3}{5} \end{pmatrix}\begin{pmatrix} x_n \\ y_n \end{pmatrix}$,于是 $A = \begin{pmatrix} \frac{9}{10} & \frac{2}{5} \\ \frac{1}{10} & \frac{3}{5} \end{pmatrix}$.

(2) 令 $P = (\eta_1, \eta_2) = \begin{pmatrix} 4 & -1 \\ 1 & 1 \end{pmatrix}$,则由 $|P| = 5 \neq 0$ 可知,η_1, η_2 线性无关.

因为 $A\eta_1 = \begin{pmatrix} 4 \\ 1 \end{pmatrix} = \eta_1$,故 η_1 为 A 的特征向量,且相应的特征值为 $\lambda_1 = 1$.

因为 $A\eta_2 = \begin{pmatrix} -\frac{1}{2} \\ \frac{1}{2} \end{pmatrix} = \frac{1}{2}\eta_2$,故 η_2 为 A 的特征向量,且相应的特征值为 $\lambda_2 = \frac{1}{2}$.

(3) $\begin{pmatrix} x_{n+1} \\ y_{n+1} \end{pmatrix} = A \begin{pmatrix} x_n \\ y_n \end{pmatrix} = A^2 \begin{pmatrix} x_{n-1} \\ y_{n-1} \end{pmatrix} = \cdots = A^n \begin{pmatrix} x_1 \\ y_1 \end{pmatrix} = A^n \begin{pmatrix} \frac{1}{2} \\ \frac{1}{2} \end{pmatrix}$,

由 $P^{-1}AP = \begin{pmatrix} \lambda_1 & 0 \\ 0 & \lambda_2 \end{pmatrix}$, 有 $A = P \begin{pmatrix} \lambda_1 & 0 \\ 0 & \lambda_2 \end{pmatrix} P^{-1}$, 于是

$$A^n = P \begin{pmatrix} \lambda_1 & 0 \\ 0 & \lambda_2 \end{pmatrix}^n P^{-1}.$$

又 $P^{-1} = \frac{1}{5} \begin{pmatrix} 1 & 1 \\ -1 & 4 \end{pmatrix}$, 故

$$A^n = \frac{1}{5} \begin{pmatrix} 4 & -1 \\ 1 & 1 \end{pmatrix} \begin{pmatrix} 1 & 0 \\ 0 & \left(\frac{1}{2}\right)^n \end{pmatrix} \begin{pmatrix} 1 & 1 \\ -1 & 4 \end{pmatrix} = \frac{1}{5} \begin{pmatrix} 4+\left(\frac{1}{2}\right)^n & 4-\left(\frac{1}{2}\right)^n \\ 1-\left(\frac{1}{2}\right)^n & 1+4\left(\frac{1}{2}\right)^n \end{pmatrix},$$

因此

$$\begin{pmatrix} x_{n+1} \\ y_{n+1} \end{pmatrix} = A^n \begin{pmatrix} \frac{1}{2} \\ \frac{1}{2} \end{pmatrix} = \frac{1}{10} \begin{pmatrix} 8-3\left(\frac{1}{2}\right)^n \\ 2+3\left(\frac{1}{2}\right)^n \end{pmatrix}.$$

【考点 13】有关两矩阵相似的必要条件

【常考题型】选择题.

【方法归纳】利用矩阵相似的定义和性质.

【例 11-27】(2002 年真题)设 A,B 为同阶方阵.
(1) 如果 A,B 相似,试证 A,B 的特征多项式相等.
(2) 举一个 2 阶方阵的例子说明(1)的逆命题不成立.
(3) 当 A,B 均为实对称矩阵时,试证(1)的逆命题成立.

【证明】(1) 若 A,B 相似,则存在可逆矩阵 P,使 $P^{-1}AP = B$,故

$$|\lambda E - B| = |\lambda E - P^{-1}AP| = |P^{-1}\lambda EP - P^{-1}AP| = |P^{-1}(\lambda E - A)P|$$
$$= |P^{-1}||\lambda E - A||P| = |P^{-1}||P||\lambda E - A| = |\lambda E - A|.$$

(2) 令 $A = E_2 = \begin{pmatrix} 1 & 0 \\ 0 & 1 \end{pmatrix}, B = \begin{pmatrix} 1 & 1 \\ 0 & 1 \end{pmatrix}$, 则

$$|\lambda E - A| = |\lambda E - B| = (\lambda - 1)^2,$$

但 A,B 不相似,因为与 E_2 相似的矩阵必为其本身,而 $B \neq E_2$.

(3) 若 $|\lambda E - A| = |\lambda E - B|$, 则 A 与 B 的特征值相同,设为 $\lambda_1, \lambda_2, \cdots, \lambda_n$. 由于 A,B 均为实对称矩阵,故 A,B 均相似于同一对角矩阵,即存在可逆矩阵 P,Q 使

$$P^{-1}AP = \begin{pmatrix} \lambda_1 & & & \\ & \lambda_2 & & \\ & & \ddots & \\ & & & \lambda_n \end{pmatrix} = Q^{-1}BQ.$$

$$(PQ^{-1})^{-1}A(PQ^{-1}) = B.$$

由 PQ^{-1} 是可逆矩阵知,A 与 B 相似.

有关特征值、特征向量和相似矩阵的证明

【考点 14】两相关矩阵的特征值与特征向量间的关系

【例 11-28】 设 n 阶矩阵 A,B 满足 $r(A)+r(B)<n$,证明 A 与 B 有公共的特征值和特征向量.

【分析】 由题设可知,A,B 有公共特征值 0,而 A,B 对应于特征值 0 的特征向量分别是 $AX=0,BX=0$ 的非零解,因此 A,B 有公共特征向量的问题转化为方程组 $AX=0,BX=0$ 有非零公共解的问题.

【证明】 由题设 $r(A)+r(B)<n$ 可知,$r(A)<n,r(B)<n$,故 $|A|=|B|=0$.于是 A,B 都有特征值 0,从而 A 与 B 有公共的特征值. 又由于 A,B 对应于特征值 0 的特征向量分别是 $AX=0,BX=0$ 的非零解,因此,只需证明 $AX=0,BX=0$ 有公共解即可说明 A 与 B 有公共的特征向量.考虑齐次线性方程组

$$\begin{pmatrix} A \\ B \end{pmatrix} X = 0.$$

因为 $r\begin{pmatrix} A \\ B \end{pmatrix} \leqslant r(A)+r(B)<n$,故上面的方程组有非零解,此非零解使 $AX=0$,也使 $BX=0$,即是 A 与 B 对应于公共特征值 0 的公共特征向量.从而得证 A 与 B 有公共的特征向量.

【例 11-29】 设 n 阶矩阵 A 满足条件 $AA^T=4E$,A 的行列式 $|A|<0$,但 $|2E+A|=0$,其中 E 是 n 阶单位矩阵,证明 2^{n-1} 是 A 的伴随矩阵 A^* 的一个特征值.

【证明】 由于 $|A|<0$,故 A 是可逆矩阵.而由 $|A^T|=|A|$ 及 $AA^T=4E$,可知 $|A|^2=|AA^T|=|4E|=4^n$,从而 $|A|=\pm 2^n$,又因 $|A|<0$,故 $|A|=-2^n$.又由 $|2E+A|=|A-(-2)E|=0$ 知,-2 是 A 的一个特征值,因为 A^* 的特征值为 $\dfrac{|A|}{\lambda}$,所以 2^{n-1} 是 A 的伴随矩阵 A^* 的一个特征值.

【考点 15】矩阵相似性的证明

【例 11-30】 设 2 阶矩阵 A 的行列式 $|A|<0$,且 $AB=BA$.试证:$B\sim\Lambda$,其中 Λ 是对角阵.

【证明】 $|\lambda E-A|=\lambda^2-(a_{11}+a_{22})\lambda+|A|=0$,由于 $|A|<0$,则 A 有两个不同的特征值 λ_1,λ_2,从而有两个线性无关的特征向量 α_1,α_2. 令 $P=(\alpha_1,\alpha_2)$,则 P 可逆,且 $P^{-1}AP=\text{diag}(\lambda_1,\lambda_2)=\Lambda_1$. 又因为 $AB=BA$,于是有 $P^{-1}ABP=P^{-1}BAP$,即

$$P^{-1}AP \cdot P^{-1}BP = P^{-1}BP \cdot P^{-1}AP,$$

则
$$\Lambda_1 P^{-1}BP = P^{-1}BP\Lambda_1,$$

故知 Λ_1 与 $P^{-1}BP$ 可交换，由于与对角矩阵可交换的矩阵是对角矩阵，故 $P^{-1}BP = \Lambda$，即 $B \sim \Lambda$.

【例 11-31】 设 n 阶方阵 A 满足 $A^2 = A$（称 A 为幂等矩阵）．证明：A 相似于对角矩阵．

【分析】 从 A 相似于对角矩阵的充要条件是 A 有 n 个线性无关的特征向量出发，转化为证明 $r(A) + r(E - A) = n$.

【证明】 设 λ 为 A 的任一特征值，X 为对应的特征向量，则 $AX = \lambda X$，再结合 $A^2 = A$ 可得 $\lambda^2 = \lambda$，于是有 $\lambda = 0$ 或 $\lambda = 1$，即 A 的特征值只能是 0 或者 1. 分如下三种情形进行证明．

(1) 当 A 只有特征值 1 时，$|A| = 1$，于是 A 可逆，由 $A^2 = A$ 两端左乘 A^{-1}，得 $A = E$，此时本题结论显然成立．

(2) 当 A 只有特征值 0 时，$|E - A| \neq 0$，于是 $E - A$ 可逆，由 $A^2 = A$ 得 $A(E - A) = 0$，两边左乘 $E - A$，得 $A = 0$，此时本题结论显然成立．

(3) 当 A 既有特征值 0 又由特征值 1 时，因为属于特征值 0 的线性无关的特征向量的个数为 $n - r(A)$，属于特征值 1 的线性无关的特征向量的个数为 $n - r(E - A)$；而 A 的属于不同特征值的特征向量必是线性无关的，故 A 的线性无关的特征向量的个数为

$$n - r(A) + n - r(E - A) = 2n - [r(A) + r(E - A)].$$

下面只需证明 $r(A) + r(E - A) = n$.

由 $A^2 = A$，可得

$$A(A - E) = 0.$$

利用结论 $AB = 0 \Rightarrow r(A) + r(B) \leqslant n$ 可得

$$r(A) + r(A - E) \leqslant n \tag{11-5}$$

又因为 $A + (-1)(A - E) = E$，所以 $r[A + (-1)(A - E)] = r(E) = n$. 再利用结论 $r(A) + r(B) \geqslant r(A \pm B)$，有

$$r(A) + r(A - E) \geqslant r[(A) + (-1)(A - E)] = n.$$

故

$$r(A) + r(A - E) \geqslant n. \tag{11-6}$$

综合式(11-5)和式(11-6)可得 $r(A) + r(A - E) = n$. 故本题得证．

第十二章 二次型

考点归纳

(1) 二次型及其矩阵表示.
(2) 合同变换与合同矩阵.
(3) 二次型的秩和惯性定理.
(4) 二次型的标准形和规范形.
(5) 用正交变换和配方法化二次型为标准形.
(6) 二次型及其对应矩阵的正定性.

考点解读

★命题趋势

本部分的命题重点是化二次型为标准形,且一般都是通过正交变换化二次型为标准形.此外有关正定二次型、正定矩阵的几个等价命题以及合同矩阵的判定也常出现在考核的题目中.这部分命题方式主要为选择题、解答题和证明题.

★难点剖析

1. 化二次型为标准形的定理

若设 $X=(x_1,x_2,\cdots,x_n)^T, Y=(y_1,y_2,\cdots,y_n)^T, A, C, Q$ 分别是实对称、可逆、正交的矩阵.

(1) 任意 n 元二次型 $f=X^TAX$ 都可以通过可逆线性变换 $X=CY$ 化成标准形 $d_1y_1^2+d_2y_2^2+\cdots+d_ny_n^2$.

(2) 任意 n 元实二次型 $f=X^TAX$ 都可以通过正交变换 $X=QY$ 化成标准形 $\lambda_1y_1^2+\lambda_2y_2^2+\cdots+\lambda_ny_n^2, \lambda_i$ 为 f 的特征值.

2. 求二次型的标准形的方法

一般有如下两个方法.

(1) 正交变换法,即将二次型对应的实对称矩阵正交相似对角化的过程,所得标准形平方项的系数是二次型的矩阵的特征值.

(2) 一般的可逆线性变换法,有矩阵的合同变换法和配方法,此时标准形平方项的系数未必是二次型的矩阵的特征值.

(3) 一般来说,求二次型的标准形、规范形或正负惯性指数,在题目中没有要求必须用正交法时,可选用配方法求得,因为计算量较小.一般出现在填空和选择题中.

3. 关于二次型的唯一性

(1) 二次型的标准形是不唯一的,即使用同一种方法,如配方法,由于配方次序不同,标准形也可能不一样.

(2) 但是,若用正交变换化二次型为标准形,其标准形为 $\lambda_1 y_1^2 + \lambda_2 y_2^2 + \cdots + \lambda_n y_n^2$,$\lambda_i$ 为 f 的特征值. 在不考虑 λ_i 次序的意义下,可以认为标准形是唯一的.

4. 关于二次型的惯性指数和秩

任意 n 元实二次型 $f = X^T A X$ 无论用怎样的可逆线性变换化为标准形,其中正平方项的个数 p,负平方项的个数 q 都是由这个二次型唯一确定的. 称 p 和 q 分别为二次型的正惯性指数和负惯性指数;称 $p + q = r = r(A)$ 为二次型的秩,即 A 的秩或标准形中非零系数的个数为二次型的秩.

5. 二次型的规范形

(1) 任意 n 元实二次型 $f = X^T A X$ 总可以通过可逆线性变换化为规范形 $y_1^2 + \cdots + y_p^2 - y_{p+1}^2 \cdots - y_r^2$,且其规范形是唯一的,其中 r 为 f 的秩.

(2) 由二次型的标准形来确定二次型的秩和正惯性指数,就可以求出二次型的规范形.

6. 合同变换与合同矩阵

(1) 设 A 与 B 是 n 阶矩阵,若存在可逆矩阵 C,使得 $B = C^T A C$,则称矩阵 A 合同于 B.

(2) 对于二次型 $f = X^T A X$ 作可逆变换 $X = CY$,相当于对对称矩阵 A 作合同变换,把二次型化成标准形相当于把对称矩阵化成对角阵(称为把对称阵 A 合同对角化),即寻找可逆矩阵 C,使 $C^T A C = \mathrm{diag}(k_1, k_2, \cdots, k_n)$.

(3) 任意 n 阶实对称矩阵与下面的对角矩阵合同:

$$\begin{pmatrix} E_p & & \\ & -E_q & \\ & & O \end{pmatrix}$$

其中 p 和 q 分别是矩阵的正、负惯性指数,E_p,E_q 分别是 p 阶,q 阶单位矩阵.

7. 合同矩阵与相似矩阵

(1) 通过正交变换化二次型为标准形,则原二次型所对应的矩阵与标准形所对应的矩阵既是相似的又是合同的.

(2) 通过一般的可逆线性变换化为标准形,则前后二次型所对应的矩阵合同但不一定相似.

(3) 两个同阶实对称矩阵相似的充要条件是它们有相同的特征值和重数.

(4) 两个同阶实对称矩阵合同的充要条件是它们有相同的秩及相同的正惯性指数.

(5) 两个实对称矩阵相似,则这两个矩阵一定合同,但反之不真.

8. 正定二次型及其对应矩阵的正定性

证明或判定二次型或矩阵是正定的,主要有如下两种方法.

(1) 用定义:若二次型 $f = X^T A X$,如果对任何 $X \neq 0$,都有 $f > 0$,则称 f 为正定二次型,并称实对称矩阵 A 为正定矩阵.

(2) 用等价的命题:n 元实二次型 $f = X^T A X$ 正定的充要条件是下列条件之一成立.

① f 的标准形的 n 个系数全为正.

② f 的正惯性指数为 n.

③ A 与 E 合同.

④ $A = CC^T$,其中 C 可逆.

⑤ f 的矩阵 A 的特征值均大于零.

⑥ A 的各阶顺序主子式全大于零,即 $a_{11}>0$, $\begin{vmatrix} a_{11} & a_{12} \\ a_{21} & a_{22} \end{vmatrix}>0,\cdots,|A|>0$.

(3)一般地,对于具体的矩阵,多数情况是计算各阶顺序主子式.对于抽象的矩阵,可以考虑用定义、特征值等判别其正定性.

点击考点＋方法归纳

有关二次型的标准化问题

【考点1】先确定二次型中的参数,再求正交变换或正交变换矩阵,最后将含参数的二次型化为标准形.

【常考题型】解答题.

【方法归纳】首先以二次型平方项 $a_{ii}x_i^2$ 系数 a_{ii} 为矩阵对角线元素,以 $a_{ij}x_ix_j$ 的系数的一半 $\dfrac{a_{ij}}{2}$ 为矩阵非对角元素,正确写出二次型对应的矩阵;再利用题设信息确定其中的参数;最后再求相应的正交变换(或正交变换矩阵).一般求参数的情形如下.

① 若已知二次型的秩,也就是对应的矩阵的秩,则利用初等行变换法或行列式法确定其中的参数.

② 若已知二次型对应矩阵的特征值,则利用特征值的相关结论.

【例12-1】(2005年真题)已知二次型 $f(x_1,x_2,x_3)=(1-a)x_1^2+(1-a)x_2^2+2x_3^2+2(1+a)x_1x_2$ 的秩为2.

(1)求 a 的值;

(2)求正交变换 $X=QY$,把二次型 $f(x_1,x_2,x_3)$ 化成标准形;

(3)求方程 $f(x_1,x_2,x_3)=0$ 的解.

【分析】(1)根据二次型的秩为2,可知对应矩阵的秩为2或其行列式为0,从而可求 a 的值.(2)是常规问题,先求出特征值、特征向量,再正交化、单位化即可找到所需正交变换.(3)利用(2)的结果,通过标准形求解即可.

【解法1】(1)二次型对应的矩阵为

$$A=\begin{pmatrix} 1-a & 1+a & 0 \\ 1+a & 1-a & 0 \\ 0 & 0 & 2 \end{pmatrix}.$$

当 $1-a=0$,即 $a=1$ 时,$A=\begin{pmatrix} 0 & 2 & 0 \\ 2 & 0 & 0 \\ 0 & 0 & 2 \end{pmatrix}$,此时 $r(A)=3$ 与题设矛盾,因此 $1-a\neq 0$.

对 A 施行初等行变换,可得

$$A = \begin{pmatrix} 1-a & 1+a & 0 \\ 1+a & 1-a & 0 \\ 0 & 0 & 2 \end{pmatrix} \rightarrow \begin{pmatrix} 1-a & 1+a & 0 \\ 0 & \dfrac{-4a}{1-a} & 0 \\ 0 & 0 & 2 \end{pmatrix}.$$

因为二次型的秩为 2,必有 $\dfrac{-4a}{1-a}=0$,解得 $a=0$. 此时 $A = \begin{pmatrix} 1 & 1 & 0 \\ 1 & 1 & 0 \\ 0 & 0 & 2 \end{pmatrix}$.

(2) 对 $A = \begin{pmatrix} 1 & 1 & 0 \\ 1 & 1 & 0 \\ 0 & 0 & 2 \end{pmatrix}$,由其特征方程

$$|\lambda E - A| = \begin{vmatrix} \lambda-1 & -1 & 0 \\ -1 & \lambda-1 & 0 \\ 0 & 0 & \lambda-2 \end{vmatrix} = \lambda(\lambda-2)^2 = 0,$$

求得 A 的特征值为 $\lambda_1=\lambda_2=2, \lambda_3=0$.

对于 $\lambda_1=\lambda_2=2$,求解 $(2E-A)X=0$,得对应的两个线性无关的特征向量为

$$\alpha_1 = \begin{pmatrix} 1 \\ 1 \\ 0 \end{pmatrix}, \alpha_2 = \begin{pmatrix} 0 \\ 0 \\ 1 \end{pmatrix}.$$

对于 $\lambda_3=0$,求解 $(0E-A)X=0$,得对应的一个特征向量为 $\alpha_3 = \begin{pmatrix} 1 \\ -1 \\ 0 \end{pmatrix}$.

由于 α_1, α_2 已经正交,直接将 $\alpha_1, \alpha_2, \alpha_3$ 单位化,得

$$\eta_1 = \frac{1}{\sqrt{2}} \begin{pmatrix} 1 \\ 1 \\ 0 \end{pmatrix}, \eta_2 = \begin{pmatrix} 0 \\ 0 \\ 1 \end{pmatrix}, \eta_3 = \frac{1}{\sqrt{2}} \begin{pmatrix} 1 \\ -1 \\ 0 \end{pmatrix}.$$

令 $Q=(\eta_1, \eta_2, \eta_3)$,即为所求的正交变换矩阵,由 $X=QY$,可化原二次型为标准形:

$$f(x_1,x_2,x_3) = 2y_1^2 + 2y_2^2.$$

(3) 由 $f(x_1,x_2,x_3) = 2y_1^2 + 2y_2^2 = 0$,得 $y_1=0, y_2=0, y_3=k(k$ 为任意常数). 从而所求解为

$$X = QY = (\eta_1, \eta_2, \eta_3) \begin{pmatrix} 0 \\ 0 \\ k \end{pmatrix} = k\eta_3 = \begin{pmatrix} c \\ -c \\ 0 \end{pmatrix}, 其中 c 为任意常数.$$

【解法 2】(1) 二次型对应矩阵为

$$A = \begin{pmatrix} 1-a & 1+a & 0 \\ 1+a & 1-a & 0 \\ 0 & 0 & 2 \end{pmatrix}.$$

由二次型的秩为 2,知 $|A| = \begin{vmatrix} 1-a & 1+a & 0 \\ 1+a & 1-a & 0 \\ 0 & 0 & 2 \end{vmatrix} = 0$,解得 $a=0$. 经验证可知,此时 $r(A)=2$. 因此 $a=0$ 确实为所求.

(2)、(3)同解法 1.

【例 12-2】(2003 年真题)设二次型 $f(x_1,x_2,x_3)=X^{\mathrm{T}}AX=ax_1^2+2x_2^2-2x_3^2+2bx_1x_3(b>0)$,其中二次型的矩阵 A 的特征值之和为 1,特征值之积为 -12.

(1) 求 a,b 的值;

(2) 利用正交变换将二次型 f 化成标准形,并写出所用的正交变换和对应的正交矩阵.

【分析】利用 A 的特征值之和为 A 的主对角线上元素之和,特征值之积为 A 的行列式,可求出 a,b 的值;进一步可求出 A 的特征值和特征向量,并注意将相同特征值的特征向量正交化(若有必要);然后将特征向量单位化并以此为列所构造的矩阵即为所求的正交矩阵.

【解】(1) 二次型 f 的矩阵为

$$A=\begin{pmatrix} a & 0 & b \\ 0 & 2 & 0 \\ b & 0 & -2 \end{pmatrix}.$$

若设 A 的特征值为 $\lambda_i(i=1,2,3)$. 由题设,有

$$\begin{cases} \lambda_1+\lambda_2+\lambda_3=a+2+(-2)=1, \\ \lambda_1\lambda_2\lambda_3=\begin{vmatrix} a & 0 & b \\ 0 & 2 & 0 \\ b & 0 & -2 \end{vmatrix}=-4a-2b^2=-12. \end{cases}$$

解得 $a=1,b=-2$.

(2) 由矩阵 A 的特征方程

$$|\lambda E-A|=\begin{vmatrix} \lambda-1 & 0 & -2 \\ 0 & \lambda-2 & 0 \\ -2 & 0 & \lambda+2 \end{vmatrix}=(\lambda-2)^2(\lambda+3)=0,$$

求得 A 的特征值 $\lambda_1=\lambda_2=2,\lambda_3=-3$.

对于 $\lambda_1=\lambda_2=2$,解齐次线性方程组 $(2E-A)X=0$,得对应的两个线性无关的特征向量为

$$\xi_1=(2,0,1)^{\mathrm{T}},\xi_2=(0,1,0)^{\mathrm{T}}.$$

对于 $\lambda_3=-3$,解齐次线性方程组 $(-3E-A)X=0$,得对应的一个线性无关的特征向量为

$$\xi_3=(1,0,-2)^{\mathrm{T}}.$$

由于 ξ_1,ξ_2,ξ_3 已是正交向量组,为了得到规范正交向量组,只需将 ξ_1,ξ_2,ξ_3 单位化,由此得

$$\eta_1=\left(\frac{2}{\sqrt{5}},0,\frac{1}{\sqrt{5}}\right)^{\mathrm{T}},\eta_2=(0,1,0)^{\mathrm{T}},\eta_3=\left(\frac{1}{\sqrt{5}},0,-\frac{2}{\sqrt{5}}\right)^{\mathrm{T}}.$$

令矩阵

$$Q=(\eta_1,\eta_2,\eta_3)=\begin{pmatrix} \frac{2}{\sqrt{5}} & 0 & \frac{1}{\sqrt{5}} \\ 0 & 1 & 0 \\ \frac{1}{\sqrt{5}} & 0 & -\frac{2}{\sqrt{5}} \end{pmatrix},$$

则 Q 为正交矩阵. 在正交变换 $X=QY$ 下,有

$$Q^{\mathrm{T}}AQ=\begin{pmatrix} 2 & 0 & 0 \\ 0 & 2 & 0 \\ 0 & 0 & -3 \end{pmatrix},$$

且二次型的标准形为
$$f = 2y_1^2 + 2y_2^2 - 3y_3^2.$$

【例 12-3】 已知 A 为 3 阶实对称矩阵，其特征值为 $\lambda_1 = \lambda_2 = 1, \lambda_3 = -2$. 又向量 $\alpha = (1,1,-1)^T$ 满足 $A^* \alpha = \alpha$（其中 A^* 是 A 的伴随矩阵），试作正交变换 $X = QY$，将二次型 $f(x_1, x_2, x_3) = X^T A^* X$ 化成标准型.

【解】 由题设可知，A 可逆，且 $|A| = \lambda_1 \cdot \lambda_2 \cdot \lambda_3 = -2$，于是 A^* 的特征值为
$$\mu_1 = \mu_2 = -2, \mu_3 = 1.$$

由 $A^* \alpha = \alpha$ 可知，对应于特征值 $\mu_3 = 1$ 的特征向量为 $\alpha = (1, 1, -1)^T$. 又因为 A 为实对称矩阵，所以 $A^T = A$，于是
$$(A^*)^T = (|A|A^{-1})^T = |A|(A^{-1})^T = |A|(A^T)^{-1} = |A|A^{-1} = A^*,$$
即 A^* 为实对称矩阵. 若设对应于特征值 $\mu_1 = \mu_2 = -2$ 的特征向量为 $X = (x_1, x_2, x_3)^T$，则必有 $\alpha^T X = 0$，即 $x_1 + x_2 - x_3 = 0$ 或 $x_1 = -x_2 + x_3$.

令 $\begin{pmatrix} x_2 \\ x_3 \end{pmatrix} = \begin{pmatrix} 1 \\ 0 \end{pmatrix}, \begin{pmatrix} 0 \\ 1 \end{pmatrix}$，则得 $x_1 = -1, 1$. 于是令 $\alpha_1 = (-1, 1, 0)^T, \alpha_2 = (1, 0, 1)^T$，则 α_1, α_2 是对应于特征值 $\mu_1 = \mu_2 = -2$ 的两个线性无关的特征向量.

因为 A^* 是实对称矩阵，所以 α 与 α_1, α_2 正交，所以只需将 α_1, α_2 正交.

取 $\beta_1 = \alpha_1$,
$$\beta_2 = \alpha_2 - \frac{(\alpha_2, \beta_1)}{(\beta_1, \beta_1)} \beta_1 = \begin{pmatrix} 1 \\ 0 \\ 1 \end{pmatrix} - \frac{-1}{2} \begin{pmatrix} -1 \\ 1 \\ 0 \end{pmatrix} = \begin{pmatrix} \frac{1}{2} \\ \frac{1}{2} \\ 1 \end{pmatrix}.$$

再将 β_1, β_2, α 单位化，得
$$\eta_1 = \frac{\beta_1}{|\beta_1|} = \begin{pmatrix} -\frac{1}{\sqrt{2}} \\ \frac{1}{\sqrt{2}} \\ 0 \end{pmatrix}, \eta_2 = \frac{\beta_2}{|\beta_2|} = \begin{pmatrix} \frac{1}{\sqrt{6}} \\ \frac{1}{\sqrt{6}} \\ \frac{2}{\sqrt{6}} \end{pmatrix}, \eta_3 = \frac{\alpha}{|\alpha|} = \begin{pmatrix} \frac{1}{\sqrt{3}} \\ \frac{1}{\sqrt{3}} \\ -\frac{1}{\sqrt{3}} \end{pmatrix},$$

令 $Q = (\eta_1, \eta_2, \eta_3) = \begin{pmatrix} 0 & \frac{1}{\sqrt{6}} & \frac{1}{\sqrt{3}} \\ -\frac{1}{\sqrt{2}} & \frac{1}{\sqrt{6}} & \frac{1}{\sqrt{3}} \\ \frac{1}{\sqrt{2}} & \frac{2}{\sqrt{6}} & -\frac{1}{\sqrt{3}} \end{pmatrix}$，则存在正交变换 $X = QY$，将二次型 $f(x_1, x_2, x_3) = X^T A^* X$ 化为标准形 $f = -2y_1^2 - 2y_2^2 + y_3^2$.

【考点2】 求正交变换矩阵

【常考题型】 解答题.

> **【方法归纳】**
> ① 若已知二次型正交变换前后的两种形式,则利用正交变换前后两二次型对应矩阵的相似性先确定其中的参数.因为正交变换后的二次型所对应的系数就是特征值,再求出变换前二次型所对应矩阵的特征向量.
> ② 若已知正交矩阵的某一列,相当于已知二次型对应矩阵的特征向量,因此应从特征值和特征向量的定义入手,可先确定其中的参数和一个特征值,再进一步求出其他的特征值和对应的特征向量.

【例 12-4】(1993 年真题)已知二次型 $f(x_1, x_2, x_3) = 2x_1^2 + 3x_2^2 + 3x_3^2 + 2ax_2x_3 (a>0)$ 通过正交变换化成标准形 $f = y_1^2 + 2y_2^2 + 5y_3^2$,求参数 a 及所用的正交变换矩阵.

【分析】 本题的关键是注意题设为通过正交变换化二次型为标准形,因此前后两个二次型所对应的矩阵是相似的,从而有相同的特征值、特征多项式和行列式.

【解】 根据题意,二次型 f 的矩阵为

$$A = \begin{pmatrix} 2 & 0 & 0 \\ 0 & 3 & a \\ 0 & a & 3 \end{pmatrix},$$

标准形的矩阵为

$$B = \begin{pmatrix} 1 & 0 & 0 \\ 0 & 2 & 0 \\ 0 & 0 & 5 \end{pmatrix}.$$

由于是正交变换,因此矩阵 A 与 B 相似,因而它们具有相同的行列式.

因 A 的行列式为

$$|A| = \begin{vmatrix} 2 & 0 & 0 \\ 0 & 3 & a \\ 0 & a & 3 \end{vmatrix} = 2(9-a^2),$$

B 的行列式为

$$|B| = \begin{vmatrix} 1 & 0 & 0 \\ 0 & 2 & 0 \\ 0 & 0 & 5 \end{vmatrix} = 10,$$

从而有 $2(9-a^2) = 10$,即 $a^2 = 4$.

注意到 $a>0$,因此 $a=2$.此时 $A = \begin{pmatrix} 2 & 0 & 0 \\ 0 & 3 & 2 \\ 0 & 2 & 3 \end{pmatrix}$.

对 $\lambda_1 = 1$,求解 $(E-A)X = 0$,得对应的特征向量 $\xi_1 = (0, 1, -1)^T$;对 $\lambda_2 = 2$,求解 $(2E-A)X = 0$,得对应的特征向量 $\xi_2 = (1, 0, 0)^T$;对 $\lambda_3 = 5$,求解 $(5E-A)X = 0$,得对应的特征向量 $\xi_3 = (0, 1, 1)^T$.

将 ξ_1, ξ_2, ξ_3 单位化,得

$$\eta_1 = \left(0, \frac{1}{\sqrt{2}}, -\frac{1}{\sqrt{2}}\right)^T, \eta_2 = (1, 0, 0)^T, \eta_3 = \left(0, \frac{1}{\sqrt{2}}, \frac{1}{\sqrt{2}}\right)^T.$$

令 $Q=(\eta_1,\eta_2,\eta_3)=\begin{pmatrix} 0 & 1 & 0 \\ \frac{1}{\sqrt{2}} & 0 & \frac{1}{\sqrt{2}} \\ -\frac{1}{\sqrt{2}} & 0 & \frac{1}{\sqrt{2}} \end{pmatrix}$,则 Q 即为所求的正交矩阵.

【例 12-5】(1993 年真题)设二次型 $f(x_1,x_2,x_3)=x_1^2+x_2^2+x_3^2+2\alpha x_1 x_2+2\beta x_2 x_3+2x_1 x_3$ 通过正交变换 $X=PY$ 化成标准形 $f=y_2^2+2y_3^2$,其中 $X=(x_1,x_2,x_3)^T$ 和 $Y=(y_1,y_2,y_3)^T$ 是三维列向量,P 是 3 阶正交矩阵,试求常数 α,β.

【分析】本题的关键是注意题设为通过正交变换化二次型为标准形,因此前后两个二次型所对应的矩阵是相似的,从而有相同的特征值、特征多项式和行列式. 由此即可确定参数 α,β.

【解】变换前后二次型的矩阵分别为

$$A=\begin{pmatrix} 1 & \alpha & 1 \\ \alpha & 1 & \beta \\ 1 & \beta & 1 \end{pmatrix} \text{和} B=\begin{pmatrix} 0 & 0 & 0 \\ 0 & 1 & 0 \\ 0 & 0 & 2 \end{pmatrix}.$$

由于是正交变换,因此矩阵 A 与 B 相似,因而它们具有相同的特征多项式,即
$$|\lambda E-A|=|\lambda E-B|.$$

矩阵 A 的特征多项式为
$$|\lambda E-A|=\begin{vmatrix} \lambda-1 & -\alpha & -1 \\ -\alpha & \lambda-1 & -\beta \\ -1 & -\beta & \lambda-1 \end{vmatrix}=\lambda^3-3\lambda^2+(2-\alpha^2-\beta^2)\lambda+(\alpha-\beta)^2,$$

矩阵 B 的特征多项式为
$$|\lambda E-B|=\lambda(\lambda-1)(\lambda-2)=\lambda^3-3\lambda^2+2\lambda,$$

于是
$$\lambda^3-3\lambda^2+(2-\alpha^2-\beta^2)\lambda+(\alpha-\beta)^2=\lambda^3-3\lambda^2+2\lambda.$$

比较两端同次幂的系数,得
$$\alpha=\beta=0.$$

【例 12-6】(1998 年真题)已知二次曲面方程 $x^2+ay^2+z^2+2bxy+2xz+2yz=4$,可以经过正交变换
$$\begin{pmatrix} x \\ y \\ z \end{pmatrix}=P\begin{pmatrix} \xi \\ \eta \\ \zeta \end{pmatrix}$$
化为椭圆柱面方程 $\eta^2+4\zeta^2=4$,求 a,b 的值和正交矩阵 P.

【分析】通过正交变换化为标准形,前后两个二次型所对应的矩阵必相似,因而对应的特征多项式相同. 由此可解出参数 a 和 b,进而可求出特征值、特征向量,再正交化、单位化即可得到正交矩阵 P.

【解】变换前后二次型的矩阵分别为
$$A=\begin{pmatrix} 1 & b & 1 \\ b & a & 1 \\ 1 & 1 & 1 \end{pmatrix} \text{和} B=\begin{pmatrix} 0 & 0 & 0 \\ 0 & 1 & 0 \\ 0 & 0 & 4 \end{pmatrix}.$$

由于是正交变换,因此矩阵 A 与 B 相似,因而它们具有相同特征值、相同的迹和相同的行

列式,即
$$\begin{cases} \lambda_1=0, \lambda_2=1, \lambda_3=5, \\ \mathrm{tr}(A)=\mathrm{tr}(B), \\ |A|=|B|. \end{cases}$$

而 $\mathrm{tr}(A)=1+a+1=a+2, \mathrm{tr}(B)=0+1+4=5,$

$$|A|=\begin{vmatrix} 1 & b & 1 \\ b & a & 1 \\ 1 & 1 & 1 \end{vmatrix}=2b-1-b^2, |B|=\begin{vmatrix} 0 & 0 & 0 \\ 0 & 1 & 0 \\ 0 & 0 & 4 \end{vmatrix}=0,$$

故
$$\begin{cases} a+2=5, \\ 2b-1-b^2=0. \end{cases}$$

得
$$\begin{cases} a=3, \\ b=1. \end{cases}$$

$$A=\begin{pmatrix} 1 & 1 & 1 \\ 1 & 3 & 1 \\ 1 & 1 & 1 \end{pmatrix}.$$

对 $\lambda_1=0$,求解 $(0E-A)X=0$,得对应的特征向量 $\xi_1=(1,0,-1)^\mathrm{T}$;对 $\lambda_2=1$,求解 $(E-A)X=0$,得对应的特征向量 $\xi_2=(1,-1,1)^\mathrm{T}$;对 $\lambda_2=4$,求解 $(4E-A)X=0$,得对应的特征向量 $\xi_2=(1,2,1)^\mathrm{T}$.

将 ξ_1,ξ_2,ξ_3 单位化,得

$$\eta_1=\left(\frac{1}{\sqrt{2}},0,-\frac{1}{\sqrt{2}}\right)^\mathrm{T}, \eta_2=\left(\frac{1}{\sqrt{3}},-\frac{1}{\sqrt{3}},\frac{1}{\sqrt{3}}\right)^\mathrm{T}, \eta_3=\left(\frac{1}{\sqrt{6}},\frac{2}{\sqrt{6}},\frac{1}{\sqrt{6}}\right)^\mathrm{T}.$$

令 $P=(\eta_1,\eta_2,\eta_3)=\begin{pmatrix} \frac{1}{\sqrt{2}} & \frac{1}{\sqrt{3}} & \frac{1}{\sqrt{6}} \\ 0 & -\frac{1}{\sqrt{3}} & \frac{2}{\sqrt{6}} \\ -\frac{1}{\sqrt{2}} & \frac{1}{\sqrt{3}} & \frac{1}{\sqrt{6}} \end{pmatrix}$,则 P 即为所求的正交矩阵.

【例 12-7】(2010 年真题)设 $A=\begin{pmatrix} 0 & -1 & 4 \\ -1 & 3 & a \\ 4 & a & 0 \end{pmatrix}$,正交矩阵 Q 使得 $Q^\mathrm{T}AQ$ 为正交矩阵,若 Q 的第一列为 $\frac{1}{\sqrt{6}}\begin{pmatrix} 1 \\ 2 \\ 1 \end{pmatrix}$,求 a,Q.

【分析】已知正交矩阵的第一列,相当于已知二次型对应矩阵的特征向量,因此应想到从特征值和特征向量的定义入手求 a. 此时,求 Q 的问题已成为基本问题.

【解】设 $\alpha_1=\frac{1}{\sqrt{6}}\begin{pmatrix} 1 \\ 2 \\ 1 \end{pmatrix}$,则 α_1 是矩阵 A 的特征向量,设其对应的特征值为 λ_1,则

$$A\alpha_1=\lambda_1\alpha_1,$$

即

$$\begin{pmatrix} 0 & -1 & 4 \\ -1 & 3 & a \\ 4 & a & 0 \end{pmatrix} \frac{1}{\sqrt{6}} \begin{pmatrix} 1 \\ 2 \\ 1 \end{pmatrix} = \lambda_1 \frac{1}{\sqrt{6}} \begin{pmatrix} 1 \\ 2 \\ 1 \end{pmatrix}.$$

于是

$$\begin{cases} \lambda_1 = 2, \\ 2\lambda_1 = 5 + a, \\ \lambda_1 = 4 + 2a, \end{cases}$$

故

$$\begin{cases} \lambda_1 = 2, \\ a = -1. \end{cases}$$

设 A 的其他两个特征值为 λ_2, λ_3,则由

$$\begin{cases} \lambda_1 + \lambda_2 + \lambda_3 = a_{11} + a_{22} + a_{33}, \\ \lambda_1 \lambda_2 \lambda_3 = |A|, \end{cases}$$

得

$$\begin{cases} 2 + \lambda_2 + \lambda_3 = 0 + 3 + 0 = 3, \\ 2\lambda_2\lambda_3 = \begin{vmatrix} 0 & -1 & 4 \\ -1 & 3 & -1 \\ 4 & -1 & 0 \end{vmatrix} = -40. \end{cases}$$

解得 $\lambda_2 = -4, \lambda_3 = 5$.

当 $\lambda_2 = -4$ 时,$-4E - A = \begin{pmatrix} -4 & 1 & -4 \\ 1 & -7 & 1 \\ -4 & 1 & -4 \end{pmatrix} \to \begin{pmatrix} 1 & -7 & 1 \\ -4 & 1 & -4 \\ -4 & 1 & -4 \end{pmatrix}$

$\to \begin{pmatrix} 1 & -7 & 1 \\ 0 & -27 & 0 \\ 0 & 0 & 0 \end{pmatrix} \to \begin{pmatrix} 1 & 0 & 1 \\ 0 & 1 & 0 \\ 0 & 0 & 0 \end{pmatrix},$

得对应的特征向量为 $\alpha_2 = \begin{pmatrix} -1 \\ 0 \\ 1 \end{pmatrix}.$

当 $\lambda_3 = 5$ 时,$5E - A = \begin{pmatrix} 5 & 1 & -4 \\ 1 & 2 & 1 \\ -4 & 1 & 5 \end{pmatrix} \to \begin{pmatrix} 1 & 2 & 1 \\ 5 & 1 & -4 \\ -4 & 1 & 5 \end{pmatrix} \to \begin{pmatrix} 1 & 2 & 1 \\ 0 & -9 & -9 \\ 0 & 9 & 9 \end{pmatrix}$

$\to \begin{pmatrix} 1 & 2 & 1 \\ 0 & 1 & 1 \\ 0 & 0 & 0 \end{pmatrix} \to \begin{pmatrix} 1 & 0 & -1 \\ 0 & 1 & 1 \\ 0 & 0 & 0 \end{pmatrix},$

得对应的特征向量为 $\alpha_3 = \begin{pmatrix} 1 \\ -1 \\ 1 \end{pmatrix}.$

将 α_2, α_3 分别单位化,得

$$\beta_2 = \frac{1}{\sqrt{2}} \begin{pmatrix} -1 \\ 0 \\ 1 \end{pmatrix}, \beta_3 = \frac{1}{\sqrt{3}} \begin{pmatrix} 1 \\ -1 \\ 1 \end{pmatrix}.$$

故所求的正交矩阵为

$$Q = \begin{pmatrix} \dfrac{1}{\sqrt{6}} & -\dfrac{1}{\sqrt{2}} & \dfrac{1}{\sqrt{3}} \\ \dfrac{2}{\sqrt{6}} & 0 & -\dfrac{1}{\sqrt{3}} \\ \dfrac{1}{\sqrt{6}} & \dfrac{1}{\sqrt{2}} & \dfrac{1}{\sqrt{3}} \end{pmatrix}.$$

有关二次型对应矩阵的命题

【考点3】求含参数的二次型所对应矩阵的特征值

【常考题型】解答题.

【方法归纳】首先以二次型平方项 $a_{ii}x_i^2$ 的系数 a_{ii} 为矩阵对角线元素,以 $a_{ij}x_ix_j$ 的系数的一半 $\dfrac{a_{ij}}{2}$ 为矩阵非对角元素,正确写出二次型对应的矩阵.再利用题设信息确定其中的参数,最后再求矩阵的特征值.或者先求矩阵的特征值,然后再利用题设信息确定其中的参数,需要具体题目具体分析.

【例12-8】(1996年真题)已知二次型 $f(x_1,x_2,x_3)=5x_1^2+5x_2^2+cx_3^2-2x_1x_2+6x_1x_3-6x_2x_3$ 的秩为2.

(1) 求参数 c 及此二次型对应的矩阵的特征值;

(2) 指出方程 $f(x_1,x_2,x_3)=1$ 表示何种曲面.

【分析】(1)根据二次型的秩为2,可知对应矩阵的行列式为0,从而可先求出 c 的值,然后再求对应矩阵的特征值.(2)利用特征值的符号可判断 $f(x_1,x_2,x_3)=1$ 是何种曲面.

【解法1】(1) 二次型对应矩阵为

$$A = \begin{pmatrix} 5 & -1 & 3 \\ -1 & 5 & -3 \\ 3 & -3 & c \end{pmatrix}.$$

对 A 施行初等行变换,得

$$A = \begin{pmatrix} 5 & -1 & 3 \\ -1 & 5 & -3 \\ 3 & -3 & c \end{pmatrix} \rightarrow \begin{pmatrix} -1 & 5 & -3 \\ 5 & -1 & 3 \\ 3 & -3 & c \end{pmatrix} \rightarrow \begin{pmatrix} -1 & 5 & -3 \\ 0 & 24 & -12 \\ 0 & 12 & c-9 \end{pmatrix} \rightarrow \begin{pmatrix} 1 & -5 & 3 \\ 0 & 2 & -1 \\ 0 & 0 & c-3 \end{pmatrix}.$$

因为二次型的秩为2,必有 $c=3$. 又 A 的特征方程为

$$|\lambda E - A| = \begin{vmatrix} \lambda-5 & 1 & -3 \\ 1 & \lambda-5 & 3 \\ -3 & 3 & \lambda-3 \end{vmatrix} = \lambda(\lambda-4)(\lambda-9)=0,$$

于是 A 的特征值为 $\lambda_1=4, \lambda_2=9, \lambda_3=0$.

(2) 由(1)可知,f 的标准形为 $f(x_1,x_2,x_3)=4y_1^2+9y_2^2$,可见 $f(x_1,x_2,x_3)=4y_1^2+9y_2^2=$

1 表示椭圆柱面.

【解法 2】(1) 二次型对应矩阵为
$$A=\begin{pmatrix} 5 & -1 & 3 \\ -1 & 5 & -3 \\ 3 & -3 & c \end{pmatrix}.$$

由二次型的秩为 2,知 $|A|=\begin{vmatrix} 5 & -1 & 3 \\ -1 & 5 & -3 \\ 3 & -3 & c \end{vmatrix}=0$,解得 $c=3$. 经验证可知,此时 $r(A)=2$. 因此 $c=3$ 确实为所求. 又 A 的特征方程为

$$|\lambda E-A|=\begin{vmatrix} \lambda-5 & 1 & -3 \\ 1 & \lambda-5 & 3 \\ -3 & 3 & \lambda-3 \end{vmatrix}=\lambda(\lambda-4)(\lambda-9)=0,$$

于是 A 的特征值为 $\lambda_1=4,\lambda_2=9,\lambda_3=0$.

(2) 同解法 1.

【例 12-9】(2009 年真题) 设二次型 $f(x_1,x_2,x_3)=ax_1^2+ax_2^2+(a-1)x_3^2+2x_1x_3-2x_2x_3$.

(1) 求二次型 f 的矩阵的所有特征值;

(2) 若二次型 f 的规范形为 $y_1^2+y_2^2$,求 a 的值.

【解】(1) 设二次型对应的矩阵为 A,则 $A=\begin{pmatrix} a & 0 & 1 \\ 0 & a & -1 \\ 1 & -1 & a-1 \end{pmatrix}$. 因为

$$|\lambda E-A|=\begin{vmatrix} \lambda-a & 0 & 1 \\ 0 & \lambda-a & -1 \\ -1 & 1 & \lambda-a+1 \end{vmatrix}=(\lambda-a)\begin{vmatrix} \lambda-a & 1 \\ 1 & \lambda-a+1 \end{vmatrix}-\begin{vmatrix} 0 & \lambda-a \\ -1 & 1 \end{vmatrix}$$
$$=(\lambda-a)[(\lambda-a)(\lambda-a+1)-1]-[0+(\lambda-a)]$$
$$=(\lambda-a)[(\lambda-a)(\lambda-a+1)-2]$$
$$=(\lambda-a)[\lambda^2-2a\lambda+\lambda+a^2-a-2]$$
$$=(\lambda-a)\{[a\lambda+\frac{1}{2}(1-2a)]^2-\frac{9}{4}\}$$
$$=(\lambda-a)(\lambda-a+2)(\lambda-a-1),$$

所以 $\lambda_1=a,\lambda_2=a-2,\lambda_3=a+1$.

(2) 若二次型 f 的规范形为 $y_1^2+y_2^2$,说明有两个特征值为正,一个为 0.

① 若 $\lambda_1=a=0$,即 $a=0$,则 $\lambda_2=-2<0,\lambda_3=1$,不符题意.

② 若 $\lambda_2=a-2=0$,即 $a=2$,则 $\lambda_1=2>0,\lambda_3=3>0$,符合题意.

③ 若 $\lambda_3=a+1=0$,即 $a=-1$,则 $\lambda_1=-1<0,\lambda_2=-3<0$,不符合题意.

【考点 4】求抽象的二次型所对应的矩阵

【常考题型】解答题.

> 【方法归纳】
> ① 利用二次型 $f=X^{\mathrm{T}}AX \Rightarrow A$.
> ② 利用 $Q^{\mathrm{T}}AQ=\Lambda \Rightarrow A=Q\Lambda Q^{\mathrm{T}}$, 其中 Q 是正交矩阵.
> ③ 证明某矩阵是二次型矩阵, 必须要证明是实对称矩阵, 即实二次型矩阵必是实对称矩阵.

【例 12-10】 设 A 为 n 阶实对称矩阵, $r(A)=n$, A_{ij} 是 $A=(a_{ij})$ 中元素 a_{ij} 的代数余子式 ($i,j=1,2,\cdots,n$). 二次型

$$f(x_1,x_2,\cdots,x_n)=\sum_{i=1}^{n}\sum_{j=1}^{n}\frac{A_{ij}}{|A|}x_ix_j.$$

(1) 记 $X=(x_1,x_2,\cdots,x_n)^{\mathrm{T}}$, 把 $f(x_1,x_2,\cdots,x_n)$ 写成矩阵形式, 并证明二次型 $f(X)$ 矩阵为 A^{-1};

(2) 二次型 $g(X)=X^{\mathrm{T}}AX$ 与 $f(X)$ 的规范形是否相同? 说明理由.

【解】(1) 二次型的矩阵形式为

$$f(x_1,x_2,\cdots,x_n)=(x_1,x_2,\cdots,x_n)\frac{1}{|A|}\begin{pmatrix}A_{11}&A_{21}&\cdots&A_{n1}\\A_{12}&A_{22}&\cdots&A_{n2}\\\vdots&\vdots&\cdots&\vdots\\A_{1n}&A_{2n}&\cdots&A_{nn}\end{pmatrix}\begin{pmatrix}x_1\\x_2\\\vdots\\x_n\end{pmatrix}.$$

因为 $r(A)=n$, 故 A 为可逆矩阵, 且 $A^{-1}=\frac{1}{|A|}A^*$.

又 A 为 n 阶实对称矩阵, 即 $A=A^{\mathrm{T}}$, 从而 $(A^{-1})^{\mathrm{T}}=(A^{\mathrm{T}})^{-1}=A^{-1}$, 因此 A^{-1} 为对称矩阵. 故二次型 $f(X)$ 矩阵为 A^{-1}.

(2) 方法 1: 二次型 $g(X)=X^{\mathrm{T}}AX$ 和 $f(X)$ 对应的矩阵分别为 A 和 A^{-1}. 因为

$$(A^{-1})^{\mathrm{T}}AA^{-1}=(A^{\mathrm{T}})^{-1}E=A^{-1},$$

所以 A 与 A^{-1} 合同, 于是 $g(X)=X^{\mathrm{T}}AX$ 与 $f(X)$ 有相同的规范形.

方法 2: 二次型 $g(X)=X^{\mathrm{T}}AX$ 和 $f(X)$ 对应的矩阵分别为 A 和 A^{-1}. 因为 A 和 A^{-1} 均为实对称矩阵, 并且特征值互为倒数, 因此两者必有相同的秩及相同的正惯性指数, 故 A 与 A^{-1} 合同, 于是 $g(X)=X^{\mathrm{T}}AX$ 与 $f(X)$ 有相同的规范形.

方法 3: 对二次型 $g(X)=X^{\mathrm{T}}AX$ 作可逆线性变换 $X=A^{-1}Y$, 其中 $Y=(y_1,y_2,\cdots,y_n)^{\mathrm{T}}$, 则

$$\begin{aligned}g(X)=X^{\mathrm{T}}AX&=(A^{-1}Y)^{\mathrm{T}}A(A^{-1}Y)\\&=Y^{\mathrm{T}}(A^{-1})^{\mathrm{T}}AA^{-1}Y\\&=Y^{\mathrm{T}}(A^{\mathrm{T}})^{-1}AA^{-1}Y\\&=Y^{\mathrm{T}}A^{-1}Y.\end{aligned}$$

由此可得 A 与 A^{-1} 合同, 于是 $g(X)=X^{\mathrm{T}}AX$ 与 $f(X)$ 有相同的规范形.

> 【温馨提示】由本题可知: ①合同矩阵有相同的规范形; ②A 与 A^{-1} 合同.

【例 12-11】(2010 年真题) 已知二次型 $f(x_1,x_2,x_3)=X^{\mathrm{T}}AX$ 在正交变换 $X=QY$ 下的标准形为 $y_1^2+y_2^2$, 且 Q 的第三列为 $\left(\frac{\sqrt{2}}{2},0,\frac{\sqrt{2}}{2}\right)^{\mathrm{T}}$.

（Ⅰ）求矩阵 A.

（Ⅱ）证明 $A+E$ 为正定矩阵，其中 E 为 3 阶单位矩阵.

【分析】由题意可知，$Q^T A Q = \Lambda$，且 $\Lambda = \mathrm{diag}(1,1,0)$，于是 $A = Q\Lambda Q^T$，因此可将求 A 的问题转化为求正交矩阵 Q. 再结合题设关于 Q 的信息和正交矩阵的性质即可求出 Q.

【解】（Ⅰ）由题意知，$Q^T A Q = \Lambda$，其中 $\Lambda = \begin{pmatrix} 1 & & \\ & 1 & \\ & & 0 \end{pmatrix}$，于是 $A = Q\Lambda Q^T$. 若记 Q 的第 3 列为 $\alpha_3 = \left(\dfrac{\sqrt{2}}{2}, 0, \dfrac{\sqrt{2}}{2}\right)^T$，$Q$ 的其他任一列向量为 $\alpha = (x_1, x_2, x_3)^T$，则因为 Q 为正交矩阵，必有 $\alpha^T \alpha_3 = 0$. 即

$$(x_1, x_2, x_3) \begin{pmatrix} \dfrac{\sqrt{2}}{2} \\ 0 \\ \dfrac{\sqrt{2}}{2} \end{pmatrix} = 0.$$

则
$$x_1 + x_3 = 0.$$

它的两个线性无关的基础解系为 $\xi_1 = \begin{pmatrix} -1 \\ 0 \\ 1 \end{pmatrix}, \xi_2 = \begin{pmatrix} 0 \\ 1 \\ 0 \end{pmatrix}$. 注意到 ξ_1, ξ_2 已经是正交的，只需将它们分别单位化，可得 $\alpha_1 = \begin{pmatrix} -\dfrac{\sqrt{2}}{2} \\ 0 \\ \dfrac{\sqrt{2}}{2} \end{pmatrix}, \alpha_2 = \begin{pmatrix} 0 \\ 1 \\ 0 \end{pmatrix}$. 于是

$$Q = \begin{pmatrix} -\dfrac{\sqrt{2}}{2} & 0 & \dfrac{\sqrt{2}}{2} \\ 0 & 1 & 0 \\ \dfrac{\sqrt{2}}{2} & 0 & \dfrac{\sqrt{2}}{2} \end{pmatrix}.$$

因而 $A = Q\Lambda Q^T = \begin{pmatrix} -\dfrac{\sqrt{2}}{2} & 0 & \dfrac{\sqrt{2}}{2} \\ 0 & 1 & 0 \\ \dfrac{\sqrt{2}}{2} & 0 & \dfrac{\sqrt{2}}{2} \end{pmatrix} \begin{pmatrix} 1 & & \\ & 1 & \\ & & 0 \end{pmatrix} \begin{pmatrix} -\dfrac{\sqrt{2}}{2} & 0 & \dfrac{\sqrt{2}}{2} \\ 0 & 1 & 0 \\ \dfrac{\sqrt{2}}{2} & 0 & \dfrac{\sqrt{2}}{2} \end{pmatrix} = \begin{pmatrix} \dfrac{1}{2} & 0 & -\dfrac{1}{2} \\ 0 & 1 & 0 \\ -\dfrac{1}{2} & 0 & \dfrac{1}{2} \end{pmatrix}.$

（Ⅱ）因为 $(A+E)^T = A^T + E = A + E$，所以 $A+E$ 为实对称矩阵. 又因为 A 的特征值为 $1, 1, 0$，所以 $A+E$ 的特征值为 $2, 2, 1$，都是大于零的，所以 $A+E$ 为正定矩阵.

有关二次型或矩阵的正定

【考点 5】判别或证明二次型的正定

【常考题型】解答题.

【方法归纳】
① 对抽象的二次型,常用定义法.
② 顺序主子式全大于零.
③ 正惯性指数 $p=n$.
④ 特征值全大于零.
⑤ 二次型对应的矩阵与单位矩阵合同.

【例 12-12】(2000 年真题)设有 n 元实二次型
$$f(x_1,x_2,\cdots,x_n)=(x_1+a_1x_2)^2+(x_2+a_2x_3)^2+\cdots+(x_{n-1}+a_{n-1}x_n)^2+(x_n+a_nx_1)^2,$$
其中 $a_i(i=1,2,\cdots,n)$ 为实数. 试问:当 $a_1,a_2,\cdots,a_n$ 满足何种条件时,二次型 $f(x_1,x_2,\cdots,x_n)$ 为正定二次型?(用定义证明)

【解】由题设条件知,对于任意的 $x_1,x_2,\cdots,x_n$,有 $f(x_1,x_2,\cdots,x_n)\geqslant 0$,其中等号成立的条件是当且仅当方程组
$$\begin{cases} x_1+a_1x_2=0, \\ x_2+a_2x_3=0, \\ \cdots\cdots \\ x_{n-1}+a_{n-1}x_n=0, \\ x_n+a_nx_1=0. \end{cases}$$
只有零解,而方程组只有零解的充要条件是其系数行列式不等于零. 于是

$$\begin{vmatrix} 1 & a_1 & 0 & \cdots & 0 & 0 \\ 0 & 1 & a_2 & \cdots & 0 & 0 \\ \vdots & \vdots & \vdots & \cdots & \vdots & \vdots \\ 0 & 0 & 0 & \cdots & 1 & a_{n-1} \\ a_n & 0 & 0 & \cdots & 0 & 1 \end{vmatrix}=1+(-1)^{n-1}\cdot a_1a_2\cdots a_n\neq 0.$$

所以,当 $1+(-1)^{n-1}\cdot a_1a_2\cdots a_n\neq 0$ 时,对于任意的不全为零的 $x_1,x_2,\cdots,x_n$,有
$$f(x_1,x_2,\cdots,x_n)>0.$$
即当 $a_1a_2\cdots a_n\neq(-1)^n$ 时,二次型 $f(x_1,x_2,\cdots,x_n)$ 为正定二次型.

【考点 6】证明矩阵的正定

【方法归纳】与证明二次型正定的方法相同,但务必注意证明矩阵的对称性.

【例 12-13】(1992 年真题)设 A,B 分别为 m 阶,n 阶正定矩阵,试判定分块矩阵 $C=\begin{pmatrix} A & 0 \\ 0 & B \end{pmatrix}$ 是否为正定矩阵.

【解】先证明 C 是对称矩阵. 由于 $A^T=A,B^T=B$,所以 $C^T=\begin{pmatrix} A & 0 \\ 0 & B \end{pmatrix}^T=\begin{pmatrix} A^T & 0 \\ 0 & B^T \end{pmatrix}=$

$\begin{pmatrix} A & 0 \\ 0 & B \end{pmatrix} = C$，即 C 是实对称矩阵.

【证法1】利用定义法. 设 $m+n$ 维列向量 $Z = \begin{pmatrix} X \\ Y \end{pmatrix}$，其中 $X^{\mathrm{T}} = (x_1, x_2, \cdots, x_m)$，$Y^{\mathrm{T}} = (y_{m+1}, y_{m+2}, \cdots, y_{m+n})$. 若 $Z \neq 0$，则 X, Y 不同时为零. 不妨设 $X \neq 0$，因为 A 是正定矩阵，所以 $X^{\mathrm{T}}AX > 0$. 又因为 B 是正定矩阵，故对任意 n 维向量 Y，有 $Y^{\mathrm{T}}BY \geqslant 0$.

由于 $Z^{\mathrm{T}}CZ = (X^{\mathrm{T}}Y^{\mathrm{T}}) \begin{pmatrix} A & 0 \\ 0 & B \end{pmatrix} \begin{pmatrix} X \\ Y \end{pmatrix} = X^{\mathrm{T}}AX + Y^{\mathrm{T}}AY > 0$，因此 C 是正定矩阵.

【证法2】利用特征值法. 设 A 的所有特征值为 $\lambda_1, \lambda_2, \cdots, \lambda_m$，$B$ 的所有特征值为 $\mu_1, \mu_2, \cdots, \mu_n$，则由于 A, B 均为正定矩阵，因而所有 $\lambda_i > 0 \ (i = 1, 2, \cdots, m)$，$\mu_j > 0 \ (j = 1, 2, \cdots, n)$. 又

$$|\lambda E - C| = \begin{vmatrix} \lambda E_m - A & 0 \\ 0 & \lambda E_n - B \end{vmatrix} = |\lambda E_m - A| \cdot |\lambda E_n - B| = 0,$$

因而 C 的全体特征值恰为 $\lambda_1, \lambda_2, \cdots, \lambda_m, \mu_1, \mu_2, \cdots, \mu_n$，且全部大于零，故 C 为正定矩阵.

【证法3】与单位矩阵合同法. 因为 A, B 分别为 m 阶、n 阶正定矩阵，所以它们分别合同于 m 阶单位矩阵 E_m 和 n 阶单位矩阵 E_n，即存在可逆矩阵 C 和 D，使得

$$C^{\mathrm{T}}AC = E_m, \quad D^{\mathrm{T}}BC = E_n.$$

于是

$$\begin{pmatrix} C^{\mathrm{T}} & 0 \\ 0 & D^{\mathrm{T}} \end{pmatrix} \begin{pmatrix} A & 0 \\ 0 & B \end{pmatrix} \begin{pmatrix} C & 0 \\ 0 & D \end{pmatrix} = \begin{pmatrix} C^{\mathrm{T}}AC & 0 \\ 0 & D^{\mathrm{T}}BD \end{pmatrix} = \begin{pmatrix} E_m & 0 \\ 0 & E_m \end{pmatrix} = E_{m+n}.$$

又注意到 $\begin{pmatrix} C & 0 \\ 0 & D \end{pmatrix}^{\mathrm{T}} = \begin{pmatrix} C^{\mathrm{T}} & 0 \\ 0 & D^{\mathrm{T}} \end{pmatrix}$，且 $\begin{vmatrix} C & 0 \\ 0 & D \end{vmatrix} = |C| \cdot |D| \neq 0$，即 $\begin{pmatrix} C & 0 \\ 0 & D \end{pmatrix}$ 是可逆矩阵，故 $\begin{pmatrix} A & 0 \\ 0 & B \end{pmatrix}$ 为正定矩阵.

【证法4】利用顺序主子式法. 记矩阵 A, B 的顺序主子式分别为 $A_1, A_2, \cdots, A_m$ 和 $B_1, B_2, \cdots, B_n$，则由于 A, B 均为正定矩阵，因而所有 $A_i > 0 (i = 1, 2, \cdots, m)$，$B_i > 0 (i = 1, 2, \cdots, n)$.

又设 C 的顺序主子式为 $C_1, C_2, \cdots, C_{m+n}$，则必有

$$C_1 = A_1, C_2 = A_2, \cdots, C_m = A_m, C_{m+1} = A_m B_1, C_{m+2} = A_m B_2, \cdots, C_{m+n} = A_m B_n,$$

并且 $C_i > 0 (i = 1, 2, \cdots, m+n)$，故 C 的一切顺序主子式均为零.

【例 12-14】(1999 年真题) 设 A 为 m 阶实对称矩阵且正定，B 为 $m \times n$ 实矩阵，B^{T} 为 B 的转置矩阵，试证：$B^{\mathrm{T}}AB$ 为正定矩阵的充要条件是 B 的秩 $r(B) = n$.

【证明】证明必要性. 若 $B^{\mathrm{T}}AB$ 为正定矩阵，则对任意的实 n 维列向量 $X \neq 0$，有

$$X^{\mathrm{T}}(B^{\mathrm{T}}AB)X > 0,$$

即

$$(BX)^{\mathrm{T}}A(BX) > 0.$$

因为 A 为正定矩阵，于是 $BX \neq 0$. 因此 $BX = 0$ 只有零解，从而 $r(B) = n$.

证明充分性. 因 $(B^{\mathrm{T}}AB)^{\mathrm{T}} = B^{\mathrm{T}}A^{\mathrm{T}}B = B^{\mathrm{T}}AB$，故 $B^{\mathrm{T}}AB$ 为实对称矩阵. 若 $r(B) = n$，则齐次线性方程组 $BX = 0$ 只有零解，从而对任意的实 n 维列向量 $X \neq 0$，有 $BX \neq 0$. 又 A 为正定矩阵，所以对 $BX \neq 0$ 有

$$(BX)^{\mathrm{T}}A(BX) > 0,$$

即
$$X^T(B^TAB)X > 0.$$
于是当 $X \neq 0$ 时,$X^T(B^TAB)X > 0$. 故 B^TAB 为正定矩阵.

【例 12-15】(1998 年真题)设矩阵 $A = \begin{pmatrix} 1 & 0 & 1 \\ 0 & 2 & 0 \\ 1 & 0 & 1 \end{pmatrix}$,矩阵 $B = (kE+A)^2$,其中 k 为实数,E 为单位矩阵. 求对角矩阵 Λ,使 B 与 Λ 相似,并求 k 为何值时,B 为正定矩阵.

【解】 由
$$|\lambda E - A| = \begin{vmatrix} \lambda-1 & 0 & -1 \\ 0 & \lambda-2 & 0 \\ -1 & 0 & \lambda-1 \end{vmatrix} = \lambda(\lambda-2)^2,$$
可得 A 的特征值为 $\lambda_1 = \lambda_2 = 2, \lambda_3 = 0$,从而矩阵 $B = (kE+A)^T$ 的 3 个特征值为 $\mu_1 = \mu_2 = (k+2)^2, \mu_3 = k^2$.

因为 $A = A^T$,所以
$$B^T = [(kE+A)^2]^T = [(kE+A)^T]^2 = (kE+A^T)^2 = (kE+A)^2 = B,$$
故 B 也是实对称矩阵,必存在正交矩阵 P,使得 B 与 Λ 相似,即
$$P^T B P = \Lambda.$$
其中
$$\Lambda = \begin{pmatrix} (k+2)^2 & 0 & 0 \\ 0 & (k+2)^2 & 0 \\ 0 & 0 & k^2 \end{pmatrix}.$$

当 $k \neq -2$ 且 $k \neq 0$ 时,B 的特征值全为正数,这时 B 为正定矩阵.

【例 12-16】(2005 年真题)设 $D = \begin{pmatrix} A & C \\ C^T & B \end{pmatrix}$ 为正定矩阵,其中 A, B 分别为 m 阶,n 阶对称矩阵,C 为 $m \times n$ 矩阵.

(1) 计算 $P^T D P$,其中 $P = \begin{pmatrix} E_m & -A^{-1}C \\ 0 & E_n \end{pmatrix}$;

(2) 利用(1)的结果判断矩阵 $B - C^T A^{-1} C$ 是否为正定矩阵,并证明你的结论.

【分析】(1)直接利用分块矩阵的乘法即可. (2)是讨论抽象矩阵的正定性,一般用定义.

【解】(1) 因 $A = A^T$,所以 $(A^{-1})^T = (A^T)^{-1} = A^{-1}$,于是 $P^T = \begin{pmatrix} E_m & 0 \\ -C^T A^{-1} & E_n \end{pmatrix}$,故
$$P^T D P = \begin{pmatrix} E_m & 0 \\ -C^T A^{-1} & E_n \end{pmatrix} \begin{pmatrix} A & C \\ C^T & B \end{pmatrix} \begin{pmatrix} E_m & -A^{-1}C \\ 0 & E_n \end{pmatrix}$$
$$= \begin{pmatrix} A & C \\ 0 & B - C^T A^{-1} C \end{pmatrix} \begin{pmatrix} E_m & -A^{-1}C \\ 0 & E_n \end{pmatrix}$$
$$= \begin{pmatrix} A & 0 \\ 0 & B - C^T A^{-1} C \end{pmatrix}.$$

(2) 矩阵 $B - C^T A^{-1} C$ 是正定矩阵. 由(1)的结果可知,矩阵 D 合同于矩阵
$$M = \begin{pmatrix} A & 0 \\ 0 & B - C^T A^{-1} C \end{pmatrix}.$$

又 D 为正定矩阵,可知矩阵 M 为正定矩阵.

因矩阵 M 为对称矩阵,故 $B-C^TA^{-1}C$ 为对称矩阵. 对 $X=(0,0,\cdots,0)^T$ 及任意的 $Y=(y_1,y_2,\cdots,y_n)^T\neq 0$,有

$$(X^T,Y^T)\begin{pmatrix} A & 0 \\ 0 & B-C^TA^{-1}C \end{pmatrix}\begin{pmatrix} X \\ Y \end{pmatrix}=Y^T(B-C^TA^{-1}C)Y>0.$$

故 $B-C^TA^{-1}C$ 为正定矩阵.

> 【温馨提示】判定正定矩阵的典型方法有:利用顺序主子式全大于零判定;利用特征值全大于零判定;利用定义判定. 对于抽象矩阵,一般用后两个方法.

> 【考点7】有关正定的综合题

【例 12-17】(2002 年真题)设 A 为 3 阶实对称矩阵,且满足条件 $A^2+2A=0$,已知 A 的秩为 $r(A)=2$.

(1) 求 A 的全部特征值.

(2) 当 k 为何值时,矩阵 $A+kE$ 为正定矩阵,其中 E 为 3 阶单位矩阵.

【解】(1) 设 λ 为 A 的任一个特征值,则由 $A^2+2A=0$ 可得

$$\lambda^2+2\lambda=0.$$

于是 $\lambda=-2,\lambda=0$.

因为实对称矩阵必可对角化,且 $r(A)=2$,所以 $A\sim\begin{pmatrix} -2 & 0 & 0 \\ 0 & -2 & 0 \\ 0 & 0 & 0 \end{pmatrix}$. 因此矩阵 A 的全部特征值为 $\lambda_1=\lambda_2=-2,\lambda_3=0$.

(2) 因为 $(A+kE)^T=A^T+(kE)^T=A+kE$,所以矩阵 $A+kE$ 为实对称矩阵. 又 $A+kE$ 的全部特征值为 $\mu_1=\mu_2=-2+k,\mu_3=k$. 于是当 $k>2$ 时,矩阵 $A+kE$ 的全部特征值大于零,故此时 $A+kE$ 为正定矩阵.

【例 12-18】设 $A=(a_{ij})_{n\times n}$ 是正定矩阵,且 $A=\begin{pmatrix} A_{n-1} & \alpha \\ \alpha^T & a_{nn} \end{pmatrix}$,其中 A_{n-1} 表示 A 左上角的 $n-1$ 阶子方阵,α 为 $n-1$ 维列向量.

(1) 求矩阵 P,将 A 化为上三角矩阵.

(2) 证明 $|A|\leq a_{nn}|A_{n-1}|$.

(3) $|A|\leq a_{11}a_{22}\cdots a_{nn}$.

【解】(1) 由 $A=(a_{ij})_{n\times n}$ 是正定矩阵,可得它的 $n-1$ 阶顺序主子式 $|A_{n-1}|>0$,从而 A_{n-1} 可逆. 对 B 施行初等行变换,将其化为上三角矩阵:

$$A=\begin{pmatrix} A_{n-1} & \alpha \\ \alpha^T & a_{nn} \end{pmatrix}\xrightarrow{r_2+(-\alpha^TA_{n-1}^{-1})r_1}\begin{pmatrix} A_{n-1} & \alpha \\ 0 & a_{nn}-\alpha^TA_{n-1}^{-1}\alpha \end{pmatrix}.$$

上述过程相当于矩阵 A 左乘一个相应的初等矩阵 $P=\begin{pmatrix} I_{n-1} & 0 \\ -\alpha^TA_{n-1}^{-1} & 1 \end{pmatrix}$,因此所求的矩阵为

$$P = \begin{pmatrix} I_{n-1} & 0 \\ -\alpha^T A_{n-1}^{-1} & 1 \end{pmatrix},$$

可使 A 化为上三角块矩阵.

(2) 由(1)的结果可知

$$PA = \begin{pmatrix} A_{n-1} & \alpha \\ 0 & a_{nn} - \alpha^T A_{n-1}^{-1} \alpha \end{pmatrix}.$$

上式两边取行列式,并注意到 $|P|=1$,得

$$|PA| = |P||A| = |A| = \begin{vmatrix} A_{n-1} & \alpha \\ 0 & a_{nn} - \alpha^T A_{n-1}^{-1} \alpha \end{vmatrix} = |A_{n-1}|(a_{nn} - \alpha^T A_{n-1}^{-1} \alpha),$$

即

$$|A| = |A_{n-1}|(a_{nn} - \alpha^T A_{n-1}^{-1} \alpha).$$

由 A 正定可知,$|A|>0$,$|A_{n-1}|>0$,于是有 $(a_{nn}-\alpha^T A_{n-1}^{-1}\alpha)>0$.

又因为 A_{n-1} 的各阶顺序主子式都是 A 的顺序主子式,所以由 A 正定可知 A_{n-1} 也正定,因此有 $\alpha^T A_{n-1}^{-1}\alpha \geq 0$,从而

$$0 < a_{nn} - \alpha^T A_{n-1}^{-1}\alpha \leq a_{nn}.$$

故 $|A| = |A_{n-1}|(a_{nn}-\alpha^T A_{n-1}^{-1}\alpha) \leq a_{nn}|A_{n-1}|$.

(3) 因 A_{n-1} 正定,故由(2)的结果可知 $|A_{n-1}| \leq a_{n-1,n-1}|A_{n-2}|$,以此类推,即得 $|A| \leq a_{11}a_{22}\cdots a_{nn}$.

合同变换与合同矩阵

【考点8】合同变换与合同矩阵

【常考题型】选择题.

【方法归纳】
① 两个同阶实对称矩阵合同的充要条件是它们有相同的秩及相同的正惯性指数.
② 两个实对称矩阵相似,则这两个矩阵一定合同,但反之不真.

【例12-19】(2001年真题)设 $A = \begin{pmatrix} 1 & 1 & 1 & 1 \\ 1 & 1 & 1 & 1 \\ 1 & 1 & 1 & 1 \\ 1 & 1 & 1 & 1 \end{pmatrix}$,$B = \begin{pmatrix} 4 & 0 & 0 & 0 \\ 0 & 0 & 0 & 0 \\ 0 & 0 & 0 & 0 \\ 0 & 0 & 0 & 0 \end{pmatrix}$,则 A 与 B【   】.

(A)合同,且相似. (B)合同,但不相似. (C)不合同,但相似. (D)既不合同,又不相似.

【答案】(A).

【解】由 $|\lambda E - A| = 0$ 得 A 的特征值为 $4, 0, 0, 0$,而 B 的特征值为 $4, 0, 0, 0$,从而 A 与 B 具有相同的特征值. 又 A 与 B 均可对角化,故它们相似于一个对角阵,因而 A 与 B 相似. 又 $r(A) = r(B) = 1$,且 A, B 有相同的正惯性指数,因此 A 与 B 合同. 故选(A).

【例12-20】(2007年真题)设矩阵 $A = \begin{pmatrix} 2 & -1 & -1 \\ -1 & 2 & -1 \\ -1 & -1 & 2 \end{pmatrix}$,$B = \begin{pmatrix} 1 & 0 & 0 \\ 0 & 1 & 0 \\ 0 & 0 & 0 \end{pmatrix}$,则 A 与 B

【   】.
(A)合同,且相似. (B)合同,但不相似. (C)不合同,但相似. (D)既不合同,又不相似.
【答案】(B).
【解】由$|\lambda E-A|=0$得A的特征值为$0,3,3$,而B的特征值为$0,1,1$,从而A与B不相似. 又$r(A)=r(B)=2$,且A,B有相同的正惯性指数,因此A与B合同. 故选(B).

【例 12-21】若实对称矩阵 A 与 $B=\begin{pmatrix} 2 & 0 & 0 \\ 0 & 0 & 1 \\ 0 & 1 & 0 \end{pmatrix}$ 合同,则二次型 $X^\mathrm{T}AX$ 的规范形是_____.

【解】由于合同矩阵具有相同的正、负惯性指数,$|\lambda E-B|=\begin{vmatrix} \lambda-2 & 0 & 0 \\ 0 & \lambda & -1 \\ 0 & -1 & \lambda \end{vmatrix}=(\lambda-2)(\lambda^2-1)=0$,故$B$的特征值符号为正、正、负,即$p=2,q=1$,从而规范形为$y_1^2+y_2^2-y_3^2$.

【例 12-22】设 A,B 均为 n 阶实对称矩阵,则 A 与 B 合同的充要条件是【   】.
(A)$|A|=|B|$.　　　　　　　(B)$r(A)=r(B)$.
(C)A,B 均为正定矩阵.　　　(D)$r(A)=r(B)$,且 A,B 的正惯性指数相等.
【答案】(D).

【温馨提示】(1)若 A 与 B 相似,则 $|A|=|B|$;$r(A)=r(B)$;$\mathrm{tr}(A)=\mathrm{tr}(B)$;$A$ 与 B 有相同的特征值. 但反之不真.
(2)若 A,B 为实对称矩阵,则 A 与 B 合同 $\Leftrightarrow r(A)=r(B)$,且 A 与 B 有相同的正惯性指数.
(3)若 A 与 B 合同,则对应的二次型有相同的规范形.

第十三章 线性代数与几何的关系

 考点归纳

(1) 高等数学中空间直线、平面直线、平面之间的相互位置关系与线性代数中方程组的解的判定,向量组的线性相关性的判定等的结合.

(2) 高等数学中常见二次曲面的标准方程及其图形与线性代数中二次型的标准形、秩、特征值之间的结合.

 考点解读

★命题趋势

本部分只对数学一,命题重点有两个:一是巧妙地将线性代数中方程组的解的判定,向量组的线性相关性的判定与高等数学中空间直线、平面直线、平面之间的相互位置关系结合起来考察;二是将二次型的标准形、秩等和高等数学中常见二次曲面的标准方程及其图形相结合起来命题.

★难点剖析

1. 线、面间的位置关系和方程组的转化

(1) 平面直线 $a_i x + b_i y + c_i = 0, i = 1, 2, 3$ 间的位置关系,转化为齐次线性方程组
$$\begin{cases} a_1 x + b_1 y + c_1 \cdot 1 = 0 \\ a_2 x + b_2 y + c_2 \cdot 1 = 0 \\ a_3 x + b_3 y + c_3 \cdot 1 = 0 \end{cases}$$ 解的讨论.

(2) 平面直线 $a_i x + b_i y + c_i = 0, i = 1, 2, 3$ 间的位置关系,转化为齐次线性方程组
$$\begin{cases} a_1 x + b_1 y = -c_1 \\ a_2 x + b_2 y = -c_2 \\ a_3 x + b_3 y = -c_3 \end{cases}$$ 解的讨论.

(3) 空间直线 $a_{i1} x + a_{i2} y + a_{i3} z = b_i, i = 1, 2, 3$ 间的位置关系,转化为齐次线性方程组
$$\begin{cases} a_{11} x + a_{12} y + a_{13} z + b_1 \cdot (-1) = 0 \\ a_{21} x + a_{22} y + a_{23} z + b_2 \cdot (-1) = 0 \\ a_{31} x + a_{32} y + a_{33} z + b_3 \cdot (-1) = 0 \end{cases}$$ 解的讨论.

(4) 空间平面 $a_{i1} x + a_{i2} y + a_{i3} z = b_i, i = 1, 2, 3$ 间的位置关系,转化为非齐次线性方程组
$$\begin{cases} a_{11} x + a_{12} y + a_{13} z = b_1 \\ a_{21} x + a_{22} y + a_{23} z = b_2 \\ a_{31} x + a_{32} y + a_{33} z = b_3 \end{cases}$$ 解的讨论.

2. 常见的二次曲面的标准方程及其图形

(1) 椭圆曲线：$\dfrac{x^2}{a^2}+\dfrac{y^2}{b^2}=1$.

(2) 双曲线：$\dfrac{x^2}{a^2}-\dfrac{y^2}{b^2}=1$ 或 $-\dfrac{x^2}{a^2}+\dfrac{y^2}{b^2}=1$.

(3) 椭圆柱面：$\dfrac{x^2}{a^2}+\dfrac{y^2}{b^2}=c,c>0$.

(4) 双曲柱面：$\dfrac{x^2}{a^2}-\dfrac{y^2}{b^2}=c,c>0$ 或 $-\dfrac{x^2}{a^2}+\dfrac{y^2}{b^2}=c,c>0$.

(5) 单叶双曲面：$\dfrac{x^2}{a^2}+\dfrac{y^2}{b^2}-\dfrac{z^2}{c^2}=1$ 或 $\dfrac{x^2}{a^2}-\dfrac{y^2}{b^2}+\dfrac{z^2}{c^2}=1$ 或 $-\dfrac{x^2}{a^2}+\dfrac{y^2}{b^2}+\dfrac{z^2}{c^2}=1$.

(6) 双叶双曲面：$\dfrac{x^2}{a^2}-\dfrac{y^2}{b^2}-\dfrac{z^2}{c^2}=1$ 或 $-\dfrac{x^2}{a^2}+\dfrac{y^2}{b^2}-\dfrac{z^2}{c^2}=1$ 或 $-\dfrac{x^2}{a^2}-\dfrac{y^2}{b^2}+\dfrac{z^2}{c^2}=1$.

3. 常见的二次曲面的秩

(1) 椭圆对应的二次型的秩为 2，对应的矩阵是 2 阶满秩的，正定的，正、负惯性指数分别为 2,0.

(2) 双曲线对应的二次型的秩为 2，对应的矩阵是 2 阶满秩的，不正定的，正、负惯性指数均为 1.

(3) 椭圆柱面对应的二次型的秩为 2，对应的矩阵是 3 阶降秩的，半正定的，正、负惯性指数分别为 2,0.

(4) 双曲柱面对应的二次型的秩为 2，对应的矩阵是 3 阶降秩的，不正定的，正、负惯性指数均为 1.

(5) 单叶双曲面对应的二次型的秩为 3，对应的矩阵是 3 阶满秩的，不正定的，正、负惯性指数分别为 2,1.

(6) 双叶双曲面对应的二次型的秩为 3，对应的矩阵是 3 阶满秩的，不正定的，正、负惯性指数分别为 1,2.

 点击考点＋方法归纳

【考点1】直线或平面间的位置关系与向量组的相关性或矩阵的秩的相互转化

【常考题型】选择题和证明题.

【方法归纳】将直线或平面的方程联立看成一个线性方程组，问题转化为方程组解的判定，进而转化为系数矩阵的秩，或向量组的线性相关性的判定.

【例 13-1】(1997 年数一) 设 $\alpha_1=\begin{pmatrix}a_1\\a_2\\a_3\end{pmatrix}$, $\alpha_2=\begin{pmatrix}b_1\\b_2\\b_3\end{pmatrix}$, $\alpha_3=\begin{pmatrix}c_1\\c_2\\c_3\end{pmatrix}$，则三条直线 $a_ix+b_iy+c_i=0$

(其中 $a_i^2+b_i^2\neq 0, i=1,2,3$) 相交于一点的充要条件是【　　】.

(A) $\alpha_1,\alpha_2,\alpha_3$ 线性相关.

(B) $\alpha_1,\alpha_2,\alpha_3$ 线性无关.

(C) $r(\alpha_1,\alpha_2,\alpha_3)=r(\alpha_1,\alpha_2)$.

(D) $\alpha_1,\alpha_2,\alpha_3$ 线性相关,α_1,α_2 线性无关.

【答案】(D).

【分析】三条直线相交于一点,即对应于三条直线所构成的线性方程组有唯一解,问题转化为方程组解的判定,进而转化为系数矩阵的秩的判定,即向量组 $\alpha_1,\alpha_2,\alpha_3$ 与 α_1,α_2 的线性相关性的判定.

【解】由题设,三条直线相交于一点,即非齐次线性方程组 $\begin{cases} a_1x+b_1y=-c_1 \\ a_2x+b_2y=-c_2 \\ a_3x+b_3y=-c_3 \end{cases}$ 有唯一解,则必有 $r(\alpha_1,\alpha_2,-\alpha_3)=r(\alpha_1,\alpha_2)=2$. 于是由 $r(\alpha_1,\alpha_2,\alpha_3)=r(\alpha_1,\alpha_2,-\alpha_3)=2<3$ 可知,$\alpha_1,\alpha_2,\alpha_3$ 线性相关;$r(\alpha_1,\alpha_2)=2$ 可知,α_1,α_2 线性无关.

反之,若 $\alpha_1,\alpha_2,\alpha_3$ 线性相关,α_1,α_2 线性无关,则必有 $r(\alpha_1,\alpha_2,\alpha_3)=r(\alpha_1,\alpha_2)=2<3$,于是 $r(\alpha_1,\alpha_2,-\alpha_3)=r(\alpha_1,\alpha_2)=2$,从而非齐次线性方程组 $\begin{cases} a_1x+b_1y=-c_1 \\ a_2x+b_2y=-c_2 \\ a_3x+b_3y=-c_3 \end{cases}$ 有唯一解. 故(D)正确.

(A),(C)为必要但非充分条件;(B)既非充分又非必要条件;只有(D)为充要条件,故应选(D).

【温馨提示】本题容易误选为(C),应注意到 $r(\alpha_1,\alpha_2,\alpha_3)=r(\alpha_1,\alpha_2)$ 只是非齐次方程组有唯一解的必要条件,也就是三条直线相交于一点的必要条件. 因为,若 $r(\alpha_1,\alpha_2,\alpha_3)=r(\alpha_1,\alpha_2)=1<$ 未知量的个数 2,则方程组有无穷多组解,从而三条直线重合.

【例13-2】(2003年真题)已知平面上三条不同直线的方程分别为
$\begin{cases} l_1:ax+2by+3c=0, \\ l_2:bx+2cy+3a=0, \\ l_3:cx+2ay+3b=0, \end{cases}$ 试证这三条直线交于一点的充要条件是 $a+b+c=0$.

【分析】三条直线相交于一点,即对应于三条直线所构成的非齐次线性方程组有唯一解,问题转化为方程组解的判定,进而转化为判定系数矩阵的秩=等于增广矩阵的秩=2.

【证法1】证明必要性. 设三条直线 l_1,l_2,l_3 交于一点,则线性方程组
$$\begin{cases} ax+2by=-3c \\ bx+2cy=-3a \\ cx+2ay=-3b \end{cases} \qquad (13-1)$$

有唯一解,故系数矩阵 $A=\begin{pmatrix} a & 2b \\ b & 2c \\ c & 2a \end{pmatrix}$ 与增广矩阵 $\overline{A}=\begin{pmatrix} a & 2b & -3c \\ b & 2c & -3a \\ c & 2a & -3b \end{pmatrix}$ 的秩均为2,于是 $|\overline{A}|=0$.

由于 $|\overline{A}|=\begin{vmatrix} a & 2b & -3c \\ b & 2c & -3a \\ c & 2a & -3b \end{vmatrix}=6(a+b+c)(a^2+b^2+c^2-ab-ac-bc)$

$=3(a+b+c)[(a-b)^2+(b-c)^2+(c-a)^2]$,

但根据题设 $(a-b)^2+(b-c)^2+(c-a)^2\neq0$,故
$$a+b+c=0.$$

证明充分性. 因 $a+b+c=0$,则从必要性的证明可知,$|\overline{A}|=0$,故 $r(\overline{A})<3$.

由于
$$\begin{vmatrix} a & 2b \\ b & 2c \end{vmatrix}=2(ac-b^2)=-[a(a+b)+b^2]=-2\left[\left(a+\frac{1}{2}b\right)^2+\frac{3}{4}b^2\right]\neq0,$$

故 $r(A)=2$. 于是,$r(A)=r(\overline{A})=2$. 因此方程组式(13-1)有唯一解,即三直线 l_1,l_2,l_3 交于一点.

【证法 2】证明必要性. 设三直线交于一点 (x_0,y_0),则 $\begin{pmatrix} x_0 \\ y_0 \\ 1 \end{pmatrix}$ 为 $AX=0$ 的非零解,其中

$$A=\begin{pmatrix} a & 2b & 3c \\ b & 2c & 3a \\ c & 2a & 3b \end{pmatrix},$$

于是 $|A|=0$.

而 $|A|=\begin{vmatrix} a & 2b & 3c \\ b & 2c & 3a \\ c & 2a & 3b \end{vmatrix}=-6(a+b+c)[a^2+b^2+c^2-ab-ac-bc]$

$=-3(a+b+c)[(a-b)^2+(b-c)^2+(c-a)^2]$,

但根据题设 $(a-b)^2+(b-c)^2+(c-a)^2\neq0$,故
$$a+b+c=0.$$

证明充分性. 考虑线性方程组
$$\begin{cases} ax+2by=-3c, \\ bx+2cy=-3a, \\ cx+2ay=-3b. \end{cases} \tag{13-2}$$

将方程组式(13-2)的三个方程相加,并由 $a+b+c=0$ 可知,方程组式(13-2)等价于方程组
$$\begin{cases} ax+2by=-3c, \\ bx+2cy=-3a. \end{cases} \tag{13-3}$$

因为
$$\begin{vmatrix} a & 2b \\ b & 2c \end{vmatrix}=2(ac-b^2)=-2[a(a+b)+b^2]=-[a^2+b^2+(a+b)^2]\neq0,$$

故方程组式(13-3)有唯一解,所以方程组式(13-2)有唯一解,即三直线 l_1,l_2,l_3 交于一点.

> 【温馨提示】本题巧妙地将线性代数中方程组的解的判定,向量组的线性相关性的判定与解析几何中直线间的位置关系结合起来考察,类似问题还可考察空间直线、平面直线、平面之间的相互位置关系.

【例 13-3】(2002 年真题)设有 3 个不同平面的方程 $a_{i1}x+a_{i2}y+a_{i3}z=b_i,i=1,2,3$,它们所组成的线性方程组的系数矩阵与增广矩阵的秩都为 2,则这三个平面的可能的位置关系为

[   ].

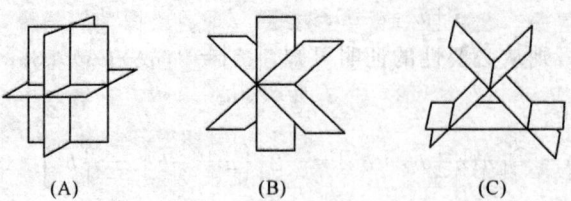

(A)   (B)   (C)   (D)

【答案】(B).

【解】将 3 个平面的方程联立，得
$$\begin{cases} a_{11}x+a_{12}y+a_{13}z=b_1,\\ a_{21}x+a_{22}y+a_{23}z=b_2,\\ a_{31}x+a_{32}y+a_{33}z=b_3. \end{cases}$$

记系数矩阵为 A，增广矩阵为 B，未知量 $X=(x,y,z)^T$，常数项 $b=(b_1,b_2,b_3)^T$，则
$$A=\begin{pmatrix} a_{11} & a_{12} & a_{13} \\ a_{22} & a_{22} & a_{23} \\ a_{31} & a_{32} & a_{33} \end{pmatrix}, B=\begin{pmatrix} a_{11} & a_{12} & a_{13} & b_1 \\ a_{22} & a_{22} & a_{23} & b_2 \\ a_{31} & a_{32} & a_{33} & b_3 \end{pmatrix}.$$

由于 $r(A)=r(B)=2$，所以线性方程组 $AX=b$ 有无穷多组解，且其对应的齐次线性方程组 $AX=0$ 的解空间的维数为 $n-r(A)=3-2=1$，故方程组的通解为 $X=k\xi+\eta$，其中 ξ 为 $AX=0$ 的基础解系，η 为 $AX=b$ 的任一特解. 这说明题中三个平面的公共点是一直线，故应选(B).

题中(A)表示三个平面的公共点为一点，对应的方程组应有唯一解；(C)，(D)表示三个平面无公共点，对应的方程组应无解.

【温馨提示】对于三个平面的方程，只要将它们视为线性方程组，就 $r(A)=3,2,1$ 的情况分别讨论，便可以得到三个平面的所有位置关系.

① 当 $r(A)=r(B)=3$ 时，三平面交于一点，对应的图形为(A).

② 当 $2=r(A)\neq r(B)=3$ 时，三平面无公共点，对应的图形为(C)或(D).

③ 当 $r(A)=r(B)=2$ 时，三平面相交于一直线，对应的图形为(B).

④ 当 $1=r(A)\neq r(B)=2$ 时，三平面平行或有两平面重合与第三平面平行.

⑤ 当 $r(A)=r(B)=1$ 时，三平面重合.

【例 13-4】(1998 年真题)设矩阵 $\begin{pmatrix} a_1 & b_1 & c_1 \\ a_2 & b_2 & c_2 \\ a_3 & b_3 & c_3 \end{pmatrix}$ 是满秩的，则直线 $\dfrac{x-a_3}{a_1-a_2}=\dfrac{y-b_3}{b_1-b_2}=\dfrac{z-c_3}{c_1-c_2}$

与直线 $\dfrac{x-a_1}{a_2-a_3}=\dfrac{y-b_1}{b_2-b_3}=\dfrac{z-c_1}{c_2-c_3}$【   】.

(A)相交于一点. (B)重合. (C)平行但不重合. (D)异面.

【答案】(A).

【分析】判断两直线的位置关系，关键看其方向向量 $s_1=\{a_1-a_2,b_1-b_2,c_1-c_2\}$，$s_2=\{a_2-a_3,b_2-b_3,c_2-c_3\}$ 之间的关系，而由题设，s_1,s_2 线性无关，即其对应元素不成比例. 所以两直线不平行,更不重合.而是否相交,可在两直线上分别找一点,观察其连线向量与 s_1,s_2 是否共面.

【解】 由于矩阵 $\begin{pmatrix} a_1 & b_1 & c_1 \\ a_2 & b_2 & c_2 \\ a_3 & b_3 & c_3 \end{pmatrix}$ 是满秩的,所以通过初等行变换后所得矩阵 $\begin{pmatrix} a_1-a_2 & b_1-b_2 & c_1-c_2 \\ a_2-a_3 & b_2-b_3 & c_2-c_3 \\ a_3 & b_3 & c_3 \end{pmatrix}$ 仍是满秩的,于是两直线的方向向量 $s_1=\{a_1-a_2,b_1-b_2,c_1-c_2\}$, $s_2=\{a_2-a_3,b_2-b_3,c_2-c_3\}$ 线性无关,可见此两直线不平行,更不重合,可排除(B),(C).又 (a_1,b_1,c_1)、(a_3,b_3,c_3) 分别为两直线上的点,其连线向量为 $s=\{a_3-a_1,b_3-b_1,c_3-c_1\}$,满足 $s=s_1+s_2$.可见三向量 s_1,s_2,s_3 共面,因此 s_1,s_2 必相交,即两直线相交,故应选(A).

【温馨提示1】两直线是否相交,也可以这样考虑:分别将其参数化,再看是否能选取适当的参数使其坐标相同,即相交.

令 $\dfrac{x-a_3}{a_1-a_2}=\dfrac{y-b_3}{b_1-b_2}=\dfrac{z-c_3}{c_1-c_2}=t$,即

$$x=a_3+t(a_1-a_2),y=b_3+t(b_1-b_2),z=c_3+t(c_1-c_2).$$

再令 $\dfrac{x-a_1}{a_2-a_3}=\dfrac{y-b_1}{b_2-b_3}=\dfrac{z-c_1}{c_2-c_3}=\lambda$,即

$$x=a_1+\lambda(a_2-a_3),y=b_1+\lambda(b_2-b_3),z=c_1+\lambda(c_2-c_3).$$

显然,由对应坐标相等,可求出 $\lambda=-1,t=1$,说明两直线有公共点,因此必相交.

【温馨提示2】矩阵 $\begin{pmatrix} a_1 & b_1 & c_1 \\ a_2 & b_2 & c_2 \\ a_3 & b_3 & c_3 \end{pmatrix}$ 的每行(或列)元素,可看做空间直线的方向向量(或平面的法向量),因此,矩阵的秩就可与直线(或平面)的位置关系联系起来,进而线性代数的知识与空间解析几何的知识就可结合起来命题.

【例13-5】设三个向量 $\alpha_i=\{x_i,y_i,z_i\}$ $(i=1,2,3)$,矩阵 $A=\begin{pmatrix} x_1 & y_1 & z_1 \\ x_2 & y_2 & z_2 \\ x_3 & y_3 & z_3 \end{pmatrix}$ 的行列式 $|A|=0$,而其伴随矩阵 $A^*\neq 0$ 的充要条件是【   】.

(A)三向量共面.　　　　　　　　　(B)存在不共线两向量.
(C)三向量共面,且至少有两向量不共线.　(D)三向量相互平行.

【答案】(C).

【解】$|A|=0$ 的充要条件是三向量 $\alpha_i=\{x_i,y_i,z_i\}$ $(i=1,2,3)$ 共面.根据 $A^*\neq 0$,A^* 中至少有一个元素不为零,不妨设 $A_{11}=\begin{vmatrix} y_2 & y_3 \\ z_2 & z_3 \end{vmatrix}\neq 0$,则 $\dfrac{y_2}{z_2}\neq\dfrac{y_3}{z_3}$,故 α_2 与 α_3 不平行,即 α_2 与 α_3 不共线,故应选(C).

【温馨提示】事实上,由$|A|=0$且$A^*\neq 0$可知,$r(A)=2$,因此本题的充要条件也可表述为,三个向量$\alpha_i=\{x_i,y_i,z_i\}(i=1,2,3)$中,存在一个向量,可以由另两个向量唯一地线性表出.

【考点2】二次型的标准形表示何种曲面

【常考题型】选择题和证明题.

【方法归纳】将直线或平面的方程联立看成一个线性方程组,问题转化为方程组解的判定,进而转化为系数矩阵的秩或向量组的线性相关性的判定.

【例13-6】(1996年真题)已知二次型$f(x_1,x_2,x_3)=5x_1^2+5x_2^2+cx_3^2-2x_1x_2+6x_1x_3-6x_2x_3$的秩为2.

(1) 求参数c及此二次型对应的矩阵的特征值.

(2) 指出方程$f(x_1,x_2,x_3)=1$表示何种曲面.

【分析】(1)根据二次型的秩为2,可知对应矩阵的行列式为0,从而可先求出c的值,然后再求对应矩阵的特征值.(2)利用特征值的符号可判断$f(x_1,x_2,x_3)=1$是何种曲面.

【解法1】(1) 二次型对应矩阵为

$$A=\begin{pmatrix} 5 & -1 & 3 \\ -1 & 5 & -3 \\ 3 & -3 & c \end{pmatrix}.$$

对A施行初等行变换,得

$$A=\begin{pmatrix} 5 & -1 & 3 \\ -1 & 5 & -3 \\ 3 & -3 & c \end{pmatrix}\to\begin{pmatrix} -1 & 5 & -3 \\ 5 & -1 & 3 \\ 3 & -3 & c \end{pmatrix}\to\begin{pmatrix} -1 & 5 & -3 \\ 0 & 24 & -12 \\ 0 & 12 & c-9 \end{pmatrix}\to\begin{pmatrix} 1 & -5 & 3 \\ 0 & 2 & -1 \\ 0 & 0 & c-3 \end{pmatrix},$$

因为二次型的秩为2,必有$c=3$.又A的特征方程为

$$|\lambda E-A|=\begin{vmatrix} \lambda-5 & 1 & -3 \\ 1 & \lambda-5 & 3 \\ -3 & 3 & \lambda-3 \end{vmatrix}=\lambda(\lambda-4)(\lambda-9)=0,$$

于是A的特征值为$\lambda_1=4,\lambda_2=9,\lambda_3=0$.

(2) 由(1)可知,f的标准形为$f(x_1,x_2,x_3)=4y_1^2+9y_2^2$,可见$f(x_1,x_2,x_3)=4y_1^2+9y_2^2=1$表示椭圆柱面.

【解法2】(1) 二次型对应矩阵为

$$A=\begin{pmatrix} 5 & -1 & 3 \\ -1 & 5 & -3 \\ 3 & -3 & c \end{pmatrix}.$$

由二次型的秩为2,知$|A|=\begin{vmatrix} 5 & -1 & 3 \\ -1 & 5 & -3 \\ 3 & -3 & c \end{vmatrix}=0$,解得$c=3$.经验证可知,此时$r(A)=$

2.因此 $c=3$ 确实为所求.又 A 的特征方程为

$$|\lambda E - A| = \begin{vmatrix} \lambda-5 & 1 & -3 \\ 1 & \lambda-5 & 3 \\ -3 & 3 & \lambda-3 \end{vmatrix} = \lambda(\lambda-4)(\lambda-9) = 0,$$

于是 A 的特征值为 $\lambda_1=4, \lambda_2=9, \lambda_3=0$.

(2) 同解法1

【例 13-7】(1998年真题) 已知二次曲面方程 $x^2+ay^2+z^2+2bxy+2xz+2yz=4$,可以经过正交变换

$$\begin{pmatrix} x \\ y \\ z \end{pmatrix} = P \begin{pmatrix} \xi \\ \eta \\ \zeta \end{pmatrix},$$

化为椭圆柱面方程 $\eta^2+4\zeta^2=4$,求 a,b 的值和正交矩阵 P.

【分析】通过正交变换化为标准形,前后两个二次型所对应的矩阵必相似,因而对应的特征多项式相同.由此可解出参数 a 和 b,进而可求出特征值、特征向量,再正交化、单位化即可得到正交矩阵 P.

【解】变换前后二次型的矩阵分别为

$$A = \begin{pmatrix} 1 & b & 1 \\ b & a & 1 \\ 1 & 1 & 1 \end{pmatrix} \text{和} B = \begin{pmatrix} 0 & 0 & 0 \\ 0 & 1 & 0 \\ 0 & 0 & 4 \end{pmatrix}.$$

由于是正交变换,因此矩阵 A 与 B 相似,因而它们具有相同特征值、相同的迹和相同的行列式,即

$$\begin{cases} \lambda_1=0, \lambda_2=1, \lambda_3=5, \\ \operatorname{tr}(A) = \operatorname{tr}(B), \\ |A| = |B|. \end{cases}$$

而 $\operatorname{tr}(A) = 1+a+1 = a+2, \operatorname{tr}(B) = 0+1+4 = 5,$

$$|A| = \begin{vmatrix} 1 & b & 1 \\ b & a & 1 \\ 1 & 1 & 1 \end{vmatrix} = 2b-1-b^2, |B| = \begin{vmatrix} 0 & 0 & 0 \\ 0 & 1 & 0 \\ 0 & 0 & 4 \end{vmatrix} = 0,$$

故

$$\begin{cases} a+2=5, \\ 2b-1-b^2=0. \end{cases}$$

解得

$$\begin{cases} a=3, \\ b=1. \end{cases}$$

$$A = \begin{pmatrix} 1 & 1 & 1 \\ 1 & 3 & 1 \\ 1 & 1 & 1 \end{pmatrix}.$$

对 $\lambda_1=0$,求解 $(0E-A)X=0$,得对应的特征向量 $\xi_1=(1,0,-1)^T$;对 $\lambda_2=1$,求解 $(E-A)X=0$,得对应的特征向量 $\xi_2=(1,-1,1)^T$;对 $\lambda_3=4$,求解 $(4E-A)X=0$,得对应的特征向量 $\xi_2=(1,2,1)^T$.

将 ξ_1, ξ_2, ξ_3 单位化,得

$$\eta_1 = \left(\frac{1}{\sqrt{2}}, 0, -\frac{1}{\sqrt{2}}\right)^T, \eta_2 = \left(\frac{1}{\sqrt{3}}, -\frac{1}{\sqrt{3}}, \frac{1}{\sqrt{3}}\right)^T, \eta_3 = \left(\frac{1}{\sqrt{6}}, \frac{2}{\sqrt{6}}, \frac{1}{\sqrt{6}}\right)^T.$$

令 $P = (\eta_1, \eta_2, \eta_3) = \begin{pmatrix} \frac{1}{\sqrt{2}} & \frac{1}{\sqrt{3}} & \frac{1}{\sqrt{6}} \\ 0 & -\frac{1}{\sqrt{3}} & \frac{2}{\sqrt{6}} \\ -\frac{1}{\sqrt{2}} & \frac{1}{\sqrt{3}} & \frac{1}{\sqrt{6}} \end{pmatrix}$，则 P 即为所求的正交矩阵.

【考点3】 利用二次曲面的图形确定二次型的秩、正负特征值个数或正负惯性指数

【常考题型】 选择题.

【方法归纳】 单叶双曲面对应的二次型的正特征值个数为2，双叶双曲面对应的二次型的秩为1.

【例 13-8】（2008 年真题）设 A 为 3 阶实对称矩阵，如果二次曲面方程 $(x \ y \ z)A\begin{pmatrix}x\\y\\z\end{pmatrix}=1$ 在正交变换下的标准方程的图形如下图所示，则 A 的正特征值个数为【 】.

(A) 0.　　　　(B) 1.　　　　(C) 2.　　　　(D) 3.

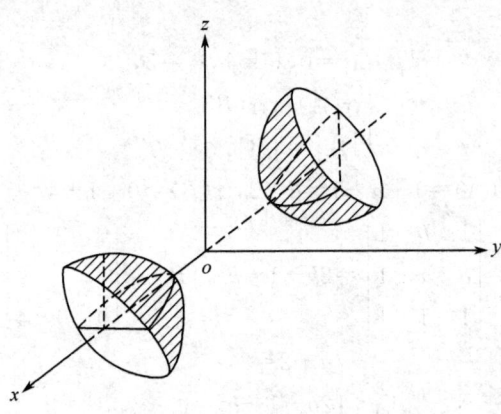

【答案】(B).

【解】 此二次曲面为旋转双叶双曲面，此曲面的标准方程为 $\frac{x^2}{a^2} - \frac{y^2 + z^2}{c^2} = 1$. 故 A 的正特征值个数为 1. 故应选 (B).

【例 13-9】 设 $ax^2 + 2bxy + cy^2 = 1$ $(a>0)$ 为一椭圆的方程，则必有【 】.

(A) $b^2 < 4ac$.　　(B) $b^2 > 4ac$.　　(C) $b^2 < ac$.　　(D) $b^2 > ac$.

【解】 椭圆方程对应的二次型为 $f(x,y) = ax^2 + 2bxy + cy^2$ $(a>0)$，对应的矩阵为

$$A = \begin{pmatrix} a & b \\ b & c \end{pmatrix}.$$

因为椭圆方程对应的二次型的秩必为 2，所以矩阵 A 是正定的，于是各阶顺序主子式均为正，

即 $|A_1|=a>0$，$|A_2|=|A|=\begin{vmatrix} a & b \\ b & c \end{vmatrix}=ac-b^2>0$，即 $b^2<ac$，故应选(C).

【例 13-10】设 $f(x,y)=a_{11}x^2+2a_{12}xy+a_{22}y^2$ 是正定二次型．证明：椭圆域 $a_{11}x^2+2a_{12}xy+a_{22}y^2\leqslant 1$ 的面积等于 $\dfrac{\pi}{\sqrt{a_{11}a_{22}-a_{12}^2}}$．

【解】二次型为 $f(x,y)=a_{11}x^2+2a_{12}xy+a_{22}y^2$ 对应的矩阵为
$$A=\begin{pmatrix} a_{11} & a_{12} \\ a_{12} & a_{22} \end{pmatrix}.$$

设矩阵 A 的特征值为 λ_1,λ_2，则由 f 是正定的可知，$\lambda_1>0,\lambda_2>0$．由二次型的知识知，在坐标系的旋转变换下，可将椭圆 $f(x,y)=a_{11}x^2+2a_{12}xy+a_{22}y^2=1$ 化成标准方程
$$\lambda_1 x_1^2+\lambda_2 y_1^2=1 \text{ 或 } \frac{x_1^2}{\left(\sqrt{\dfrac{1}{\lambda_1}}\right)^2}+\frac{y_1^2}{\left(\sqrt{\dfrac{1}{\lambda_2}}\right)^2}=1.$$

因此该椭圆域的面积为
$$\pi\sqrt{\frac{1}{\lambda_1}}\cdot\sqrt{\frac{1}{\lambda_2}}=\frac{\pi}{\sqrt{\lambda_1\lambda_2}}.$$

又根据 A 的所有特征值之积等于行列式之值，即 $\lambda_1\lambda_2=|A|=a_{11}a_{22}-a_{12}^2$，从而该椭圆域的面积为 $\dfrac{\pi}{\sqrt{a_{11}a_{22}-a_{12}^2}}$．

 线性代数复习点睛

一般地,线性代数课程有如下特点.

1. **符号多,下标多**

   例如,$A=(a_{ij})_{m\times n}$,$A^*=(A_{ij})^{\mathrm{T}}$ 等.因此学习时应注意熟悉符号意义.

2. **概念之多,联系之紧密,关系之隐蔽,非线性代数莫属**

   例如,一个可逆矩阵的概念,就有若干个等价的命题,贯穿了整个线性代数各章节的内容.

   n 阶矩阵 A 可逆 $\Leftrightarrow |A|\neq 0$ 行列式有关

       $\Leftrightarrow$ 存在同阶矩阵 B,使得 $AB=E$ 或 $BA=E$ 矩阵有关

       $\Leftrightarrow r(A)=n$ 矩阵的秩有关

       $\Leftrightarrow A$ 的行(或列)向量组线性无关   向量有关

       $\Leftrightarrow A$ 的行(或列)向量组构成 n 维向量空间 R^n 的一组基   向量有关

       $\Leftrightarrow$ 对任意的 $\beta\in R^n$,β 可由 A 的行(或列)向量组线性表示   向量有关

       $\Leftrightarrow$ 齐次方程组 $AX=0$ 只有零解   方程组有关

       $\Leftrightarrow$ 对任意的 $\beta\in R^n$,非齐次方程组 $AX=\beta$ 只有唯一解   方程组有关

       $\Leftrightarrow$ 对任意的 $\beta\in R^n$,$r(A\ \vdots\ \beta)=r(A)=n$ 方程组有关

       $\Leftrightarrow A$ 没有零特征值   特征值有关

       $\Leftrightarrow A^{\mathrm{T}}A$ 必是正定矩阵   二次型有关

   因此时常梳理、归纳知识前后的紧密联系,注重衔接、转换、寻求等价的命题是非常有益的.

3. **计算简单,但计算量大,且运算法则与数的常规运算有不一样的地方,因而容易出错**

   (1) 在计算行列式时,常用行列式的"倍加性质";在进行矩阵的初等变换将矩阵化为阶梯形的过程中,常用到"倍加变换".这些过程相当于计算数的加法和乘法,尽管从运算上来说简单,但稍不留意,就会计算出错! 导致部分考生"会做",但却"丢分太多"而遗憾重重! 因此对这部分的练习请勿"眼高手低"!

   (2) 矩阵的乘法运算、矩阵的逆矩阵等运算规律,与常规运算有悖,应注意区分! 请快速判断如下是否正确? 为什么?

   $$AB=0\Rightarrow A=0 \text{ 或 } B=0;\quad AX=b\Rightarrow X=\frac{b}{A};\quad AB+3B=E\Rightarrow (A+3)B=E;$$

$(A\pm B)^2=A^2\pm 2AB+B^2;(AB)^3=A^3B^3;(AB)^{-1}=B^{-1}A^{-1}.$

因此应做到"手勤多练"、"眼明多思",才能熟练掌握各种基本运算与基本方法.

4. 具有较强的数学特征,即对于抽象性和逻辑性要求较高

(1) 向量组的线性相关性的概念和判别等.

(2) 矩阵的秩,向量组的秩,基础解系,向量空间的基等概念.

(3) 正定矩阵.

建议学习时,注意搞清定理成立的条件、结论,弄清楚一个概念在不同场合的具体含义,例如矩阵的秩对应于方程组中有效方程的个数,做到融会贯通,有机联系,同时还应注意解题语言的准确和简明.

2011 年研究生入学考试真题及答案

1. 研究生入学线性代数考生对象

凡是在报考研究生的入学考试科目中,涉及数一、数二、数三课程的考生,都考线性代数. 从大纲的角度来看,现在数一、数二、数三的线性代数考试大纲几乎一样,数一的同学多一个知识点,主要是有关"向量空间"的基本知识点.

2. 研究生入学线性代数考题类型

线性代数的考题一共是 5 道考题,两个选择题(各 4 分,共 8 分),一个填空题(4 分),两个解答题(各 11 分左右,共 22 分).5 道题分值共 34 分,占 150 分的 22% 左右.

3. 2011 年研究生入学线性代数试题及部分答案

2011 年全国硕士研究生入学统一考试
数学一试题及部分答案

一、选择题:1~8 小题,每小题 4 分,共 32 分,下列每小题给出的四个选项中,只有一项符合题目要求,把所选项前的字母填在题后的括号内.

(1) 曲线 $y=(x-1)(x-2)^2(x-3)^3(x-4)^4$ 的一个拐点是【 】.

(A). (1,0). (B)(2,0). (C)(3,0). (D)(4,0).

【答案】(C).

(2) 设数列 $\{a_n\}$ 单调减少,$\lim_{n\to\infty}a_n=0$,$S_n=\sum_{k=1}^n a_k(n=1,2,\cdots)$ 无界,则幂级数 $\sum_{k=1}^n a_k(x-1)^k$ 的收敛域是【 】.

(A)(-1,1]. (B)[-1,1). (C)[0,2). (D)(0,2].

【答案】(C).

(3) 设函数 $f(x)$ 具有二阶连续导数,且 $f(x)>0$,$f'(0)=0$,则函数 $z=f(x)\ln f(y)$ 在点 $(0,0)$ 处取得极小值的一个充分条件是【 】.

(A) $f(0)>1, f''(0)>0$.   (B) $f(0)>1, f''(0)<0$.

(C) $f(0)<1, f''(0)>0$.   (D) $f(0)<1, f''(0)<0$.

【答案】(A).

(4) 设 $I=\int_0^{\frac{\pi}{4}}\ln\sin x dx, J=\int_0^{\frac{\pi}{4}}\ln\cot x dx, K=\int_0^{\frac{\pi}{4}}\ln\cos x dx$,则 I,J,K 的大小关系是【 】.

(A) $I<J<K$. (B) $I<K<J$. (C) $J<I<K$. (D) $K<J<I$.

【答案】(B).

(5) 设 A 为三阶矩阵,将 A 的第二列加到第一列得到矩阵 B,再交换 B 的第二行与第三行得到单位矩阵,记 $P_1 = \begin{pmatrix} 1 & 0 & 0 \\ 1 & 1 & 0 \\ 0 & 0 & 1 \end{pmatrix}, P_2 = \begin{pmatrix} 1 & 0 & 0 \\ 0 & 0 & 1 \\ 0 & 1 & 0 \end{pmatrix}$,则 $A=$【　】.

(A) $P_1 P_2$.　　(B) $P_1^{-1} P_2$.　　(C) $P_2 P_1$.　　(D) $P_2 P_1^{-1}$.

【答案】(D).

(6) 设 $A=(\alpha_1,\alpha_2,\alpha_3,\alpha_4)$,若 $(1,0,1,0)^T$ 是方程 $AX=0$ 的一个基础解系,则 $A^* X=0$ 的基础解系可为【　】.

(A) α_1,α_2.　　(B) α_1,α_3.　　(C) $\alpha_1,\alpha_2,\alpha_3$.　　(D) $\alpha_2,\alpha_3,\alpha_4$.

【答案】(D).

(7) 设 $F_1(x), F_2(x)$ 为两个分布函数,其相应的概率密度 $f_1(x), f_2(x)$ 是连续函数,则必为概率密度的是【　】.

(A) $f_1(x) f_2(x)$.　　(B) $2f_2(x) F_1(x)$.　　(C) $f_1(x) F_2(x)$.　　(D) $f_1(x) F_2(x) + f_2(x) F_1(x)$.

【答案】(D).

(8) 设随机变量 X 与 Y 相互独立,且 EX 与 EY 存在. 记 $U=\max\{X,Y\}, V=\min\{X,Y\}$,则 EUV 等于【　】.

(A) $EU \cdot EV$.　　(B) $EX \cdot EY$.　　(C) $EU \cdot EY$.　　(D) $EX \cdot EV$.

【答案】(B).

二、填空题:9~14 小题,每小题 4 分,共 24 分,请将答案写在答题纸指定位置上.

(9) 曲线 $y = \int_0^x \tan t \, dt \ (0 \leqslant x \leqslant \frac{\pi}{4})$ 的弧长 $s=$ _____.

【答案】$\ln(\sqrt{2}+1)$.

(10) 微分方程 $y' + y = e^{-x} \cos x$ 满足条件 $y(0)=0$ 的解为 $y=$ _____.

【答案】$e^{-x} \sin x$.

(11) 设函数 $F(x,y) = \int_0^{xy} \frac{\sin t}{1+t^2} dt$,则 $\left.\frac{\partial^2 F}{\partial x^2}\right|_{x=0,y=2} =$ _____.

【答案】2.

(12) 设 L 是柱面方程 $x^2+y^2=1$ 与平面 $z=x+y$ 的交线,从 z 轴正向往 z 轴负向看去为逆时针方向,则曲线积分 $\int_L xz \, dx + x \, dy + \frac{y^2}{2} dz =$ _____.

【答案】$\frac{\pi}{2}$.

(13) 若二次曲面的方程 $x^2+3y^2+z^2+2axy+2xz+2yz=4$,经过正交变换化为 $y_1^2+4z_1^2=4$,则 $a=$ _____.

【答案】1.

(14) 设二维随机变量 (X,Y) 服从 $N(\mu,\mu,\sigma^2,\sigma^2,0)$,则 $E(XY^2) =$ _____.

【答案】$\mu(\mu^2+\sigma^2)$.

三、解答题:15~23 小题,共 94 分,请将解答写在答题纸指定的位置上.解答应写出文字说明、证明过程或演算步骤.

(15)(本题满分 10 分)求极限 $\lim\limits_{x\to 0}\left[\dfrac{\ln(1+x)}{x}\right]^{\frac{1}{e^x-1}}$.

【答案】$\lim\limits_{x\to 0}\left[\dfrac{\ln(1+x)}{x}\right]^{\frac{1}{e^x-1}}=e^{-\frac{1}{2}}$.

(16)(本题满分 10 分)设函数 $z=f[xy,g(x)]$,函数 f 具有二阶连续偏导数,函数 $g(x)$ 可导且在 $x=1$ 处取得极值 $g(1)=1$,求 $\left.\dfrac{\partial^2 z}{\partial x\partial y}\right|_{\substack{x=1\\y=1}}$.

【答案】$\left.\dfrac{\partial^2 z}{\partial x\partial y}\right|_{\substack{x=1\\y=1}}=f_1'(1,1)+f_{11}''(1,1)$.

(17)(本题满分 10 分)求方程 $k\arctan x-x=0$ 不同实根的个数,其中 k 为参数.

【答案】当 $k\leqslant 1$,方程只有一个实根;当 $k>1$ 时,方程有三个不同实根.

(18)(本题满分 10 分)① 证明对任意正整数 n,都有 $\dfrac{1}{n+1}<\ln\left(1+\dfrac{1}{n}\right)<\dfrac{1}{n}$ 成立.

② 设 $a_n=1+\dfrac{1}{2}+\cdots+\dfrac{1}{n}-\ln n$,证明数列 $\{a_n\}$ 收敛.

(19)(本题满分 11 分)已知函数 $f(x,y)$ 具有二阶连续偏导数,且 $f(1,y)=0, f(x,1)=0, \iint\limits_D f(x,y)\mathrm{d}x\mathrm{d}y=a$,其中 $D=\{(x,y)\mid 0\leqslant x\leqslant 1, 0\leqslant y\leqslant 1\}$,计算二重积分 $\iint\limits_D xyf_{xy}''(x,y)\mathrm{d}x\mathrm{d}y$.

【答案】$\iint\limits_D xyf_{xy}''(x,y)\mathrm{d}x\mathrm{d}y=\iint\limits_D f(x,y)\mathrm{d}x\mathrm{d}y$.

(20)(本小题满分 11 分)设向量组 $\alpha_1=(1,0,1)^T, \alpha_2=(0,1,1)^T, \alpha_3=(1,3,5)^T$,不能由向量组 $\beta_1=(1,1,1)^T, \beta_2=(1,2,3)^T, \beta_3=(3,4,a)^T$ 线性表出.

(Ⅰ)求 a 的值;

(Ⅱ)将 β_1,β_2,β_3 由 $\alpha_1,\alpha_2,\alpha_3$ 线性表出.

【答案】(Ⅰ) $a=5$;

(Ⅱ) $(\beta_1,\beta_2,\beta_3)=(\alpha_1,\alpha_2,\alpha_3)\begin{pmatrix}2&1&5\\4&2&10\\-1&0&-2\end{pmatrix}$.

(21)(本小题满分 11 分)A 为三阶实对称矩阵,$r(A)=2$ 且 $A\begin{pmatrix}1&1\\0&0\\-1&1\end{pmatrix}=\begin{pmatrix}-1&1\\0&0\\1&1\end{pmatrix}$.

(Ⅰ)求 A 的特征值与特征向量;

(Ⅱ)求矩阵 A.

【答案】(Ⅰ)特征值 -1 对应的特征向量为 $\begin{pmatrix}1\\0\\-1\end{pmatrix}$,特征值 1 对应的特征向量为 $\begin{pmatrix}1\\0\\1\end{pmatrix}$,特征值 0 对应的特征向量为 $\begin{pmatrix}0\\1\\0\end{pmatrix}$;

(Ⅱ) $A=\begin{pmatrix} 0 & 0 & 1 \\ 0 & 0 & 0 \\ 1 & 0 & 0 \end{pmatrix}$.

(22)(本题满分11分)设随机变量 X 与 Y 的概率分布分别为

X	0	1
P	$\frac{1}{3}$	$\frac{2}{3}$

Y	-1	0	1
P	$\frac{1}{3}$	$\frac{1}{3}$	$\frac{1}{3}$

且 $P(X^2=Y^2)=1$.

(Ⅰ)求二维随机变量(X,Y)的概率分布;

(Ⅱ)求 $Z=XY$ 的概率分布;

(Ⅲ)求 X 与 Y 的相关系数 ρ_{XY}.

【答案】(Ⅰ)(X,Y)的概率分布为

X \ Y	-1	0	1
0	0	$\frac{1}{3}$	0
1	$\frac{1}{3}$	0	$\frac{1}{3}$

(Ⅱ)$Z=XY$ 的概率分布为

Z	-1	0	1
P	$\frac{1}{3}$	$\frac{1}{3}$	$\frac{1}{3}$

(Ⅲ)$\rho_{XY}=0$.

(23)(本题满分11分)设 $X_1,X_2,\cdots,X_n$ 为来自正态总体 $N(\mu_0,\sigma^2)$ 的简单随机样本,其中 μ_0 已知,$\sigma^2>0$ 未知.$\overline{X}$ 和 S^2 分别表示样本均值和样本方差.

(Ⅰ)求参数 σ^2 的最大似然估计 $\hat{\sigma}^2$;

(Ⅱ)计算 $E\hat{\sigma}^2$ 和 $D\hat{\sigma}^2$.

【答案】(Ⅰ)$\hat{\sigma}^2=\frac{1}{n}\sum_{i=1}^{n}(X_i-\mu_0)^2$;

(Ⅱ)$E\hat{\sigma}^2=\frac{1}{n}\sum_{i=1}^{n}E(X_i-\mu_0)^2=\alpha_2, D\hat{\sigma}^2=D\left[\frac{\sigma^2}{n}\sum_{i=1}^{n}\left(\frac{X_i-\mu_0}{\sigma}\right)^2\right]$
$=\frac{\sigma^4}{n^2}D\left[\sum_{i=1}^{n}\left(\frac{X_i-\mu_0}{\sigma}\right)^2\right]=\frac{2\sigma^4}{n}$.

2011年全国硕士研究生入学统一考试
数学二试题及部分答案

一、选择题:1~8小题,每小题4分,共32分,下列每小题给出的四个选项中,只有一项符合题目要求,把所选项前的字母填在题后的括号内.

(1)已知当 $x\to 0$ 时,函数 $f(x)=3\sin x-\sin 3x$ 与 cx^k 是等价无穷小,则【　　】.

(A)$k=1,c=4$.　　(B)$k=1,c=-4$.

(C)$k=3,c=4$.　　(D)$k=3,c=-4$.

【答案】(C).

(2) 已知 $f(x)$ 在 $x=0$ 处可导，且 $f(0)=0$，则 $\lim\limits_{x\to 0}\dfrac{x^2 f(x)-2f(x^3)}{x^3}$ 等于【　　】.

(A) $-2f'(0)$.　　(B) $-f'(0)$.　　(C) $f'(0)$.　　(D) 0.

【答案】(B).

(3) 函数 $f(x)=\ln|(x-1)(x-2)(x-3)|$ 的驻点个数为【　　】.

(A) 0.　　(B) 1.　　(C) 2.　　(D) 3.

【答案】(C).

(4) 微分方程 $y''-\lambda^2 y=\mathrm{e}^{\lambda x}+\mathrm{e}^{-\lambda x}(\lambda>0)$ 的特解形式为【　　】.

(A) $a(\mathrm{e}^{\lambda x}+\mathrm{e}^{-\lambda x})$.　　(B) $ax(\mathrm{e}^{\lambda x}+\mathrm{e}^{-\lambda x})$.

(C) $x(a\mathrm{e}^{\lambda x}+b\mathrm{e}^{-\lambda x})$.　　(D) $x^2(a\mathrm{e}^{\lambda x}+b\mathrm{e}^{-\lambda x})$.

【答案】(C).

(5) 设函数 $f(x),g(x)$ 均有二阶连续导数，满足 $f(0)>0,g(0)<0$ 且 $f'(0)=g'(0)=0$，则函数 $z=f(x)g(y)$ 在点 $(0,0)$ 处取得极小值的一个充分条件是【　　】.

(A) $f''(0)<0,g''(0)>0$.　　(B) $f''(0)<0,g''(0)<0$.

(C) $f''(0)>0,g''(0)>0$.　　(D) $f''(0)>0,g''(0)<0$.

【答案】(A).

(6) 设 $I=\int_0^{\frac{\pi}{4}}\ln\sin x\,\mathrm{d}x,J=\int_0^{\frac{\pi}{4}}\ln\cot x\,\mathrm{d}x,K=\int_0^{\frac{\pi}{4}}\ln\cos x\,\mathrm{d}x$，则 I,J,K 的大小关系是【　　】.

(A) $I<J<K$.　　(B) $I<K<J$.　　(C) $J<I<K$.　　(D) $K<J<I$.

【答案】(B).

(7) 设 A 为三阶矩阵，将 A 的第二列加到第一列得到矩阵 B，再交换 B 的第二行与第三行得到单位矩阵，记 $P_1=\begin{pmatrix}1&0&0\\1&1&0\\0&0&1\end{pmatrix},P_2=\begin{pmatrix}1&0&0\\0&0&1\\0&1&0\end{pmatrix}$，则 $A=$【　　】.

(A) $P_1 P_2$.　　(B) $P_1^{-1}P_2$.　　(C) $P_2 P_1$.　　(D) $P_2 P_1^{-1}$.

【答案】(D).

(8) 设 $A=(\alpha_1,\alpha_2,\alpha_3,\alpha_4)$，若 $(1,0,1,0)^\mathrm{T}$ 是方程 $AX=0$ 的一个基础解系，则 $A^* X=0$ 的基础解系可为【　　】.

(A) α_1,α_2.　　(B) α_1,α_3.　　(C) $\alpha_1,\alpha_2,\alpha_3$.　　(D) $\alpha_2,\alpha_3,\alpha_4$.

【答案】(D).

二、填空题：$9\sim 14$ 小题，每小题 4 分，共 24 分，请将答案写在答题纸指定位置上.

(9) $\lim\limits_{x\to 0}\left(\dfrac{1+2^x}{2}\right)^{\frac{1}{x}}=\underline{\qquad}$.

【答案】$\sqrt{2}$.

(10) 微分方程 $y'+y=\mathrm{e}^{-x}\cos x$ 满足条件 $y(0)=0$ 的解为 $y=\underline{\qquad}$.

【答案】$\mathrm{e}^{-x}\sin x$.

(11) 曲线 $y=\int_0^x \tan t\,\mathrm{d}t\left(0\leqslant x\leqslant\dfrac{\pi}{4}\right)$ 的弧长 $s=\underline{\qquad}$.

【答案】$\ln(\sqrt{2}+1)$.

(12) 设函数 $f(x)=\begin{cases}\lambda\mathrm{e}^{-\lambda x},&x>0\\0,&x\leqslant 0\end{cases},\lambda>0$，则 $\int_{-\infty}^{+\infty}xf(x)\,\mathrm{d}x=\underline{\qquad}$.

【答案】$\dfrac{1}{\lambda}$.

(13) 设平面区域 D 由直线 $y=x$, 圆 $x^2+y^2=2y$ 及 y 轴所组成, 则二重积分 $\iint\limits_{D} xy\,d\sigma =$ _____.

【答案】$\dfrac{7}{12}$.

(14) 二次型 $f(x_1,x_2,x_3)=x_1^2+3x_2^2+x_3^2+2x_1x_2+2x_1x_3+2x_2x_3$, 则 f 的正惯性指数为_____.

【答案】2.

三、解答题: 15～23 小题, 共 94 分. 请将解答写在答题纸指定的位置上. 解答应写出文字说明、证明过程或演算步骤.

(15)(本题满分 10 分)已知函数 $F(x)=\dfrac{\int_0^x \ln(1+t^2)\,dt}{x^{3a}}$, 设 $\lim\limits_{x\to +\infty}F(x)=\lim\limits_{x\to 0^+}F(x)=0$, 试求 a 的取值范围.

【答案】$\dfrac{1}{3}<a<1$.

(16)(本题满分 11 分)设函数 $y=y(x)$ 由参数方程 $\begin{cases} x=\dfrac{1}{3}t^3+t+\dfrac{1}{3} \\ y=\dfrac{1}{3}t^3-t+\dfrac{1}{3} \end{cases}$ 确定, 求 $y=y(x)$ 的极值和凹凸区间及拐点.

【答案】当 $t=1$ 时, $x=\dfrac{5}{3}$, $y=-\dfrac{1}{3}$ 是极小值; 当 $t=-1$ 时, $x=-1$, $y=1$ 是极大值; 当 $t=0$ 时, $x=\dfrac{1}{3}$, $y=\dfrac{1}{3}$ 是拐点; 当 $t<0$ 时, 是凸区间; 当 $t>0$ 时, 是凹区间.

(17)(本题满分 10 分)设函数 $z=f[xy,g(x)]$, 函数 f 具有二阶连续偏导数, 函数 $g(x)$ 可导且在 $x=1$ 处取得极值 $g(1)=1$, 求 $\dfrac{\partial^2 z}{\partial x \partial y}\bigg|_{\substack{x=1\\y=1}}$.

【答案】$\dfrac{\partial^2 z}{\partial x \partial y}\bigg|_{\substack{x=1\\y=1}}=f_1'(1,1)+f_{11}''(1,1)$.

(18)(本题满分 10 分)设函数 $y(x)$ 具有二阶导数, 且曲线 $l:y=y(x)$ 与直线 $y=x$ 相切于原点, 记 α 为曲线 l 在点 (x,y) 处切线的倾角, 若 $\dfrac{d\alpha}{dx}=\dfrac{dy}{dx}$, 求 $y(x)$ 的表达式.

【答案】$y(x)=\arcsin\left(\dfrac{\sqrt{2}}{2}e^x\right)-\dfrac{\pi}{4}$.

(19)(本题满分 10 分)①证明对任意正整数 n, 都有 $\dfrac{1}{n+1}<\ln\left(1+\dfrac{1}{n}\right)<\dfrac{1}{n}$ 成立.

②设 $a_n=1+\dfrac{1}{2}+\cdots+\dfrac{1}{n}-\ln n$, 证明数列 $\{a_n\}$ 收敛.

(20)(本题满分 11 分)一容器内侧是由图中曲线绕 y 旋转一周而成的曲面, 该曲线是由 $x^2+y^2=2y\left(y\geq\dfrac{1}{2}\right)$ 与 $x^2+y^2=1\left(y\leq\dfrac{1}{2}\right)$ 连接而成的.

(Ⅰ)容器的容积;

(Ⅱ)若将容器内盛满的水从容器顶部全部抽出,至少需要做多少功?(长度单位:m,重力加速度为 $g\mathrm{m/s}^2$),水的密度为 $10\mathrm{kg/m}^3$.

【答案】(Ⅰ)容积 $V = V_1 + V_2 = 2V_1 = 2\pi \int_{-1}^{\frac{1}{2}} (1-y^2)\mathrm{d}y = \frac{9}{4}\pi$;

(Ⅱ) $W = FS = \int_{-1}^{2} mg\,\mathrm{d}y = \int_{-1}^{2} \frac{9}{4}\pi 10^3 g\,\mathrm{d}y = \frac{27}{4}\pi 10^3 g.$

(21)(本题满分 11 分)已知函数 $f(x,y)$ 具有二阶连续偏导数,且 $f(1,y)=0, f(x,1)=0, \iint_D f(x,y)\mathrm{d}x\mathrm{d}y = a$,其中 $D = \{(x,y) \mid 0 \leqslant x \leqslant 1, 0 \leqslant y \leqslant 1\}$,计算二重积分 $\iint_D xy f''_{xy}(x,y)\mathrm{d}x\mathrm{d}y.$

【答案】$\iint_D f(x,y)\mathrm{d}x\mathrm{d}y = a.$

(22)(本小题满分 11 分)设向量组 $\alpha_1 = (1,0,1)^T, \alpha_2 = (0,1,1)^T, \alpha_3 = (1,3,5)^T$,不能由向量组 $\beta_1 = (1,1,1)^T, \beta_2 = (1,2,3)^T, \beta_3 = (3,4,a)^T$ 线性表出.

(Ⅰ)求 a 的值;

(Ⅱ)将 $\beta_1, \beta_2, \beta_3$ 由 $\alpha_1, \alpha_2, \alpha_3$ 线性表出.

【答案】(Ⅰ) $a=5$;

(Ⅱ) $(\beta_1, \beta_2, \beta_3) = (\alpha_1, \alpha_2, \alpha_3)\begin{pmatrix} 2 & 1 & 5 \\ 4 & 2 & 10 \\ -1 & 0 & -2 \end{pmatrix}.$

(23)(本小题满分 11 分)A 为三阶实对称矩阵,$r(A)=2$ 且 $A\begin{pmatrix} 1 & 1 \\ 0 & 0 \\ -1 & 1 \end{pmatrix} = \begin{pmatrix} -1 & 1 \\ 0 & 0 \\ 1 & 1 \end{pmatrix}.$

(Ⅰ)求 A 的特征值与特征向量;

(Ⅱ)求矩阵 A.

【答案】(Ⅰ)特征值 -1 对应的特征向量为 $\begin{pmatrix} 1 \\ 0 \\ -1 \end{pmatrix}$,特征值 1 对应的特征向量为 $\begin{pmatrix} 1 \\ 0 \\ 1 \end{pmatrix}$,特征值 0 对应的特征向量为 $\begin{pmatrix} 0 \\ 1 \\ 0 \end{pmatrix}$;

(Ⅱ) $A = \begin{pmatrix} 0 & 0 & 1 \\ 0 & 0 & 0 \\ 1 & 0 & 0 \end{pmatrix}.$

2011 年全国硕士研究生入学统一考试
数学三试题及部分答案

一、选择题:1~8 小题,每小题 4 分,共 32 分,下列每小题给出的四个选项中,只有一项符合题目要求,把所选项前的字母填在题后的括号内.

(1) 已知当 $x \to 0$ 时，函数 $f(x) = 3\sin x - \sin 3x$ 与 cx^k 是等价无穷小，则【   】.
(A) $k=1, c=4$.　　　　　　　　(B) $k=1, c=-4$.
(C) $k=3, c=4$.　　　　　　　　(D) $k=3, c=-4$.
【答案】(C).

(2) 已知 $f(x)$ 在 $x=0$ 处可导，且 $f(0)=0$，则 $\lim\limits_{x \to 0} \dfrac{x^2 f(x) - 2f(x^3)}{x^3}$ 等于【   】.
(A) $-2f'(0)$.　　(B) $-f'(0)$.　　(C) $f'(0)$.　　(D) 0.
【答案】(B).

(3) 设 $\{u_n\}$ 是数列，则下列命题正确的是【   】.

(A) 若 $\sum\limits_{n=1}^{\infty} u_n$ 收敛，则 $\sum\limits_{n=1}^{\infty} (u_{2n-1} + u_{2n})$ 收敛.

(B) 若 $\sum\limits_{n=1}^{\infty} (u_{2n-1} + u_{2n})$ 收敛，则 $\sum\limits_{n=1}^{\infty} u_n$ 收敛.

(C) 若 $\sum\limits_{n=1}^{\infty} u_n$ 收敛，则 $\sum\limits_{n=1}^{\infty} (u_{2n-1} - u_{2n})$ 收敛.

(D) 若 $\sum\limits_{n=1}^{\infty} (u_{2n-1} - u_{2n})$ 收敛，则 $\sum\limits_{n=1}^{\infty} u_n$ 收敛.

【答案】(A).

(4) 设 $I = \int_0^{\frac{\pi}{4}} \ln \sin x \, dx, J = \int_0^{\frac{\pi}{4}} \ln \cot x \, dx, K = \int_0^{\frac{\pi}{4}} \ln \cos x \, dx$，则 I, J, K 的大小关系是【   】.
(A) $I < J < K$.　　(B) $I < K < J$.　　(C) $J < I < K$.　　(D) $K < J < I$.
【答案】(B).

(5) 设 A 为三阶矩阵，将 A 的第二列加到第一列得到矩阵 B，再交换 B 的第二行与第三行得到单位矩阵，记 $P_1 = \begin{pmatrix} 1 & 0 & 0 \\ 1 & 1 & 0 \\ 0 & 0 & 1 \end{pmatrix}, P_2 = \begin{pmatrix} 1 & 0 & 0 \\ 0 & 0 & 1 \\ 0 & 1 & 0 \end{pmatrix}$，则 $A = $【   】.
(A) $P_1 P_2$.　　(B) $P_1^{-1} P_2$.　　(C) $P_2 P_1$.　　(D) $P_2 P_1^{-1}$.
【答案】(D).

(6) 设 A 为 4×3 矩阵，η_1, η_2, η_3 是非齐次线性方程组 $AX = \beta$ 的三个线性无关的解，k_1, k_2 为任意实数，则 $AX = \beta$ 的通解为【   】.
(A) $\dfrac{\eta_2 + \eta_3}{2} + k_1(\eta_2 - \eta_1)$.　　　　(B) $\dfrac{\eta_2 - \eta_3}{2} + k_2(\eta_2 - \eta_1)$.

(C) $\dfrac{\eta_2 + \eta_3}{2} + k_1(\eta_3 - \eta_1) + k_2(\eta_2 - \eta_1)$.　　(D) $\dfrac{\eta_2 - \eta_3}{2} + k_1(\eta_3 - \eta_1) + k_2(\eta_2 - \eta_1)$.

【答案】(C).

(7) 设 $F_1(x), F_2(x)$ 为两个分布函数，其相应的概率密度 $f_1(x), f_2(x)$ 是连续函数，则必为概率密度的是【   】.
(A) $f_1(x) f_2(x)$.　　　　　　　(B) $2f_2(x) F_1(x)$.
(C) $f_1(x) F_2(x)$.　　　　　　　(D) $f_1(x) F_2(x) + f_2(x) F_1(x)$.
【答案】(D).

(8) 设总体 X 服从参数为 $\lambda(\lambda>0)$ 的泊松分布，$X_1, X_2, \cdots, X_n(n\geqslant 2)$ 为来自正态总体的简单随机样本，则对应的统计量 $T_1 = \dfrac{1}{n}\sum\limits_{i=1}^{n}X_i$, $T_2 = \dfrac{1}{n-1}\sum\limits_{i=1}^{n-1}X_i + \dfrac{1}{n}X_n$ 满足【　　】.

(A) $ET_1 > ET_2, DT_1 > DT_2$.　　　　　　(B) $ET_1 > ET_2, DT_1 < DT_2$.

(C) $ET_1 < ET_2, ET_1 > DT_2$.　　　　　　(D) $ET_1 < ET_2, DT_1 < DT_2$.

【答案】(D).

二、填空题：9～14 小题，每小题 4 分，共 24 分，请将答案写在答题纸指定位置上.

(9) 设 $f(x) = \lim\limits_{t\to 0} x(1+3t)^{\frac{x}{t}}$，则 $f'(x) = $ ____.

【答案】$(1+3x)e^{3x}$.

(10) 设函数 $z = \left(1 + \dfrac{x}{y}\right)^{\frac{x}{y}}$，则 $\mathrm{d}z\big|_{(1,1)} = $ _____.

【答案】$(2\ln 2 + 1)\mathrm{d}x + (-2\ln 2 - 1)\mathrm{d}y$.

(11) 曲线 $\tan\left(x + y + \dfrac{\pi}{4}\right) = e^y$ 在点 $(0, 0)$ 处的切线方程为 ____.

【答案】$y = -2x$.

(12) 曲线 $y = \sqrt{x^2 - 1}$，直线 $x = 2$ 及 x 轴所围成的平面图形绕 x 轴旋转所成的旋转体的体积为 _____.

【答案】$\dfrac{4}{3}\pi$.

(13) 设二次型 $f(x_1, x_2, x_3) = X^{\mathrm{T}}AX$ 的秩为 1，A 的行元素之和为 3，则 f 在正交变换 $X = QY$ 下的标准形为 _____.

【答案】$3y_1^2$.

(14) 设二维随机变量 (X, Y) 服从 $N(\mu, \mu, \sigma^2, \sigma^2, 0)$，则 $E(XY^2) = $ _____.

【答案】$\mu(\mu^2 + \sigma^2)$.

三、解答题：15～23 小题，共 94 分. 请将解答写在答题纸指定的位置上. 解答应写出文字说明、证明过程或演算步骤.

(15)（本题满分 10 分）求极限 $\lim\limits_{x\to 0}\dfrac{\sqrt{1+2\sin x} - x - 1}{x\ln(1+x)}$.

【答案】$\lim\limits_{x\to 0}\dfrac{\sqrt{1+2\sin x} - x - 1}{x\ln(1+x)} = -\dfrac{1}{2}$.

(16)（本题满分 10 分）已知函数 $f(u, v)$ 具有二阶连续偏导数，$f(1, 1) = 2$ 是 $f(u, v)$ 的极值，$z = f[(x+y), f(x, y)]$，求 $\dfrac{\partial^2 z}{\partial x \partial y}\bigg|_{x=1, y=1}$.

【答案】$\dfrac{\partial^2 z}{\partial x \partial y}\bigg|_{x=1, y=1} = f_{uu}(2, 2) + f_v(2, 2)f_{uv}(1, 1)$.

(17)（本题满分 10 分）求 $\displaystyle\int \dfrac{\arcsin\sqrt{x} + \ln x}{\sqrt{x}}\mathrm{d}x$.

【答案】$\displaystyle\int \dfrac{\arcsin\sqrt{x} + \ln x}{\sqrt{x}}\mathrm{d}x = 2\sqrt{x}(\arcsin\sqrt{x} + \ln x) - 4\sqrt{x} + 2\sqrt{1-x} + C$.

(18)（本题满分 10 分）证明 $4\arctan x - x + \dfrac{4\pi}{3} - \sqrt{3} = 0$ 恰有两个实根.

(19)(本题满分10分)$f(x)$在$[0,1]$内有连续的导数,$f(0)=1$,且

$$\iint\limits_{D_t} f'(x+y)\mathrm{d}x\mathrm{d}y = \iint\limits_{D_t} f(t)\mathrm{d}x\mathrm{d}y,$$

其中$D_t=\{(x,y)|0\leqslant x\leqslant t,0\leqslant y\leqslant t,x+y\leqslant t\}(0<t\leqslant 1)$,求$f(x)$的表达式.

【答案】$f(t)=\dfrac{4}{(2-t)^2}$.

(20)(本小题满分11分)设向量组$\alpha_1=(1,0,1)^T,\alpha_2=(0,1,1)^T,\alpha_3=(1,3,5)^T$,不能由向量组$\beta_1=(1,a,1)^T,\beta_2=(1,2,3)^T,\beta_3=(1,3,5)^T$线性表出.

(Ⅰ)求a的值;

(Ⅱ)将β_1,β_2,β_3由$\alpha_1,\alpha_2,\alpha_3$线性表出.

【答案】(Ⅰ)$a=1$;

(Ⅱ)$(\beta_1,\beta_2,\beta_3)=(\alpha_1,\alpha_2,\alpha_3)\begin{pmatrix}2 & 1 & 0\\4 & 2 & 0\\-1 & 0 & 1\end{pmatrix}$.

(21)(本小题满分11分)A为三阶实对称矩阵,$r(A)=2$且$A\begin{pmatrix}1 & 1\\0 & 0\\-1 & 1\end{pmatrix}=\begin{pmatrix}-1 & 1\\0 & 0\\1 & 1\end{pmatrix}$.

(Ⅰ)求A的特征值与特征向量;

(Ⅱ)求矩阵A.

【答案】(Ⅰ)特征值-1对应的特征向量为$\begin{pmatrix}1\\0\\-1\end{pmatrix}$,特征值$1$对应的特征向量为$\begin{pmatrix}1\\0\\1\end{pmatrix}$,特征值$0$对应的特征向量为$\begin{pmatrix}0\\1\\0\end{pmatrix}$;

(Ⅱ)$A=\begin{pmatrix}0 & 0 & 1\\0 & 0 & 0\\1 & 0 & 0\end{pmatrix}$.

(22)(本题满分11分)设随机变量X与Y的概率分布分别为

X	0	1
P	$\dfrac{1}{3}$	$\dfrac{2}{3}$

X	-1	0	1
P	$\dfrac{1}{3}$	$\dfrac{1}{3}$	$\dfrac{1}{3}$

且$P(X^2=Y^2)=1$.

(Ⅰ)求二维随机变量(X,Y)的概率分布;

(Ⅱ)求$Z=XY$的概率分布;

(Ⅲ)求X与Y的相关系数ρ_{XY}.

【答案】(Ⅰ)(X,Y)的概率分布为

X \ Y	−1	0	1
0	0	$\frac{1}{3}$	0
1	$\frac{1}{3}$	0	$\frac{1}{3}$

（Ⅱ）$Z=XY$ 的概率分布为

Z	−1	0	1
P	$\frac{1}{3}$	$\frac{1}{3}$	$\frac{1}{3}$

（Ⅲ）$\rho_{XY}=0$.

(23)（本题满分 11 分）二维随机变量 (X,Y) 在 G 上服从均匀分布，G 由 $x-y=0$，$x+y=2$ 与 $y=0$ 围成.

（Ⅰ）求边缘密度 $f_X(x)$；

（Ⅱ）求 $f_{X|Y}(x|y)$.

【答案】

（Ⅰ）
$$f_X(x)=\begin{cases} x, & 0<x\leqslant 1, \\ 2-x, & 1<x<2, \\ 0, & \text{其他}; \end{cases}$$

（Ⅱ）
$$f_{X|Y}(x|y)=\frac{f(x,y)}{f_Y(y)}=\begin{cases} \dfrac{1}{2(1-y)}, & (x,y)\in G, \\ 0, & (x,y)\notin G. \end{cases}$$

三套自我检查题及答案

自我检查试题一

一、填空题（每小题 3 分，共 15 分）

1. 设 n 阶行列式 $D_n=\begin{vmatrix} 1 & 2 & 3 & \cdots & n \\ 1 & 2 & 0 & \cdots & 0 \\ 1 & 0 & 3 & \cdots & 0 \\ \vdots & \vdots & \vdots & \cdots & \vdots \\ 1 & 0 & 0 & \cdots & n \end{vmatrix}$，则第 1 行各元素的代数余子式之和 $A_{11}+A_{12}+\cdots+A_{1n}=$ _____.

2. 设 A,B,C 均为 n 阶可逆矩阵，且 $AB=BC=CA=E$（E 为 n 阶单位矩阵），则 $|A^2+B^2+C^2|=$ _____.

3. 设 3 阶矩阵 A 的秩 $r(A)=1$，$\eta_1=(-1\ 3\ 0)^T$，$\eta_2=(2\ -1\ 1)^T$，$\eta_3=(5\ 0\ k)^T$ 是方程组 $AX=0$ 的 3 个解向量，则常数 $k=$ _____.

4. 若 4 阶矩阵 A 满足 $A^2=A$，且 $r(A-E)=1$，则 $r(A)=$ _____.

5. 若实对称矩阵 A 与 $B=\begin{pmatrix} 2 & 0 & 0 \\ 0 & 0 & 1 \\ 0 & 1 & 0 \end{pmatrix}$ 合同，则二次型 X^TAX 的规范形

为_____.

二、选择题（每小题 3 分，共 15 分）

6. 设 A 是 n 阶非零矩阵，$A^k=0$，下列命题不正确的是【   】.

(A) A 必不能对角化.

(B) A 只有一个线性无关的特征向量.

(C) A 的特征值只有一个零.

(D) $E+A+A^2+\cdots+A^{k-1}$ 必可逆.

7. 设 $\alpha_1,\alpha_2,\cdots,\alpha_n$ 是 R^n 的一组基，A 为 n 阶矩阵，且 $|A|\neq 0$，则下列选项正确的是【   】.

(A) $A\alpha_1,A\alpha_2,\cdots,A\alpha_n$ 不是 R^n 中的向量组.

(B) 向量组 $A\alpha_1,A\alpha_2,\cdots,A\alpha_n$ 线性相关.

(C) $A\alpha_1,A\alpha_2,\cdots,A\alpha_n$ 不能构成 R^n 的一个基.

(D) $A\alpha_1,A\alpha_2,\cdots,A\alpha_n$ 也是 R^n 的一个基.

8. 设 4 阶矩阵 A 与 B 相似，且 A 有 4 个线性无关的特征向量，$r(A)=2$，满足 $A^2+A=0$，则有 $|B-E|=$【   】.

(A) 0.   (B) 2.   (C) 4.   (D) 8.

9. 1 与 -1 是矩阵 $A=\begin{pmatrix} 3 & 1 & -2 \\ -t & -1 & t \\ 4 & 1 & -3 \end{pmatrix}$ 的特征值，则当 $t=$【   】时，A 可以对角化.

(A) 0.   (B) -1.   (C) 1.   (D) 2.

10. 设二次型 $f(x_1,x_2,x_3)=x_1^2+ax_2^2+x_3^2+2x_1x_2-2x_2x_3-2ax_1x_3$ 的正惯性指数和负惯性指数全为 1，则 $a=$【   】.

(A) -1.   (B) -2.   (C) 1.   (D) 2.

三、计算题（11,12 每题 10 分，13,14,15 每题 12 分，共 56 分）

11. 设有 3 维列向量 $\alpha_1=(1+a,1,1)^T, \alpha_2=(1,1+a,1)^T, \alpha_3=(1,1,1+a)^T, \beta=(0,a,a^2)^T$，试讨论当 a 为何值时，

(1) β 可由 $\alpha_1,\alpha_2,\alpha_3$ 线性表示，且表达式是唯一的；

(2) β 可由 $\alpha_1,\alpha_2,\alpha_3$ 线性表示，但表示式不唯一；

(3) β 不能由 $\alpha_1,\alpha_2,\alpha_3$ 线性表示.

12. 已知向量 $\alpha_1=(1,2,3,4)^T, \alpha_2=(-2,1,5,3)^T, \alpha_3=(3,-2,1,6)^T$ 是线性方程组

$$\begin{cases} x_1+ax_2+2x_3+x_4=11 \\ bx_1+x_2+3x_3+5x_4=31 \\ c_1x_1+c_2x_2+c_3x_3+c_4x_4=c_5 \end{cases}$$

的三个解，求此线性方程组的解.

13. 设线性方程组（Ⅰ）$\begin{cases} x_1+x_2=0 \\ x_2-x_4=0 \end{cases}$，（Ⅱ）$\begin{cases} x_1-x_2+x_3=0 \\ x_2-x_3+x_4=0 \end{cases}$.

(1) 求方程组（Ⅰ）和（Ⅱ）的基础解系；(2) 求方程组（Ⅰ）和（Ⅱ）的公共解.

14. 设 A 是 n 阶实对称矩阵，λ_1,λ_2 是 A 的两个特征值，且 $\lambda_1\neq\lambda_2$，若 α 是 A 的对应于特征值 λ_1 的一个单位特征向量，求矩阵 $B=A-\lambda_1\alpha\alpha^T$ 的两个特征值.

15. 已知三元二次型 X^TAX 经过正交变换化为 $2y_1^2-y_2^2-y_3^3$，又已知 $A^*\alpha=\alpha$，其中 $\alpha=$

$(1,1,-1)^T$,求此二次型的表达式.

四、证明题(每题 7 分,共 14 分)

16. 设 A,B 为 n 阶矩阵,且 $E-AB$ 可逆,证明 $E-BA$ 也可逆.

17. 设 A 是 n 阶正定矩阵,$\alpha_1,\alpha_2,\cdots,\alpha_n$ 是非零 n 维实列向量,且满足 $\alpha_i^T A\alpha_j=0(i\neq j, i,j=1,2,\cdots,n)$,证明向量组 $\alpha_1,\alpha_2,\cdots,\alpha_n$ 线性无关.

自我检查试题二

一、填空题(每小题 3 分,共 15 分)

1. 设 $f(x)=\begin{vmatrix} x & 1 & 1 & 2 \\ 1 & x & 1 & -1 \\ 3 & 2 & x & 1 \\ 1 & 1 & 2x & 1 \end{vmatrix}$,则 x^3 的系数为_____.

2. 已知 A 是一个 $n\times n$ 矩阵,且 $A^m=E$,其中 m 为正整数,E 为 n 阶单位矩阵.若将 A 中的 n^2 个元素 a_{ij} 用其代数余子式 A_{ij} 代替,得到的矩阵记为 B,则 $B^m=$_____.

3. 设向量组 $\alpha_1,\alpha_2,\alpha_3$ 的秩 $r(\alpha_1,\alpha_2,\alpha_3)=3$,$\alpha_4$ 能由 $\alpha_1,\alpha_2,\alpha_3$ 线性表示,α_5 不能由 $\alpha_1,\alpha_2,\alpha_3$ 线性表示,则 $r(\alpha_1-\alpha_2,\alpha_2,\alpha_3-\alpha_1,\alpha_5-\alpha_4)=$_____.

4. 设 $B=\begin{pmatrix} -1 & 0 & 0 \\ 0 & 0 & 1 \\ 0 & 1 & 0 \end{pmatrix}$,$A$ 是 B 的相似矩阵,则 $A+E$ 的秩为_____.

5. 设 3 阶可逆矩阵 A 经过正交变换的二次型为 $ay_1^2+2y_2^2-y_3^2$,且 A 的各列元素之和为 3,则 $|A+2E|=$_____.

二、选择题(每小题 3 分,共 15 分)

6. 设 A 是 $m\times n$ 矩阵,C 是 n 阶可逆矩阵,矩阵 A 的秩为 r,矩阵 $B=AC$ 的秩为 r_1,则【　】.
   (A) $r>r_1$.　　(B) $r<r_1$.　　(C) $r=r_1$.　　(D) r_1 与 r 的关系由 C 而定.

7. 若向量 α,β,γ 线性无关,则 $k\neq 1$ 是向量组 $\alpha+k\beta,\beta+k\gamma,\alpha-\gamma$ 线性无关的【　】.
   (A) 充要条件.　　(B) 充分条件但非必要条件.
   (C) 必要条件但非充分条件.　　(D) 既非充分也非必要条件.

8. 设 A 是 4 阶矩阵,$r(A)=3$,又 $\alpha_1=(1,2,1,3)^T,\alpha_2=(1,1,-1,1)^T,\alpha_3=(1,3,3,5)^T,\alpha_4=(-3,-5,-1,-6)^T$ 均是齐次线性方程组 $A^*X=0$ 的解向量,则 $A^*X=0$ 的基础解系是【　】.
   (A) α_1.　　(B) α_1,α_2.　　(C) $\alpha_1,\alpha_2,\alpha_3$.　　(D) $\alpha_1,\alpha_2,\alpha_4$.

9. 设 A 是 3 阶不可逆矩阵,α,β 是线性无关的两个三维列向量,且满足 $A\alpha=\beta,A\beta=\alpha$,则【　】.
   (A) A 能对角化且 $A\sim\begin{pmatrix} 0 & 0 & 0 \\ 0 & 1 & 0 \\ 0 & 0 & 1 \end{pmatrix}$.　　(B) A 能对角化且 $A\sim\begin{pmatrix} 0 & 0 & 0 \\ 0 & 1 & 0 \\ 0 & 0 & -1 \end{pmatrix}$.
   (C) A 不能对角化.　　(D) 不能确定 A 能否对角化.

10. 已知 $A=\begin{pmatrix} 1 & 2 & -1 \\ a+b & 5 & 0 \\ -1 & 0 & c \end{pmatrix}$ 是正定矩阵,则【　】.

(A) $a=1, b=2, c=1$. (B) $a=1, b=1, c=-1$.
(C) $a=3, b=-1, c=2$. (D) $a=-1, b=3, c=8$.

三、计算题(11,12每题10分,13,14,15每题12分,共56分)

11. 计算 n 阶行列式

$$D_n = \begin{vmatrix} x_1 & a_2 & a_3 & \cdots & a_n \\ a_1 & x_2 & a_3 & \cdots & a_n \\ a_1 & a_2 & x_3 & \cdots & a_n \\ \vdots & \vdots & \vdots & \cdots & \vdots \\ a_1 & a_2 & a_3 & \cdots & x_n \end{vmatrix}.$$

12. 已知矩阵 $A = \begin{pmatrix} 1 & 0 & 0 \\ 1 & 1 & 0 \\ 1 & 1 & 1 \end{pmatrix}$, $B = \begin{pmatrix} 0 & 1 & 1 \\ 1 & 0 & 1 \\ 1 & 1 & 0 \end{pmatrix}$, 且矩阵 X 满足 $AXA + BXB = AXB + BXA + E$, 其中 E 为 3 阶单位矩阵, 求 X.

13. 设 $A = \begin{pmatrix} 1 & 2 & 1 \\ 1 & a+2 & a+1 \\ -1 & a-2 & 2a-3 \end{pmatrix}$, 若存在 3 阶非零矩阵 B, 使得 $AB=0$.

(1) 求 a 的值; (2) 求方程组 $AX=0$ 的通解.

14. 设 3 阶实对称矩阵 A 有 $|A|=-1$, 且特征值 $\lambda_1=-1, \lambda_2=\lambda_3=1$, 对应 λ_1 的特征向量为 $\alpha_1 = (0,0,1)^T$, 求 A.

15. 设二次型 $f(x_1,x_2,x_3) = ax_1^2 - 2x_1x_2 + 2x_1x_3 - 4x_2x_3$, $\lambda_1=1$ 是二次型对应矩阵 A 的一个特征值, 试用正交变换将该二次型化为标准形, 并写出所用的正交变换.

四、证明题(每题7分,共14分)

16. 设有线性方程组 $\begin{cases} a_1^3 x_1 + a_1^2 b_1 x_2 + a_1 b_1^2 x_3 = b_1^3, \\ a_2^3 x_1 + a_2^2 b_2 x_2 + a_2 b_2^2 x_3 = b_2^3, \\ a_3^3 x_1 + a_3^2 b_3 x_2 + a_3 b_3^2 x_3 = b_3^3, \\ a_4^3 x_1 + a_4^2 b_4 x_2 + a_4 b_4^2 x_3 = b_4^3. \end{cases}$

其中, $a_j^3 \neq 0, a_i b_j - b_i a_j \neq 0, j=1,2,3,4$, 证明该线性方程组无解.

17. 设 A 是 n 阶矩阵, 证明: 如果存在一个 n 维向量 α, 使 $\alpha, A\alpha, A^2\alpha, \cdots, A^{n-1}\alpha$ 线性无关, 则 A 的每个特征值有且仅有一个线性无关的特征向量.

自我检查试题三

一、填空题(每小题3分,共30分)

1. 设矩阵 $A = \begin{pmatrix} 0 & 1 & 0 & \cdots & 0 \\ 0 & 0 & 2 & \cdots & 0 \\ \vdots & \vdots & \vdots & \cdots & \vdots \\ 0 & 0 & 0 & \cdots & n-1 \\ n & 0 & 0 & \cdots & 0 \end{pmatrix}$, 则其伴随矩阵 $(A^*)^{-1} = $ _____.

2. 矩阵 $A = \begin{pmatrix} 0 & 0 & 1 & 1 \\ 0 & 0 & 1 & 2 \\ 0 & 1 & 0 & 0 \\ 1 & 0 & 0 & 0 \end{pmatrix}$ 的逆矩阵 $A^{-1} = $ _____.

3. 设 A,B 均为 $m\times n$ 矩阵,若 A 的列向量组 $\alpha_1,\alpha_2,\cdots,\alpha_n$ 可由 B 的列向量组 $\beta_1,\beta_2,\cdots,\beta_n$ 线性表示,则 $r(A)$ 与 $r(B)$ 的关系为_____.

4. 设矩阵 $A=(\alpha,2\gamma_2,3\gamma_3),B=(\beta,\gamma_2,\gamma_3)$,其中 $\alpha,\beta,\gamma_2,\gamma_3$ 均为 3 维列向量,且 $|A|=18$,$|B|=2$,则 $|A-B|=$_____.

5. 若 $A=\begin{pmatrix} a+1 & 1 & 1 & 1 \\ 2 & a+2 & 2 & 2 \\ 3 & 3 & a+3 & 3 \\ 4 & 4 & 4 & a+4 \end{pmatrix}$,且 $r(A)=3$,则 $a=$_____.

6. 设矩阵 A 的秩为 $n-1$,$\xi_1,\xi_2,(\xi_1\neq\xi_2)$ 为非齐次线性方程组 $AX=\beta$ 的两个解,则 $AX=\beta$ 的一般解 $\xi=$_____.

7. 空间四平面 $a_ix+b_iy+c_iz+d_i=0, i=1,2,3,4$ 交于一点的充要条件为_____.

8. 设 4 阶矩阵 A 满足 $|2E+A|=0, AA^T=4E, |A|<0$,其中 E 为 4 阶单位矩阵,则伴随矩阵 A^* 必有一个特征值为_____.

9. 设 $ax^2+2bxy+cy^2=1 (a>0)$ 为一椭圆的方程,则 a,b,c 满足关系式_____.

10. 设 A 是 3 阶实对称矩阵,满足 $A^3+7A^2+16A+10E=O$,则二次型 X^TAX 经过正交变换化为标准形_____.

二、计算题(11,12 每题 10 分,13,14,15 每题 12 分,共 56 分)

11. 设矩阵 X 满足 $AX+B=X$,其中 $A=\begin{pmatrix} 0 & 1 & 0 \\ -1 & 1 & 1 \\ -1 & 0 & -1 \end{pmatrix}, B=\begin{pmatrix} 1 & -1 \\ 2 & 0 \\ 5 & -3 \end{pmatrix}$,求 X.

12. 给定向量组 $\alpha_1=(1,-1,0,4),\alpha_2=(2,1,5,6),\alpha_3=(1,-1-2,0),\alpha_4=(3,0,7,k)$,当 k 为何值时,向量组 $\alpha_1,\alpha_2,\alpha_3,\alpha_4$ 线性相关?线性相关时,求出向量组的一个极大无关组,并将其余向量用极大无关组线性表示.

13. 设 $\alpha_1=(1,1,1)^T,\alpha_2=(-1,0,-1)^T,\alpha_3=(1,0,1)^T$ 与 $\beta_1=(1,2,1)^T,\beta_2=(2,3,4)^T$,$\beta_3=(-3,4,3)^T$ 分别为 R^3 的基,求由基 $\alpha_1,\alpha_2,\alpha_3$ 到基 β_1,β_2,β_3 的过渡矩阵 P.

14. 问常数 k 取何值时,方程组
$$\begin{cases} x_1+x_2+kx_3=4 \\ -x_1+kx_2+x_3=k^2 \\ x_1-x_2+2x_3=-4 \end{cases}$$
无解,有唯一解,或有无穷多解,并在有无穷多解时写出其一般解.

15. 已知实二次型 $f(x_1,x_2,x_3)=x_1^2-2x_2^2+bx_3^2-4x_1x_2+2ax_2x_3+4x_1x_3 (a>0)$,经过正交变换化为标准形 $f(x_1,x_2,x_3)=2y_1^2+2y_2^2-7y_3^2$.

(1) 求 a,b 的值及所用的正交变换 $X=QY$.

(2) 确定该二次型的正定性.

三、证明题(每题 7 分,共 14 分)

16. $t_1,t_2,\cdots,t_r$ 是互不相同的 r 个非零实数,$r\leq n$,证明:

(1) 向量组 $\alpha_1=(t_1,t_1^2,\cdots,t_1^n)^T,\alpha_2=(t_2,t_2^2,\cdots,t_2^n)^T,\cdots,\alpha_r=(t_r,t_r^2,\cdots,t_r^n)^T$ 线性无关.

(2) 任一 r 维向量都可由 $\alpha_1,\alpha_2,\cdots,\alpha_r$ 线性表示.

17. 设 A 是 n 阶矩阵,证明:如果 A 的特征值两两互异,则存在一个 n 维向量 α,使得 α,

$A\alpha, A^2\alpha, \cdots, A^{n-1}\alpha$ 线性无关.

自我检查试题一部分答案

一、填空题

1. $n!\left(1-\sum\limits_{j=2}^{n}\dfrac{1}{j}\right)$.

2. 3^n.

3. 3.

4. 3.

5. $y_1^2+y_2^2-y_3^2$. 提示：合同矩阵有相同的正、负惯性指数，求出 A 的特征值为 $2,1,-1$，可知其规范形.

二、选择题

6.（B) 7.（D). 8.（C). 9.（A) 10.（B).

三、计算题

11. $(1)a\neq 0$ 且 $a\neq 3$；$(2)a=0$；$(3)a=-3$.

12. $\alpha=\alpha_1+k_1(\alpha_1-\alpha_2)+k_2(\alpha_1-\alpha_3)$. 提示：本题关键是求出齐次方程组的基础解系。先利用非齐次线性方程组解的性质求出对应齐次方程组的解，再利用系数矩阵的秩进一步确定基础解系.

13. (1) $\alpha_1=(0,0,1,0)^T, \alpha_2=(-1,1,0,1)^T$ 和 $\beta_1=(0,1,1,0)^T, \beta_2=(-1,-1,0,1)^T$；
(2) $\gamma=k(-1,1,2,1)^T, k$ 为任意常数. 提示：方法较多，基本方法之一是将两方程组联立求解.

14. 0 和 λ_2. 提示：利用特征值、特征向量的定义，以及实对称矩阵不同的特征值对应的特征向量正交的性质.

15. $2x_1x_2-2x_1x_3-2x_2x_3$.

四、证明题

16. 提示：构造分块矩阵 $\begin{pmatrix} E & A \\ B & E \end{pmatrix}$，分别用初等行变换和列变换将它化为上三角形，再分别取行列式即可得到.

自我检查试题二部分答案

一、填空题

1. -1.

2. E.

3. 4.

4. 1.

5. 20.

二、选择题

6.（C). 7.（C). 8.（D). 9.（B) 10.（D).

三、计算题

11. $(x_1-a_1)(x_2-a_2)\cdots(x_n-a_n)\left(1+\sum\limits_{i=1}^{n}\dfrac{a_i}{x_i-a_i}\right)$. 提示：方法①，将第 1 行乘以 -1 加

到其余各行,可以化为箭形行列式;方法②,按照加边法计算.

12. $X = \begin{pmatrix} 1 & 2 & 5 \\ 0 & 1 & 2 \\ 0 & 0 & 1 \end{pmatrix}$.

13. (1) $a=0$ 或 $a=2$;(2)当 $a=0$ 时,$AX=0$ 的通解 $x=k_1\xi_1=k_1(-2,1,0)^T$(k_1 为任意常数),当 $a=2$ 时,$AX=0$ 的通解 $x=k_2\xi_2=k_2(1,-1,1)^T$(k_2 为任意常数).

14. $A = \begin{pmatrix} 1 & 0 & 0 \\ 0 & 0 & -1 \\ 0 & -1 & 0 \end{pmatrix}$.

15. $f(X)=g(Y)=y_1^2-2y_2^2+4y_3^2$,

$X = \begin{bmatrix} -\frac{1}{\sqrt{3}} & 0 & \frac{2}{\sqrt{6}} \\ -\frac{1}{\sqrt{3}} & \frac{1}{\sqrt{2}} & -\frac{1}{\sqrt{6}} \\ \frac{1}{\sqrt{3}} & \frac{1}{\sqrt{2}} & \frac{1}{\sqrt{6}} \end{bmatrix} Y$,或 $\begin{cases} x_1 = -\frac{1}{\sqrt{3}}y_1 + \frac{2}{\sqrt{6}}y_3, \\ x_2 = -\frac{1}{\sqrt{3}}y_1 + \frac{1}{\sqrt{2}}y_2 - \frac{1}{\sqrt{6}}y_3, \\ x_3 = \frac{1}{\sqrt{3}}y_1 + \frac{1}{\sqrt{2}}y_2 + \frac{1}{\sqrt{6}}y_3. \end{cases}$

四、证明题

16. 提示:注意到增广矩阵可以改造成范德蒙行列式.

17. 提示:由题设可知 A 可以对角化.

自我检查试题三部分答案

一、填空题

1. $\dfrac{A}{(-1)^{n-1}n!}$.

2. $\begin{pmatrix} 0 & 0 & 0 & 1 \\ 0 & 0 & 1 & 0 \\ 2 & -1 & 0 & 0 \\ -1 & 1 & 0 & 0 \end{pmatrix}$.

3. $r(A) \leqslant r(B)$.

4. 2.

5. -10.

6. $\xi_1 + k(\xi_1 - \xi_2)$,其中 k 为任意常数.

7. $\begin{vmatrix} a_1 & b_1 & c_1 & d_1 \\ a_2 & b_2 & c_2 & d_2 \\ a_3 & b_3 & c_3 & d_3 \\ a_4 & b_4 & c_4 & d_4 \end{vmatrix} = 0$.

8. -8.

9. $b^2 < ac$.

10. $-y_1^2 - y_2^2 - y_3^3$.

二、计算题

11. $X = \begin{pmatrix} 3 & -1 \\ 2 & 0 \\ 1 & -1 \end{pmatrix}$.

12. $k=14$; $\alpha_1, \alpha_2, \alpha_3$; $\alpha_4 = 2\alpha_1 + \alpha_2 - \alpha_3$.

13. $\begin{pmatrix} 2 & 3 & 4 \\ 0 & -1 & 0 \\ -1 & 0 & -1 \end{pmatrix}$.

14. $k \neq -1$ 且 $k \neq 4$ 时，解唯一，并且 $x_1 = \dfrac{k^2+2k}{1+k}, x_2 = \dfrac{k^2+2k+4}{1+k}, x_3 = \dfrac{-2k}{1+k}$；当 $k=-1$ 时，无解；当 $k=4$ 时，有无穷多解，且 $(x_1,x_2,x_3)^{\mathrm{T}} = (0,4,0)^{\mathrm{T}} + c(-3,-1,1)^{\mathrm{T}}$，其中 c 为任意常数.

15. (1) $a=4, b=-2$, $\begin{pmatrix} x_1 \\ x_2 \\ x_3 \end{pmatrix} = \begin{pmatrix} -\dfrac{2}{\sqrt{5}} & \dfrac{2}{3\sqrt{5}} & \dfrac{1}{3} \\ \dfrac{1}{\sqrt{5}} & \dfrac{4}{3\sqrt{5}} & \dfrac{2}{3} \\ 0 & \dfrac{5}{3\sqrt{5}} & -\dfrac{2}{3} \end{pmatrix} \begin{pmatrix} y_1 \\ y_2 \\ y_3 \end{pmatrix}$；(2) 二次型非正定.

三、证明题

17. 提示：由 A 的特征值两两互异可知，矩阵 A 可以对角化.

参 考 文 献

[1] 教育部考试中心. 全国硕士研究生入学统一考试数学考试大纲（2011年版）. 北京：高等教育出版社，2010.
[2] 陈仲主编. 硕士研究生入学考试历年试题解析. 北京：学苑出版社，2002.
[3] 黄先开，曹显兵主编. 考研数学一最新历年真题题型解析. 北京：中国人民大学出版社，2006.